计算机基础与实训教材系列

Premiere Pro 2020视频编辑剪辑制作实例教程

曾文雄 王庆杨 编著

清華大学出版社
北京

内 容 简 介

本书采用"项目引导、任务驱动"的项目化教学编写方式，从视频制作中遇到的实际问题出发，以软件使用流程为主线，以案例制作为抓手，由浅入深、循序渐进地介绍Adobe公司经典非线性编辑软件——中文版Premiere Pro 2020的操作方法和使用技巧。全书体现了基于工作过程的"教、学、做"一体化教学理念和实践特点，具体内容包括：熟悉Premiere Pro 2020、采集与管理素材、编辑视频素材、视频过渡、设置运动效果、使用视频特效、使用外挂滤镜、视频合成、制作字幕、应用音频、输出影片、综合实训。本书中的项目案例具有典型性、实用性、可操作性和趣味性等特点，读者能够通过项目案例完成相关知识的学习和技能的训练。

本书可作为高等院校相关专业的教材，也可作为广大视频制作爱好者的自学参考书。

本书对应的电子课件、实例源文件和习题答案可以到http://www.tupwk.com.cn/edu网站下载，也可通过扫描前言中的二维码获取。

图书在版编目(CIP)数据

Premiere Pro 2020视频编辑剪辑制作实例教程 / 曾文雄，王庆杨编著. —北京：清华大学出版社，2022.10
计算机基础与实训教材系列
ISBN 978-7-302-61820-1

Ⅰ.①P… Ⅱ.①曾… ②王… Ⅲ.①视频编辑软件—教材 Ⅳ.①TN94

中国版本图书馆CIP数据核字(2022)第166491号

责任编辑：胡辰浩
封面设计：高娟妮
版式设计：孔祥峰
责任校对：成凤进
责任印制：朱雨萌

出版发行：清华大学出版社
网　　址：http://www.tup.com.cn，http://www.wqbook.com
地　　址：北京清华大学学研大厦A座　　邮　　编：100084
社 总 机：010-83470000　　邮　　购：010-62786544
投稿与读者服务：010-62776969，c-service@tup.tsinghua.edu.cn
质 量 反 馈：010-62772015，zhiliang@tup.tsinghua.edu.cn
印 装 者：北京同文印刷有限责任公司
经　　销：全国新华书店
开　　本：190mm×260mm　　印　　张：16.75　　字　　数：451千字
版　　次：2022年11月第1版　　印　　次：2022年11月第1次印刷
定　　价：79.00元

产品编号：073983-01

前言

Premiere Pro 是由 Adobe 公司开发的一款视频编辑软件。该软件简便易学，并且可以和其他 Adobe 软件高效集成，以满足用户创建高质量作品的需要。作为 Premiere Pro 的最新版本，2020 版更新了不少功能，包括使用智能标签更快地查找视频、新动画天空效果、扩展的 HEIF 和 HEVC 支持、Essential Sound 面板等。

本书采用“项目引导、任务驱动”的项目化教学编写方式，从视频制作中遇到的实际问题出发，以软件使用流程为主线，以案例制作为抓手，由浅入深、循序渐进地介绍 Adobe 公司经典非线性编辑软件——中文版 Premiere Pro 2020 的操作方法和使用技巧。全书体现了基于工作过程的“教、学、做”一体化教学理念和实践特点，共分 12 章，其主要内容如下。

第 1 章介绍 Premiere Pro 2020 的工作界面和基本工作流程。

第 2 章介绍在 Premiere Pro 2020 中如何对素材进行采集、导入和管理。

第 3 章介绍使用 Premiere Pro 2020 进行影视素材的编辑。

第 4 章介绍在 Premiere Pro 2020 中如何应用视频过渡效果。

第 5 章介绍在 Premiere Pro 2020 中如何设置运动效果。

第 6 章介绍在 Premiere Pro 2020 中如何应用视频特效。

第 7 章介绍在 Premiere Pro 2020 中如何使用外挂滤镜。

第 8 章介绍使用 Premiere Pro 2020 进行视频合成。

第 9 章介绍使用旧版标题、文字工具、图形工具等进行字幕编辑的技巧。

第 10 章介绍在 Premiere Pro 2020 中如何应用音频。

第 11 章介绍在 Premiere Pro 2020 中如何进行作品的合成和输出。

第 12 章介绍使用 Premiere Pro 2020 综合制作视频短片。

本书内容丰富，图文并茂，条理清晰，通俗易懂，在讲解每个知识点时都配有相应的实例，方便读者上机实践。同时，本书会在难以理解和掌握的内容上给出相关提示，帮助读者快速提高操作技能。此外，本书配有大量综合实例和练习，能让读者在不断的实际操作中更加牢固地掌握书中讲解的内容。

除封面署名的作者外，参与本书编写的人员还有李钊光、方丽雅、石豫湘等。本书在编写过程中参考了许多相关文献，在此向这些文献的作者深表感谢。由于作者水平有限，书中难免有不足之处，恳请专家和广大读者批评指正。我们的电话是 010-62796045，邮箱是 992116@qq.com。

本书对应的电子课件、实例源文件和习题答案可以到 http://www.tupwk.com.cn/edu 网站下载，也可通过扫描下方的二维码获取。

作　者

2022 年 6 月

推荐课时安排

章 名	重点掌握内容	教学课时
第 1 章　熟悉 Premiere Pro 2020	Premiere Pro 2020 的功能及特点、Premiere Pro 2020 的工作界面、Premiere Pro 2020 的菜单命令、视频编辑基础知识	2
第 2 章　采集与管理素材	采集素材、导入素材、管理素材	1
第 3 章　编辑视频素材	剪辑素材、三点编辑和四点编辑、使用【时间轴】面板剪辑素材、使用【监视器】面板剪辑素材、高级编辑技巧	1
第 4 章　视频过渡	查找视频过渡效果、应用视频过渡效果、设置默认视频过渡效果、使用【效果控件】面板	1
第 5 章　设置运动效果	【运动】效果选项、设置运动路径、控制运动速度、控制图像大小比例、设置旋转效果	2
第 6 章　使用视频特效	视频特效基础知识、查找视频特效、添加视频特效、删除视频特效、设置视频特效随时间而变化	3
第 7 章　使用外挂滤镜	外挂滤镜基础知识，Shine、3D Stroke、Looks、Sapphire、Beauty Box 等常用外挂滤镜的应用	1
第 8 章　视频合成	不透明度和叠加、设置不透明度、键控技术、遮罩透明、应用遮罩	1
第 9 章　制作字幕	利用旧版标题制作字幕、文字工具的使用方法、字幕样式效果、【基本图形】面板、其他新建字幕的方法	1
第 10 章　应用音频	音频类型、音频轨道、音轨混合器、音频的基本操作、音频的剪辑与合成、音频过渡和音频特效	1
第 11 章　输出影片	导出影片设置、导出静帧为单帧画面、导出视频片段为序列图像、创建 DVD	1
第 12 章　综合实训	视频特效的应用、视频转场的应用、字幕特效的应用、剪辑技巧的应用	1
合 计		16

注：1. 教学课时安排仅供参考，授课教师可根据情况进行调整；

2. 建议每章安排与教学课时相同时间的上机练习。

目录

第1章 熟悉Premiere Pro 2020

学习目标

Premiere Pro 是由美国 Adobe 公司推出的一款非线性视频编辑软件。该软件具有较好的画面质量和兼容性，且可以与 Adobe 公司推出的其他软件相互协作。目前，这款软件广泛应用于影视编辑、广告制作和电视节目的制作。它支持最新技术和摄像机，提供了采集、剪辑、调整颜色、调校音频、字幕添加、输出、DVD 刻录等一整套流程，并可以和其他 Adobe 软件高效集成，以满足用户创建高质量作品的需要。新版的 Premiere Pro 2020 经过重新设计，能够提供更强大、高效的功能与专业工具，使用户制作影视节目的过程更加轻松。

本章重点

- Premiere Pro 2020 的功能
- Premiere Pro 2020 的特点
- Premiere Pro 2020 的工作界面
- Premiere Pro 2020 的菜单命令

任务 1 认识 Premiere Pro 2020

Premiere Pro 2020 的功能较之前的版本更加强大，其不仅可以在计算机上编辑、观看更多种文件格式的电影，而且优化了工作流程，增强了对 VR 视频的支持，可以同时处理多个项目，实现独立项目的片段或场景之间的跳转，并可以复制项目中的部分内容。此外，Premiere Pro 2020 还引入了 AI 特性，可以实现在不同的长宽比屏幕中自动重构视频剪辑；增强了图形、文本、音频功能，可以在【项目】面板中自由变换视角以更快完成粗剪；提供了共享项目的锁定、素材的 VR 旋转、校准水平线、对齐视角等；改进了基本图形工作流程，支持区域隐藏式字幕标准。

1.1.1 安装 Premiere Pro 2020 的系统要求

编辑视频需要较高的计算机资源支持，因此配置用于视频编辑的计算机时，需要考虑硬盘的容量与转速、内存的容量和处理器的主频高低等硬件因素。这些硬件因素会影响视频文件保存的容量，以及处理和渲染输出视频文件时的运算速度。以下是安装和使用 Premiere Pro 2020 的系统要求。

- 操作系统为 Microsoft Windows 10(64 位)1803 版或更高版本。
- 处理器为支持 64 位的多核处理器。
- RAM 为 8GB(或更大内存)。
- 10GB 可用硬盘空间(在安装过程中需要额外的可用空间)。
- DV 和 HDV 编辑需要专用的 7200r/min 硬盘；HD 需要条带化的磁盘阵列存储空间(RAID0)；最好是 SCSI 磁盘子系统。
- 显示器分辨率为 1920×1080 像素或更大分辨率的显示屏。
- OpenGL2.0 兼容图形卡。
- 声卡为与 ASIO 协议、WASAPI 或 Microsoft WDM / MME 兼容的声卡。
- 对于 SD/HD 工作流程，需要经 Adobe 认证的卡来捕捉并导出到磁带。
- DVD-ROM 驱动器。
- 制作蓝光光盘需要蓝光刻录机。
- 制作 DVD 需要 DVD+/-R 刻录机。
- 如果DV和HDV要捕捉、导出到磁带并传输到DV设备上，则需要OHCI兼容的IEEE 1394端口。
- 使用 QuickTime 功能需要 QuickTime 7.7.9 软件。

1.1.2 Premiere Pro 2020 的功能

Premiere Pro 2020 既可以用于非线性编辑，也可以用于建立 Adobe Flash Video、QuickTime、RealMedia 或者 Windows Media 影片。使用 Premiere Pro 2020 可以实现以下功能。

- 视频和音频的剪辑。
- 字幕叠加：可叠加文字、线条和几何图像。
- 音频、视频同步：可调整音频、视频不同步的问题。

- 格式转换：几乎可以处理任何格式，包括对 DV、HDV、Sony XDCAM、XDCAM EX、Panasonic P2 和 AVCHD 的原生支持；支持导入和导出 FLV、F4V、MPEG-2、QuickTime、Windows Media、AVI、BWF、AIFF、JPEG、PNG、PSD、TIFF 等。
- 添加、删除音频和视频(配音或画面)。
- 多层视频、音频合成。
- 加入视频转场特效。
- 音频、视频的修整：可以对音频、视频进行各种调整，添加各种特效。
- 使用图片、视频片段做电影。
- 导入数字摄影机中的影音片段进行编辑。

Premiere Pro 2020 的核心技术是将视频文件逐帧展开，然后以帧为精度进行编辑，并且实现与音频文件的同步。这些功能的处理体现了非线性编辑软件的特点和功能。使用计算机制作影片的显著优点是将数字化的文件输入计算机后，只需对文件进行操作，就可以对内容进行添加、删除和应用效果等处理。

1.1.3　Premiere Pro 2020 的特点

Premiere Pro 2020 的新增功能和变更，包括自动重构视频剪辑、自由变换视图、图形和文本增强功能、音频增强功能、Premiere Pro 中的 After Effects 工作流、实时功能强化主剪辑效果、支持来自 Typekit 的字体、同步设置和文件管理、跨平台支持视频效果和过渡。

- 自动重构视频剪辑：右击【项目】面板中的任何序列，在弹出的快捷菜单中选择【自动重构序列】命令，可对素材进行智能化自动重构，在不同的宽高比屏幕(如方形、垂直和 16∶9 等格式的社交媒体专属视频格式)中重新格式化视频，自动跟踪兴趣点以保留帧内部的运动。
- 自由变换视图：在【项目】面板中，选择【列表】和【图标】视图旁边的【自由变换视图】图标，可整理用户的素材，查看剪辑、选择镜头和创建故事板，将剪辑组拖到时间轴中，以更快地完成粗剪。
- 图形和文本增强功能：Premiere Pro 2020 的【基本图形】面板中有很多文本和图形的增强功能，将设计作为可自定义的动态图形模板进行保存和重用，可更加顺畅地处理字幕和图形工作流程。
- 音频增强功能：Premiere Pro 2020 可提供更高效的多声道效果和更强大的音频增益能力，加快用户的音频工作流程；可对剪辑进行分类以应用正确的效果，使用自动衰减(auto ducking)来调整背景音频的音量，以便清晰地听到对白和旁白。
- Premiere Pro 中的 After Effects 工作流：Premiere Pro 2020 实现了与 After Effects 更紧密的集成，提供了新的剪辑效果，以及多项新功能和增强功能，使视频后期制作流程更加方便、快捷。
- 实时功能强化主剪辑效果、支持来自 Typekit 的字体：在 Premiere Pro 2020 中，将效果应用到主剪辑时，效果会自动扩散到序列中使用的主剪辑的所有部分。对主剪辑应用效果或通过 LUT(lookup table，颜色查找表)配置后，该效果或颜色变更会自动应用到序列中的主剪辑的每个实例中。此外，对效果进行的任何后续调整，都会自动扩散到所有序列剪辑。通过将【效果】面板的效果拖动到主剪辑处，可将效果应用到主剪辑。要查看或调整序列剪辑中的主剪辑效果，可使用【匹配帧】功能将该序列的主剪辑加载到源监视器中，然后从【效果控件】面板调整所有已应用的效果。Premiere Pro 2020 支持 Adobe 的订阅字体服务 Typekit，通过搜索等操作，可以轻松地帮助用户找到喜欢的海报或字体。

- 同步设置和文件管理：Adobe Creative Cloud 具有在线存储功能，可让用户随时随地通过任意设备或计算机访问自己的文件。利用 Premiere Pro 2020 可将项目直接自动保存到基于 Creative Cloud 的存储空间，从而方便地将项目备份到安全且易于访问的存储环境中。
- 跨平台支持视频效果和过渡：为了给效果和过渡提供一致的跨平台支持，Premiere Pro 2020 支持在 Windows 和 macOS 平台上实现同样的效果和过渡。

任务 2　启动与退出 Premiere Pro 2020

本节将简要介绍如何启动和退出 Premiere Pro 2020，以方便读者学习和使用 Premiere Pro 2020。

1.2.1　启动 Premiere Pro 2020

启动 Premiere Pro 2020 的操作步骤如下。

(1) Premiere Pro 2020 安装完成后，用户可以选择菜单栏中的【开始】命令，即单击图标，在弹出的菜单中选择 Adobe Premiere Pro 2020 命令，以启动 Premiere Pro 2020 程序。

(2) 在启动过程中，会弹出如图 1-1 所示的信息面板。

(3) 稍后进入开始使用界面，如图 1-2 所示，单击面板上的【新建项目】按钮。

图 1-1　Premiere Pro 2020 的启动信息面板

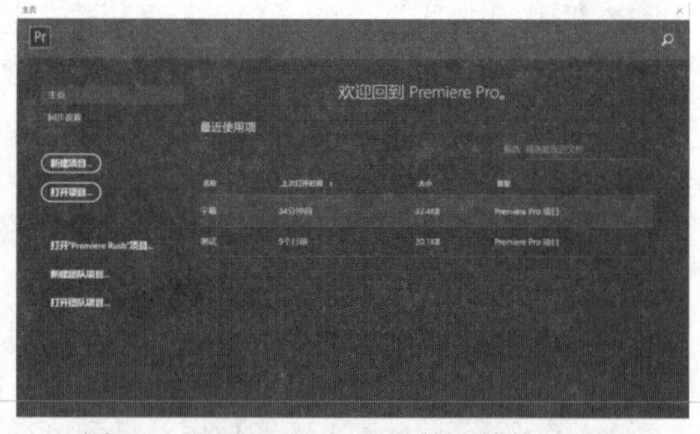

图 1-2　Premiere Pro 2020 的开始使用界面

提示

在开始使用界面中，除【新建项目】按钮外，还包括以下几个按钮。

- 【打开项目】：该按钮右侧会列出最近编辑或打开过的项目文件名。
- 【新建团队项目】：新建可以协作的团队项目。
- 【打开团队项目】：打开最近编辑或打开过的团队项目文件。

(4) 弹出【新建项目】对话框，如图 1-3 所示。在该对话框中可以设置文件的格式、编辑模式、帧尺寸，单击【位置】右侧的【浏览】按钮，还可以选择文件保存的路径。在【名称】右侧的文本框中输入当前项目文件的名称，然后单击【确定】按钮。

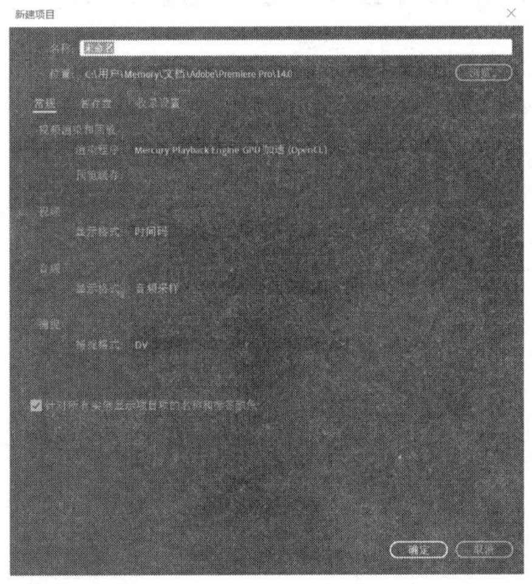

图 1-3　【新建项目】对话框

(5) 此时会进入 Premiere Pro 2020 的工作界面，如图 1-4 所示，然后即可进行编辑工作。执行【文件】|【新建】|【序列】命令，系统会弹出【新建序列】对话框，如图 1-5 所示。设置完序列参数后，单击【确定】按钮即可。

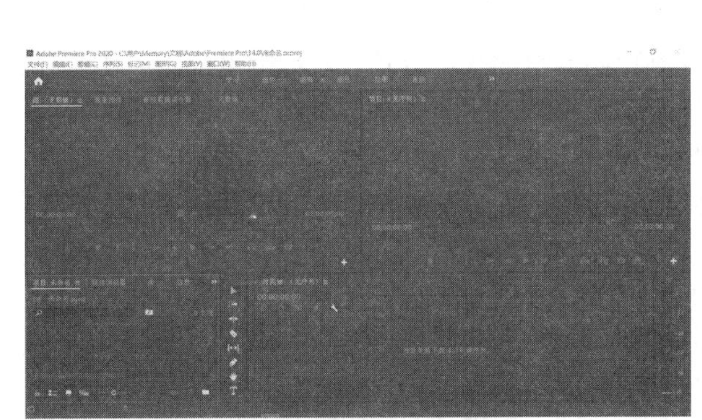

图 1-4　Premiere Pro 2020 的工作界面

图 1-5　【新建序列】对话框

1.2.2　退出 Premiere Pro 2020

在 Premiere Pro 2020 软件中完成编辑后，在菜单栏中选择【文件】|【退出】命令，或单击右上角的×图标，此时会弹出提示对话框，如图 1-6 所示。该对话框提示用户是否对当前项目文件进行保存，其中有以下 3 个按钮。

- 【是】：对当前项目文件进行保存，然后关闭软件。
- 【否】：不保存当前项目文件，直接退出软件。
- 【取消】：回到编辑的项目文件中，不退出软件。

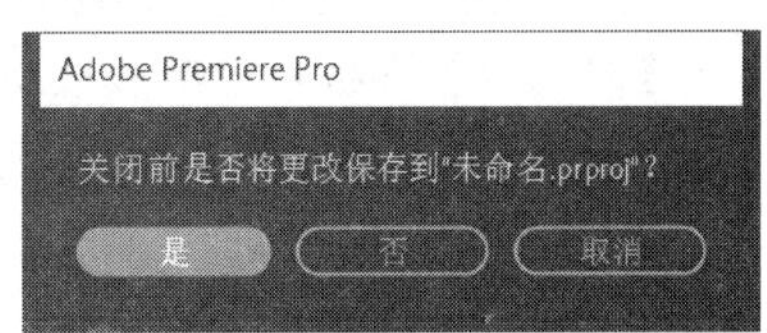

图 1-6　提示对话框

任务 3　熟悉 Premiere Pro 2020 的工作界面

Premiere 是具有交互式界面的软件，其工作界面存在多个工作组件。用户可以方便地通过配合使用菜单和面板，直观地完成视频编辑。

Premiere Pro 2020 工作界面中的面板不仅可以随意控制关闭和开启，而且能任意组合和拆分。用户可以根据自身的习惯来定制工作界面。

1.3.1　【项目】面板

【项目】面板一般用来存储在【时间轴】面板中编辑合成的原始素材，【项目】面板当前页的标签上会显示项目名。【项目】面板分为上下两部分，下半部分显示的是原始素材，上半部分显示的是下半部分选中素材的一些信息，如该视频的分辨率、持续时间、帧率和音频的采样频率、声道等。同时，上半部分还可以显示当前素材所在文件夹的位置，以及该文件夹中所有素材的数目。如果该素材是视频素材或者音频素材，还可以单击播放按钮进行预览播放。【项目】面板如图 1-7 所示。

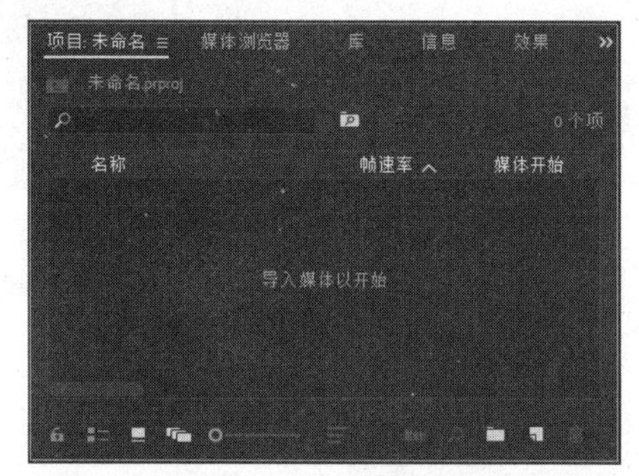

图 1-7　【项目】面板

在【项目】面板的左下方，有一组工具按钮，各按钮含义如下。

- 【列表视图】按钮：该按钮用于控制原始素材的显示方式。若单击该按钮，【项目】面板中的素材将以列表的方式显示出来，这种方式会显示该素材的名称、标题、视频入点等参数。在该显示方式下，可以单击相应的属性栏。例如，若单击【名称】栏，这些素材将按照名称的顺序进行排列；如果再单击【名称】栏，则排列顺序变为相反的类型(即降序变为升序，升序变为降序)。
- 【图标视图】按钮：该按钮用于控制原始素材的显示方式，它让原始素材以图标的方式进行显示。在这种显示方式下，用一个图标表示该素材，然后在图标下面显示该素材的名称和持续时间。
- 【自由变换视图】按钮：该按钮用于查看剪辑、选择镜头和创建故事板，将剪辑组拖到时间轴中，以更快地完成粗剪。
- 【自动匹配到序列】按钮：该按钮用于把选定的素材按照特定的方式加入当前选定的【时间轴】面板。单击该按钮，则会出现【序列自动化】对话框，用于设置插入的方式，如图 1-8 所示。

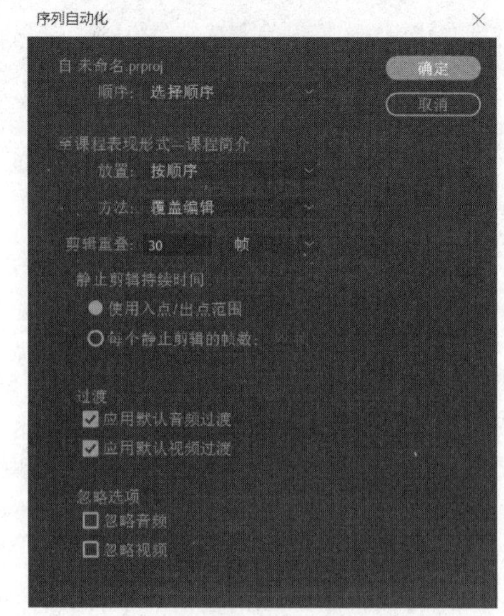

图 1-8　【序列自动化】对话框

- 【查找】按钮：该按钮用于按照【名称】【标签】【注释】【标记】或【出入点】等在【项目】面板中定位素材，类似在 Windows 的文件系统中搜索文件。单击该按钮将打开如图 1-9 所示的【查找】对话框。

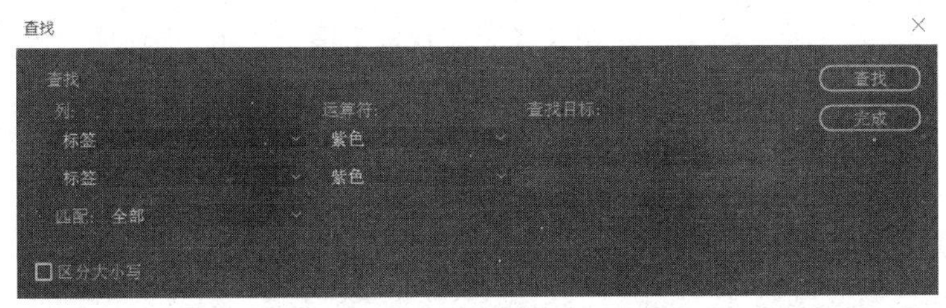

图 1-9　【查找】对话框

其中，【列】用于选择查找的关键字段，可以是【标签】【名称】【媒体类型】【视频入点】等，其下拉列表如图 1-10 所示。

【运算符】用于选择操作符，可以是【紫色】等，其下拉列表如图 1-11 所示。

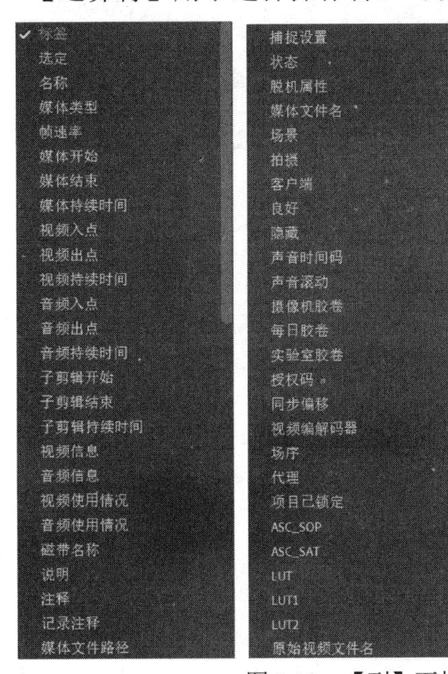

图 1-10　【列】下拉列表

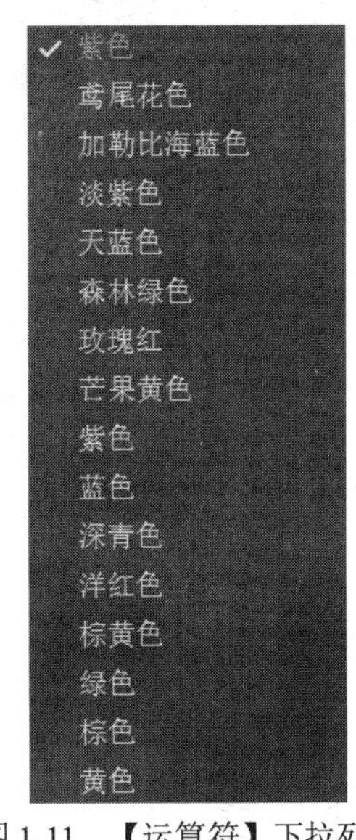

图 1-11　【运算符】下拉列表

【查找目标】用于输入关键字。

【匹配】用于选择逻辑关系，可以是【全部】或【任意】。

【区分大小写】用于选择是否和大小写相关。

这些项目都选择或者填写完毕后，单击【查找】按钮即可进行定位。

- 【新建素材箱】按钮：该按钮用于新建在当前素材管理路径下存放素材的文件夹，可以手动输入文件夹的名称。
- 【新建项】按钮：该按钮用于在当前文件夹创建一个新的序列、脱机文件、字幕、彩色、黑场视频、通用倒计时片头等。
- 【清除(删除)】按钮：该按钮用于将素材从【项目】面板中清除。

1.3.2 【监视器】面板

在【监视器】面板(如图 1-12 所示)中，可以进行素材的精细调整，如进行色彩校正和剪辑素材。默认的【监视器】面板由两部分组成，右边是【节目监视器】面板，用于对【时间轴】面板中的不同序列内容进行编辑和浏览；左边是【源监视器】面板，用于播放原始素材。在【源监视器】面板中，素材的名称显示在左上方的标签页上，单击该素材名称右边的≡按钮，可以显示当前已经加载的所有素材，还可以从中选择素材在【源监视器】面板中进行预览和编辑。此外，单击【监视器】面板的≡按钮，通常会显示【浮动面板】【关闭面板】【关闭组中的其他面板】【关闭】【全部关闭】等选项。

图 1-12 【监视器】面板

【源监视器】面板和【节目监视器】面板的下方都有一系列按钮，两个面板中的这些按钮基本相同，它们用于控制面板的显示，并完成预览和剪辑等操作。

单击【源监视器】面板右下方的扳手按钮🔧，会出现一个菜单，如图 1-13 所示。单击【节目监视器】面板右下方的扳手按钮🔧，也会出现一个类似的菜单。部分菜单的功能如下。

- 【合成视频】【音频波形】【Alpha】：这三项只能选择其中一项，表示在当前窗口中如何显示素材或者节目。
- 【循环】：循环播放。
- 【显示音频时间单位】：时间单位采用基于音频的单位。
- 【安全边距】：电视机在播放时通常会放大视频并把超出屏幕边缘的部分剪掉，这称为过扫描。过扫描的量并不是固定的，因此用户需要将视频图像中一些重要的情节和字幕放在称为安全框的范围内。用户可以通过选择该项来观察监视器中【源监视器】面板或【节目监视器】面板的安全框。选择该选项后，面板中会出现两个矩形框，里面的一个框表示字幕素材的安全区域，外面的一个框表示视频图像的安全区域。

以上这些命令基本都能在【源监视器】面板的下方找到对应的按钮。而关于这些按钮的功能，将在后面进行具体介绍。

【源监视器】面板在同一时刻只能显示一个单独的素材，如果将【项目】面板中的全部或部分素材都加入其中，则可以在【项

图 1-13 面板操作菜单

目】面板中选中这些素材，直接使用鼠标拖动到【源监视器】面板中即可。在【源监视器】面板的标题栏上单击下拉按钮，可以选择需要显示的素材。

【节目监视器】面板每次只能显示一个单独序列的节目内容，如果要切换显示的内容，则可以在【节目监视器】面板的左上方标签页中选择需要显示内容的序列。在【监视器】面板中，【源监视器】面板和【节目监视器】面板都有相应的控制工具按钮，而且两个面板的按钮基本类似，都可进行预览、剪辑等操作。

【源监视器】面板和【节目监视器】面板左上方的数字表示当前标尺所在的时间位置，右上方的数字表示在相应窗口中使用入点、出点剪辑的片段的长度(如果当前未使用入点、出点标记，则是整个素材或者节目的长度)。各按钮的功能如下。

- 【标记入点】：单击该按钮，对【源监视器】或者【节目监视器】设置入点，用于剪辑。将当前位置指定为入点，时间指示器在相应位置出现，该按钮对应的快捷键是 I。
- 【标记出点】：单击该按钮，对【源监视器】或者【节目监视器】设置出点，在入点和出点之间的片段，将被用于插入(或者抽出)时间线。将当前位置指定为出点，时间指示器在相应位置出现。该按钮对应的快捷键是 O。
- 【清除入点】：单击该按钮，可以清除已经设置的入点。该按钮对应的快捷键为 Ctrl+Shift+I。
- 【清除出点】：单击该按钮，可以清除已经设置的出点。该按钮对应的快捷键为 Ctrl+Shift+O。
- 【添加标记】：标记类似于现实中的“书签”，能让编辑者快速定位到标记的位置，其快捷键为 M。在 Premiere Pro 2020 中，双击已添加的标记，可以为标记添加名称、注释、颜色等。
- 【转到上一标记】：单击该按钮，编辑位置跳转到前一标记点。该按钮的快捷键为 Ctrl+Shift+M。
- 【转到下一标记】：单击该按钮，跳转到下一个标记点，该按钮的快捷键为 Shift+M。
- 【转到上一编辑点】：单击该按钮，将编辑线快速移到前一个需要编辑的位置。该按钮只在【节目监视器】面板中有，该按钮对应的快捷键是向上键。
- 【转到下一编辑点】：单击该按钮，将编辑线快速移到后一个需要编辑的位置。该按钮只在【节目监视器】面板中有，该按钮对应的快捷键是向下键。
- 【后退一帧】：每单击一次该按钮，编辑线就回退一帧。该按钮对应的快捷键是向左键。
- 【播放-停止切换】：该按钮控制【源监视器】面板和【节目监视器】面板中视频的播放和暂停，该按钮对应的快捷键是空格键。
- 【前进一帧】：每单击一次该按钮，编辑线就前进一帧。该按钮对应的快捷键是向右键。
- 【循环播放】：单击该按钮，选择循环播放模式，在【源监视器】面板播放的素材或者在【节目监视器】面板播放的节目将进行循环播放。再次单击该按钮，可取消循环播放模式。
- 【安全边距】：单击该按钮，选择安全边框模式，会在播放窗口出现安全边框。再次单击该按钮，可取消安全边框的显示。

- 【转到入点】：单击该按钮，编辑线快速跳转到设置的入点。该按钮对应的快捷键是Shift+I。
- 【转到出点】：单击该按钮，编辑线快速跳转到设置的出点。该按钮对应的快捷键是Shift+O。
- 【从入点到出点播放视频】：单击该按钮，将播放从入点到出点的素材片段或者节目片段。按下 Alt 键，该按钮将变成【循环播放】。
- 【插入】：单击该按钮，可以将当前【源监视器】面板中素材从入点到出点的片段插入【时间轴】面板，处于编辑线后的素材均会向右移动。如果编辑线所处位置处于目标轨道中的素材上，则会把原素材分为两段，新素材将直接插入其中，原素材的后半部分将会紧接着插入的素材。该按钮对应的快捷键是逗号(，)。该按钮为【源监视器】面板所特有。
- 【提升】：单击该按钮，可以在【时间轴】面板中指定的轨道上，将当前由入点和出点确定的片段从编辑轨道中抽出，与之相邻的片段不会改变位置。该按钮对应的快捷键是分号(;)。该按钮为【节目监视器】面板所特有。
- 【覆盖】：单击该按钮，可以将【源监视器】面板中由入点和出点确定的素材片段插入当前【时间轴】面板的编辑线处，其他片段与之在时间上重叠的部分都会被覆盖。若编辑线处于目标轨道中的素材上，则加入的新素材将会覆盖原素材，凡是处于新素材长度范围内的原素材都将被覆盖。该按钮对应的快捷键是半角的句号(.)。该按钮只有【源监视器】面板中有。
- 【提取】：单击该按钮，可以将【时间轴】面板中由入点和出点确定的节目片段抽走，其后的片段前移，填补空缺，而且对于其他未锁定轨道上位于该选择范围内的素材，也同样会被删除。该按钮对应的快捷键是单引号(')。该按钮是【节目监视器】面板中特有的。
- 【导出帧】：单击该按钮，将弹出【导出帧】窗口，可将视频文件以图片序列的方式导出。
- 【播放邻近区域】：该按钮用于预览当前帧附近的视频。
- 【隐藏字幕显示】：该按钮可以使字幕隐藏。
- 【还原剪裁会话】：该按钮可以使剪辑点恢复到原始位置。
- 【切换多机位视图】：该按钮能够很好地同步多机位拍摄的视频，极大地提高剪辑效率，该按钮对应的快捷键为 Shift+D。
- 【多机位录制开/关】：该按钮同样应用于多机位剪辑，开启后可以录制编辑好的多机位视频，开启的快捷键为 O。
- 【切换代理】：切换代理主要是因为原始素材太大，比如 4K 的视频素材，在计算机配置不高的情况下，直接在原素材上编辑时会卡顿，从而导致没办法操作，这时候就要通过使用切换代理来提高工作效率。
- 【切换 VR 视频显示】：此按钮用于 VR 视频剪辑的场景中。
- 【全局 FX 静音】：单击该按钮可以关闭使用到的特效，以方便查看特效使用前后的对比。
- 【在节目监视器中对齐】：该按钮主要用于图形排列，使两个图形紧密贴合。

以上这些按钮可以通过单击监视器右下角的加号展开，然后用鼠标拖曳到监视器的下方。

此外，【时间轴】面板中还有一个用于指示时间的标尺，移动它可以方便地预览素材，一般用来快速定位编辑点。

1.3.3　【时间轴】面板

在 Premiere Pro 2020 中，【时间轴】面板是非线性编辑器的核心面板。在【时间轴】面板中，从左到右以节目播放时的次序显示该节目中的所有素材，视频、音频素材中的大部分编辑合成工作和特技制作都在该面板中完成。【时间轴】面板如图 1-14 所示。

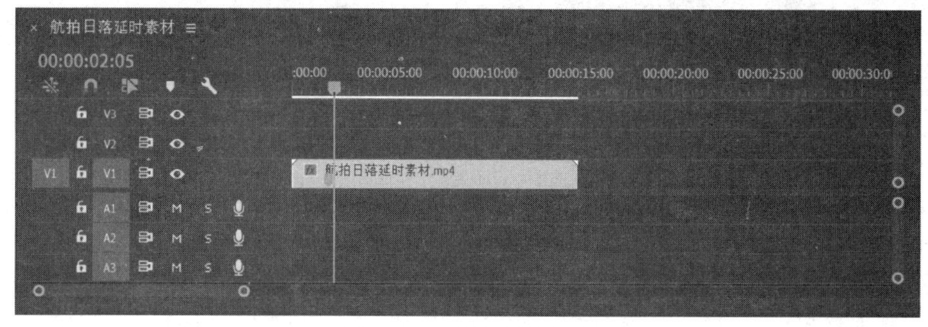

图 1-14　【时间轴】面板

- 视频轨道：可以有多个视频轨道，如视频 1、视频 2 等。
- 音频轨道：可以同时有多个音频轨道，如音频 1、音频 2 等，在最后还有一个主混合轨道。
- 【切换轨道输出】：选择是否将对应轨道的视频输出。
- 【静音轨道】M：选择是否将对应音频轨道静音。
- 【添加-移除关键帧】：用于添加或者移除关键帧。
- 【切换同步锁定】：用于对相应的轨道进行锁定。
- 【播放指示器位置】00:00:00:00：显示编辑线在标尺上的时间位置。
- 【在时间轴中对齐】：用于将素材的边缘对齐。
- 【添加标记】：用于设置一个无编号的标记。
- 编辑线：用于确定当前编辑的位置。

1.3.4　【效果】面板

在默认的工作区中，【效果】面板通常位于程序界面的左下角。用户若没有看到，可以选择【窗口】|【效果】命令，打开该面板，如图 1-15 所示。

【效果】面板中放置了 Premiere Pro 2020 中所有的视频和音频特效，以及转场切换效果。使用这些效果，可以从视觉和听觉上改变素材的特性。单击【效果】面板右上方的按钮，打开【效果】面板的菜单，如图 1-16 所示。其中部分选项的功能如下。

- 【新建自定义素材箱】：手动建立文件夹，可以把一些自己常用的效果拖入该文件夹，从而使效果管理起来更加方便，使用起来也更加简单。
- 【新建预设素材箱】：在【预设】文件夹中手动建立文件夹，可以把一些自己常用的效果设置保存到该文件夹，使用起来也更加简单。

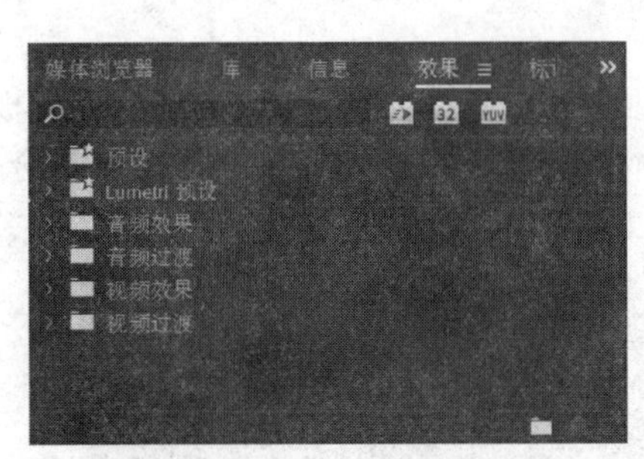

图 1-15 【效果】面板

图 1-16 【效果】面板菜单

- 【删除自定义项目】：此命令用于删除手动建立的文件夹。
- 【将所选过渡设置为默认过渡】：此命令用于将选择的切换效果设置为默认的过渡特效。
- 【设置默认过渡持续时间】：选择此命令将打开系统设置对话框，可以设置默认过渡特效的持续时间。

在【效果】面板上部的【搜索】文本框中输入关键字，可以快速定位效果的位置。例如，输入“闪”，则很快就可以找到在名称中包含“闪”的特效，如【闪电】。需要注意的是，Premiere Pro 2020 不支持中英文同时搜索。

【效果】面板右下方的【新建自定义素材箱】按钮，用于新建自定义文件夹；【删除】按钮用于删除新建立的自定义文件夹。关于这些视频/音频特效、视频/音频过渡的详细含义和用法，将在后面章节中进行详细介绍。

1.3.5 【效果控件】面板

【效果控件】面板显示了【时间轴】面板中选定素材所采用的一系列特技效果，用户可以方便地对各种特技效果进行具体设置，以达到更好的效果，如图 1-17 所示。

在 Premiere Pro 2020 中，【效果控件】面板的功能更加丰富和完善，如【时间重映射】为固定效果。【运动】特效和【不透明度】特效的效果设置，基本都在【效果控制】面板中完成。在该面板中，可以使用基于关键帧的技术来设置【运动】效果和【不透明度】效果，还能够进行过渡效果的设置。

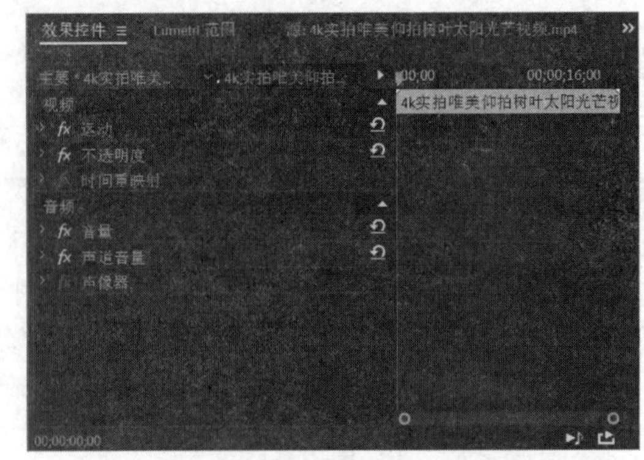

图 1-17 【效果控件】面板

【效果控件】面板的左边用于显示和设置各种特效，右边用于显示【时间轴】面板中选定素材所在的轨道或者选定过渡特效相关的轨道。

【效果控件】面板下方还有一些控制按钮和滑动条。

- 最左边的数字 00:00:00:00：用于显示当前编辑线在时间标尺上的位置。
- 【仅播放该剪辑的音频】按钮：只播放当前素材的音频。
- 【切换音频循环回放】按钮：固定音频循环播放。

1.3.6　【音轨混合器】面板

在 Premiere Pro 2020 中，可以对声音的大小和音阶进行调整。调整的位置既可以在【效果控制】面板中，也可以在【音轨混合器】面板中。【音轨混合器】面板在之前的旧版本中称为【调音台】，如图 1-18 所示。

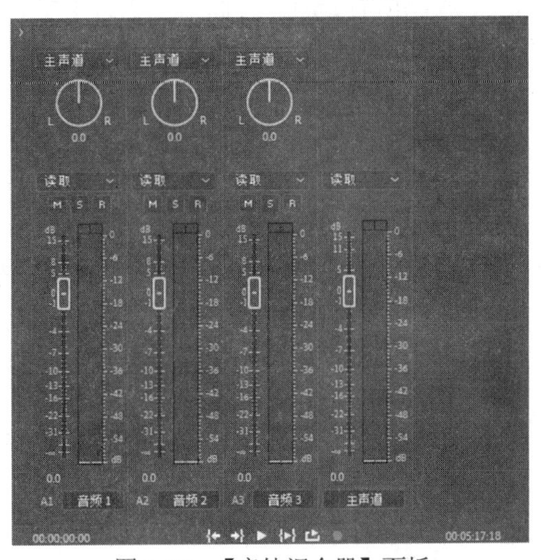

图 1-18　【音轨混合器】面板

【音轨混合器】面板是 Premiere 中一个非常方便好用的工具。在该面板中，用户可以方便地调节每个轨道声音的音量、均衡/摇摆等。Premiere Pro 2020 支持 5.1 环绕立体声，所以在【音轨混合器】面板中，还可以进行环绕立体声的调节。

在默认的音频轨道中，【音频 1】【音频 2】和【音频 3】都是普通的立体声轨道，【主声道】是主控制轨道。执行【窗口】|【音轨混合器】命令，则会弹出【音轨混合器】面板。

在【音轨混合器】面板中，可以对每个轨道进行单独控制。在默认情况下，每个轨道都默认使用【主声道】轨道进行总的控制。用户可以在【音轨混合器】面板下方的列表框中进行选择。在 Premiere Pro 2020 中，可以使用音频子混合轨道(可以通过【添加轨道】命令建立)对某些音轨进行单独控制。例如，将【音频 3】轨道改成由【子混合 1】轨道控制，由于【子混合 1】是环绕立体声轨道，因此【音频 3】的均衡/摇摆的控制面板会改变为新的形状。在【音轨混合器】面板中，还可以设置【静音/单独演奏】的播放效果。

1.3.7　【工具】面板

【工具】面板中的工具为用户编辑素材提供了足够用的功能，如图 1-19 所示。

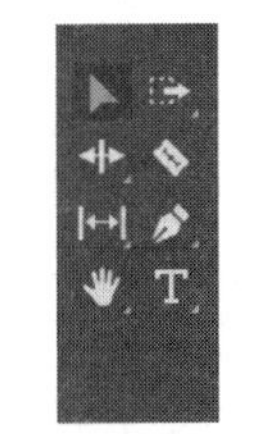

图 1-19　【工具】面板

- 【选择工具】：使用该工具可以选择或移动素材，并可以调节素材的关键帧，为素材设置入点和出点。当光标变为时，可以向右或向左缩短(或拉长)素材，快捷键是 V。在该方式下，还可以进行范围选择。在【时间轴】面板中，按住鼠标左键并拖动，鼠标将圈定一个矩形，在矩形范围内的素材会被全部选中。
- 【轨道选择工具】：长按图标，可以选择【向前选择轨道工具】和【向后选择轨道工具】。如果选择【向前选择轨道工具】，则将鼠标移到【时间轴】面板中时会显示为双箭头，此时就可以选择多个轨道上从第一个被选择的素材起到时间轴结尾处的所有素材。如果按住 Shift 键，鼠标的形状将变为单箭头，此时就可以进行单轨道的选择，即选择单个轨道上从第一个被选择的素材起到该轨道结尾处的所有素材。反之，如果选择【向后选择轨道工具】，将鼠标移到【时间轴】面板中会显示为反向双箭头，此时就可以选择多个轨道上从最后一个被选择的素材起到时间轴开始处的所有素材。如果按住 Shift 键，鼠标的形状将变为反向单箭头，此时就可以进行单轨道的选择，即选择单个轨道上从第一个被选择的素材开始到该轨道开始处的所有素材。【向前选择轨道工具】的快捷键是 A，【向后选择轨道工具】的快捷键是 Shift+A。

- 【波纹编辑工具】：长按此图标，可以在弹出的工具列表中选择【滚动编辑工具】和【比率拉伸工具】。【波纹编辑工具】用于调整一个素材的长度，且不影响轨道上其他素材的长度。选择【波纹编辑工具】后，在能够使用该工具的位置，光标的形状是；而在无法使用该工具的位置，光标的形状是。使用【波纹编辑工具】时，将光标移到需要调整的素材的边缘，然后按住鼠标左键并向左或向右拖动鼠标，整个素材的长度将发生相应的改变，而与该素材相邻的素材的长度并不变。【波纹编辑工具】的快捷键是 B。为了适应各素材之间的过渡关系，其他相邻素材的位置会有所变化，但其长度都不变。
- 【滚动编辑工具】：该工具用来调节某个素材和其相邻的素材长度，以保持两个素材和其后所有的素材长度不变。在能够使用该工具的位置，光标的形状是；而在无法使用该工具的位置，光标的形状是。使用该工具时，将光标移到需要调整的素材的边缘，然后按住鼠标左键并向左或者向右拖动鼠标。如果某个素材增加了一定的长度，那么相邻的素材就会减小相应的长度。该工具的快捷键是 N。把两段素材放在一起，使用该工具在两段素材之间调整后，整体的长度不变，只是一段素材的长度变长，另一段素材的长度变短。
- 【比率拉伸工具】：使用该工具可以调整素材的播放速度。使用该工具时，将光标移到需要调整的素材边缘，拖动鼠标，选定素材的播放速度将随之改变(只要有足够的空间)。拉长整个素材会减慢播放速度；反之，则会加快播放速度。该工具的快捷键是 R。
- 【剃刀工具】：该工具将一个素材切成两个或多个分离的素材。使用该工具时，将光标移到素材的分离点处单击，原素材将被分离。该工具的快捷键是 C。如果同时按住 Shift 键，则此时为多重剃刀工具。使用多重剃刀工具，可以将分离位置处所有轨道(除锁定的轨道外)上的素材进行分离。
- 【滑动工具】 ：分别表示【外滑工具】和【内滑工具】。选择【外滑工具】，把鼠标移到时间轴上的一个素材上拖动时，可以改变素材的入点和出点，但整个素材的长度不会改变(按住鼠标移动时会在【监视器】面板中显示两个有时间码的画面，左边为入点画面，右边为出点画面)。选择【内滑工具】，把鼠标移到需要改变的素材上，按住鼠标左键并拖动鼠标，前一素材的出点、后一素材的入点，以及拖动的素材在整个项目中的入点和出点位置将随之改变，而被拖动的素材的长度和整个项目的长度不变(按住鼠标移动时会在【监视器】面板中显示两个有时间码的画面，上面的左边为入点画面，右边为出点画面)。【外滑工具】的快捷键是 Y，【内滑工具】的快捷键为 U。
- 【钢笔工具】：长按此图标可以在弹出的工具列表中选择【矩形工具】和【椭圆工具】，【钢笔工具】工具用来设置素材的关键帧，快捷键是 P。

- 【矩形工具】：可在编辑窗口画出一个矩形。
- 【椭圆工具】：可在编辑窗口画出一个椭圆。
- 【手形工具】：长按此图标可以在弹出的工具列表中选择【缩放工具】，【手形工具】用来滚动【时间轴】面板中的内容，以便编辑一些较长的素材。使用【手形工具】时，将鼠标移到【时间轴】面板，然后按住鼠标左键并拖动，可以滚动【时间轴】面板到需要编辑的位置。该工具的快捷键是 H。
- 【缩放工具】：该工具用来调节片段显示的时间间隔。使用放大工具可以缩小时间单位，使用缩小工具可以放大时间单位。该工具可以画方框，将方框选定的素材充满【时间轴】面板，时间单位也会发生相应的变化。该工具的快捷键是 Z。
- 【文本工具】：长按此图标可以在弹出的工具列表中选择【垂直文本工具】，使用【文本工具】可以在【节目监视器】面板中直接添加文字，选择【窗口】|【基本图形】|【编辑】命令可以打开【基本图形】面板，对文字设置各项参数。【文本工具】的快捷键为 T。关于使用【文本工具】制作字幕的操作，将在后面章节中进行详细介绍。

1.3.8　【信息】面板

【信息】面板显示了所选剪辑或过渡的一些信息，如图 1-20 所示。该面板中显示的信息随媒体类型和当前活动窗口等因素而不断变化。如果素材在【项目】面板中，那么【信息】面板将显示选定素材的名称、类型(视频、音频或者图像等)、长度等信息。同时，素材的媒体类型不同，显示的信息也有差异。

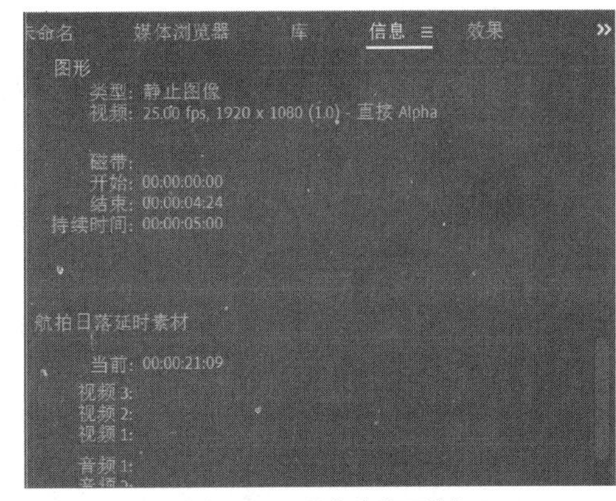

图 1-20　【信息】面板

1.3.9　【历史记录】面板

【历史记录】面板与 Adobe 公司其他产品中的【历史记录】面板一样，可以记录打开 Premiere Pro 2020 后的所有操作步骤，如图 1-21 所示。其最多可以记录 100 个操作步骤。

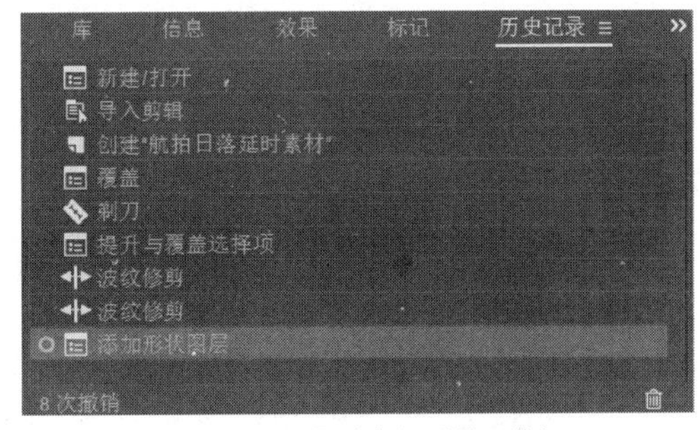

图 1-21　【历史记录】面板

用户可以在该面板中查看以前的操作，并且可以回退到先前的任意状态。例如，在【时间轴】面板中加入了一个素材，手动调整了素材的持续时间，对该素材使用了特技，进行了复制、移动等操作，这些步骤都会记录在【历史记录】面板中。如果要回退到加入素材前的状态，只需要在【历史记录】面板中找到加入素材对应的步骤，用鼠标左键单击即可。

【历史记录】面板的使用，有以下一些规定。

- 一旦关闭并重新打开项目，先前的编辑步骤将不再能从【历史记录】面板中得到。
- 打开一个字幕窗口，在该窗口中产生的步骤不会出现在【历史记录】面板中。

- 最初的步骤显示在列表的顶部，而最新的步骤则显示在底部。
- 列表中显示的每个步骤也包括改变项目时所用的工具或命令名称，以及代表它们的图标。某些操作会为受它影响的每个窗口产生一个步骤信息，这些步骤是相连的，Premiere 将它们作为一个单独的步骤对待。
- 选择一个步骤将使其下面的所有步骤变灰显示，这表示如果从该步骤重新开始编辑，下面列出的所有改变都将被删除。
- 选择一个步骤后再改变项目，将删除选定步骤之后的所有步骤。

要在【历史记录】面板中上下移动，可拖动面板上的滚动条或者从【历史记录】面板菜单中选择【后退】或【前进】命令。

要删除一个项目步骤，应先选择该步骤，然后从【历史记录】面板菜单中选择【删除】命令，并在弹出的确认对话框中单击【确定】按钮。

要清除【历史记录】面板中的所有步骤，可以从【历史记录】面板菜单中选择【清除历史记录】命令。

要对历史记录状态进行设置，可以从【历史记录】面板菜单中选择【设置】命令，在弹出的对话框中输入历史记录状态数值(最大数值为 100)，此数值为想要撤销的步数，然后单击【确定】按钮。

任务 4　了解 Premiere Pro 2020 的菜单命令

Premiere Pro 2020 一共有 9 个下拉式菜单，下面分别对其进行详细介绍。菜单如图 1-22 所示。

文件(F) 编辑(E) 剪辑(C) 序列(S) 标记(M) 图形(G) 视图(V) 窗口(W) 帮助(H)

图 1-22　Premiere Pro 2020 的菜单

1.4.1　【文件】菜单

【文件】菜单中的命令主要用于打开或存储文件(或项目)等操作，如图 1-23 所示。

1. 【新建】命令

此命令用来新建项目、序列和字幕等。将鼠标移至【新建】命令，弹出的下拉菜单如图 1-24 所示。其主要选项的功能如下。

- 【项目】：新建的项目用于组织和管理节目所使用的源素材和合成序列。此命令用来建立一个新的项目，其快捷键是 Ctrl+N。项目是一个 Premiere 电影作品的蓝本，它相当于电影或者电视制作中的分镜头剧本，是一个 Premiere 影视剧的分镜头剧本。一个项目主要由视频文件、音频文件、动画文件、静态图像、序列静态图像和字幕文件等素材文件组成。
- 【团队项目】：团队项目是一种可替代应用程序特定项目文件(如.prproj 或.aep 文件)的多用户、多应用程序服务。多名用户可以同时在一个团队项目中工作，当协作者打开一个团队项目时，团队项目服务会自动为用户“克隆”团队项目的当前状态，并在一个私人会话中打开它。该功能作为 Creative Cloud 订阅的额外服务提供，登录 Adobe 账号后可以共享项目并邀请他人共同编辑。

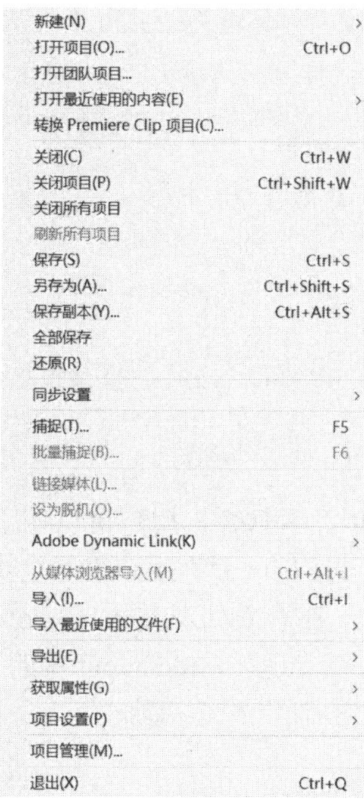

图 1-23　【文件】菜单

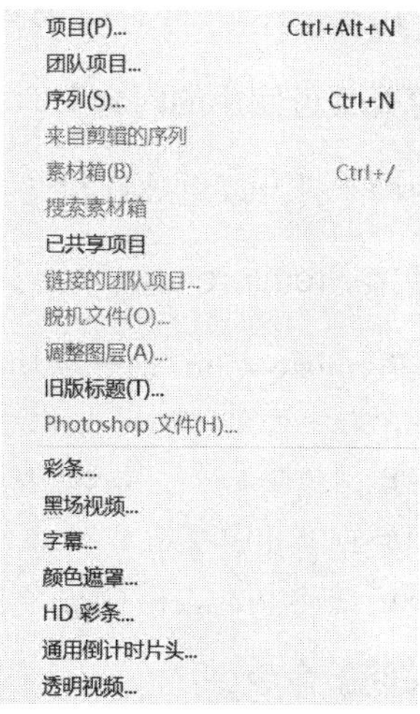

图 1-24　【新建】命令下的子菜单

- 【序列】：新建的序列用于编辑和加工素材。此命令用于创建一个新的序列，序列拥有独立的时间标尺，可以在一个序列中进行电影文件的编辑。一个序列可以作为另外一个序列的素材，序列之间可以相互嵌套。一个序列中，可以有多条音频和视频轨道，而作为别的序列的素材，只相当于一条音频轨道和一条视频轨道，这样就极大地方便了复杂项目的编辑。
- 【素材箱】：新建文件夹，可以包含各种素材及子文件夹。
- 【已共享项目】：表示已经共享的团队项目。
- 【脱机文件】：在打开节目时，Premiere Pro 2020 可以自动为找不到的素材创建脱机文件；也可以在编辑节目的过程中新建脱机文件，将其作为一个尚未存在的素材的替代品。
- 【旧版标题】：以旧版本的形式新建字幕。
- 【Photoshop 文件】：新建一个匹配项目帧尺寸和纵横比的 Photoshop 文件。
- 【彩条】：新建标准彩条图像文件。
- 【黑场视频】：新建黑场视频文件。
- 【字幕】：新建字幕，激活【字幕编辑器】窗口。
- 【颜色遮罩】：新建颜色遮罩文件。
- 【HD 彩条】：新建 HD 彩条文件。
- 【通用倒计时片头】：新建一个通用的倒计时片头文件，弹出如图 1-25 所示的【新建通用倒计时片头】对话框，可以根据需要进行设置。
- 【透明视频】：新建一个透明视频。

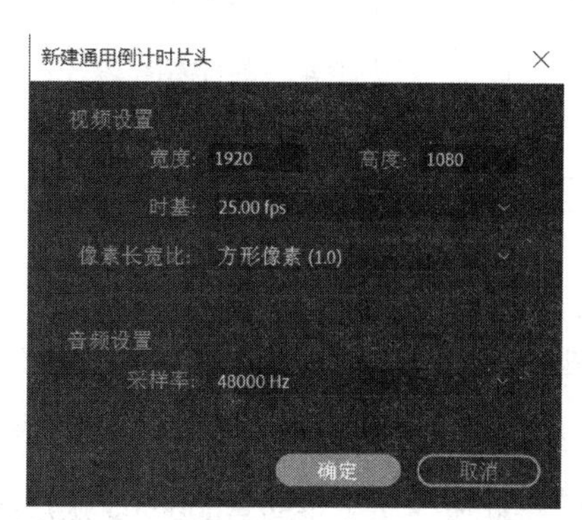

图 1-25　【新建通用倒计时片头】对话框

2.【打开项目】命令

此命令用来打开一个已有的项目文件，快捷键是 Ctrl+O。

3.【打开团队项目】命令

此命令用来打开一个已有的团队项目文件。

4.【打开最近使用的内容】命令

此命令用来打开最近被打开过的项目。将鼠标移至该命令，会弹出最近被打开过的项目列表。

5.【转换 Premiere Clip 项目】命令

Adobe Premiere Clip 是一款功能强大的图片处理和视频编辑软件，用户可以在手机上使用 Premiere Clip 轻松处理视频，制作出满意的视频作品。Premiere Clip 允许用户进行基本剪接、编辑、加入影片风格等操作，也可以进行调校慢镜速度等操作。在音效处理方面，Premiere Clip 允许用户分别处理背景音乐和影片声音，除了控制音量，还可以实现如 Fade in/out 等的简单效果。使用该命令可以将 Premiere Clip 项目转换为 Premiere Pro 2020 项目并进行剪辑。

6.【关闭】命令

此命令用来关闭当前编辑的窗口，快捷键为 Ctrl+W。

7.【关闭项目】命令

此命令用来关闭当前打开的文件或者项目，快捷键为 Ctrl+Shift+W。

8.【关闭所有项目】命令

此命令用来关闭当前编辑和打开的所有项目和文件。

9.【刷新所有项目】命令

此命令用来刷新当前编辑和打开的所有项目和文件。

10.【保存】命令

此命令用来保存当前编辑的窗口，可将其保存为相应的文件，快捷键为 Ctrl+S。

11.【另存为】命令

此命令用来将当前编辑的窗口保存为另外的文件，快捷键为 Ctrl+Shift+S。

12.【保存副本】命令

此命令用来保存当前项目的副本文件，快捷键为 Ctrl+Alt+S。

13.【还原】命令

此命令可以将最近一次编辑的文件或者项目恢复原状。

14.【同步设置】命令

此命令用于帮助 Adobe ID 账户在不同机器上对项目进行同步。

15. 【捕捉】命令

此命令将打开【采集】窗口，用于采集视频或音频，快捷键为 F5。

16. 【批量捕捉】命令

此命令用于批量采集视频或音频，快捷键为 F6。

17. 【链接媒体】命令

此命令用于找回打开项目时丢失的素材文件。

18. 【设为脱机】命令

应用此命令后，序列中的素材会出现丢失现象。

19. 【Adobe Dynamic Link】命令

此命令用于新建或者导入 Adobe After Effects 合成，此功能必须在系统中安装 Adobe Production Premium CC 才能使用。

20. 【从媒体浏览器导入】命令

此命令用于从媒体浏览器中导入素材文件，快捷键为 Ctrl+Alt+I。

21. 【导入】命令

此命令用于为当前项目输入所需要的素材文件(包括视频、音频、图像、动画等)，选择该命令后，系统将弹出【导入】对话框，快捷键为 Ctrl+I。

22. 【导入最近使用的文件】命令

此命令用于导入最近使用的文件。

23. 【导出】命令

此命令用于输出当前制作的电影片段。从该菜单的下一级菜单中可以看出，可以把【时间轴】面板中选定序列的工作区域导出为影片、单帧、音频、字幕，可以输出到磁带，或者输出到 Encore、EDL，也可以输出为其他多种视频格式。

24. 【获取属性】命令

此命令用于获取文件的属性或者选择内容的属性。此命令的下级菜单如图 1-26 所示。各选项的功能如下。

文件(F)...
选择(S)...　Ctrl+Shift+H

图 1-26 【获取属性】子菜单

- 【文件】：系统将让用户选择文件，在选定文件后，系统将对选定的文件进行分析，然后输出分析的结果。
- 【选择】：此命令将显示在【项目】面板或者【时间轴】面板选定的素材的属性。

25. 【项目设置】命令

此命令用于对项目的渲染方式、存盘位置等进行设置。

26. 【项目管理】命令

此命令用于对项目进行打包，以方便在不同的机器上进行编辑。

27. 【退出】命令

此命令用于退出 Premiere Pro 2020 的系统界面，快捷键为 Ctrl+Q。

1.4.2 【编辑】菜单

【编辑】菜单提供了常用的编辑命令，如撤销、重做、复制文件等。该菜单如图 1-27 所示。

图 1-27 【编辑】菜单

1. 【撤销】命令

此命令用于取消上一步操作。

2. 【重做】命令

此命令用于恢复被撤销的上一步操作。

3. 【剪切】命令

此命令用于剪切选中的内容，然后将其粘贴到其他地方。

4. 【复制】命令

此命令用于复制选中的内容，然后将其粘贴到其他地方。

5. 【粘贴】命令

此命令用于把刚刚复制或者剪切的内容粘贴到相应的位置。

6. 【粘贴插入】命令

此命令用于把刚刚复制或者剪切的内容粘贴到合适的位置。

7. 【粘贴属性】命令

此命令通过复制和粘贴操作将用于片段的效果、不透明度、运动等属性粘贴到另外的片段。

8. 【删除属性】命令

此命令用于删除片段中的属性。

9. 【清除】命令

此命令用于清除所选中的内容。

10. 【波纹删除】命令

此命令用于删除【时间轴】面板中选定的素材和空隙，其他未锁定的剪辑片段会移动过来填补空隙。

11. 【重复】命令

此命令用于制作片段的副本。

12. 【全选】命令

此命令用于全部选定当前窗口里面的内容。

13. 【取消全选】命令

此命令用于取消刚刚全部选定的内容。

14. 【查找】命令

此命令用于在【项目】面板中查找和定位素材。

15. 【标签】命令

此命令用于改变素材在【项目】面板中列表显示时标签的值或者改变在【时间轴】面板中显示的颜色。此命令的下级菜单如图 1-28 所示。部分选项的功能如下。

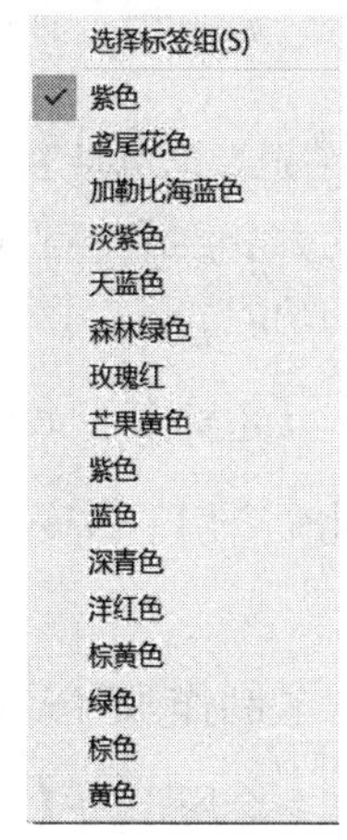

图 1-28　标签子菜单

- 【紫色】：素材的标签显示为紫色。
- 【鸢尾花色】：素材的标签显示为蓝紫色。
- 【加勒比海蓝色】：素材的标签显示为蓝色。
- 【淡紫色】：素材的标签显示为淡紫色。
- 【天蓝色】：素材的标签显示为天蓝色。
- 【森林绿色】：素材的标签显示为绿色。
- 【玫瑰红】：素材的标签显示为粉红色。
- 【芒果黄色】：素材的标签显示为橙色。
- 【深青色】：素材的标签显示为深青色。
- 【洋红色】：素材的标签显示为洋红色。
- 【棕黄色】：素材的标签显示为棕黄色。

16. 【编辑原始】命令

此命令用于将编辑进行初始化，打开产生素材的应用程序。

17. 【在 Adobe Audition 中编辑】命令

此命令为转到 Adobe Audition 中编辑和混合所选音频。

18. 【在 Adobe Photoshop 中编辑】命令

此命令为转到 Adobe Photoshop 中编辑所选图片。

19.【团队项目】命令

将项目转为团队项目进行剪辑，其下级菜单如图 1-29 所示。

20.【快捷键】命令

此命令用于对 Premiere Pro 2020 系统的快捷键进行设置。手动设置快捷键可以改变系统中所有的快捷键，使之变成用户希望的方式，这样更利于用户在 Premiere Pro 2020 中进行编辑操作。

21.【首选项】命令

此命令用于进行编辑参数的选择，用以设置各种参数。此命令的下级菜单如图 1-30 所示。关于参数的具体设置将在后面章节中进行详细介绍。

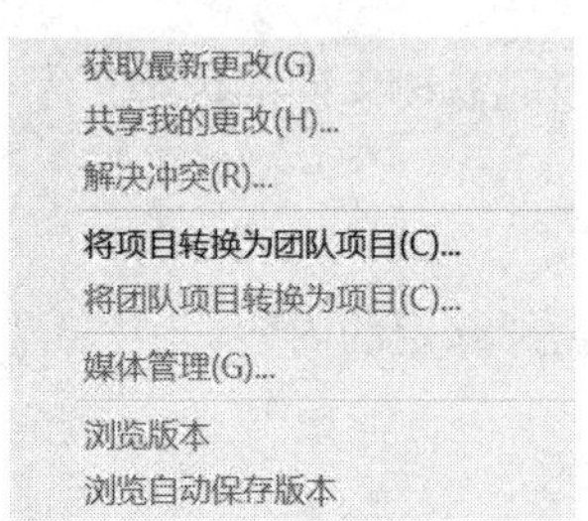

图 1-29 【团队项目】子菜单

常规(G)...
外观(P)...
音频(A)...
音频硬件(H)...
自动保存(U)...
捕捉(C)...
协作(C)...
操纵面板(O)...
设备控制(D)...
图形...
标签...
媒体(E)...
媒体缓存...
内存(Y)...
回放(P)...
同步设置(S)...
时间轴...
修剪(R)...

图 1-30 【首选项】子菜单

1.4.3 【剪辑】菜单

【剪辑】菜单是 Premier Pro 2020 中最为重要的菜单，剪辑影片的大多数命令都在这个菜单中，如图 1-31 所示。其主要选项的功能如下。

1.【重命名】命令

此命令用于改变【项目】面板或【时间轴】面板中素材的名称。

2.【制作子剪辑】命令

此命令用于为【源监视器】面板的素材设置出点和入点，创建附加素材并命名后出现在【项目】面板中。以不同于源素材的绿底图标标记。

3.【编辑子剪辑】命令

此命令用于重新设置附加素材的入点和出点。

4.【编辑脱机】命令

此命令用于对文件进行脱机管理。

5.【源设置】命令

此命令用于对源素材进行管理。

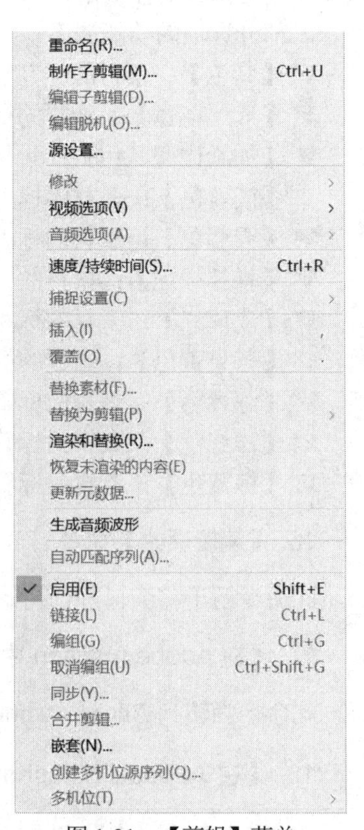

图 1-31 【剪辑】菜单

6.【捕捉设置】命令

此命令用于对采集视频或音频的属性进行设置。

7.【插入】命令

此命令用于将素材插入【时间轴】面板中当前编辑线所指示的位置。

8.【覆盖】命令

选择此命令后，将用新素材覆盖【时间轴】面板中当前编辑线所指示位置的素材。

9.【替换素材】命令

此命令用于替换【项目】面板中选中的素材。

10.【替换为剪辑】命令

如果时间轴上某个素材不合适，使用此命令可以用另外的素材来替换该素材。其子菜单如图 1-32 所示，各选项的功能如下。

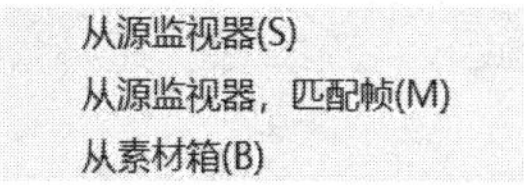

从源监视器(S)
从源监视器，匹配帧(M)
从素材箱(B)

图 1-32　【替换为剪辑】子菜单

- 【从源监视器】：用【源监视器】面板里当前显示的素材来进行替换，时间上按照入点来进行匹配。
- 【从源监视器，匹配帧】：这种方式也用【源监视器】面板里当前显示的素材来进行替换，但是时间上以当前时间指示(即【源监视器】面板中的蓝色图标，时间轴里的红线)来进行帧匹配，忽略入点。
- 【从素材箱】：使用【项目】面板中当前被选中的素材来完成替换(每次只能选一个)。

11.【启用】命令

此命令用于激活时间轴上的素材，然后进行下一步操作。如果没有激活，那么【时间轴】面板中素材的名称将以灰色显示，而且素材不被包含在影片中。

12.【链接】命令

此命令用于链接音频和视频。

13.【编组】命令

此命令用于把选定的多个素材设成一个组，进行拖动、删除等操作时，一个组的动作都是一致的。此命令的快捷键是 Ctrl+G。

14.【取消编组】命令

此命令用于把一个组内的多个素材重新打开，从而避免在对单个素材进行拖动、删除等操作时其他素材产生一致的动作。此命令的快捷键是 Ctrl+Shift+G。这种组的关系和一个素材的视频与音频之间的链接关系是不一样的，一个素材在插入【时间轴】面板时，产生的视频和音频是有链接关系的，只要没有解除链接，那么进行分段(如用【剃刀工具】)等操作时，视频和音频都将被分段。然而，若把该视频与音频解除链接再群组，虽然在用鼠标拖动素材时，音频和视频是同时被移动的，但是如果用【剃刀工具】分段，则视频和音频是不会同时产生作用的。

15.【同步】命令

此命令用于将选择不同轨道的片段根据选择的入点、出点、时间码、已编号素材标记等方式对齐。

16.【嵌套】命令

此命令用于将两个或多个视音频文件组合成一个整体文件。

17.【多机位】命令

此命令用于对嵌套序列应用多机位编辑，如图 1-33 所示。

图 1-33　【多机位】窗口

18.【视频选项】命令

此命令用于设置视频素材的各种参数。该命令的子菜单如图 1-34 所示，各选项的功能如下。

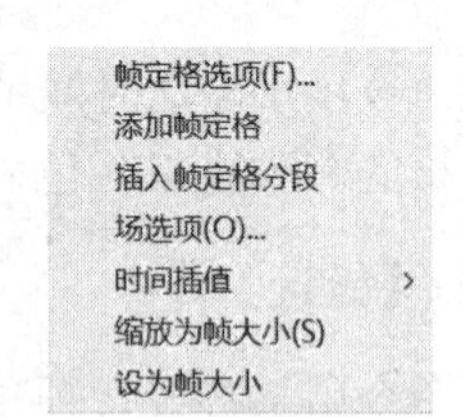

图 1-34　【视频选项】子菜单

- 【帧定格选项】：用于选择一个素材中的入点、出点或 0 标记点的帧画面，然后在整个素材的延时内，都显示该帧画面。
- 【添加帧定格】：用于对播放中的视频突然定格，定位到某一帧后选择该命令，后边的内容将变为冻结帧。
- 【插入帧定格分段】：选择该命令后，帧定格某一段后视频能够继续播放。
- 【场选项】：用于视频素材的场选项设置。
- 【时间插值】：用于解决对视频进行变速后，播放不够平滑的问题。时间插值中的“帧采样”“帧混合”“光流法”由于计算方式的区别会对效果和渲染速度产生影响。针对不同速度的视频可灵活运用。
- 【缩放为帧大小】：用于自动将序列中的素材缩放为序列设置的帧大小。

- 【设为帧大小】：智能地将序列中的素材设置为序列设置的帧大小。

19. 【音频选项】命令

此命令用来设置音频素材的各种参数。该命令的子菜单如图 1-35 所示，各选项的功能如下。

- 【音频增益】：此命令用于设置音频的增益，由此来控制音频的大小，设置对话框中的 0dB(分贝)表示使用原音频素材的音量。
- 【拆分为单声道】：此命令用于将音频设为单声道。
- 【提取音频】：此命令用于从选中的音频中提取出大小、增益等参数信息。

音频增益(A)...　G
拆分为单声道(B)
提取音频(X)

图 1-35　【音频选项】子菜单

20. 【速度/持续时间】命令

此命令用于显示或者修改素材的持续时间和播放速度，快捷键为 Ctrl+R。执行此命令，打开的对话框如图 1-36 所示。各选项的功能如下。

- 【速度】：用于设置播放的速度。设置的速度如果大于 100%，则为快进；如果小于 100%，则为慢镜头。
- 【持续时间】：用来设置素材的延时，按照【小时：分钟：秒：帧】的格式设置。
- 【倒放速度】：选中该复选框，表示播放的时候为倒播。
- 【保持音频音调】：选中该复选框，用于给音频定音。

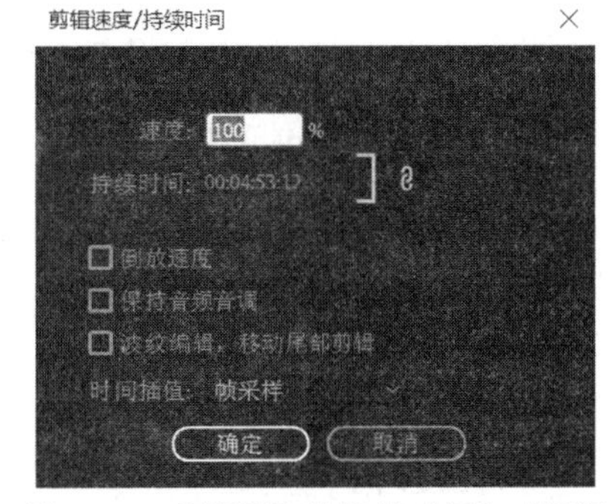

图 1-36　【剪辑速度/持续时间】对话框

1.4.4　【序列】菜单

【序列】菜单中的命令用于对序列进行操作，如图 1-37 所示。其主要功能是对素材片段进行编辑并最终生成电影。下面分别介绍【序列】菜单中的各种命令。

1. 【序列设置】命令

此命令用于对当前序列的编辑模式、视频格式、音频格式、视频预览等进行设置。

2. 【渲染入点到出点的效果】命令

此命令用于对工作区内的素材进行预览并生成电影。快捷键为回车键。

3. 【渲染入点到出点】命令

此命令用于对当前整段的工作区进行渲染。

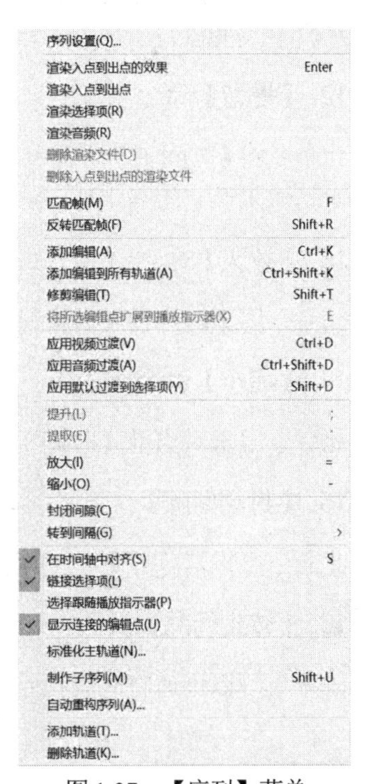

图 1-37　【序列】菜单

4.【渲染音频】命令

此命令用于对当前选中的音频进行渲染。

5.【删除渲染文件】命令

此命令用于删除预览工作区内生成的文件。

6.【删除入点到出点的渲染文件】命令

此命令用于删除当前工作区内已渲染的文件。

7.【修剪编辑】命令

此命令用于对时间线上相邻的两段视频的出点和入点进行精确剪辑。

8.【应用视频过渡】命令

此命令将用默认的过渡特效来进行视频间的过渡。

9.【应用音频过渡】命令

此命令将用默认的过渡特效来进行音频间的过渡。

10.【应用默认过渡到选择项】命令

此命令用于对所选择的区域使用默认切换效果过渡。

11.【提升】命令

此命令可以把【时间轴】面板中选定轨道上由入点和出点确定的片段从轨道中抽出，与之相邻的片段不改变位置。

12.【提取】命令

此命令将【时间轴】面板中由入点和出点确定的节目片段抽走，其后的片段前移，填补空缺，而且对其他未锁定轨道上位于该选择范围内的素材，也同样进行删除。

13.【放大】命令

此命令用于对当前【时间轴】上的素材片段进行放大处理。

14.【缩小】命令

此命令用于对当前【时间轴】上的素材片段进行缩小处理。

15.【封闭间隙】

此命令可以消除序列中的间隙，在序列间隙较多时可以提高工作效率。

16.【转到间隔】

该命令可以迅速将时间指示器指向序列中分割开来的下一段视频。

17.【标准化主轨道】命令

此命令用来对音频信号进行标准化处理。

18.【制作子序列】

对时间线上的某段视频运用该命令可以将剪辑好的序列保存在【项目】面板中，不影响整体序列，方便以后使用。

19.【自动重构序列】

此命令用于对不同宽高比(包括方形、竖幅及 16∶9)的视频重新格式化，同时自动跟踪兴趣点，以将它们留在帧内。

20.【添加轨道】命令

此命令用于在【时间轴】面板中添加音视频轨道。

21.【删除轨道】命令

此命令用于删除【时间轴】上的音视频轨道。

1.4.5　【标记】菜单

【标记】菜单包含设置标记点的命令，如图 1-38 所示。该菜单中的命令主要用于对素材或者时间线设置标记点。

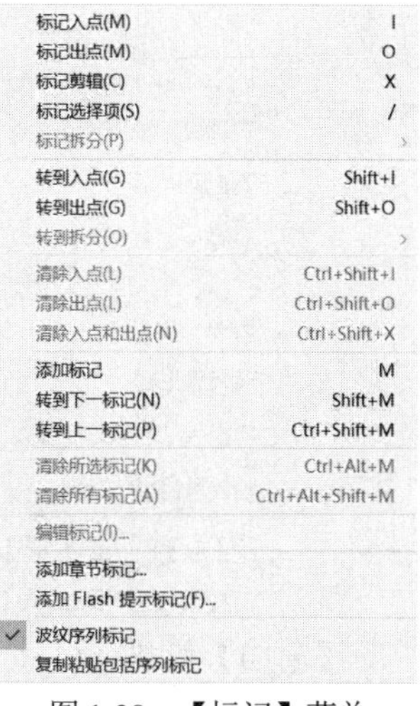

图 1-38　【标记】菜单

1.【标记入点】【标记出点】【标记剪辑】【标记选择项】【标记拆分】命令

上述命令用于设置素材的标记。

2.【转到入点】【转到出点】【转到拆分】命令

上述命令用于将编辑位置转到某个素材标记。

3.【清除入点】【清除出点】【清除入点和出点】命令

上述命令用于清除已经设置的某个素材标记。

4.【添加标记】命令

此命令用于设置序列标记。

5.【转到下一标记】【转到上一标记】命令

上述命令用于指向序列标记。

6.【清除所选标记】【清除所有标记】命令

上述命令用于清除已经设置的序列标记。

7.【添加章节标记】命令

此命令用于设置 Encore 章节标记。

8.【添加 Flash 提示标记】命令

此命令用于设置 Flash 的提示标记。

1.4.6 其他菜单

1.【图形】菜单

该菜单用于图形设计，包括【新建图层】【对齐】【排列】和【选择】等命令，如图 1-39 所示。

2.【视图】菜单

该菜单用于设置【节目监视器】面板视图，包括【回放分辨率】【显示模式】【显示标尺】【显示参考线】等命令，如图 1-40 所示。

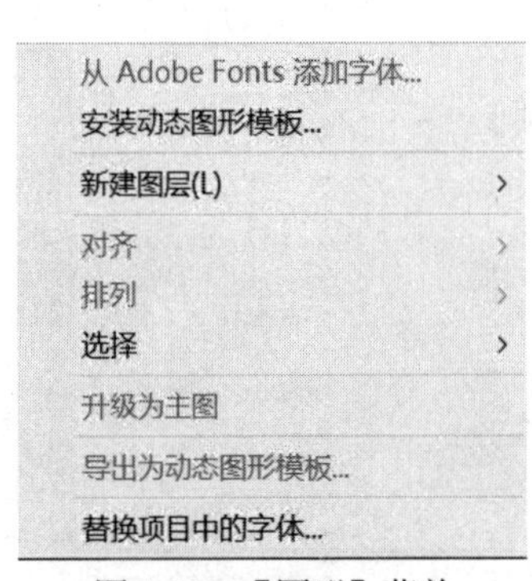

图 1-39 【图形】菜单

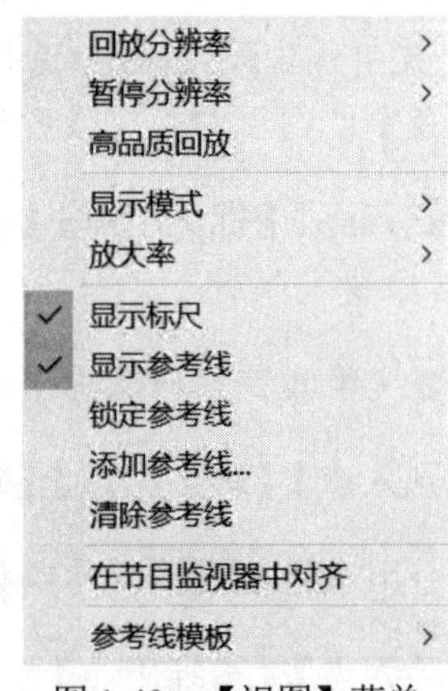

图 1-40 【视图】菜单

3.【窗口】菜单

该菜单包括控制显示/关闭窗口和面板的命令，如图 1-41 所示。打钩的命令选项表示该命令对应的窗口或面板正显示在工作界面中。

4.【帮助】菜单

利用该菜单，用户可阅读 Premiere Pro 2020 的使用帮助和教程，还可以链接到 Adobe 的网站，寻求在线帮助等，如图 1-42 所示。

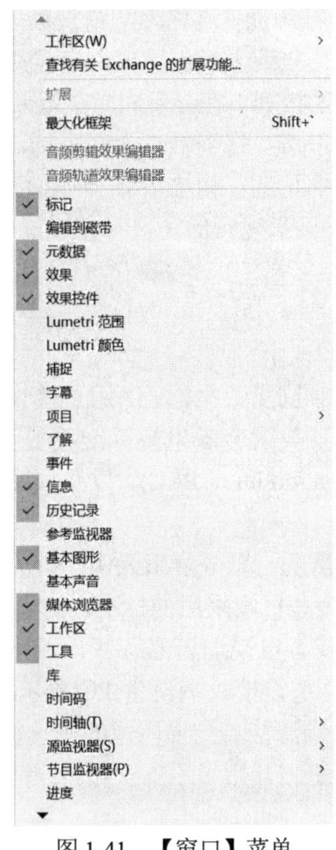

图 1-41　【窗口】菜单

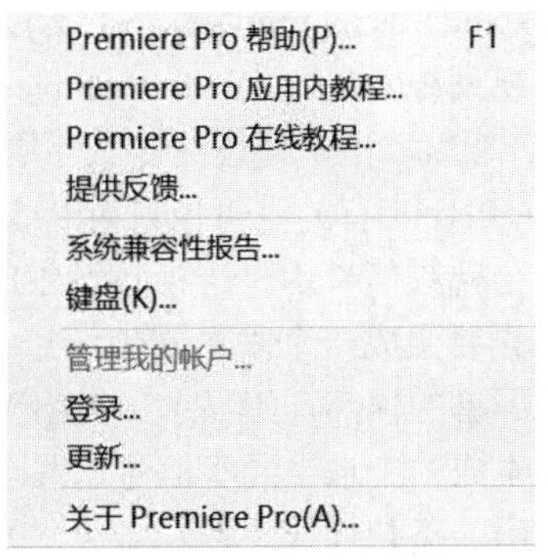

图 1-42　【帮助】菜单

任务 5　掌握视频编辑基础知识

数字技术的发展和广泛应用，不仅使视频制作领域引入了全新的技术和概念，而且给这一领域的节目制作、传输和播出带来了革命性变化。下面将介绍有关视频编辑的相关基础知识。

1.5.1　帧和场

像电影一样，视频由一系列单独的图像(称之为帧)组成，并放映到观众面前的屏幕上。视觉暂留现象的存在，使得每秒钟放映若干张图像就能产生动态的画面效果。典型的帧速率范围是 24~30 帧/秒，这样才会产生平滑和连续的效果。在正常情况下，由一个或者多个音频轨迹与视频同步，并为影片提供声音。

帧速率是描述视频信号的一个重要概念，帧速率是指每秒钟刷新的图片的帧数，也可以理解为图形处理器每秒钟能够刷新几次。对于 PAL 制式电视系统，帧速率为 25 帧/秒；而对于 NTSC 制式电视系统，帧速率为 30 帧/秒。虽然这些帧速率足以提供平滑的运动效果，但它们还没有高到足以使视频显示避免闪烁的程度。根据实验，人的眼睛可觉察到低于 1/50 秒的速度刷新图像中的闪烁。然而，要把帧速率提高到这种程度，就要求显著增加系统的频带宽度，这是相当困难的。为了避免这样的情况，所有电视系统都采用了隔行扫描的方法。

大部分的视频采用两个交错显示的垂直扫描场构成每一帧画面，这称为交错扫描场。交错视频的帧由两个场构成，其中一个扫描帧的全部奇数场，称为奇场或上场；另一个扫描帧的全部偶数场，称为偶场或下场。场以水平分隔线的方式隔行保存帧的内容，在显示时首先显示第一个场的交错间隔内容，然后显示第二个场来填充第一个场留下的缝隙。每一帧包含两个场，场速率是帧速率的两倍。这种扫描的方式称为隔行扫描，与之相对应的是逐行扫描，每一帧画面由一个非交错的垂直扫描场完成。计算机操作系统就是以非交错形式显示视频的。

1.5.2 NTSC、PAL 和 SECAM

基带视频是一种简单的模拟信号，由视频模拟数据和视频同步数据构成，用于接收端正确地显示图像。信号的细节取决于应用的视频标准或者制式——美国全国电视标准委员会(national television standards committee，NTSC)、逐行倒相(phase alternation line，PAL)，以及顺序传送与存储彩色电视系统(sequential couleur avec memoire，SECAM)。

在 PC 领域，由于使用的制式不同，因此存在不兼容的情况。以分辨率为例，有的制式每帧有 625 线(50Hz)，有的则每帧只有 525 线(60Hz)。后者是北美和日本采用的标准，统称为 NTSC。通常，一个视频信号由一个视频源生成，如摄像机、VCR 或者电视调谐器等。为了传输图像，视频源首先要生成一个垂直同步信号(VSYNC)。这个信号会重设接收端设备(PC 显示器)，保证新图像从屏幕的顶部开始显示。发出 VSYNC 信号之后，视频源接着扫描图像的第一行。之后，视频源又生成一个水平同步信号，重设接收端，以便从屏幕左侧开始显示下一行，并针对图像的每一行发出一条扫描线，以及一个水平同步脉冲信号。

另外，NTSC 标准还规定视频源每秒钟需要发送 30 幅完整的图像(帧)。假如不做其他处理，闪烁现象会非常严重。为了解决这个问题，每帧又被均分为两部分，每部分 262.5 行。一部分全是奇数行，另一部分则全是偶数行。显示时，先扫描奇数行，再扫描偶数行，这样就可以有效地改善图像显示的稳定性，减少闪烁。

1.5.3 RGB 和 YUV

对一种颜色进行编码的方法统称为【颜色空间】或【色域】。世界上任何一种颜色的【颜色空间】都可定义成一个固定的数字或变量，RGB(红、绿、蓝)只是众多颜色空间中的一种。采用这种编码方法，每种颜色都可用 3 个变量来表示，即红色、绿色和蓝色的强度。记录及显示彩色图像时，RGB 是最常见的一种方案。但是，它缺乏与早期黑白显示系统的良好兼容性。因此，众多电子电器厂商普遍采用的做法是，将 RGB 转换成 YUV 颜色空间，以保持兼容，再根据需要换回 RGB 格式，以便在计算机显示器上显示彩色图形。

YUV(亦称 YCrCb)是欧洲电视系统所采用的一种颜色编码方法(属于 PAL)。YUV 主要用于优化彩色视频信号的传输，使其向后兼容老式黑白电视。与 RGB 视频信号传输相比，它最大的优点在于只需占用极少的带宽(RGB 要求3个独立的视频信号同时传输)。其中，Y 表示亮度(luminance 或 luma)，也就是灰阶值；而 U 和 V 表示的则是色度(chrominance 或 chroma)，作用是描述影像色彩及饱和度，用于指定像素的颜色。【亮度】是通过 RGB 输入信号来创建的，方法是将 RGB 信号的特定部分叠加到一起。【色度】则定义了颜色的两个方面——色调与饱和度，分别用 Cr 和 Cb 来表示。其中，Cr 反映了 RGB 输入信号红色部分与 RGB 信号亮度值之间的差异；而 Cb 反映的是 RGB 输入信号蓝色部分与 RGB 信号亮度值之间的差异。

1.5.4　数字视频的采样格式及数字化标准

模拟视频的数字化包括不少技术问题，如电视信号具有不同的制式且采用复合的 YUV 信号方式，而计算机工作在 RGB 颜色空间；电视机是隔行扫描，计算机显示器大多是逐行扫描；电视图像的分辨率与显示器的分辨率也不尽相同等。因此，模拟视频的数字化主要包括颜色空间的转换、光栅扫描的转换及分辨率的统一。

模拟视频一般采用分量数字化方式，先把复合视频信号中的亮度和色度分离，得到 YUV 或 YIQ 分量，然后用 3 个模/数转换器对 3 个分量分别进行数字化处理，最后再转换成 RGB 颜色空间。

1. 数字视频的采样格式

根据电视信号的特征，亮度信号的带宽是色度信号带宽的两倍。因此，其进行数字化时可采用幅色采样法，即对信号色差分量的采样率低于对亮度分量的采样率。若用 Y∶U∶V 来表示 YUV 三个分量的采样比例，则数字视频的采样格式有 3 种，分别是 4∶1∶1、4∶2∶2 和 4∶4∶4。电视图像既是空间的函数，也是时间的函数，而且又是隔行扫描式，所以其采样方式比扫描仪扫描图像的方式要复杂得多。分量采样时采到的是隔行样本点，要把隔行样本组合成逐行样本，然后进行样本点的量化，YUV 到 RGB 色彩空间的转换等，最后才能得到数字视频数据。

2. 数字视频标准

为了在 PAL、NTSC 和 SECAM 电视制式之间确定共同的数字化参数，国家无线电咨询委员会(CCIR)制定了广播级质量的数字电视编码标准，称为 CCIR 601 标准。在该标准中，对采样频率、采样结构、颜色空间转换等都做了严格规定，主要有：采样频率为 f_s=13.5 MHz；分辨率与帧率；根据 f_s 的采样率，在不同的采样格式下计算出数字视频的数据量。

这种未压缩的数字视频数据量对于目前的计算机和网络来说，无论是存储还是传输都是不现实的，因此在多媒体中应用数字视频的关键问题在于数字视频的压缩技术。

3. 视频序列的 SMPTE 表示单位

通常用时间码来识别和记录视频数据流中的每一帧，从一段视频的起始帧到终止帧，其间的每一帧都有一个唯一的时间码地址。根据动画和电视工程师协会(society of motion picture and television engineers，SMPTE)使用的时间码标准，其格式是小时:分钟:秒:帧或 hours:minutes:seconds:frames。一段长度为 00:01:24:15 的视频片段，其播放时间为 1 分 24 秒 15 帧，如果以每秒 30 帧的速率播放，则播放时间为 1 分 24.5 秒。

电影、录像和电视业根据其使用帧率的不同，分别制定对应的 SMPTE 标准。由于技术原因，NTSC 制式实际使用的帧率是 29.97 帧/秒，而不是 30 帧/秒，因此在时间码与实际播放时间之间有 0.1%的误差。为了解决这个误差问题，设计了丢帧(drop-frame)格式，即在播放时每分钟要丢两帧(实际上是有两帧不显示而不是从文件中删除)，这样可以保证时间码与实际播放时间一致。与丢帧格式对应的是不丢帧(nondrop-frame)格式，它忽略了时间码与实际播放帧之间的误差。

1.5.5 视频压缩编码

视频压缩的目标是在尽可能保证视觉效果的前提下减少视频数据率。视频压缩比一般指压缩后的数据量与压缩前的数据量之比。由于视频是连续的静态图像，故其压缩编码算法与静态图像的压缩编码算法有某些共同之处，但是运动的视频有自身特性，因此在压缩时还应考虑其运动特性才能达到高压缩的目标。在视频压缩中常用到以下一些基本概念。

1. 有损和无损压缩

在视频压缩中，有损(lossy)和无损(lossless)的概念与静态图像中基本类似。无损压缩即压缩前和解压缩后的数据完全一致，多数无损压缩都采用 RLE 行程编码算法。有损压缩意味着解压缩后的数据与压缩前的数据不一致，在压缩的过程中会丢失一些人眼和人耳所不敏感的图像或音频信息，而且丢失的信息不可恢复。几乎所有高压缩的算法都采用有损压缩，这样才能达到低数据率的目标。丢失的数据率与压缩比有关，压缩比越小，丢失的数据越多，解压缩后的效果越差。此外，某些有损压缩算法采用多次重复压缩的方式，这样还会引起额外的数据丢失。

2. 帧内和帧间压缩

帧内压缩也称空间压缩，是指当压缩一帧图像时，仅考虑本帧的数据而不考虑相邻帧之间的冗余信息，这实际上与静态图像压缩类似。帧内一般采用有损压缩算法，由于帧内压缩时各帧之间没有相互关系，因此压缩后的视频数据仍以帧为单位进行编辑。

采用帧间压缩与视频或动画的连续前后两帧具有很大的相关性，或者说前后两帧信息变化很小的特点，即连续的视频其相邻帧之间具有冗余信息。根据这一特性，压缩相邻帧之间的冗余量就可以进一步提高压缩量，减小压缩比。帧间压缩也称时间压缩，它通过比较时间轴上不同帧之间的数据进行压缩。帧间压缩一般是无损的。帧差值算法是一种典型的时间压缩法，它通过比较本帧与相邻帧之间的差异，仅记录本帧与其相邻帧的差值，这样可以大大减少数据量。

3. 对称和不对称编码

对称是压缩编码的一个关键特性。对称意味着压缩和解压缩占用相同的计算处理能力和时间，对称算法适合于实时压缩和传送视频，如视频会议应用就适合采用对称的压缩编码算法。而在电子出版和其他多媒体应用中，一般是把视频预先压缩处理好再播放，因此可以采用不对称编码。不对称意味着压缩时需要花费大量的处理能力和时间，而解压缩时则能较好地实时回放，即以不同的速度进行压缩和解压缩。一般来说，压缩一段视频的时间比回放(解压缩)该视频的时间要多得多。例如，压缩一段 3 分钟的视频片段可能需要十几分钟的时间，而该片段实时回放时间只有 3 分钟。

1.5.6 非线性编辑

1. 非线性编辑的概念

非线性编辑是相对于传统的以时间顺序进行线性编辑而言的。传统的线性编辑按照信息记录的顺序，从磁带中重放视频数据来进行编辑，需要较多的外部设备，如放像机、录像机、特技发

生器、字幕机等，工作流程十分复杂。非线性编辑借助计算机来进行数字化制作，几乎所有的工作都在计算机中完成，不再需要繁多的外部设备，对素材的调用也是瞬间实现，不用反反复复在磁带上寻找，突破单一的时间顺序编辑限制，可以按各种顺序排列，具有快捷、随机的特性。非线性编辑只要上传一次，就可以“为所欲为”，直到满意为止，无论多少次的编辑，信号质量始终不会变低，所以节省了设备和人力，提高了效率。

2. 非线性编辑系统的硬件结构

非线性编辑系统技术的重点在于处理图像和声音信息。这两种信息具有数据量大、实时性强的特点。实时的图像和声音处理需要有高速的处理器、宽带数据传输装置、大容量的内存和外存等一系列的硬件环境支持。普通的 PC 难以满足上述要求，经压缩后的视频信号要实时地传送仍很困难，因此，提高运算速度和增加带宽需要另外采取措施。这些措施包括采用数字信号处理器 DSP、专门的视音频处理芯片及附加电路板，以增强数据处理能力和系统运算速度。在电视系统处于数字岛(电视演播室设备所经历的单件设备的数字化阶段)时期，帧同步机、数字特技发生器、数字切换台、字幕机、磁盘录像机和多轨 DAT(数字录音磁带)技术已经相当成熟，而借助当前的超大规模集成电路技术，这些数字视频功能已可以在标准长度的板卡上实现。非线性编辑系统板卡上的硬件能直接进行视音频信号的采集、编解码、重放，甚至直接管理素材硬盘，计算机则提供 GUI(图形用户界面)、字幕、网络等功能。

3. 视频压缩技术

在非线性编辑系统中，数字视频信号的数据量非常庞大，必须对原始信号进行必要的压缩。常见的数字视频信号的压缩方法有 M-JPEG、DV 和 MPEG 等。

▼ M-JPEG 压缩格式

目前，非线性编辑系统大多采用 M-JPEG 图像数据压缩标准。1992 年，ISO(国际标准化组织)颁布了 JPEG 标准。这种算法用于压缩单帧静止图像，在非线性编辑系统中得到了充分应用。JPEG 压缩综合了 DCT 编码、游程编码、霍夫曼编码等算法，既可以做到无损压缩，也可以做到质量完好的有损压缩。完成 JPEG 算法的信号处理器在 20 世纪 90 年代发展很快，可以做到以实时的速度完成运动视频图像的压缩。这种处理方法称为 Motion-JPEG(M-JPEG)。在录入素材时，M-JPEG 编码器对活动图像的每一帧进行实时帧内编码压缩，在编辑过程中可以随机获取和重放压缩视频的任意帧，很好地满足了精确到帧的后期编辑要求。

Motion-JPEG 虽然已大量应用于非线性编辑，但 Motion-JPEG 与前期广泛应用的 DV 及其衍生格式(DVCPRO 25、DVCPRO 50 和 Digital-S 等)，以及后期在传输和存储领域广泛应用的 MPEG-2 都无法进行无缝连接。因此，在非线性编辑网络中主要应用 DV 体系和 MPEG 格式。

▼ DV 体系

1993 年，由索尼、松下、JVC 和飞利浦等几十家公司组成的国际集团联合开发了具有较好质量、统一标准的家用数字录像机格式，称为 DV 格式。从 1996 年开始，很多公司纷纷推出自己的产品。DV 格式的视频信号采用 4∶2∶0 取样、8 bit 量化。对于 625/50 制式，一帧记录 576 行；每行的样点数：Y 为 720，Cr、Cb 各为 360，且隔行传输；视频采用帧内约 5∶1 数据压缩，视频数据率约为 25 Mb/s。DV 格式可记录 2 路(每路 48 kHz 取样、16 bit 量化)或 4 路(32 kHz 取样、12 bit 量化)无数据压缩的数字声音信号。

DVCPRO 格式是日本松下公司在家用 DV 格式的基础上开发的一种专业数字录像机格式，

用于标准清晰度电视广播制式的模式有两种，称为 DVCPRO 25 模式和 DVCPRO 50 模式。在 DVCPRO 25 模式中，视频信号采用 4∶1∶1 取样、8 bit 量化，一帧记录 576 行；每行有效样点：Y 为 720，Cr、Cb 各为 180；数据压缩也为 5∶1，视频数据率亦为 25 Mb/s。在 DVCPRO 50 模式中，视频信号采用 4∶2∶2 取样、8 bit 量化，一帧记录 576 行；每行有效样点：Y 为 720，Cr、Cb 各为 360；采用帧内约 3∶3∶1 数据压缩，视频数据率约为 50 Mb/s。DVCPRO 25 模式可记录 2 路数字音频信号，DVCPRO 50 模式可记录 4 路数字音频信号，每路音频信号都为 48 kHz 取样、16 bit 量化。

DVCPRO 格式的一体化摄录机体积小、重量轻，在全国各地方电视台应用广泛。因此，在建设电视台的非线性编辑网络时，DVCPRO 是非编系统硬件必须支持的数据输入和压缩格式。

▽ MPEG 压缩格式

MPEG 是 motion picture expert group(运动图像专家组)的简称。开始时，MPEG 是视频压缩光盘(VCD、DVD)的压缩标准。MPEG-1 是 VCD 的压缩标准，MPEG-2 是 DVD 的压缩标准。现在，MPEG-2 系列已经发展成为 DVB(数字视频广播)和 HDTV(高清晰度电视)的压缩标准。非编系统采用 MPEG-2 压缩格式将给影视制作、播出带来极大方便。MPEG-2 压缩格式与 Motion-JPEG 最大的不同在于它不仅有每帧图像的帧内压缩(JPEG 方法)，还增加了帧间压缩，因此能够获得比较高的压缩比。在 MPEG-2 中，有 I 帧(独立帧)、B 帧(双向预测帧)和 P 帧(前向预测帧)3 种形式。其中，B 帧和 P 帧都要通过计算才能获得完整的数据，这给精确到帧的非线性编辑带来了一定的难度。现在，基于 MPEG-2 的非线性编辑技术已经成熟，对于网络化的非编系统来说，采用 MPEG2-IBP 作为高码率的压缩格式，将极大减少网络带宽和存储容量；对于需要高质量后期合成的片段来说，可采用 MPEG2-I 格式。MPEG2-IBP 与 MPEG2-I 帧混编在技术上也已成熟。

4. 数据存储技术

由于非线性编辑要实时地完成视音频数据处理，因此系统的数据存储容量和传输速率也非常重要。通常单机的非编系统需应用大容量硬盘、SCSI 接口技术。对于网络化的编辑，其在线存储系统还需使用 RAID 硬盘管理技术，以提高系统的数据传输速率。

▽ 大容量硬盘

硬盘的容量大小决定了它能记录多长时间的视音频节目和其他多媒体信息。以广播级 PAL 制式电视信号为例，压缩前，1 s 视音频信号的总数据量约为 32 MB，进行 3∶1 压缩后，1 s 视音频信号的数据量约为 10 MB，1min 视音频信号的数据量约为 600 MB，1 h 视音频节目需要约 36 GB 的硬盘容量。近年来硬盘技术发展很快，一个普通家用计算机的硬盘就可以达到 500 GB，通常专业使用的硬盘容量在 1 TB 左右，因此，现有的硬盘容量完全能够满足非线性编辑的需要。

▽ SCSI 接口技术

数据传输速率也称为“读写速率”或“传输速率”，一般以 MB/s 为单位表示。它代表在单位时间内存储设备所能读/写的数据量。在非线性编辑系统中，硬盘的数据传输速率是最薄弱的环节。普通硬盘的转速还不能满足实时传输视音频节目的需要。为了提高数据传输速率，计算机使用了 SCSI 接口技术。SCSI 是 small computer system interface(小型计算机系统接口)的简称。目前 SCSI 总线支持 32 bit 的数据传输，并具有多线程 I/O 功能，可以从多个 SCSI 设备中同时存取数据。这种方式明显加快了计算机的数据传输速率，如果使用两个硬盘驱动器并行读取数据，则所需文件的传输时间是原来的 1/2。目前，8 位的 SCSI 最大数据传输速率为 20 MB/s，16 位的 Ultra Wide SCSI(超级宽 SCSI)为 40 MB/s，最快的 SCSI 接口 Ultra 320 的最大数据传输速率为 320 MB/s。SCSI 接口加上与其相配合的高速硬盘，能满足非线性编辑系统的需要。

对于非线性编辑系统来说，硬盘是目前最理想的存储设备，尤其是 SCSI 硬盘，其数据传输速率、存储容量和访问时间都优于 IDE 接口的硬盘。SCSI 的扩充能力也比 IDE 接口强。增强型 IDE 接口最多可驱动 4 个硬盘，SCSI-I 可连接 7 个外部设备，SCSI-II 一般可连接 15 个设备，而 Ultra 2 以上的 SCSI 可连接 31 个设备。

▽ RAID 管理技术

网络化的编辑对非编系统的数据传输速率提出了更高的要求。处于网络中心的在线存储系统通常由许多硬盘组成硬盘阵列。系统要同时传送几十路甚至上百路的视音频数据就需要应用 RAID 管理电路。该电路把每一字节中的位分配给几个硬盘同时读/写，提高了速度，整体上等效于一个高速硬盘。这种 RAID 管理方式不占用计算机的 CPU 资源，也与计算机的操作系统无关，数据传输速率可以达到 100 Mb/s，并且安全性能较高。

5. 图像处理技术

在非线性编辑系统中，用户可以制作丰富多彩的数字视频特技效果。数字视频特技有硬件和软件两种实现方式。软件方式以帧或场为单位，经计算机的中央处理器(CPU)运算获得结果。这种方式能够实现的特技种类较多，成本低，但速度受 CPU 运算速度的限制。使用硬件方式制作数字特技采用专门的运算芯片，每种特技都有大量的参数可以设定和调整。在质量要求较高的非编系统中，数字特技由软件协助硬件完成，一般能实现部分特技的实时生成。

电视节目镜头的组接可分为【混合】【扫换(划像)】【键控】和【切换】4 大类。多层数字图像的合成实际上是图像代数运算的一种，它在非线性编辑系统中的应用有两大类，即全画面合成与区域选择合成。在电视节目后期制作中，前者称为【叠化】，后者在视频特技中用于【扫换】和【抠像】。多层画面合成中的层是随着新型数字切换台的出现而引入的。视频信号经数字化后，需在帧存储器中进行处理才能使层得到实现。所谓的层，实际上就是帧存，所有的处理包括【划像】【色键】【亮键】【多层淡化叠显】等数字处理都是在帧存中进行的。数字视频混合器是非线性编辑系统中多层画面叠显的核心装置，主要提供【叠化】【淡入淡出】【扫换】和【键控】合成等功能。

随着通用和专用处理器速度的提高，图像处理技术和特级算法的改进，以及多媒体扩展(multimedia extension，MMX)技术的应用，许多软件特技可以做到实时或准实时。随着由先进的 DSP 技术和硬件图像处理技术所设计的特技加速卡的出现，软件特技处理时间加快了 8~20 倍。软件数字特技由于特技效果丰富、灵活、可扩展性强，更能发挥制作人员的创意，因此，在图像处理中的应用也越来越多。

6. 图文字幕叠加技术

字幕是编辑中不可缺少的一部分。在传统的电视节目制作中，字幕总是叠加在图像的最上一层。字幕机是串接在系统最后一级上的。在非线性编辑中，插入字幕有硬件和软件两种方式。软件字幕是利用做图软件的原理把字幕作为图形键处理，生成带 Alpha 键的位图文件，将其调入编辑轨对某一层图像进行抠像贴图，完成字幕功能。硬件字幕的硬件通常由一个图形加速器和一个图文帧存组成。图形加速器主要用于对单个像素、专用像素和像素组等图形部件的管理，它具有绘制线段、圆弧和显示模块等高层次图形功能，因此明显减轻了由于大量的图形管理给 CPU 带来的压力。图形加速器的效率和功能将直接影响图文字幕的速度和效果。叠加字幕的过程是将汉字从硬盘的字库中调到计算机内存中，以线性地址写入图文帧存，经属性描述后输出到视频混合器的下游键中，将视频图像合成后输出。

拓展训练

本拓展训练主要通过安装 Premiere Pro 2020 和制作简单的影片来学习 Premiere Pro 2020 的基本工作流程。

1. 安装 Premiere Pro 2020

(1) 打开 Adobe Premiere Pro 2020 的安装文件所在的文件夹，双击并运行 setup.exe，进入安装程序，如图 1-43 所示。

(2) 单击【继续】按钮，弹出如图 1-44 所示的【安装选项】界面，此界面可以选择语言和安装软件的位置，单击【继续】按钮开始安装。

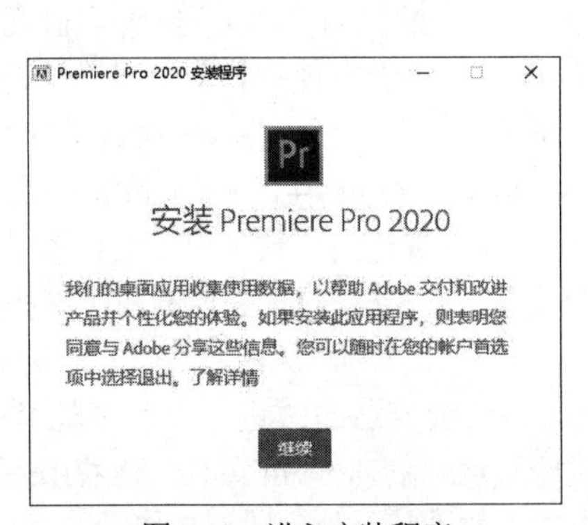

图 1-43　进入安装程序

图 1-44　【安装选项】界面

提示

在安装时，Premiere Pro 2020 会进行系统检查。如果安装时系统正在运行与安装程序相冲突的应用程序，则安装程序会列出需要关闭的程序。关闭所有列出的应用程序后，单击【重试】按钮将继续进行安装。

(3) 接下来，进入【安装】界面，用户可以看到安装的进度，如图 1-45 所示。

(4) 安装完成后，会弹出一个如图 1-46 所示的窗口。单击【关闭】按钮即可完成安装，单击【开始】按钮，可以找到新安装的 Adobe Premiere Pro 2020，单击即可打开软件。

图 1-45　【安装】界面

图 1-46　安装完成

2. 熟悉 Premiere Pro 2020 的工作流程

1) 效果说明

本例是夏日自然风光的视频剪辑，最终效果如图 1-60 所示。

2) 操作要点

本例主要练习如何导入素材到【项目】面板，如何添加各种素材到【时间轴】面板中，如何编辑视音频素材，以及如何利用关键帧制作【淡出】效果等基本操作。

3) 操作步骤

(1) 运行 Premiere Pro 2020，打开开始使用界面，如图 1-47 所示。在该界面下，单击【新建项目】按钮，打开【新建项目】对话框。

(2) 在【新建项目】对话框中，设置【视频】的【显示格式】为“时间码”，【音频】的【显示格式】为“音频采样”，【捕捉】的【捕捉格式】为“DV”。然后选择项目存储的路径及设置名称为“ch01-1 夏日自然风光”后，单击【确定】按钮，即可创建“ch01-1 夏日自然风光”项目文件，如图 1-48 所示。

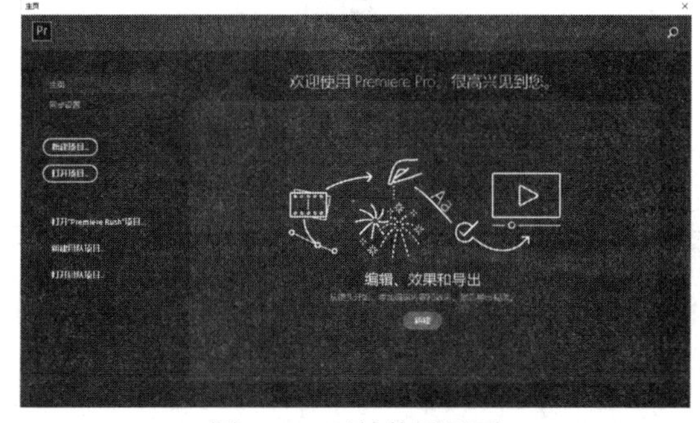

图 1-47　开始使用界面

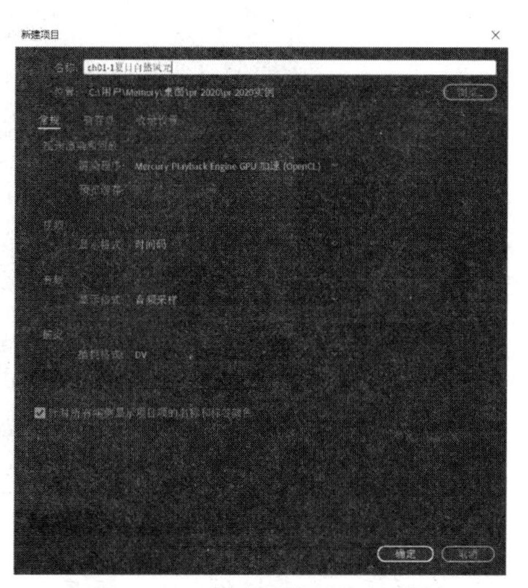

图 1-48　【新建项目】对话框

(3) 进入程序主界面后，选择【文件】|【导入】命令，打开【导入】对话框。在该对话框中选择“墨泣-海梦(Sea of Dreams).mp3”“水车.mp4”“蝉.mp4”和“花.mp4”素材文件。选择完成后，单击【打开】按钮，将它们导入【项目】面板，如图1-49所示。

(4) 完成导入操作后，选择【文件】|【保存】命令，保存项目文件。

(5) 在【项目】面板中，单击右下角的【新建项】按钮，弹出快捷菜单，在其中选择【序列】命令，如图1-50所示。

图1-49　导入素材

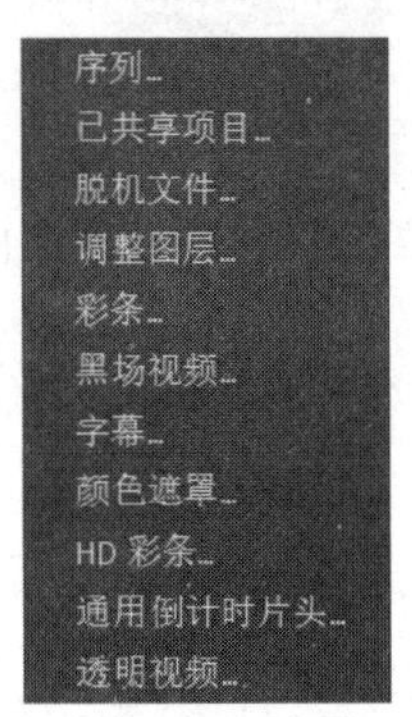

图1-50　选择【序列】命令

(6) 在弹出的【新建序列】对话框中选择如图1-51所示的选项，设置序列名称为“序列01”，单击【确定】按钮。

图1-51　设置序列

(7) 在【项目】面板中，双击【序列01】序列。

(8) 双击【项目】面板中的“水车.mp4”素材，打开【源监视器】面板。单击【源监视器】面板左下角的【播放指示器位置】，修改时间为 00:02:15:00，单击【标记入点】按钮，再修改时间为 00:02:20:00，单击【标记出点】按钮，将鼠标移到【仅拖动视频】按钮上，按下鼠标，拖到【时间轴】面板的 V1 轨道上，如图 1-52 所示。此时会弹出【剪辑不匹配警告】对话框，如图 1-53 所示，单击【更改序列设置】按钮。

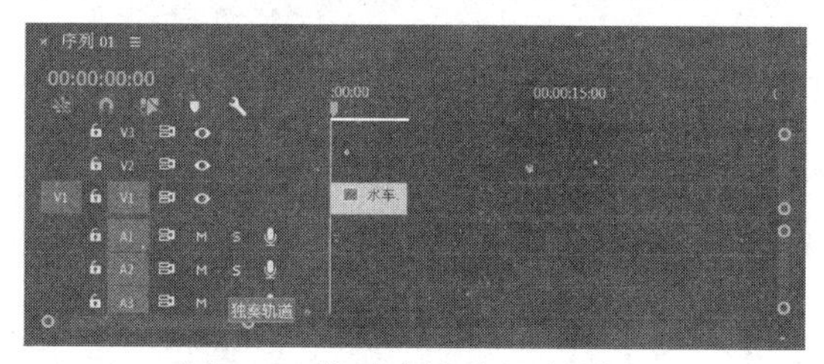

图 1-52　拖动素材到 V1 轨道上

图 1-53　【剪辑不匹配警告】对话框

(9) 使用同样的方法，把“花.mp4”入点 00:00:53:00 与出点 00:00:58:00 之间的视频、“蝉.mp4”入点 00:02:15:00 与出点 00:02:19:00 之间的视频分别拖到 V1 轨道上。再将【项目】面板中的音频素材“墨泣 - 海梦(Sea of Dreams).mp3”拖到 A1 轨道上，如图 1-54 所示。

(10) 选中第 2 个视频短片，在【效果控件】面板中设置其【缩放】值为“104”，如图 1-55 所示。

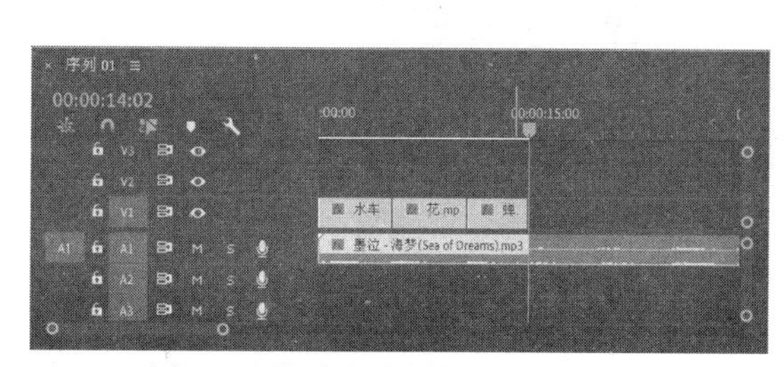

图 1-54　把音频素材拖到 A1 轨道上

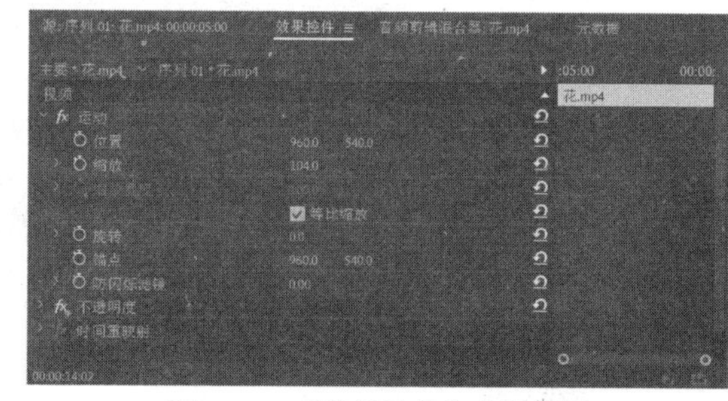

图 1-55　【效果控件】参数设置

(11) 选中第 3 个视频素材并右击，在弹出的快捷菜单中选择【速度/持续时间】命令，在弹出的对话框中设置【速度】为“200%”，单击【确定】按钮，如图 1-56 所示。

(12) 将时间线指针移到视频结尾处，使用【剃刀】工具在音频素材“墨泣 - 海梦(Sea of Dreams).mp3”的时间线指针上单击，将素材剪开。选中后面的部分，将其删除，使音频素材与视频素材对齐，如图 1-57 所示。

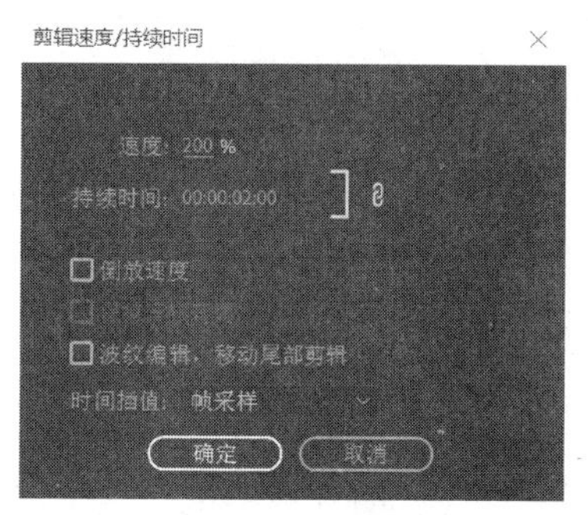

图 1-56　设置素材的速度

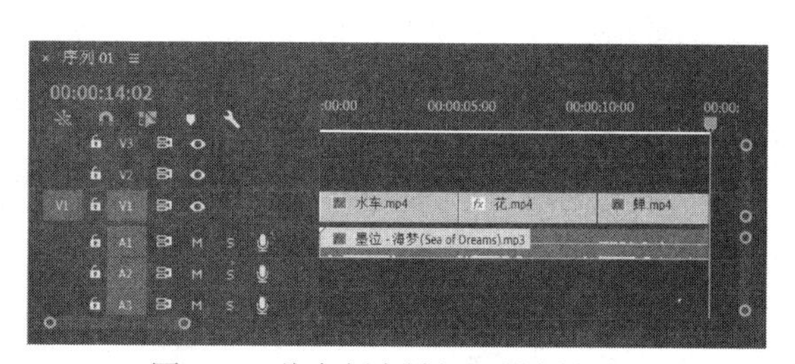

图 1-57　将音频素材与视频素材对齐

(13) 选中音频素材，在【效果控件】面板中【音量】下的【级别】选项中单击【添加/移除关键帧】按钮，添加一个关键帧，设置为“-95.3 dB”，如图 1-58 所示；将时间标尺移到 00:00:13:00 处，再添加一个关键帧，设置为“0 dB”。此时如果在【时间轴】面板的 A1 轨道左边滚动鼠标的滑轮，可以将音频轨道放大，音频将呈现如图 1-59 所示的【淡出】(渐隐)效果。

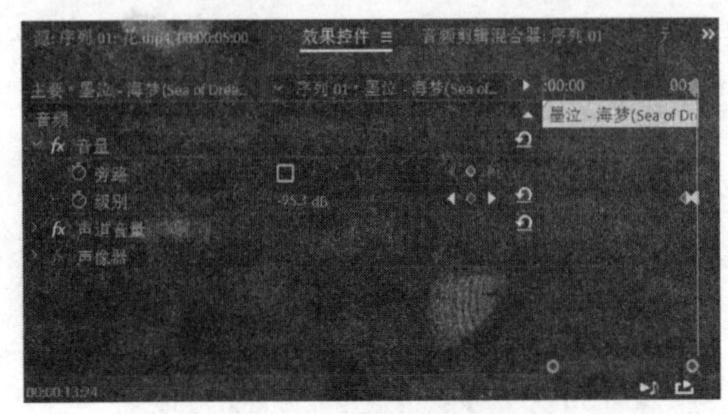

图 1-58　为音频添加关键帧

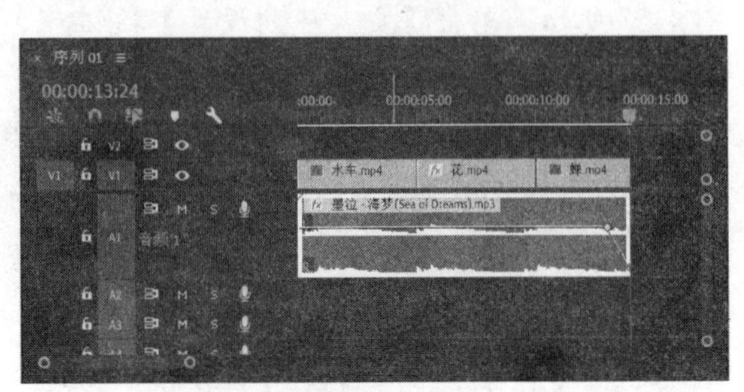

图 1-59　音频的【淡出】效果

(14) 完成后，单击【节目】窗口中的【播放】按钮，预览效果如图 1-60 所示。

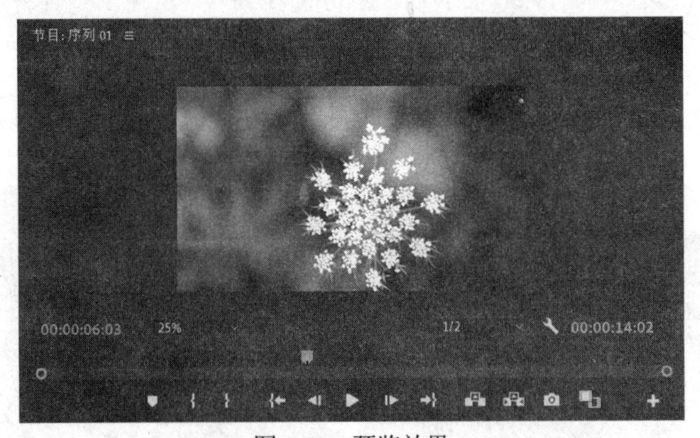

图 1-60　预览效果

(15) 保存项目文件。

习　题

1. 在【时间轴】面板中，视频素材有哪 4 种不同的显示模式可供选择？
2. 素材替换有哪些方式？
3. 哪个工具可以用来调节某个素材及其相邻素材的长度，并且保持两个素材及其后所有素材的长度不变？
4. 【历史记录】面板最多可以记录多少个操作步骤？
5. 【帧】是什么单位？
6. 目前，世界上的彩色电视机主要采用哪 3 种制式？我国使用的是哪一种制式？
7. 什么是有损压缩和无损压缩？
8. 简述 Premiere 的基本工作流程。

第 2 章

采集与管理素材

学习目标

在进行视频编辑之前，对项目和素材进行管理可以使编辑效率大大提高，达到事半功倍的效果。本章将详细介绍在 Premiere Pro 2020 中如何创建项目和设置系统的参数，如何采集素材，以及如何导入素材并对文件进行组织和管理。同时，本章将详细讲述 Premiere Pro 2020 支持的文件输入格式，讲解脱机文件的实际应用。通过本章的学习，读者可以逐步掌握视频编辑的基本知识和正确的工作流程。

本章重点

- 采集素材
- 导入素材
- 管理素材

任务 1　采集素材

项目(project)是一种单独的 Premiere 文件，包含了序列及组成序列的素材(视频片段、音频文件、静态图像和字幕等)。项目存储了关于序列和参考的信息，如采集设置、切换和音频混合。项目文件还包含了所有编辑结果的数据。

2.1.1　新建项目

成功启动 Premiere Pro 2020 后，会出现开始使用界面。在此可以单击【新建项目】按钮创建一个新的项目文件，也可以单击【打开项目】按钮打开已有的项目文件，如图 2-1 所示。

图 2-1　新建或打开项目

单击【新建项目】按钮，会打开【新建项目】对话框。在【常规】选项卡中，设置【视频】的【显示格式】为“时间码”,【音频】的【显示格式】为“音频采样”,【捕捉】的【捕捉格式】为“DV”。在【位置】下拉列表中，设置项目保存的路径，在【名称】文本框中给项目命名(一般填写影片名)，如图 2-2 所示。在如图 2-3 所示的【暂存盘】选项卡中，【捕捉的视频】【捕捉的音频】【视频预览】【音频预览】等栏目里均设置为“与项目相同”。单击【确定】按钮，此时即可进入 Premiere Pro 2020 的工作界面。执行【文件】|【新建】|【序列】命令，弹出【新建序列】对话框，如图 2-4 所示。

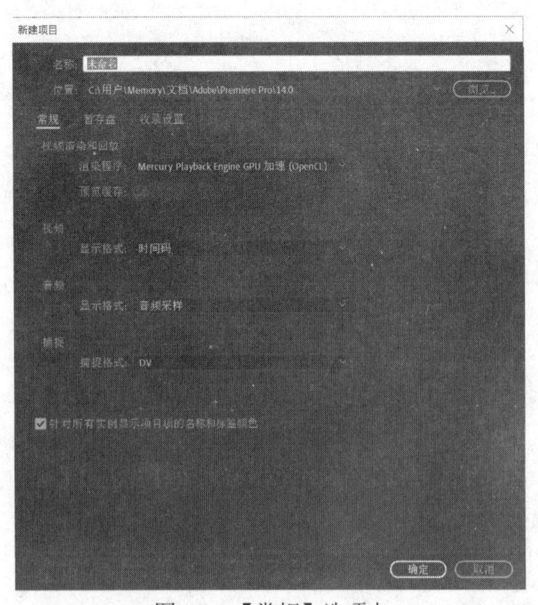

图 2-2　【常规】选项卡

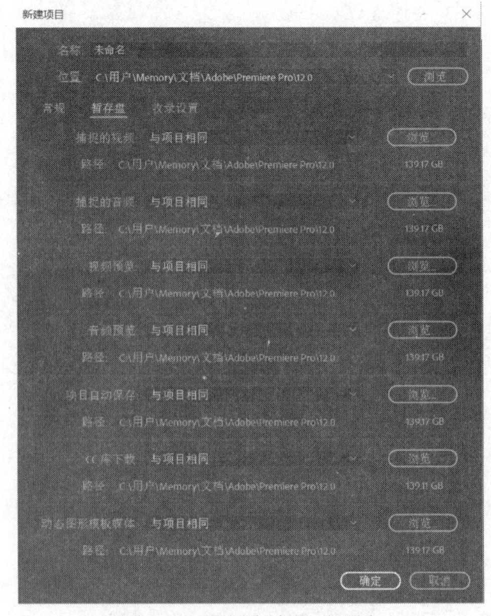

图 2-3　【暂存盘】选项卡

图 2-4　【新建序列】对话框

在【新建序列】对话框中【序列预设】选项卡的【可用预设】列表里，用户可以设置 DV-24P、DV-NTSC 等标准。

在如图 2-5 所示的【设置】选项卡中，根据需要可以将【编辑模式】设置为“DV PAL”，【时基】设置为“25.00 帧/秒”，视频的【帧大小】默认为“720 水平 576 垂直 4∶3”(宽银幕则为“16∶9”)，将【像素长宽比】设置为“D1/DV PAL(1.0940)”(宽银幕则为“D1/DV PAL 宽银幕 16∶9(1.4587)”)，【场】设置为“高场优先”，【显示格式】设置为“25 fps 时间码”。将音频的【采样率】设置为“48000 Hz”，【显示格式】设置为“音频采样”。将【视频预览】的【预览文件格式】设置为“Microsoft AVI DV PAL”。

在如图 2-6 所示的【轨道】选项卡中，默认【视频】为“3 轨道”，【音频】中的【主】为“立体声”，【声道数】为“2”。最后，在【轨道名称】文本框中填写轨道名称。单击【确定】按钮后，完成项目设置，进入 Premiere Pro 2020 的工作界面。

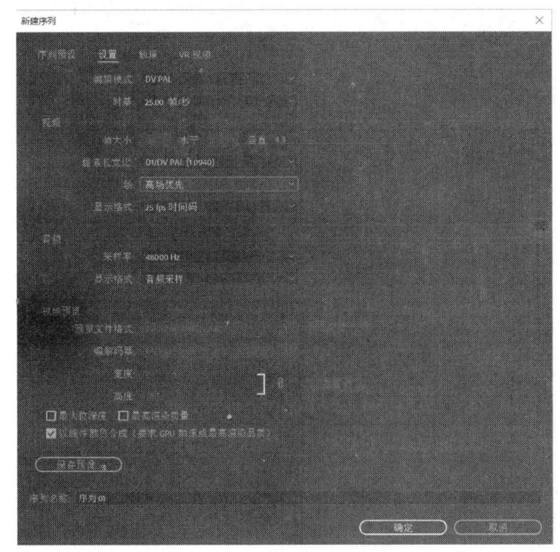

图 2-5　【设置】选项卡

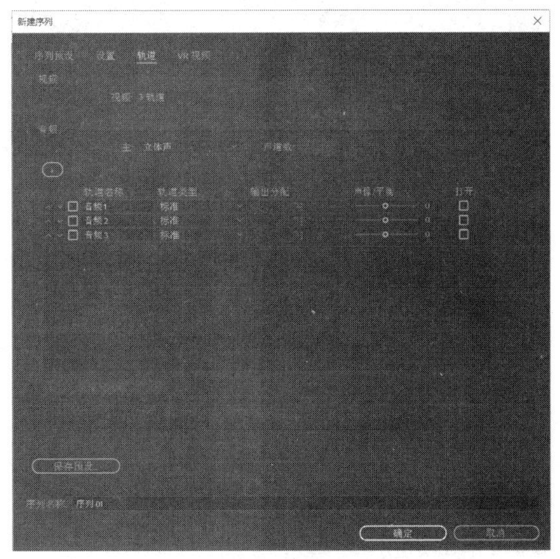

图 2-6　【轨道】选项卡

2.1.2 设置工作系统参数

在使用 Premiere Pro 2020 软件进行编辑之前，用户需要对软件本身的一些重要参数进行设置，以便软件在工作时处于最佳状态。

1. 打开参数对话框

在 Premiere Pro 2020 工作界面的菜单栏中，执行【编辑】|【首选项】|【常规】命令，弹出【首选项】对话框，如图 2-7 所示。

2. 时间轴设置

在【首选项】对话框的【时间轴】选项卡中，可以修改【视频过渡默认持续时间】为“25 帧”，将音频过渡和静帧图像的默认持续时间分别设置为“1.00 秒”和“125 帧”。其余的选项均保持默认设置。

3. 自动保存设置

在编辑过程中，系统会根据用户的设置，自动对已编辑的内容进行保存。自动保存的时间间隔不能过短，以免造成系统占用过多的时间来进行存盘工作。

单击【自动保存】选项，选中【自动保存项目】复选框，设置【自动保存时间间隔】为“15 分钟”。用户可以根据硬盘空间的大小来设置项目数量，一般设置【最大项目版本】为“20”，如图 2-8 所示。如果用户硬盘空间够大，则可适当增加【最大项目版本】的值。

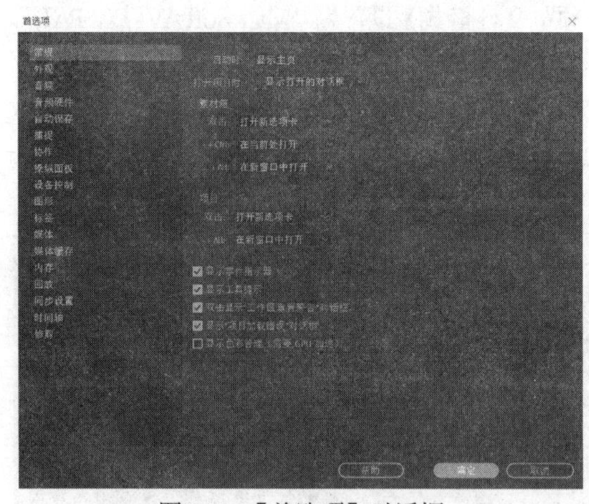

图 2-7 【首选项】对话框

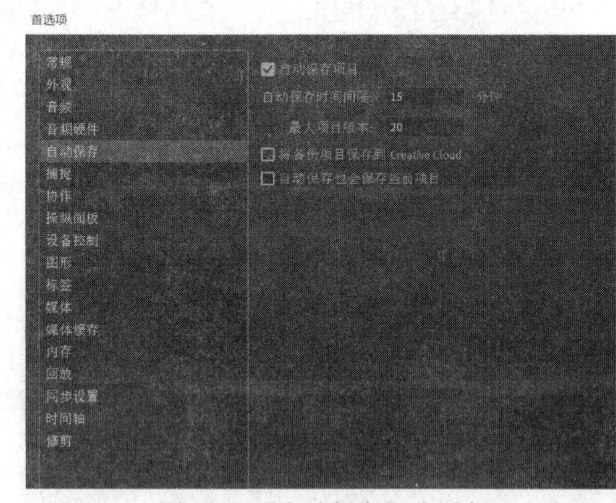

图 2-8 【自动保存】选项卡

4. 捕捉设置

单击【捕捉】选项，一定要选中【丢帧时中止捕捉】复选框。这样在采集素材时如果出现大量帧丢失的情况，系统会自动中断当前的采集，并提示用户。

5. 媒体和媒体缓存设置

Premiere Pro 2020 工作中产生的媒体高速缓存文件所需的硬盘空间较大，用户应尽量将其设置在硬盘空间较大的位置。

单击【媒体缓存】选项，单击【浏览】按钮，在弹出的【选择文件夹】对话框中，选择缓存文件所要保存的位置(硬盘文件夹)。将【媒体缓存数据库】也设置在同样位置的硬盘文件夹中。单击【媒体】选项，在【不确定的媒体时基】下拉列表中，选择“25.00 fps”，其余的选项均为默认状态，如图 2-9 所示。

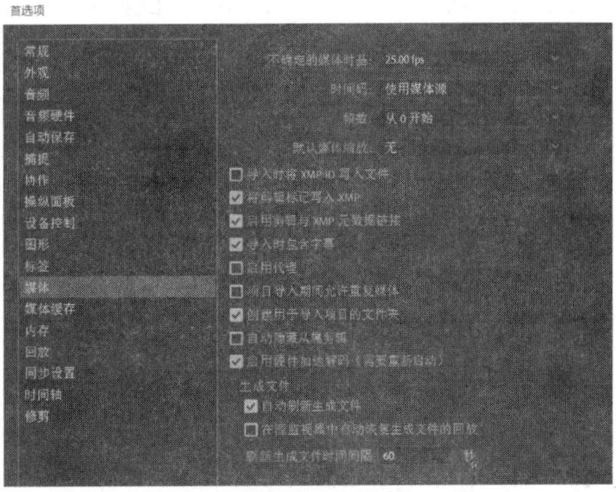

图 2-9　【媒体】选项卡

2.1.3　视频采集卡简介

视频采集卡一般分为广播级视频采集卡、专业级视频采集卡和民用级视频采集卡。它们的区别主要是采集的图像指标不同。

- 广播级视频采集卡：最高采集分辨率一般为 768×576(均方根值)/720×576(CCIR-601 值)PAL 制 25 帧每秒，或 640×480/720×480 NTSC 制 30 帧每秒，最小压缩比一般在 4∶1 以内。这一类产品的特点是采集的图像分辨率高，视频信噪比高；缺点是视频文件庞大，每分钟的数据量至少为 200MB。此类设备是视频采集卡中最高档的，用于电视台制作节目。
- 专业级视频采集卡：其级别比广播级视频采集卡的性能略低。两者的分辨率是相同的，但专业级视频采集卡的压缩比略大，其最小压缩比一般在 6∶1 以内。输入输出接口为 AV 复合端子与 S 端子。此类产品适用于广告公司、多媒体公司制作节目。
- 民用级视频采集卡：其动态分辨率一般最大为 384×288 PAL 制 25 帧每秒，或 320×240 NTSC 制 30 帧每秒(个别产品的静态捕捉分辨率为 768×576)。输入端子为 AV 复合端子与 S 端子，绝大多数不具有视频输出功能。

在计算机上通过视频采集卡可以接收来自视频输入端的模拟视频信号，对该信号进行采集、量化成数字信号，然后压缩编码成数字视频。大多数视频卡都具备硬件压缩的功能，在采集视频信号时，首先在视频卡上对视频信号进行压缩，然后通过 PCI 接口把压缩的视频数据传送到主机上。一般的 PC 视频采集卡采用帧内压缩的算法把数字化的视频存储为 AVI 文件，高档一些的视频采集卡还能直接把采集到的数字视频数据实时压缩成 MPEG-1 格式的文件。

由于模拟视频输入端可以提供不间断的信息源，所以视频采集卡要采集模拟视频序列中的每帧图像，并在采集下一帧图像之前把这些数据传入 PC 系统。因此，实现实时采集的关键是每一帧所需的处理时间。如果每帧视频图像的处理时间超过相邻两帧之间的相隔时间，则会出现数据丢失的现象，即丢帧现象。采集卡都是把获取的视频序列先进行压缩处理，再存入硬盘，也就是说，视频序列的获取和压缩是在一起完成的，这免除了再次进行压缩处理的不便。不同档次的采集卡具有不同质量的采集压缩性能。

2.1.4　采集的注意事项

由于视频采集和视频编辑的运算会占用大量的计算机系统资源，因此用户必须正确设置计算机中相关的参数选项，以确保成功进行视频采集和视频编辑。下面介绍一些关于采集视频和编辑视频时设置数码摄像机和优化计算机的技巧。

- 在使用 Premiere 进行视频采集操作时，最好关闭所有其他的应用程序，并且还应关闭自动启动的软件，如屏幕保护程序等。这样可以避免采集视频时发生中断。
- 如果用户的计算机系统中有两个以上的硬盘分区，那么用户可以先将 Premiere 安装在系统盘(通常是 C 盘)，再将采集视频保存在其他分区中，如 D 盘等。
- 设置系统的虚拟内存为内存容量的两倍。
- 禁用用于视频采集的硬盘的【启用设备上的写入缓存】功能。

若要禁用【启用设备上的写入缓存】功能，可以通过如下步骤进行操作。

在打开的如图 2-10 所示的【设备管理器】窗口中，选择【磁盘驱动器】中用户采集视频使用的硬盘名称，如图 2-11 所示。然后在选择的选项上右击，从弹出的快捷菜单中选择【属性】命令，打开该硬盘的属性对话框。在该对话框的【策略】选项卡中，取消选中【启用设备上的写入缓存】复选框，禁用该功能，如图 2-12 所示。设置完成后，单击【确定】按钮。

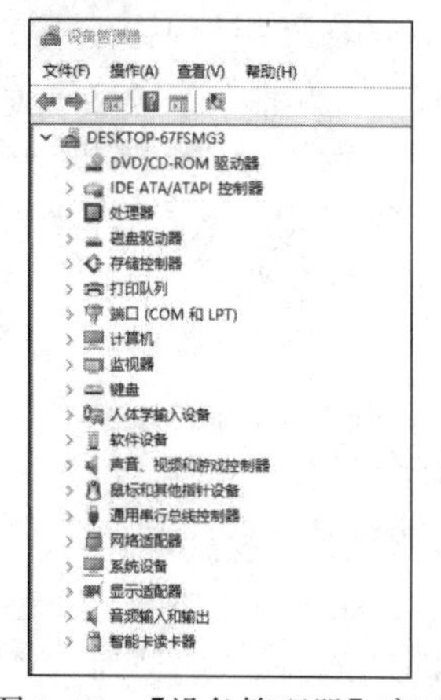

图 2-10 【设备管理器】窗口

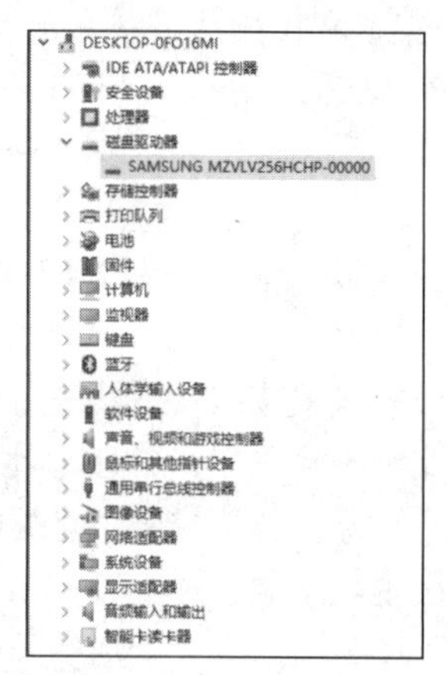

图 2-11 选择【磁盘驱动器】中采集视频使用的硬盘名称

在进行视频采集前，应先了解视频采集需要进行哪些参数设置。

执行菜单栏中的【文件】|【捕捉】命令，打开如图 2-13 所示的【捕捉】面板。

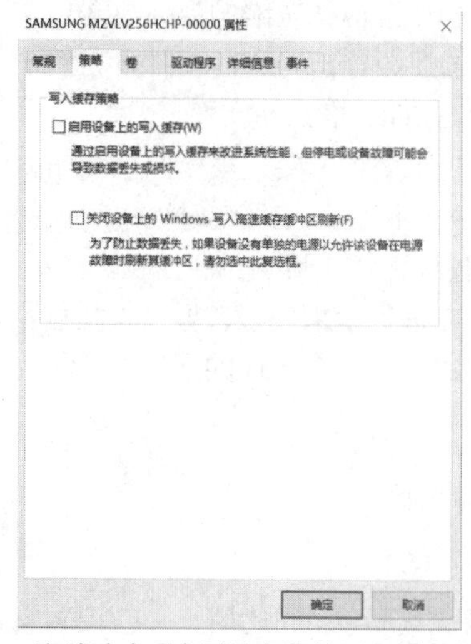

图 2-12 取消选中【启用设备上的写入缓存】复选框

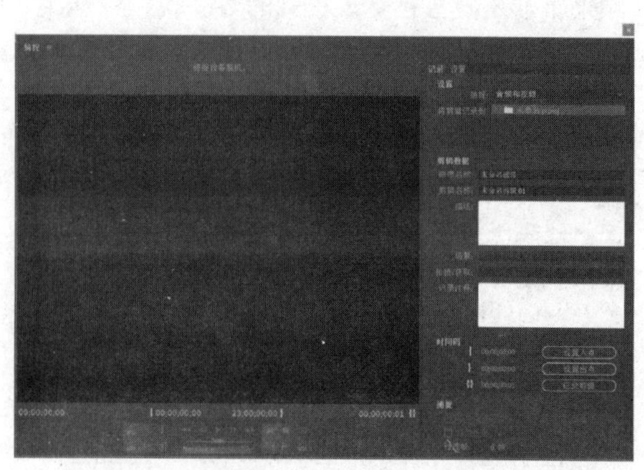

图 2-13 【捕捉】面板

【捕捉】面板右侧是【记录】选项卡，该选项卡由 4 个选项区域构成，分别是【设置】【剪辑数据】【时间码】和【捕捉】。各选项区域的含义如下。

- 【设置】：在【捕捉】下拉列表中可以选择需要采集的文件类型，包括【音频和视频】【音频】【视频】；【将剪辑记录到】列表框用于确定采集后素材的存放位置。
- 【剪辑数据】：该选项区域的参数主要用于为采集到的素材命名，并建立描述文件及备注信息等。
- 【时间码】：该选项区域的参数主要用于确定入点、出点，以及素材的延时信息。
- 【捕捉】：该选项区域的参数主要用于设定采集开始、结束的信息，以及采集类型等参数。

单击【设置】标签，打开【设置】选项卡，如图 2-14 所示，可以看到【设置】选项卡包括【捕捉设置】【捕捉位置】和【设备控制】3 个选项区域。单击【捕捉设置】选项区域中的【编辑】按钮，打开如图 2-15 所示的【捕捉设置】对话框，在【捕捉格式】下拉列表中选择采集的视频类型。

设置完成后，单击【确定】按钮返回【捕捉】面板。

【捕捉位置】选项区域下方是【设备控制】选项区域，其各项参数的含义如下。

- 【设备】：控制采集设备的参数。单击【选项】按钮，可以打开【DV/HDV 设备控制设置】对话框。在该对话框中，可以看到 DV 的品牌与型号设置。进行选择后，【检查状态】选项中将提示连接的状态，如图 2-16 所示。

图 2-14　【设置】选项卡

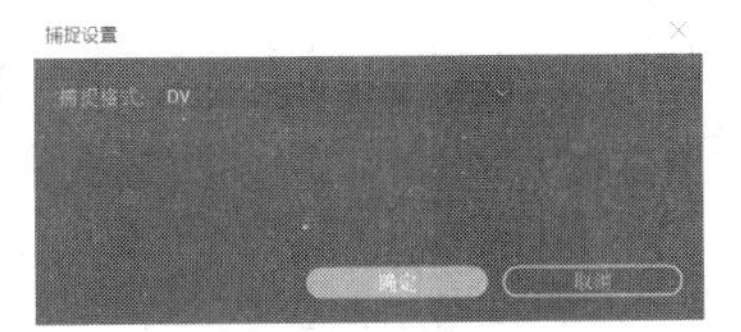

图 2-15　【捕捉设置】对话框

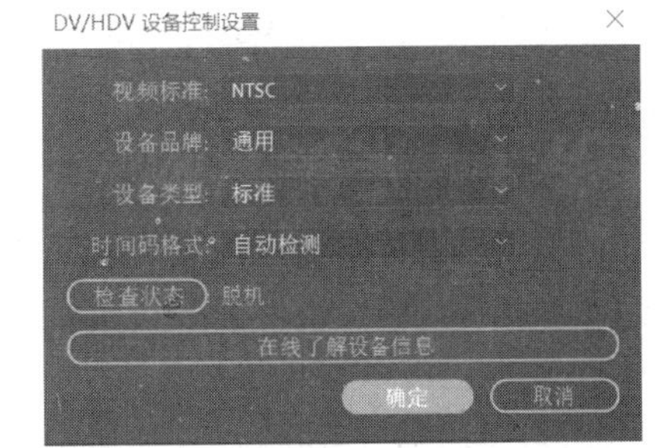

图 2-16　【DV/HDV 设备控制设置】对话框

- 【预卷时间】：在控制设备时，指定视频采集在入点之前保留的时间，使设备倒带速度达到同步。该参数的默认设置是 2s，具体设置取决于摄像机的类型。
- 【时间码偏移】：在控制设备时，调整视频上的时间标记，使之符合原始录像带中正确的帧。
- 【丢帧时中止捕捉】：选中该复选框，采集时一旦出现丢失帧的情况，采集过程将自动停止。

设置完成后，即可进行 DV 采集工作。在采集的过程中，为了保证画面质量，最好关掉其他应用程序。

任务 2　导入素材

Premiere Pro 2020 可以导入多种格式的文件，包括几乎所有常用的视频、音频和静帧图像，以及项目文件等，如图 2-17 所示。视频格式主要有 AVI、MPEG、MOV、WMV、ASF、FLV、DLX，音频格式主要有 WAV、MP3、WMA，图像文件主要有 BMP、JPEG、GIF、AI、PNG、PSD、EPS、ICO、PCX、TGA、TIF 等，项目文件格式有 PPJ、PRPROJ、AAF、AEP、EDL、PLB 等。

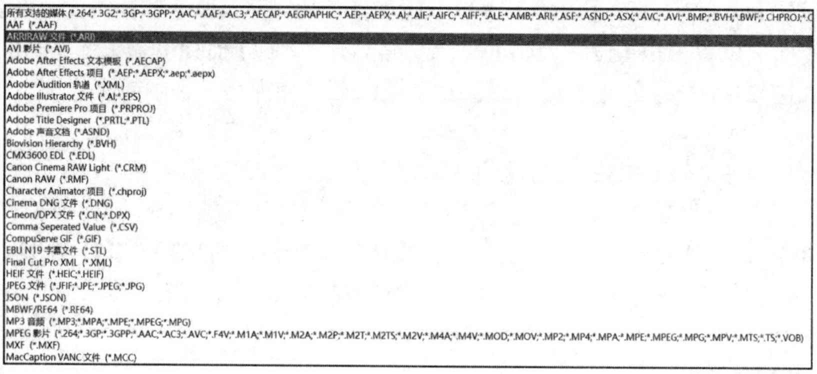

图 2-17　Premiere 支持的文件格式

2.2.1　常用文件格式简介

下面对一些常用的文件格式进行简单介绍。

1. AVI 格式

AVI 是 audio video interleaved(音频视频交错)的英文缩写，它是 Microsoft 公司开发的一种符合 RIFF 文件规范的数字音频与视频文件格式，原先用于 microsoft video for windows(简称 VFW)环境，现在已被多数操作系统直接支持。AVI 格式常应用在多媒体光盘上，用于保存电视、电影等各种影像信息。有时它也会出现在 Internet 中，为用户提供新影片的精彩片段。

AVI 格式是将语音和影像同步组合在一起的文件格式，允许视频和音频交错在一起同步播放，它对视频文件采用了一种有损压缩方式，但压缩比较高，因此尽管画面质量不是太好，但其应用范围仍然非常广泛。AVI 支持 256 色和 RLE 压缩，但 AVI 文件并未限定压缩标准，因此，AVI 文件格式只是作为控制界面上的标准，不具有兼容性，用不同压缩算法生成的 AVI 文件，必须使用相应的解压缩算法才能播放出来。Premiere 能够导入各种编码的 AVI 文件，只要是当前系统能够播放的 AVI 文件就均能被导入。

2. MPEG 格式

MPEG 格式的文件是行业中开发较早、使用时间长，并且早已认定为视频标准的视频文件。VCD、SVCD、DVD 所采用的视频文件都是 MPEG 格式的文件。MPEG 是 motion picture experts group 的缩写，它包括 MPEG 视频、MPEG 音频和 MPEG 系统(视音频同步)3 个部分。MPEG 压缩标准是针对运动图像而设计的，基本方法如下：在单位时间内采集并保存第一帧信息，然后只存储其余帧相对第一帧发生变化的部分，以达到压缩的目的。MPEG 压缩标准可实现帧之间的压缩，其平均压缩比可达 50：1，压缩率比较高，且又有统一的格式，兼容性好。在多媒体数据压缩标准中，MPEG 系列标准的应用较广泛，包括 MPEG-1、MPEG-2、MPEG-4 等。

MPEG-1 用于传输 1.5 Mb/s 数据传输率的数字存储媒体。运动图像及其伴音的编码经过 MPEG-1 标准压缩后，视频数据压缩率为 1/100~1/200，音频压缩率为 1/6.5。MPEG-1 提供每秒 30 帧 352×240 分辨率的图像，当使用合适的压缩技术时，具有接近家用视频制式(VHS)录像带的质量。

MPEG-2 主要满足高清晰度电视(HDTV)的需要，传输速率为 10 Mb/s，与 MPEG-1 兼容，适用于 1.5~60 Mb/s 甚至更高的编码范围。MPEG-2 有每秒 30 帧 720×480 的分辨率，是 MPEG-1 播放速度的 4 倍。它适用于高要求的广播和娱乐应用程序，如 DSS 卫星广播和 DVD，MPEG-2 是家用视频制式(VHS)录像带分辨率的两倍。

MPEG-4 标准是超低码率运动图像和语言的压缩标准，用于传输速率低于 64 Mb/s 的实时图像传输，它不仅可覆盖低频带，也可向高频带发展。较之前两个标准而言，MPEG-4 为多媒体数据压缩提供了一个更为广阔的平台。它更定义一种格式、一种架构，而不是具体的算法。它可以将各种各样的多媒体技术充分结合起来，包括压缩本身的一些工具、算法，也包括图像合成、语音合成等技术。

3. ASF 格式

ASF 是微软公司 windows media 的核心，英文全称为 advanced stream format。ASF 是一种包含音频、视频、图像及控制命令脚本的数据格式，最大的优点是文件较小，可以在网络上传输。这种格式是通过 MPEG-4 作为核心而开发的，主要用于在线播放的流媒体，所以质量上比其他文件略差。如不考虑网络传播，而用最好的质量来压缩，则质量比起 VCD 格式的 MPEG-1 还要略好。

4. WMV 格式

和 ASF 格式一样，WMV 也是微软的一种流媒体格式，英文全称为 windows media video。WMV 格式的体积非常小，很适合在网上播放和传输。在文件质量相同的情况下，WMV 格式的视频文件比 ASF 拥有更小的数据量。从 windows media video 7 开始，微软在视频方面开始脱离 MPEG 组织，并且与 MPEG-4 不兼容，成为一个独立的编解码系统。

5. QuickTime(MOV)格式

QuickTime(MOV)是 Apple 公司开发的一种音频、视频文件格式，用于保存音频和视频信息，具有先进的视频和音频功能，被包括 Apple Mac OS、Microsoft Windows 系统在内的所有主流计算机平台支持。QuickTime 文件格式支持 25 位彩色，支持 RLE、JPEG 等领先的集成压缩技术，提供 150 多种视频效果，并配有能够提供 200 多种 MIDI 兼容音响和设备的声音装置。新版的 QuickTime 进一步扩展了原有功能，包含基于 Internet 应用的关键特性，能够通过 Internet 提供实时的数字化信息流、工作流与文件回放功能。此外，QuickTime 还采用了一种称为 QuickTime VR(QTVR)技术的虚拟现实(virtual reality，VR)技术，用户通过鼠标或键盘的交互式控制，可以观察某一地点周围 360° 的影像，或者从空间任何角度观察某一物体。QuickTime 以其领先的多媒体技术和跨平台特性、较小的存储空间需求、技术细节的独立性及系统的高度开放性，得到了业界的广泛认可。要在 Premiere 中导入 QuickTime 文件，必须先在系统中安装 QuickTime 播放器。

6. WAV 格式

WAV 格式是微软公司开发的一种声音文件格式，它符合 RIFF(resource interchange file format，资源交换文件格式)文件规范，用于保存 Windows 平台的音频信息资源，能被 Windows 平台及其应用程序支持。WAV 格式支持 MSADPCM、CCITT A LAW 等多种压缩算法，支持多种音频位数、采样频率和声道。

7. MP3 格式

MP3 指的是 MPEG 标准中的音频部分，即 MPEG 音频层。MP3 音频编码具有 10：1~12：1 的高压缩率，同时基本保持低音频部分不失真，但牺牲了声音文件中 12 kHz~16 kHz 高音频部分的质量来换取文件的尺寸。相同长度的音乐文件，用 MP3 格式来存储，一般只有 WAV 文件的 1/10，而音质要次于 CD 格式或 WAV 格式的声音文件。由于 MP3 文件同样存在不同的编码，且不同软件在转换生成 MP3 文件时会采取不同的算法，因此并非所有的 MP3 文件都能被 Premiere 导入，这不是 MP3 文件本身的问题，而是转换软件导致的。解决的方法就是换另外一个软件再次转换一遍。

8. Windows Bitmap(BMP)格式

Windows Bitmap 格式是微软公司为其 Windows 环境设置的标准图像格式，文件扩展名是.bmp。随着 Windows XP 的出现，BMP 文件也开始具备 Alpha 通道信息。但要注意的是，并非所有的软件都能够导出和读取这种格式的 BMP 文件。例如， Photoshop 可以输出带 Alpha 通道的 BMP 文件，但这种 BMP 文件不能被 Combustion 和 After Effects 识别。

9. TGA 格式

TGA 格式是 Truevision 公司为其支持图像的捕捉，以及该公司的图形卡而设计的一种图像文件格式，其全称为 Targa 文件格式，文件扩展名是.tga。要在 Premiere 中输出 TGA 文件，需要系统中安装有 QuickTime。TGA 文件也可以附带 Alpha 通道信息，且能够被各种视频软件识别。

10. JPEG 格式

JPEG 是 joint photographic experts group(联合图像专家组)首字母的缩写，是 Internet 上广为通用的格式之一，文件扩展名是.jpg 或者.jpeg。JPEG 格式的文件采用压缩编码的方式。各种图形格式转换软件均提供 JPEG 转换选项。

11. PSD 格式

PSD 格式是 Adobe Photoshop 专用的图形文件格式。它是目前唯一支持所有可用图像模式(位图、灰度、双色调、索引颜色、RGB、CMYK、Lab 和多通道)、参考线、Alpha 通道、专色通道和图层(包括调整图层、文字图层和图层效果)的格式，因而在各个领域都得到了广泛运用。PSD 文件格式强大的图层处理功能使得它不仅在平面设计上无人能敌，而且在影视制作上大显身手。Premiere、After Effects 均提供对 PSD 文件格式的良好支持。

12. GIF 格式

GIF 的全称是 graphic interchange format(图形交换格式)，文件扩展名是.gif。原本是由

CompuServe 使用的格式，于 1987 年推出，现在包括 87a 和 89a 两个版本。因为最多支持 256 种颜色，所以文件尺寸非常小，并且能够表现动态画面。GIF 格式目前是 Internet 上使用最为广泛的标准格式之一。

13. TIF 格式

TIF 格式是一种带标记的图像文件格式，它的英文全称是 tagged image file format，广泛运用于印刷排版，文件扩展名是.tif 或者.tiff。因为它在不同的硬件之间修改和转换十分容易，所以成为 PC 和 Macintosh 之间相互连接最好的格式。文件的可改性、多格式性和可扩展性是 TIF 文件的 3 个突出特点。目前，各种图形处理软件和排版软件均提供对 TIF 文件的良好支持。

14. PNG 格式

PNG 的英文全称为 portable network graphics(可携带网络图形)，是一种为了适应网络数据传输而设计的图像文件格式，用于取代格式较为简单、专利限制较为严格的 GIF 文件格式，而且在某种程度上，还可以取代格式较为复杂的 TIF 文件，它的文件扩展名是.png。

15. AI 格式

AI 是 Adobe Illustrator 的文件格式，同样附带 Alpha 通道信息。Illustrator 作为著名的设计软件，是广大设计师最常用的软件之一，Premiere 理所当然地提供对 AI 文件的良好支持。

2.2.2　导入文件和文件夹

在 Premiere 中导入素材文件，最常见的方法是将其单独导入。导入的素材在 Premiere 的【项目】面板中以个体形式独立存在。

导入素材需要打开【导入】对话框，方法有 3 种，具体如下。

- 执行【文件】|【导入】菜单命令。
- 在键盘上按 Ctrl+I 快捷键。
- 用鼠标双击【项目】面板中的空白位置。

这时将直接打开【导入】对话框，如图 2-18 所示。从中选择相应的素材文件并单击【打开】按钮，即可实现素材的导入。

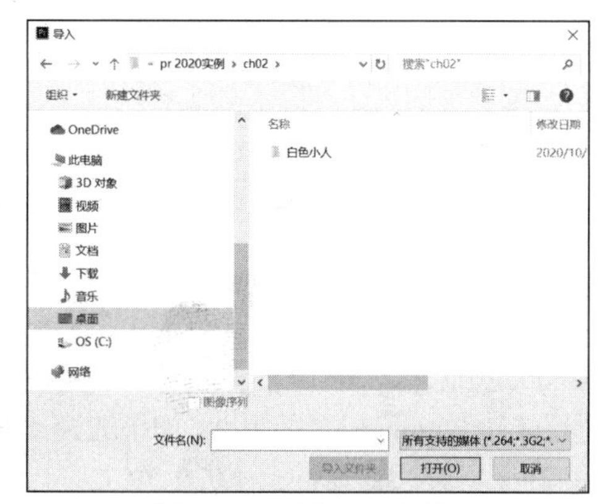

图 2-18　【导入】对话框

在选择素材文件时，可以通过按住 Ctrl 键或 Shift 键的方式，同时选择多个素材文件导入【项目】面板。

从【导入】对话框可以看出，Premiere 不仅能够导入各种格式的文件，还可以导入一个完整的文件夹。

在该对话框中选择一个文件夹，然后单击【导入文件夹】按钮，即可将该文件夹中所有 Premiere 支持的文件都导入【项目】面板，如图 2-19 所示。

完成导入操作的同时，【项目】面板中会出现一个和所选文件夹同名的【文件夹】(Premiere 内部的文件夹)，如图 2-20 所示。单击该文件夹前的 图标，可以看到原文件夹中 Premiere 所支持的文件已经被导入。

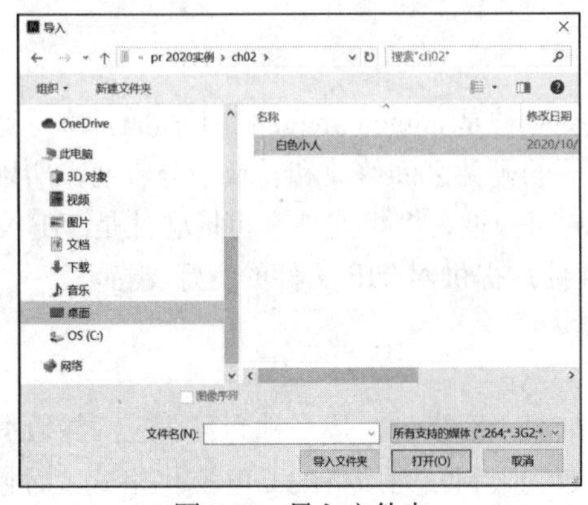

图 2-19　导入文件夹

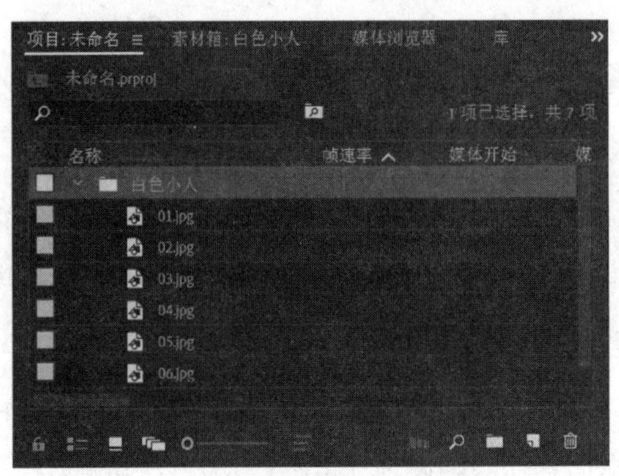

图 2-20　展开文件夹

2.2.3　导入序列图片

所谓序列图片，是指其名称按照一定顺序排列的多个图片，如图 2-21 所示。

序列图片最基本的要求是格式统一。如果原来有 6 个 JPG 文件，则序列图片的范围是从 sx_01.jpg 到 sx_06.jpg；如果第 4 个文件 sx_04.jpg 变成了 sx_04.gif，如图 2-22 所示，则这个序列图片就被打断了，序列图片的范围则变成 sx_01.jpg 到 sx_03.jpg。

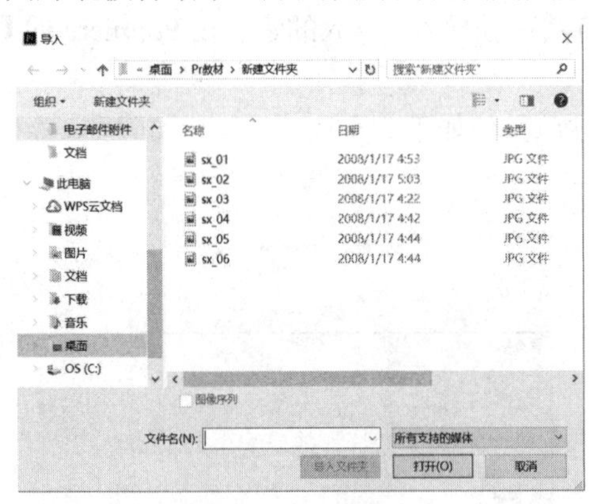

图 2-21　序列图片

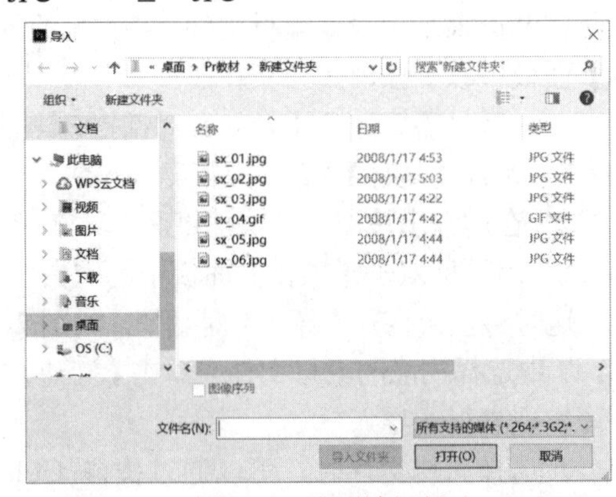

图 2-22　序列被打断

序列图片的第二个要求是名称具有递增或者递减的数字。有的软件在输出序列图片格式时取名不是按照如图 2-22 所示的从 01 开始计数，而是从 0 或者 1 开始的，即 sx_1.jpg、sx _2.jpg、…、sx _0009.jpg、sx _0010.jpg、…、sx _0019.jpg、sx _0020.jpg、…，以这种命名方式存在的序列图片无法被 Premiere 全部识别。如果选择 sx_1.jpg 作为起始文件，则 Premiere 只能导入 sx _1.jpg、sx _2.jpg、…、sx _9.jpg 总共 9 个文件。遇到这种情况时只能手工进行修改：如果数字的最大位数是 3 位数，则将 sx_1.jpg 改为 sx_001.jpg，将 sx_10.jpg 改为 sx_010.jpg，以此类推；如果数字的最大位数是 4 位数，则将 sx_1.jpg 改为 sx_0001.jpg，将 sx_10.jpg 改为 sx_0010.jpg，将 sx_100.jpg 改为 sx_0100.jpg，以此类推。

设置好序列图片的格式后即可在 Premiere 中将其导入。打开【导入】对话框，首先选择序列图片的起始文件，然后选中【图像序列】复选框，如图 2-23 所示，这是导入序列图片的关键。然后单击【打开】按钮，序列图片将被当作一个单独的动态剪辑出现在【项目】面板中，如图 2-24 所示。

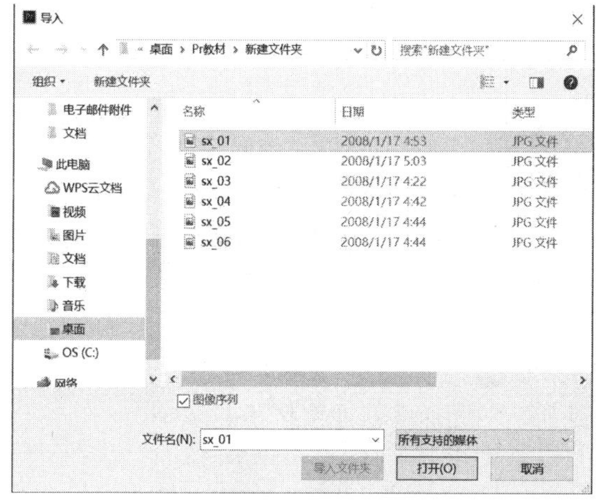

图 2-23　选中【图像序列】复选框

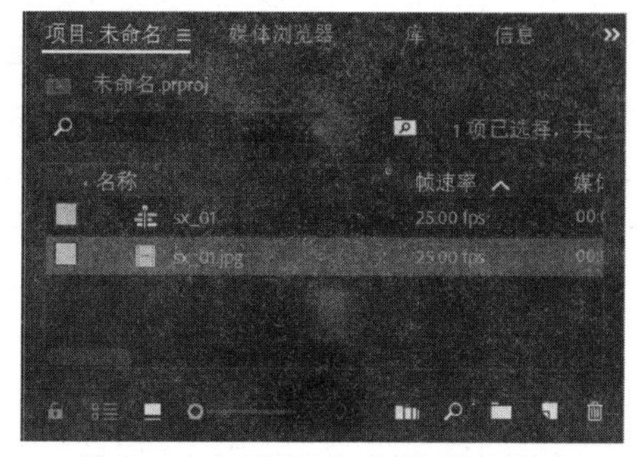

图 2-24　序列图片在【项目】面板中

2.2.4　导入 Premiere 项目文件

除了将各种素材导入 Premiere 中进行编辑，已经编辑好的 Premiere 项目文件彼此也可以互为素材。执行【文件】|【导入】菜单命令，在弹出的【导入】对话框中选择一个项目文件，如图 2-25 所示，单击【打开】按钮可将其导入。

在如图 2-26 所示的【项目】面板中可以看到，导入的项目文件会被放在一个以所导入的项目文件名命名的文件夹内，该文件夹包含原项目文件中的所有素材和剪辑序列。用户可以如同运用其他素材般利用原项目文件的素材，而不会对原项目文件做任何改变。

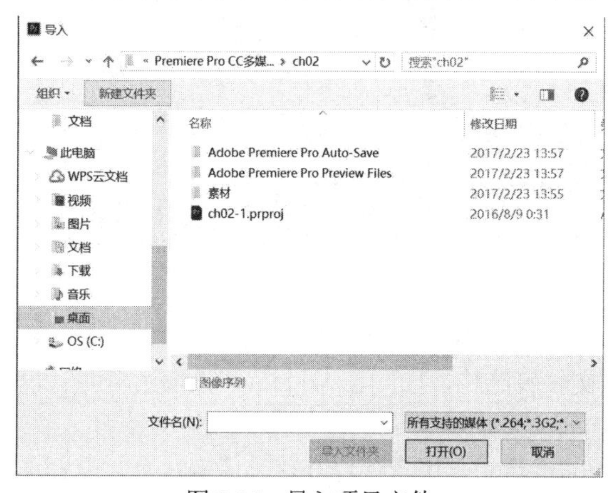

图 2-25　导入项目文件

图 2-26　【项目】面板中的项目同名文件夹

任务 3　管理素材

通常在制作比较大型的节目时，用户总想尽可能多地导入素材。而导入的素材越多，对素材进行查找就越不方便，需要耗费大量的时间。有效地管理素材可以提高影片编辑效率。

2.3.1　使用文件夹

当项目中用的素材较多时，用户可以通过创建文件夹来管理素材。

文件夹是 Premiere 用于管理素材的基本单位，利用文件夹可以将项目中的素材分门别类、有条不紊地组织起来，这对于包含大量素材的项目来说是相当有用的。

用户可以通过以下几种操作来创建文件夹。

- 单击【项目】面板下的【新建素材箱】图标按钮■。
- 右击【项目】面板的空白处，在弹出的快捷菜单中选择【新建素材箱】命令。
- 在键盘上按快捷键 Ctrl+/。

创建后的新文件夹将出现在【项目】面板中，如图 2-27 所示。此时，系统会为新文件夹自动命名。用户也可以修改文件夹的名称，在新建文件夹时，直接在文本框中输入文件夹的名称即可。

如果要将【项目】面板中的素材放进建立好的文件夹，则可将鼠标移到素材文件上，同时按住鼠标左键。这时鼠标会变成手形，拖动该素材文件到所要放置的文件夹中再释放鼠标，即可改变素材在【项目】面板中的位置。

在【项目】面板中，双击已经建立好的文件夹图标，则会展开该文件夹，显示出该文件夹中的素材等文件，如图 2-28 所示。

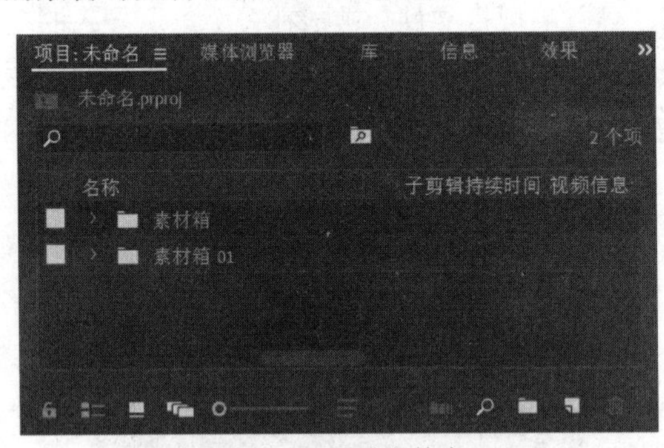

图 2-27　新建文件夹

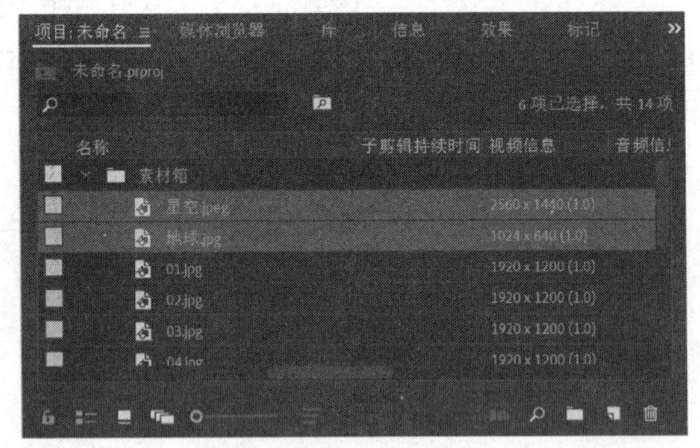

图 2-28　展开文件夹

当用户需要用到很多素材时，用【项目】面板中的文件夹来管理素材是一个不错的选择。在【项目】面板中，用户可以根据需要创建多层次的文件夹结构，如同在 Windows 里使用资源管理器来管理磁盘中的文件。

用户可以看出，最初的【项目】面板就像磁盘的根目录，用户可以在这个【根目录】中创建子目录，即子文件夹，通过在文件夹间移动素材文件来实现分类管理。一般来说，用户可以按照文件类型来分类存放素材。例如，可以在【项目】面板中建立一个 MPEG 文件夹，然后把所有 MPEG 类型的文件都放入这个文件夹。另一种常见的分类方法就是按照【时间轴】面板中序列的不同来存放素材，将同属于一个序列的或者同一个影片片段的素材都放到同一个文件夹中，这样就可以在需要时轻松找到所需的素材了。

用文件夹来管理素材，可以使用户从数目繁多的素材中解脱出来，有利于用户以清晰的思路进行影视编辑工作。

在【项目】面板中，用户也可以轻松删除不需要的文件夹。如果要删除一个或者多个文件夹，有以下几种操作方法。

- 选中需要删除的文件夹，执行【编辑】|【清除】菜单命令。
- 选中需要删除的文件夹，在键盘上按 Delete 键。
- 在需要删除的文件夹上右击，从弹出的快捷菜单中选择【清除】命令。
- 选中需要删除的文件夹，单击【项目】面板下方的【清除】图标按钮。

2.3.2　在【项目】面板中查找素材

如果项目中使用的素材不多，用户可以在【项目】面板中轻松地找到素材。而在大型的项目中，要使用的素材往往比较多，从中逐一查找素材比较费时。这时可以使用【项目】面板中的【查找】命令来快速查找所需要的素材，如图 2-29 所示。输入关键词后，【项目】面板中将出现名称中包含该关键词的素材。

查找完成后，若想恢复原状，只需单击【查找】文本框后的按钮即可。

在 Premiere 中还可以对素材进行复杂的查找。单击【项目】面板底部的【查找】按钮，打开如图 2-30 所示的对话框。在各项查找属性都选择或者填写完毕后，单击【查找】按钮即可进行素材定位。可以设定两种查找线索，即主线索和次线索，系统先按照主线索进行查找，如果找不到再按照次线索进行查找。

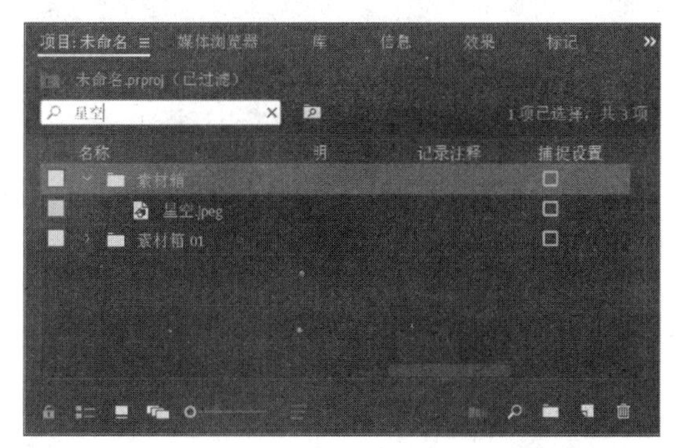

图 2-29　在【项目】面板中查找素材

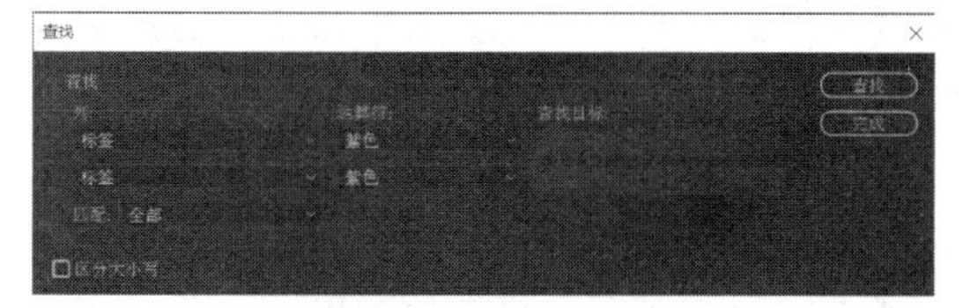

图 2-30　【查找】对话框

2.3.3　使用脱机文件

在影视编辑中，有时会出现编辑所需要的素材量非常大，占用很多磁盘空间的现象，或者某些素材未采集或不在本机，这时脱机文件将是一个很有用的工具。

用户可以在编辑时使用低分辨率的素材以节省磁盘空间，或者应用脱机文件进行编辑，在最后输出时，再重新采集高分辨率的素材加以替换来保证成品的质量。

脱机文件是目前磁盘上暂时不可用的素材文件的占位符，可以记忆丢失的源素材的信息，当在实际工作中遇到素材文件丢失时，不会毁坏已经编辑好的项目文件。如果脱机文件出现在【时间轴】面板中，那么在【节目监视器】面板预览该素材时就会显示媒体的脱机信息，如图 2-31 所示。

当项目文件中的源素材路径或名称被改变时，如素材被删除、移动、重命名等，就会在项目文件中造成素材文件的脱机。这种情况下，Premiere Pro 2020 在打开项目文件时会弹出如图 2-32 所示的对话框对素材进行重新定位。用户可以通过重新指定素材的位置来替代原素材，方法是通过单击【查找】按钮，打开 Windows 搜索面板；确定文件所在的路径后在【查找范围】下拉菜单中选择素材所在的文件夹，单击该素材文件，然后单击【选择】按钮即可。此时，Premiere 会在该文件夹中继续查找其他脱机文件。

单击【脱机】按钮，可以使得单个素材脱机，而单击【全部脱机】按钮，则可使得全部未找到的素材脱机。

用户也可以单击【取消】按钮使其不做任何操作，即暂时变成脱机文件。

在【项目】面板中，选择脱机文件，执行【项目】|【链接媒体】命令，或者通过右击，在弹出的快捷菜单中选择【链接媒体】命令，同样可以打开如图 2-32 所示的【链接媒体】对话框，为单个脱机文件链接媒体。

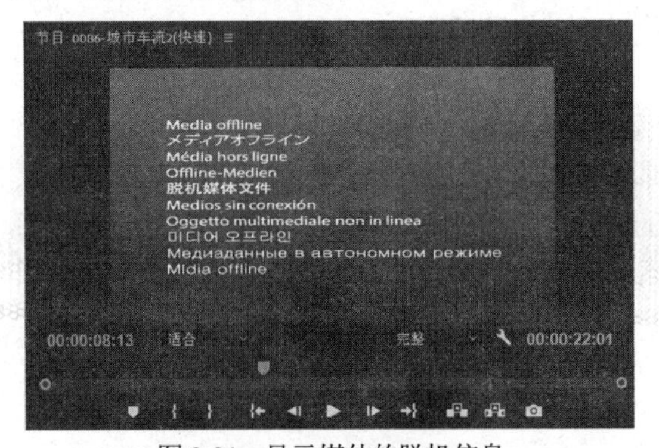

图 2-31　显示媒体的脱机信息

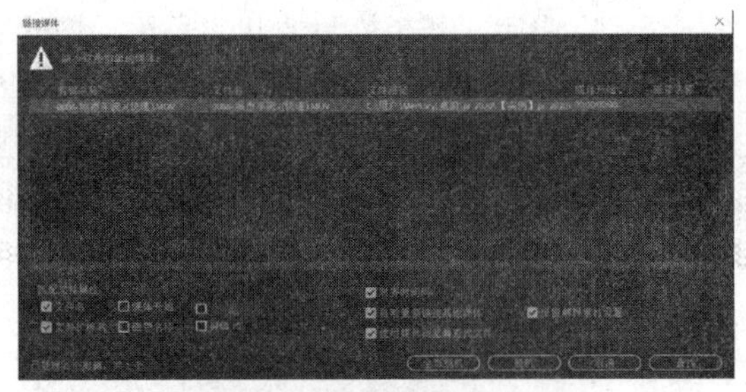

图 2-32　【链接媒体】对话框

当用户准备重新采集或者替换某些正在使用的素材时，首先选择要变成脱机文件的素材，执行【文件】|【设为脱机】菜单命令，这样会弹出如图 2-33 所示的【设为脱机】对话框，然后在其中选择是否在硬盘上保留目前所使用的素材文件。

用户还可以手动创建脱机文件。执行【文件】|【新建】|【脱机文件】菜单命令或者单击【项目】面板底部的【新建项】按钮，在菜单中选择【脱机文件】命令，这样会弹出如图 2-34 所示的【新建脱机文件】对话框，可以在其中设置脱机文件的各项参数。

图 2-33　【设为脱机】对话框

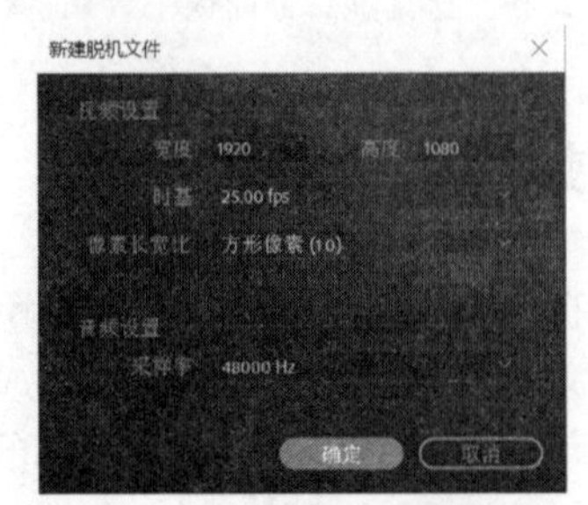

图 2-34　【新建脱机文件】对话框

用户可以随时对脱机文件进行编辑。在【项目】面板中双击一个脱机文件，会弹出它的设置对话框，再调整必要的选项即可。脱机文件在项目中只起到占位符的作用，在编辑的节目中没有实际的画面内容。在输出前要将脱机文件用实际的素材进行定位和替换。

拓展训练

本拓展训练主要通过在 Premiere Pro 2020 中进行素材管理，使用户熟悉素材管理的一些基本操作。

1) 效果说明

本例介绍素材的整理，操作效果如图 2-45 所示。

2) 操作要点

本例主要练习如何在【项目】面板中整理素材，如何使用【图标视图】【列表视图】和【自由变换视图】查看素材，以及导入素材和文件夹等。

3) 操作步骤

(1) 启动 Premiere Pro 2020，新建一个名为“ch02”的项目，选择保存路径，单击【确定】按钮，如图 2-35 所示。

(2) 进入 Premiere Pro 2020 工作区后，执行【文件】|【导入】命令，在弹出的【导入】对话框中双击打开【ch02】文件夹，如图 2-36 所示。

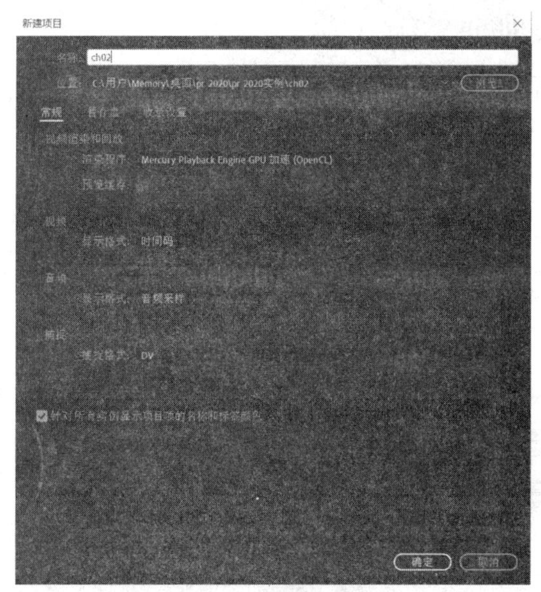

图 2-35　新建项目

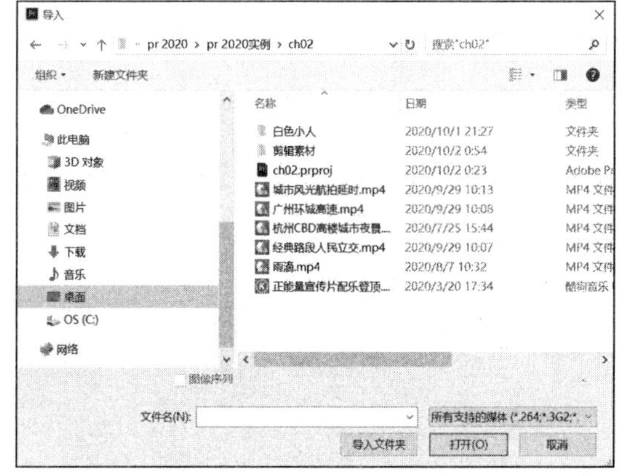

图 2-36　【导入】对话框

(3) 在键盘上按住 Ctrl 键，同时选中文件夹中的所有视频和音频素材，单击【打开】按钮将所有视频和音频素材导入。此时文件夹中的视频和音频文件都会出现在【项目】面板中，如图 2-37 所示。

(4) 再次执行【文件】|【导入】命令，打开【导入】对话框，选中【剪辑素材】文件夹，单击【导入文件夹】按钮，如图 2-38 所示。

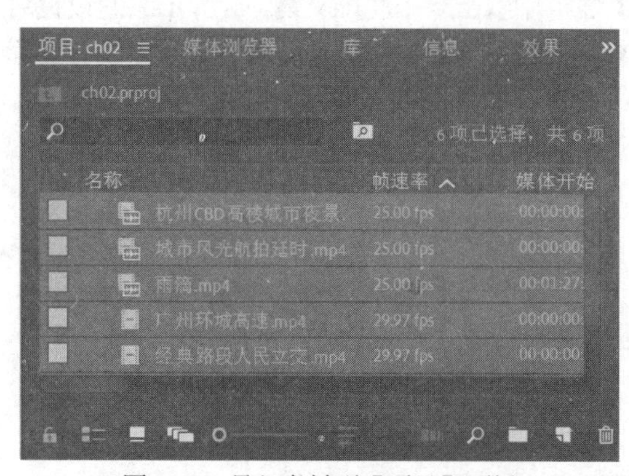

图 2-37　导入素材到【项目】面板

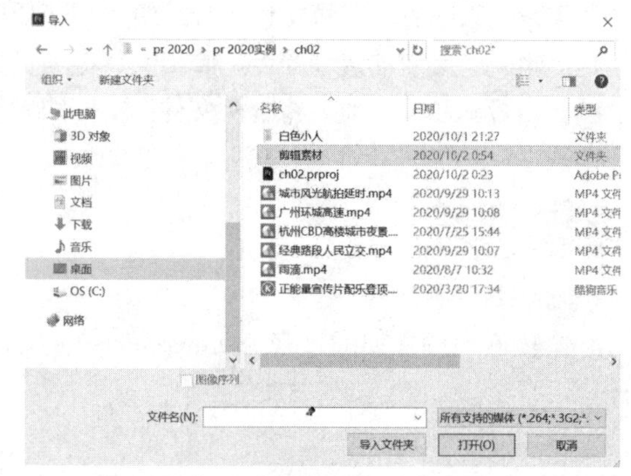

图 2-38　选择导入文件夹

(5) 导入后可以看到【项目】面板中出现了一个名为【剪辑素材】的文件夹，如图 2-39 所示。

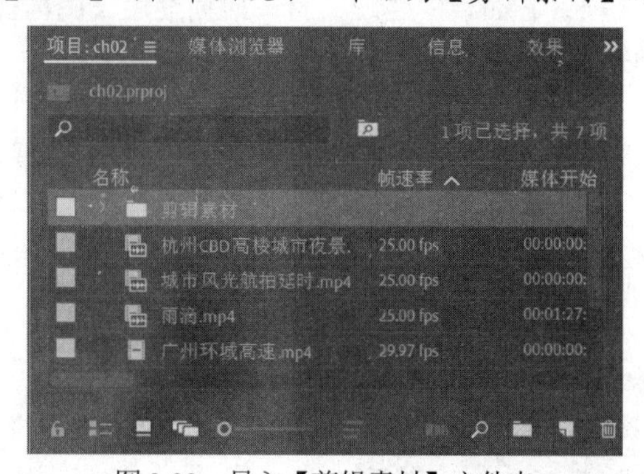

图 2-39　导入【剪辑素材】文件夹

(6) 再次打开【导入】对话框，双击“白色小人”文件夹，此时该文件夹中的文件是以严格有序的文件名命名的，如图 2-40 所示。下面将它们以序列形式导入。在【导入】对话框中单击第一个图片文件“01.jpg”，选中【图像序列】复选框后，单击【打开】按钮，此时【项目】面板中只出现了以 01.jpg 命名的素材文件，显示的图标与视频文件相同，如图 2-41 所示。

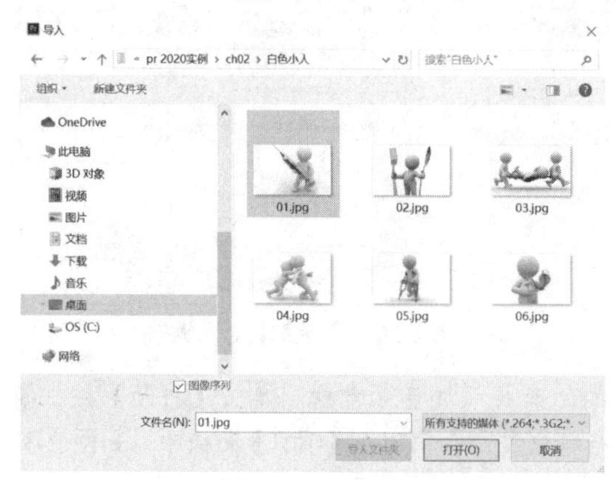

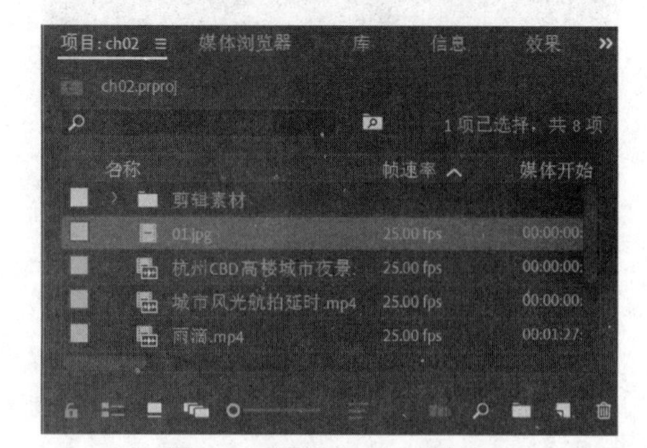

图 2-40　准备导入序列化的文件

图 2-41　导入“01.jpg 素材”

(7) 单击【项目】面板下方的【图标视图】按钮，使素材以图标的方式显示，如图 2-42 所示。

(8) 单击【项目】面板右上角的按钮，打开菜单，选择【浮动面板】命令，使【项目】面板独立出来，调整其大小，如图 2-43 所示。

图 2-42　以图标的方式显示素材

图 2-43　调整面板大小

(9) 对于项目窗口中的素材，可以重新对其进行命名。

(10) 为了进一步将素材分门别类，用户可以利用文件夹对素材进行进一步管理。首先执行【窗口】|【工作区】|【重置为保存的布局】命令，单击【项目】面板下方的【列表视图】按钮，使素材以列表的方式显示。然后单击【新建素材箱】按钮，此时【项目】面板中会出现一个新的文件夹，将其命名为“城市风景”。

(11) 选中视频“杭州 CBD 高楼城市夜景.mp4”“城市风光航拍延时.mp4”“广州环城高速.mp4”和“经典路段人民立交.mp4”，然后按住鼠标左键，将选中的视频拖到“城市风景”文件夹中，如图 2-44 所示。在选中素材时，如果【项目】面板太小，可以用鼠标左键单击【项目】面板，调整输入法在英文状态下，按下键盘左上角的波浪键“~”，即可将面板放大。此时再进行操作就非常方便了，在当前的界面还可以单击【自由变换视图】按钮，对素材进行排序等处理，以便更加快捷、高效地完成剪辑。

(12) 新建两个文件夹，分别命名为“音乐”和“视频”。将【项目】面板中的其他文件和文件夹按照素材的类别分别拖到相应的文件夹中，如图 2-45 所示。

(13) 通过整理，【项目】面板变得层次分明、整洁明了，如同使用资源管理器般方便。

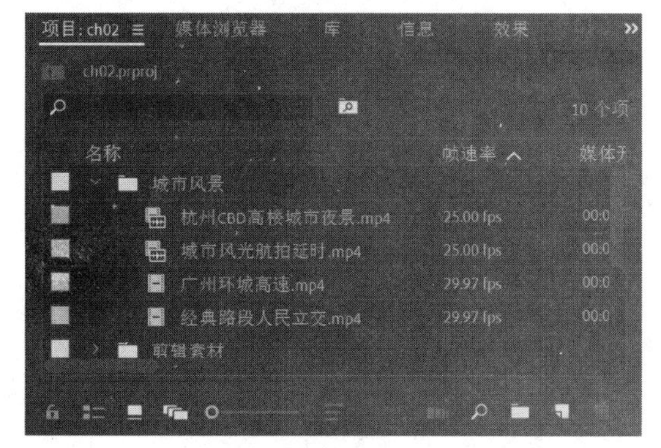

图 2-44　拖动素材到“城市风景”文件夹中

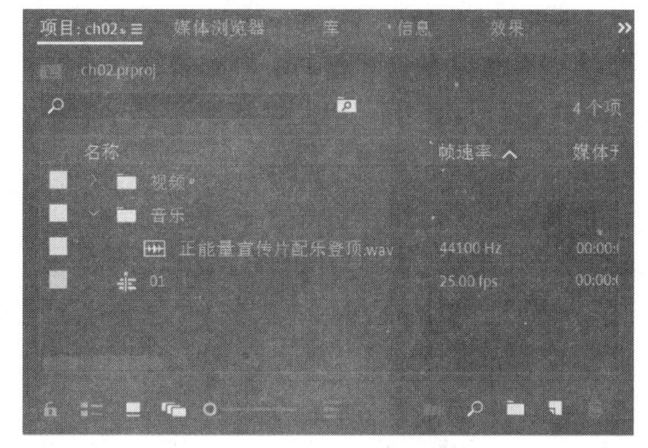

图 2-45　分类放置素材

习 题

1. 在项目中自定义设置时，哪一种编辑模式可以根据需要设置视频画幅大小？
2. 视频采集卡一般分为哪几种？
3. 系统默认情况下，序列中的视频、音频轨道分别有几条？
4. 导入素材有哪几种方法？
5. 导入素材时，如何导入一个文件夹？
6. 如何新建一个文件夹？

第3章

编辑视频素材

学习目标

Premiere 中的素材剪辑，对于整个影片的创建而言是非常重要的环节。素材剪辑主要是对素材进行调用、分割和组合等操作。在 Premiere 中，用户可以在【时间轴】面板的轨道中编辑导入的素材，也可以通过【节目监视器】面板直观地编辑【时间轴】面板轨道上的素材，还可以在【源监视器】面板中编辑【项目】面板中的源素材。通过这些强大的编辑功能，用户可以很方便地根据影片结构的构思自如地组合、裁剪素材，使影片最终形成所需的播放次序。通过本章的学习，读者可以熟悉如何通过【源监视器】面板、【节目监视器】面板、【时间轴】面板及【工具】面板组织素材，掌握影片编辑的基本技巧。

本章重点

- 剪辑素材
- 三点编辑和四点编辑
- 使用【时间轴】面板剪辑素材
- 使用【监视器】面板剪辑素材
- 高级编辑

任务 1　剪辑素材

通常，项目中的素材不一定完全适合最终影片的需要，往往要去掉素材中不需要的部分，将有用的部分编入影片。在对素材进行剪辑之前，先来了解各面板的功能。

3.1.1　【源监视器】面板

【源监视器】面板用于查看和编辑【项目】面板或者【时间轴】面板中某个序列的单个素材。双击【项目】面板中的某个素材，可以打开【源监视器】面板，如图 3-1 所示。

图 3-1　打开【源监视器】面板

在【源监视器】面板中可以根据需要更改素材显示的比例。单击视窗中的【选择缩放级别】下拉按钮适合，可以在弹出的下拉菜单中选择合适的比例，如图 3-2 所示。选择【适合】命令，系统将根据监视器面板的大小调整素材的显示比例，以显示整个素材。

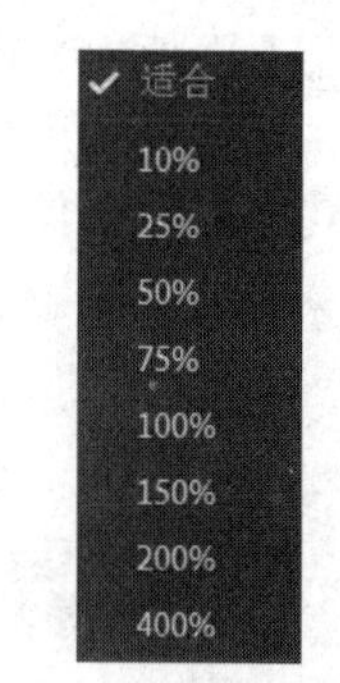

图 3-2　选择缩放级别

在【源监视器】面板已经打开的情况下，将一个素材由【项目】面板或者【时间轴】面板直接拖到【源监视器】面板中，也可以在【源监视器】面板中查看素材，而且可以将素材名称添加到素材菜单中。

从【项目】面板拖动多个素材或者整个文件夹到【源监视器】面板，或者在【时间轴】面板选择多个素材后双击，也可以同时打开多个素材。但【源监视器】面板只能显示最后选择的那一个素材，其他素材会按选择的顺序添加到素材菜单。

在【源监视器】面板单击素材名称，弹出的下拉菜单中将包含最近查看过的素材名称列表，通过单击素材名称可快速查看需要的素材。如果是在序列中打开的素材，还可以看出其所在的序列名称，如图 3-3 所示。利用【源监视器】面板的下拉菜单可以清除列表中的素材。

选择【关闭】命令，可以清除当前显示在【源监视器】面板中的素材，然后将显示列表中的第一个素材。选择【全部关闭】命令，将清除列表中所有的素材。

在【源监视器】面板中不仅可以查看素材，还可以对素材进行编辑。【源监视器】面板的控制区域包含一套控制工具，有很多类似录放机和编控器面板的控制器。各个工具的功能将结合素材剪辑进行讲解。

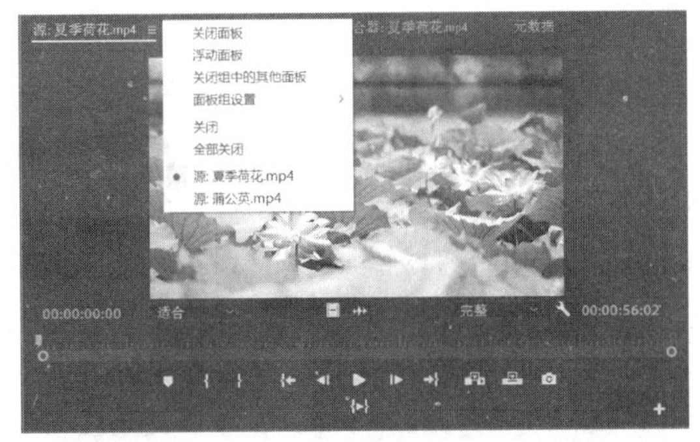

图 3-3 【源监视器】面板的下拉菜单

3.1.2 【节目监视器】面板

从布局上看，【节目监视器】面板与【源监视器】面板非常相似，在功能上，两者也大同小异。二者不同的是，【源监视器】面板主要用于对源素材进行操作，而【节目监视器】面板的操作对象则是【时间轴】面板上的序列，如图 3-4 所示。

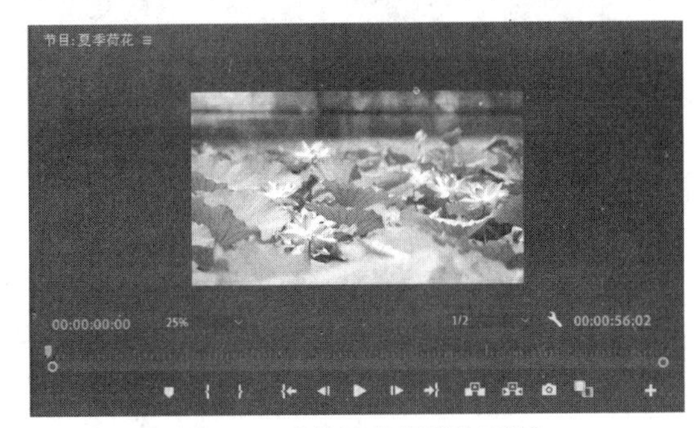

图 3-4 【节目监视器】面板

在 Premiere Pro 2020 中，【节目监视器】面板将之前独立的面板集成，如将以前版本的【参考监视器】面板集成。在某些情况下，有必要使用两个视图来比较序列的不同帧或查看同一帧在应用效果前后的不同。为此，最好的方法就是使用【参考监视器】面板，它同【节目监视器】面板类似。

单击【窗口】菜单，打开如图 3-5 所示的菜单，选择【参考监视器】命令，可以打开【参考监视器】面板，如图 3-6 所示。

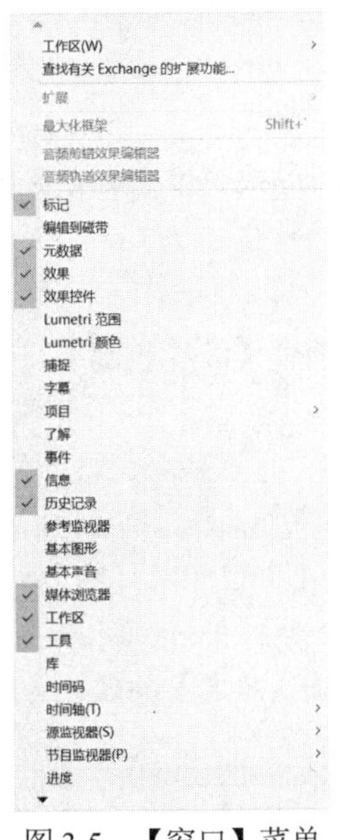

图 3-5 【窗口】菜单

图 3-6 【参考监视器】面板

将序列中的一帧显示在独立于【节目监视器】面板的【参考监视器】面板中，即可查看两个视图，从而进行比较。

3.1.3 【修剪编辑】面板

有时需要校正序列中两个相邻素材片段的相邻帧，这就需要用到 Premiere 提供的一个非常重要的功能——修剪编辑。执行【序列】|【修剪编辑】命令，【节目监视器】面板将发生变化，会由原来的一个视图变为两个视图，表明进入“修剪编辑”模式，【节目监视器】面板将变为【修剪编辑】面板，如图 3-7 所示。

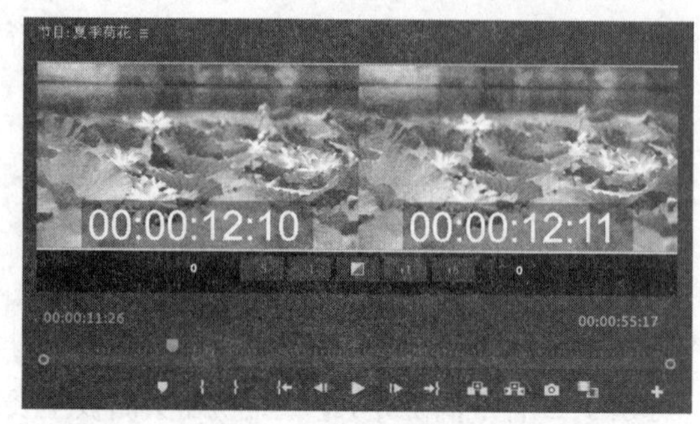

图 3-7 【修剪编辑】面板

按下快捷键 Shift+T，同样可以打开【修剪编辑】面板。

虽然凭借【源监视器】面板、【节目监视器】面板和【时间轴】面板就可以完成大部分的剪辑工作，但对于素材片段之间剪接点的精细调整，使用【修剪编辑】面板效率是最高的。

【修剪编辑】面板与其他监视器面板有着相似的布局，不同的是它是一个包含专门控制器的独立面板。【修剪编辑】面板的左视图显示的是剪接点左边的素材片段，右视图显示的则是剪接点右边的素材片段。用户可以在序列的任何编辑点使用波纹或滚动工具进行编辑，以此完成精细的剪辑。

使用【修剪编辑】面板对相邻素材进行精确剪辑，可以非常直观地在面板中看到编辑后的结果，它是一种实用、高效的编辑方法。将其与设置入点、出点的方法相比较，区别在于修剪编辑会同时影响相邻的两个素材。

【例 3-1】 对素材进行如下剪辑：将【时间轴】面板上前 3 段素材的长度分别剪成 10s、8s 和 10s，再将全部视音频精确到 34s。素材

1) 效果说明

本例的效果是根据 Premiere Pro 2020【节目监视器】面板的提示，将素材长度剪成 10s、8s 和 10s，将视音频精确到 34s。

2) 操作要点

本例主要练习如何使用【工具】面板中的【剃刀】工具，结合【波纹删除】等命令，精确调整素材的长度。

3) 操作步骤

(1) 启动 Premiere Pro 2020，新建一个名为“ch03-1”的项目文件。导入“001 重庆延时.mov”“002 天空.mp4”“003 夜景立交.mp4”“004 重庆夜景大桥.mov” 4 个视频文件和“bgmusic.mp3”音频文件。

(2) 按下快捷键 Ctrl+N，在打开的【新建序列】对话框中单击【确定】按钮，新建一个序列。

(3) 在【项目】面板中，按顺序依次选择“001 重庆延时.mov”“002 天空.mp4”“003 夜景立交.mp4”“004 重庆夜景大桥.mov” 4 个视频文件，拖到时间线的【视频 V1】轨道上，选择“bgmusic.mp3”音频文件，拖至【音频 A1】轨道，如图 3-8 所示。

(4) 在【时间轴】面板中将时间线指针移到 00:00:10:00 处，选择【工具】面板上的【剃刀】工具，确认时间线左侧的【在时间轴中对齐】按钮处于打开状态，在“001 重庆延时.mov”

素材上的时间线指针所处位置单击，将其分割成两段，如图 3-9 所示。

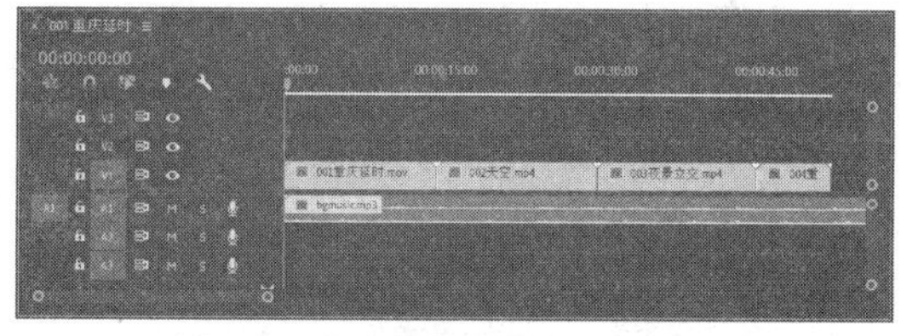

图 3-8　将素材拖至时间线的轨道

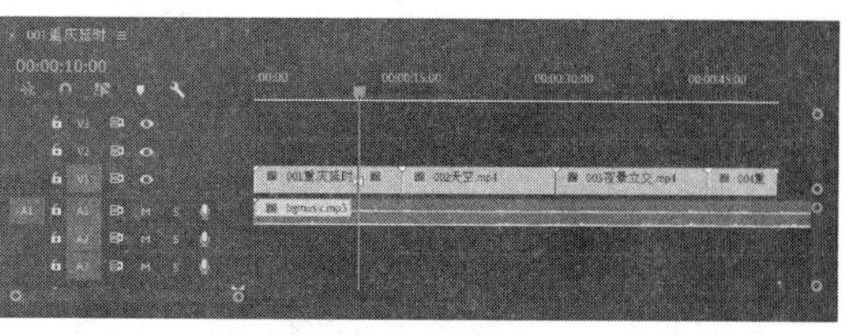

图 3-9　分割素材

(5) 在“001 重庆延时.mov”素材的后半段上右击，在弹出的快捷菜单中选择【波纹删除】命令，将其删除，后面的素材会自动跟着前移，如图 3-10 所示。

(6) 将时间线指针分别移至第 00:00:18:00 和 00:00:35:00 处，使用【剃刀】工具在“002 天空.mp4”和“003 夜景立交.mp4”上的时间线指针处单击，将其切开，使用【波纹删除】命令将其后一部分删除，如图 3-11 所示。

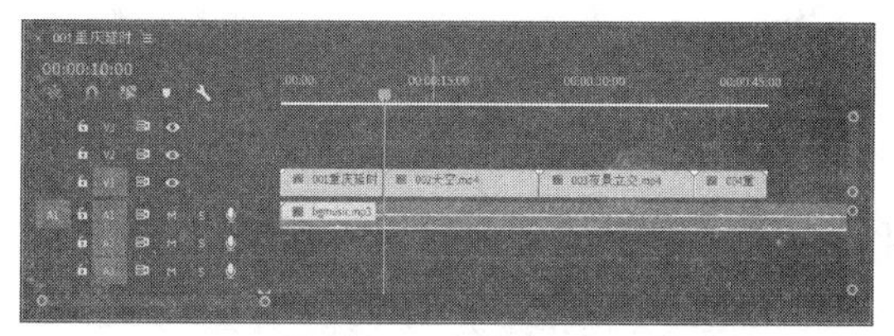

图 3-10　波纹删除后的素材文件效果

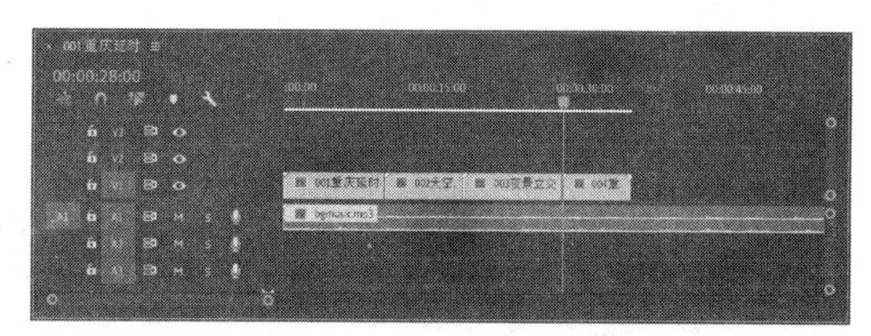

图 3-11　分割和波纹删除其他部分

(7) 将时间线指针移至第 00:00:34:00 处，选择【剃刀】工具，按住 Shift 键的同时在时间线指针处单击，可以将 34 s 处的视频和音频素材同时分割开，并将其后面的部分删除掉，这样便完成了对素材的剪辑，如图 3-12 所示。

(8) 设置完成后，按回车键，在【节目监视器】面板中观看最终效果并保存该项目。

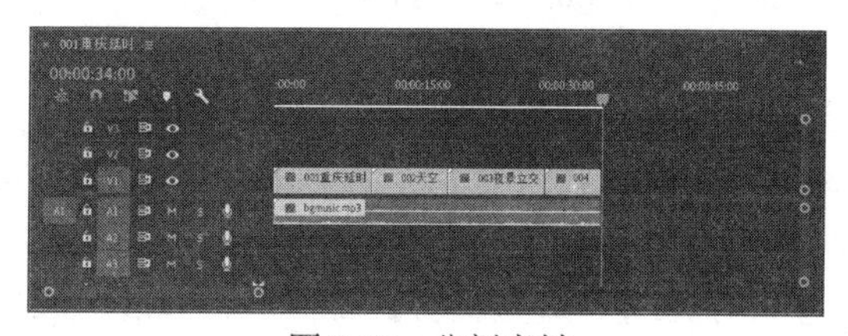

图 3-12　分割素材

任务 2　三点编辑和四点编辑

三点编辑和四点编辑都是指剪辑源素材的方法，三点、四点是指素材入点和出点的个数。

3.2.1　三点编辑

在【源监视器】面板和【节目监视器】面板中，一共标记了两个入点、一个出点，或者两个出点、一个入点。三点编辑一般有以下两种方法。

1. 第 1 种方法

(1) 在【时间轴】面板中选择添加视频或音频的目标轨道。

(2) 从【项目】面板中选择一个素材，将其拖到【源监视器】面板中，选择编辑类型(视频、音频或视音频)。

(3) 在【源监视器】面板中设置入点与出点，在【节目监视器】面板中设置入点。

(4) 单击【源监视器】面板下方的【插入】按钮或【覆盖】按钮。

2. 第 2 种方法

(1) 在【时间轴】面板中选择添加视频或音频的目标轨道。

(2) 从【项目】面板中选择一个素材，将其拖到【源监视器】面板中，选择编辑类型(视频、音频或视音频)。

(3) 在【源监视器】面板中设置入点，在【节目监视器】面板中设置入点与出点。

(4) 单击【源监视器】面板下方的【插入】按钮或【覆盖】按钮。

【例 3-2】 对素材进行三点编辑。素材

1) 效果说明

本例的效果是在 Premiere Pro 2020 中标记两个入点、一个出点，或者两个出点、一个入点，以达到剪辑的目的。

2) 操作要点

本例主要练习如何在【源监视器】面板和【节目监视器】面板中设置入点和出点。

3) 操作过程

(1) 启动 Premiere Pro 2020，新建一个名为“ch03-2”的项目文件。导入素材“001 重庆延时.mov”和“002 天空.mp4”。

(2) 按下快捷键 Ctrl+N，在打开的【新建序列】对话框中单击【确定】按钮，新建一个序列。将“001 重庆延时.mov”拖到【时间轴】面板中，在弹出的【剪辑不匹配警告】对话框中单击【更改序列设置】按钮。双击“002 天空.mp4”，使其在【源监视器】面板中打开。

(3) 在【源监视器】面板中的 00:00:01:10 帧处设置入点，如图 3-13 所示。

(4) 在【节目监视器】面板中的 00:00:05:22 和 00:00:08:00 处设置入点和出点，如图 3-14 所示。

图 3-13 在【源监视器】面板中设置入点

图 3-14 在【节目监视器】面板中设置入点和出点

(5) 单击【源监视器】面板中的【插入】按钮，在【时间轴】面板中可以看到，原来在【源监视器】面板中设置入点之后的“002 天空.mp4”素材，替换了在【节目监视器】面板中设置入点和出点之间的“001 重庆延时.mov”部分素材，如图 3-15 所示。

(6) 设置完成后，按回车键，在【节目监视器】面板中观看最终效果并保存该项目。

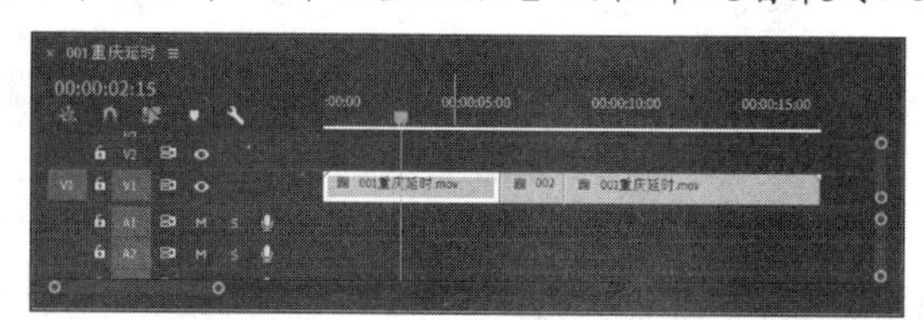

图 3-15　替换素材

3.2.2　四点编辑

【例 3-3】 对素材进行四点编辑。素材

1) 效果说明

本例的效果是在【源监视器】面板和【节目监视器】面板中标记两个入点、两个出点以达到剪辑的目的。

2) 操作要点

本例主要练习如何在【源监视器】面板和【节目监视器】面板中设置入点和出点。

3) 操作过程

(1) 启动 Premiere Pro 2020，新建一个名为“ch03-3”的项目文件。导入素材“001 重庆延时.mov”和“002 天空.mp4”。

(2) 按下快捷键 Ctrl+N，在打开的【新建序列】对话框中单击【确定】按钮，新建一个序列。将“001 重庆延时.mov”拖到【时间轴】面板中，在弹出的【剪辑不匹配警告】对话框中单击【更改序列设置】按钮。双击“002 天空.mp4”，使其在【源监视器】面板中打开。

(3) 在【源监视器】面板中的 00:00:03:17 和 00:00:05:20 处设置入点和出点，如图 3-16 所示。

(4) 在【节目监视器】面板中的 00:00:05:22 和 00:00:08:00 处设置入点和出点，如图 3-17 所示。

图 3-16　在【源监视器】面板中设置入点和出点

图 3-17　在【节目监视器】面板中设置入点和出点

(5) 单击【源监视器】面板中的【插入】按钮，在【时间轴】面板中可以看到，原来在【源监视器】面板中设置入点和出点之后的“001 重庆延时.mov”素材，替换了在【节目监视器】面板中设置入点和出点之间的“002 天空.mp4”部分素材，如图 3-18 所示。

需要注意的是，如果两对标记之间的持续长度不一样，则会弹出如图 3-19 所示的【适合剪辑】对话框。为了适配入点与出点间的长度，可按下列设置进行选择。

- 更改剪辑速度(适合填充)：改变素材的速度以适应节目中设定的长度。

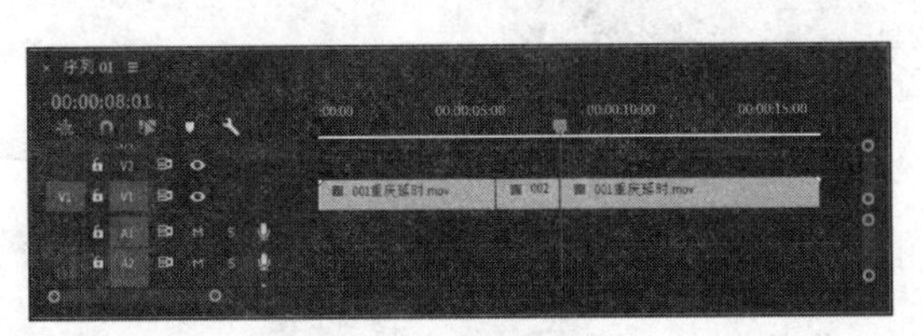

图 3-18　替换素材

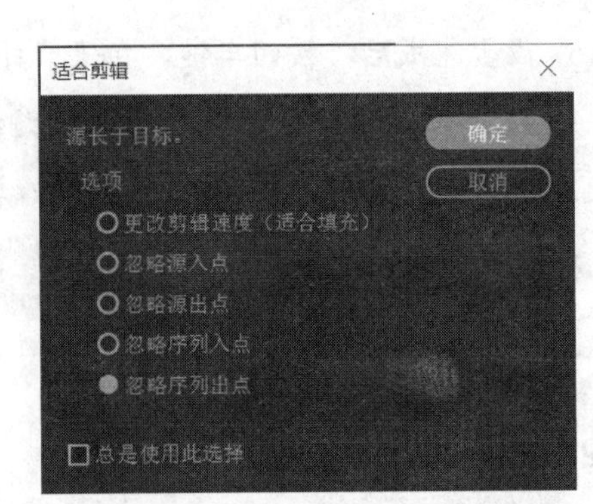

图 3-19　【适合剪辑】对话框

- 忽略源入点：忽略节目中设定的源入点。
- 忽略源出点：忽略节目中设定的源出点。
- 忽略序列入点：忽略节目中设定的序列入点。
- 忽略序列出点：忽略节目中设定的序列出点。

(6) 设置完成后，按回车键，在【节目监视器】面板中观看最终效果，并保存该项目。

任务 3　使用【时间轴】面板剪辑素材

在 Premiere Pro 2020 中进行影片的剪辑，其核心是利用【监视器】面板和【工具】面板中的各种工具在【时间轴】面板对素材进行调用、分割和组合等操作。

3.3.1　【时间轴】面板

【时间轴】面板可以用图解的方式来显示序列的构成，如素材片段在视频和音频轨道中的位置，以及上下轨道之间的分布等。

项目中的多个序列可以按标签的方式排列在【时间轴】面板中，用户可以向序列中的任何一个视频轨道添加视频素材，音频素材则要添加到相应类型的音频轨道中。素材片段之间可以添加转场效果。【视频 V2】轨道及更高的轨道可以用来进行视频合成，附加的音频轨道可以用来混合音频，也可以指定每一个音频轨道支持的声道类型，并决定如何传送到主音轨。为了得到音频混合处理更高级的控制，可以多次创建合成音轨。用户可以在【时间轴】面板中完成多项编辑任务，而且可以按照当前任务或者个人喜好来进行定制。

3.3.2　向序列添加素材

在已经采集或者导入素材到 Premiere Pro 2020 后，该如何应用这些素材呢？最简单的方法就是选择【项目】面板中的素材，直接将其拖到【时间轴】面板中，并添加到某个序列上。

【例 3-4】 创建一个名为“ch03-4”的项目，导入几段素材，分别将素材应用到序列中的轨道上。素材

1) 效果说明

本例的效果是在 Premiere Pro 2020 中导入素材，将素材拖入序列进行剪辑。

2) 操作要点

用不同的方式导入素材，将素材拖入序列时，可以执行【更改序列设置】操作。

3) 操作过程

(1) 启动 Premiere Pro 2020，新建一个名为“ch03-4”的项目文件。

(2) 执行【文件】|【导入】命令，打开【导入】对话框，导入“ch03_4”文件夹中的“003 夜景立交.mp4”“004 重庆夜景大桥.mov”“005 夜景车流.mp4”和“bgmusic.mp3”，如图 3-20 所示。

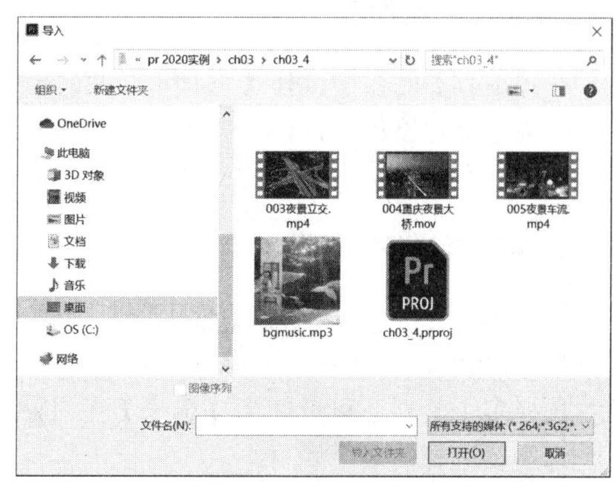

图 3-20　导入素材文件

(3) 按下快捷键 Ctrl+N，在打开的【新建序列】对话框中单击【确定】按钮，新建一个序列。在【项目】面板中选择“003 夜景立交.mp4”素材，按住鼠标左键，将其拖到【时间轴】面板的 V1 轨道上，如图 3-21 所示，然后释放鼠标左键。在弹出的【剪辑不匹配警告】对话框中单击【更改序列设置】按钮。

(4) 使用同样的方法，在【项目】面板中选择“004 重庆夜景大桥.mov”素材，将其拖到【时间轴】面板中 V1 轨道上的“003 夜景立交.mp4”素材之后，释放鼠标左键，效果如图 3-22 所示。

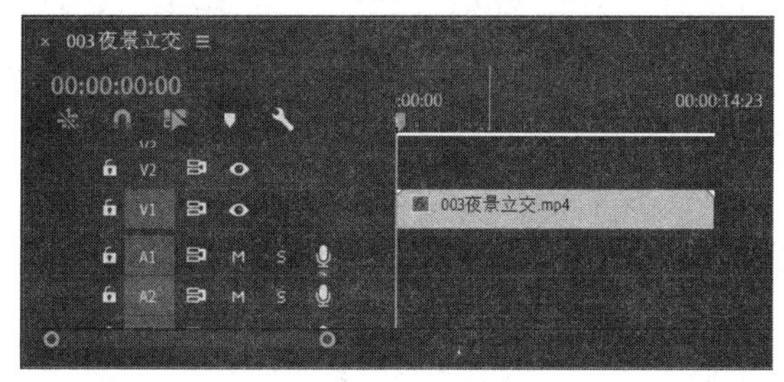

图 3-21　添加素材“003 夜景立交.mp4”

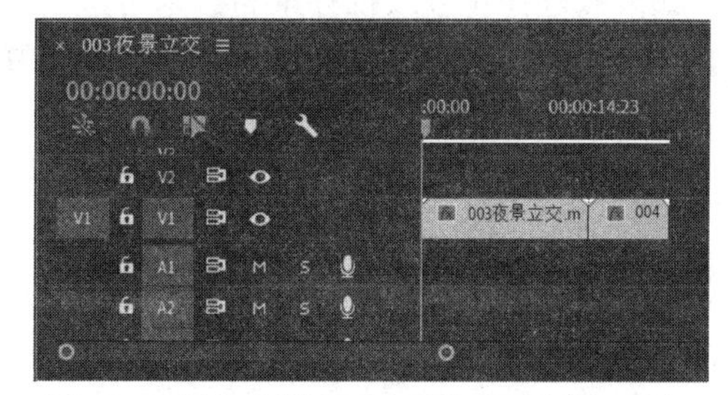

图 3-22　添加素材“004 重庆夜景大桥.mov”

(5) 双击打开“005 夜景车流.mp4”，在【源监视器】面板中的 00:00:00:00 和 00:00:07:17 处设置入点和出点，将其拖到 V2 轨道上的 00:00:10:10 处，释放鼠标左键，效果如图 3-23 所示。

(6) 在【项目】面板中选择“bgmusic.mp3”，按住鼠标左键，将其拖到【时间轴】面板的 A1 轨道上，释放鼠标左键，效果如图 3-24 所示。

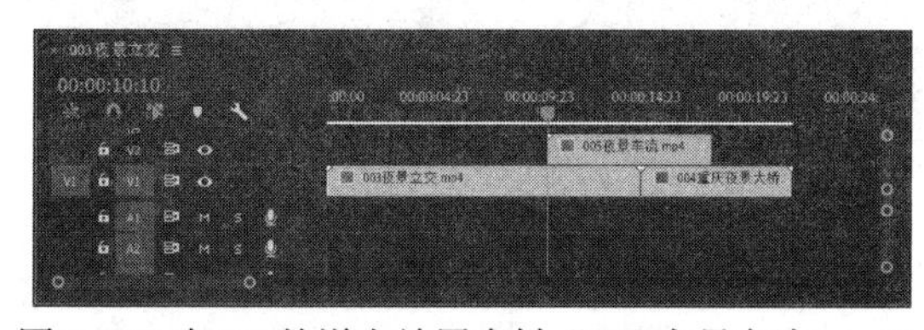

图 3-23　在 V2 轨道上放置素材“005 夜景车流.mp4”

图 3-24　在 A1 轨道上放置素材“bgmusic.mp3”

(7) 设置完成后，按回车键，在【节目监视器】面板中观看最终效果，并保存该项目。

3.3.3 选择素材

在对轨道上的任何素材进行编辑之前，都需要先选择素材。配合【工具】面板上的工具可以在【时间轴】面板进行选择素材的操作。

1. 选择一个素材

在【工具】面板中选择【选择】工具，单击轨道上的一个素材。

如果选择对象包含音频、视频，而用户只想选择其中一个，则可按住键盘上的 Alt 键，同时使用【选择】工具单击需要的文件部分。

2. 同时选择多个素材

按住 Shift 键，同时使用【选择】工具分别单击多个素材。如果想取消选择某一个素材，则按住 Shift 键，再次单击该素材即可。

选择多个素材还可以使用【选择】工具，在【时间轴】面板轨道上拖出一个矩形选框，可框选需要选择的多个素材。

3. 选择当前素材后的所有内容

使用【轨道选择】工具单击当前素材，轨道上当前素材后的所有素材都将变为选中状态。用户也可以按住 Shift 键并单击当前素材，则当前素材后所有轨道上的素材都被选中。

如果只选择音频或视频素材，则可按住 Alt 键并选择当前视频或音频中的一个轨道，此时当前轨道中选中素材之后的所有素材都将被选中。

3.3.4 移动素材

当素材被添加到【时间轴】面板后，用户可以在【时间轴】面板中对素材进行移动，重新排序，这也是经常使用的编辑方法。

在【时间轴】面板移动素材，可以选择轨道中的素材，按住鼠标左键并拖动素材到要移到的位置，然后释放鼠标左键即可。

移动素材时，确认【时间轴】面板左上角的【在时间轴中对齐】按钮被按下，当两个素材贴近时，相邻边缘如同正、负磁铁之间产生吸引力一样，会自动对齐或靠拢，如图 3-25 所示。

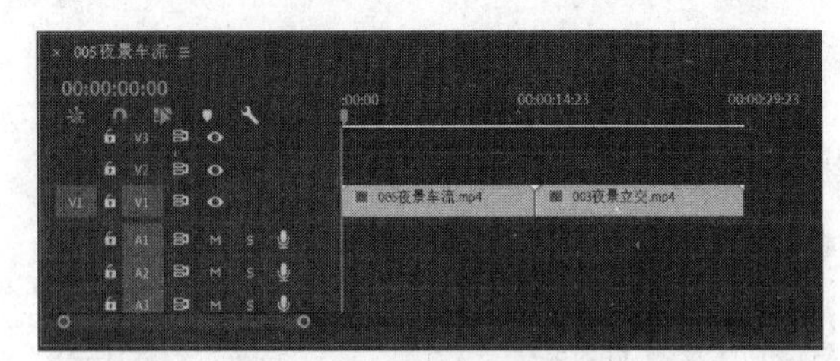

图 3-25 素材在时间轴中对齐

当两段素材中间有空白区域时，要将后面一个素材移到紧贴前一个素材之后。还有另一种方法，即单击两个素材之间的空白区域，执行【编辑】|【波纹删除】菜单命令，或执行右键菜单中的【波纹删除】命令，空白区域将被删除，空白区域后方的素材会自动补上，不同轨道的素材将同步向空白区域移动。

3.3.5　复制和粘贴素材

在 Premiere Pro 2020 中可以使用复制、粘贴命令对素材进行相关操作。

1. 粘贴

(1) 选择素材，执行【编辑】|【复制】命令。
(2) 在【时间轴】面板视频轨道上选择粘贴位置。
(3) 执行【编辑】|【粘贴】命令。

2. 粘贴插入

(1) 选择素材，执行【编辑】|【复制】命令。
(2) 在【时间轴】面板视频轨道上选择目标轨道。
(3) 拖动时间线指针到准备粘贴插入的位置。
(4) 执行【编辑】|【粘贴插入】命令。

3. 粘贴属性

(1) 选择素材，执行【编辑】|【复制】命令。
(2) 在【时间轴】面板视频轨道上选择需要粘贴属性的目标素材。
(3) 执行【编辑】|【粘贴属性】命令，将前一素材的属性复制到当前素材。

任务 4　使用【监视器】面板剪辑素材

在 Premiere Pro 2020 中，用户可以利用【时间轴】面板进行素材剪辑。这种剪辑更注重处理各种素材之间的关系，特别是位于【时间轴】面板中不同轨道上的素材之间的关系，从而在宏观上把握各段素材在时间线上的进度。但在很多时候，用户在剪辑素材时更注重的是素材的内容。例如，在出现特定的某一帧画面时对视频素材进行剪辑操作。用户固然可以将【时间轴】面板与【监视器】面板配合使用来完成这种剪辑操作，但这种方法远不如直接使用【监视器】面板进行剪辑方便。

使用【监视器】面板进行剪辑的好处在于，用户可以通过【监视器】面板对视频素材每一帧画面的内容了如指掌，从而根据素材内容进行比较精确的设定。其中，【源监视器】面板可以为影像节目准备素材，也可以编辑从影像节目打开的素材片段。【节目监视器】面板显示了正在创建项目的当前状态，当在 Premiere Pro 2020 中播放影像节目时，它就出现在【节目监视器】面板中。还可以把【节目监视器】看作【时间轴】面板的替代视图，不过【时间轴】面板显示的素材基于时间的视图，而【节目监视器】显示的素材基于帧的视图。

3.4.1　插入和覆盖

利用【源监视器】面板剪辑素材的具体操作如下。

(1) 导入素材“003 夜景立交.mp4”“004 重庆夜景大桥.mov”“005 夜景车流.mp4”，把“003 夜景立交.mp4”“004 重庆夜景大桥.mov”依次拖到【时间轴】面板，如图 3-26 所示。

(2) 在【项目】面板中双击“005 夜景车流.mp4”，在【源监视器】面板中打开素材，拖动时间标尺上的指示器，为该素材设置入点和出点，截取一个片段，如图 3-27 所示。

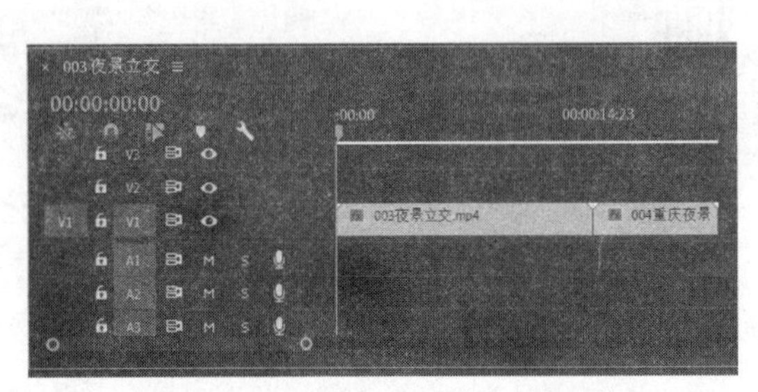

图 3-26　将素材拖到【时间轴】面板

图 3-27　为素材设置入点和出点

(3) 在【源监视器】面板中，执行下列操作之一。

- 插入。截取片段后，单击【插入】按钮，截取片段将插入【时间轴】面板目标轨道中当前时间线指针所指示的位置，如图 3-28 所示。该位置的素材会被分割成两段，插入点之后的素材将后移。
- 覆盖。截取片段后，单击【覆盖】按钮，截取片段将插入【时间轴】面板目标轨道中当前时间线指针所指示的位置，如图 3-29 所示，该位置的素材会被新插入的素材覆盖。

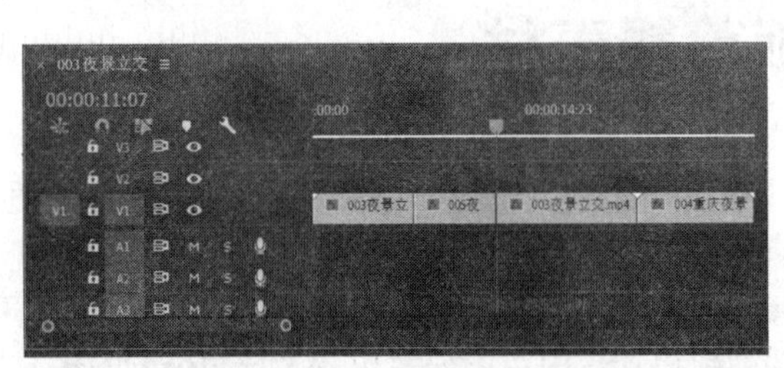

图 3-28　利用【插入】按钮裁切之后的素材状态

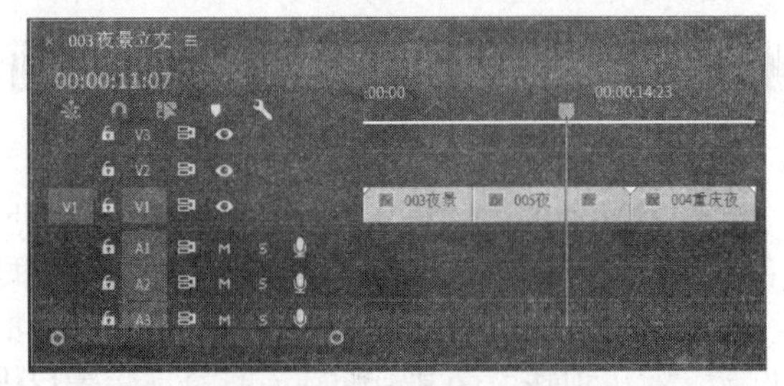

图 3-29　利用【覆盖】按钮裁切之后的素材状态

3.4.2　提升和提取

利用【节目监视器】面板剪辑素材，具体操作如下。

(1) 将“003 夜景立交.mp4”“004 重庆夜景大桥.mov”素材导入【时间轴】面板，如图 3-30 所示。

图 3-30　在【时间轴】面板添加素材

(2) 在【节目监视器】面板中，单击【播放-停止切换】按钮播放素材，利用播放过程为素材设置入点和出点，如图 3-31 所示。截取一个片段，在【时间轴】面板中显示的结果如图 3-32 所示。

图 3-31　在【节目监视器】面板中设置入点和出点

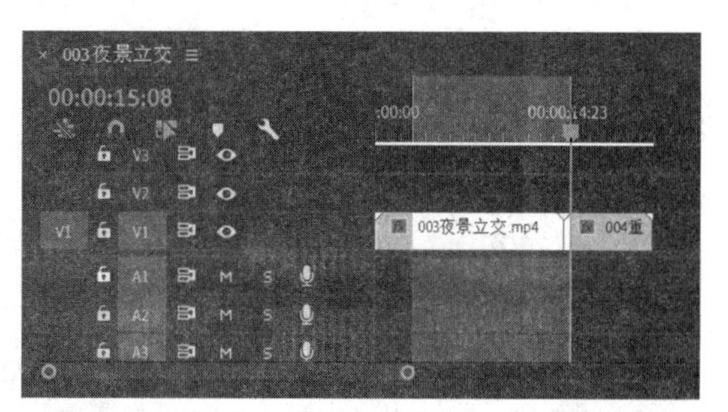

图 3-32　设置入点和出点后在【时间轴】面板中显示的结果

(3) 执行下列操作之一。

- 提升。截取片段后，单击【提升】按钮，截取片段将从【时间轴】面板目标轨道中删除，如图 3-33 所示。
- 提取。截取片段后，单击【提取】按钮，截取片段将从【时间轴】面板目标轨道中删除，后面的素材将向前靠拢，填补裁切留下的空白，如图 3-34 所示。

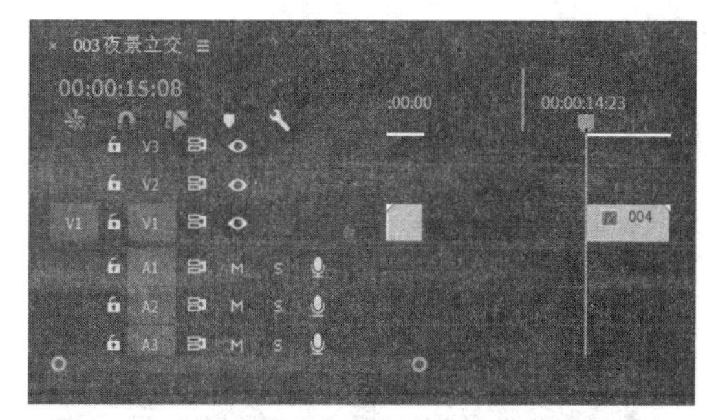

图 3-33　利用【提升】按钮裁切之后的素材状态

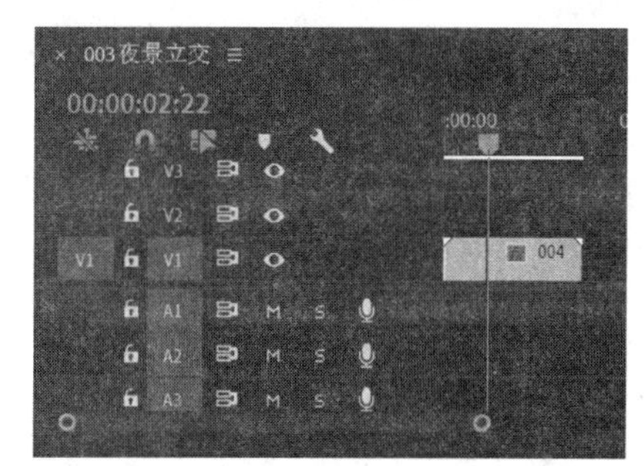

图 3-34　利用【提取】按钮裁切之后的素材状态

任务 5　掌握高级编辑技巧

3.5.1　设置标记点

在 Premiere Pro 2020 中，可以通过设置标记来指示一些重要的点，这样有助于定位和安排素材。在【时间轴】面板中，素材标记在素材中以图标的形式显示，序列标记显示在序列标尺上。用户可以通过标记快速查找标记所在的帧，可以方便地使用两个原本不相关的素材，特别是对视频素材与音频素材同步的处理会变得更加容易。通常的做法是，使用素材标记来指定素材中重要的点，使用序列标记来指定序列中重要的点。

使用标记与使用入点和出点非常相似，都能起到标记的作用，但是标记不像素材的入点和出点那样会改变素材的长度，标记点只是单纯地起到标记的作用，并不会更改视频素材。加入单独的标记点只会对这个素材本身产生作用，而添加到序列中的标记点则可以对【时间轴】面板中的素材都产生作用。

标记可以理解为素材片段中的书签，一个标记点标志着这段素材上一个特定的位置。用户可以通过对标记的操作来快速定位素材的位置。用户可以对时间标尺和【时间轴】面板中的每一个素材片段设置各自的标记。

当光标位于【时间轴】面板中时，时间标尺上对应光标的位置会有一条短竖线，用户可以用下面介绍的方法在时间标尺的游标处设定编号标记或者无编号标记。

1. 标记入点、标记出点

在【时间轴】面板中拖动时间线指针到需要添加标记的位置，在【标记】菜单中选择【标记入点】或【标记出点】命令；或者在【时间轴】面板中的时间线指针处右击，在弹出的【标记】快捷菜单中选择【标记入点】或【标记出点】命令，如图 3-35 所示。

在【时间轴】面板中选中所需素材“003 夜景立交.mp4”，将时间线指针拖到 00:00:00:17 处，单击【标记入点】按钮，再将时间线指针拖到 00:00:03:04 处，单击【标记出点】按钮，如图 3-36 所示。

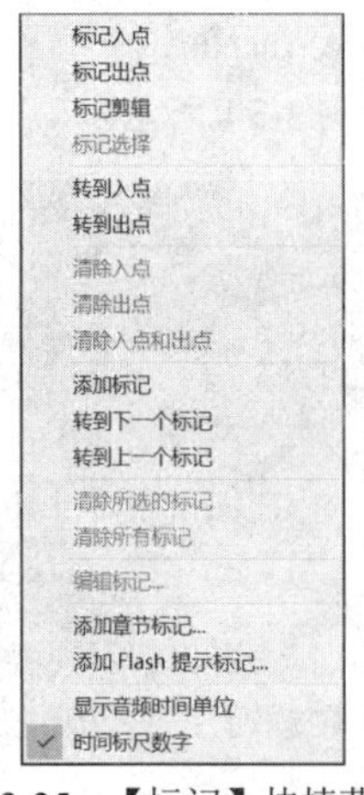

图 3-35 【标记】快捷菜单

图 3-36 标记入点和标记出点

2. 转到入点、转到出点

在【源监视器】面板中，单击【转到入点】按钮，移动时间线指针，设置入点，如图 3-37 所示。单击【转到出点】按钮，移动时间线指针，设置出点，如图 3-38 所示。

图 3-37 转到入点

图 3-38 转到出点

3. 添加标记

在【时间轴】面板上拖动时间线指针到需要添加标记的位置，单击【时间轴】面板左侧的【添加标记】按钮，在此位置添加标记。用户也可以在【时间轴】面板的时间标尺中需要添加标记的位置右击，在弹出的快捷菜单中选择【添加标记】命令。

在【时间轴】面板上选中“004 重庆夜景大桥.mov”素材，将时间线指针拖到00:00:01:00处，单击【添加标记】按钮，再将时间线指针拖到00:00:03:00、00:00:05:00、00:00:7:00处，单击【添加标记】按钮，如图3-39所示。

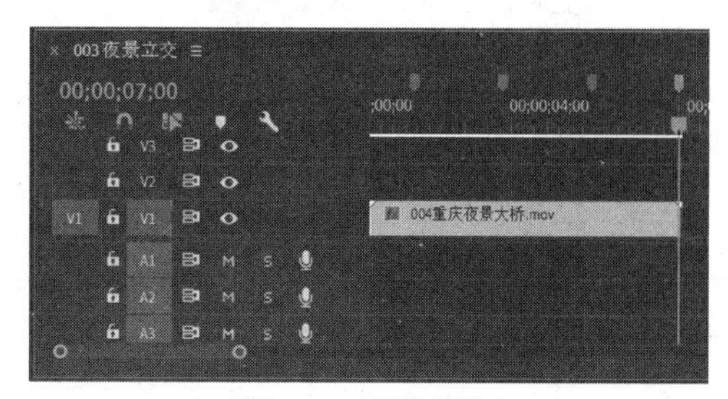

图3-39　添加标记

4. 清除标记

在【时间轴】面板上选中所需素材“004 重庆夜景大桥.mov”，若要清除已添加标记中的任意一个，在右键菜单中选择【清除当前标记】命令即可。当需要一次性清除所有标记时，需要在右键菜单中选择【清除所有标记】命令，如图3-40所示。清除所有标记之后的效果如图3-41所示。

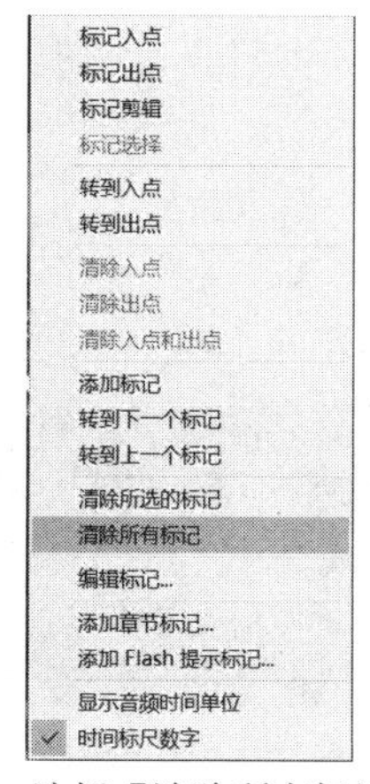

图3-40　选择【清除所有标记】命令

图3-41　清除所有标记后的效果

3.5.2　锁定与禁用素材

单击【时间轴】面板某个轨道左侧的【切换轨道锁定】标记框，标记框内会出现锁图标，轨道上出现灰色右斜平行线表示已经将整个轨道上的素材锁定，如图3-42所示。

在Premiere Pro 2020中，还可以对单独的素材实现禁用。当用户要禁用某段素材时，可以右击该素材，从弹出的快捷菜单中取消选择【启用】选项，被禁用的素材在用【节目监视器】面板预演影片时将不再出现，如图3-43所示。但在【时间轴】面板中，该被禁用的素材还是存在的，随时可以重新启用。

被禁用的素材仍然存在于【时间轴】面板，用户仍然可以对素材进行移动和切割等操作。被禁用的素材始终占用【时间轴】面板中的部分编辑空间，除非用户将该被禁用的素材删除，才会真正在【时间轴】面板上清除该素材。

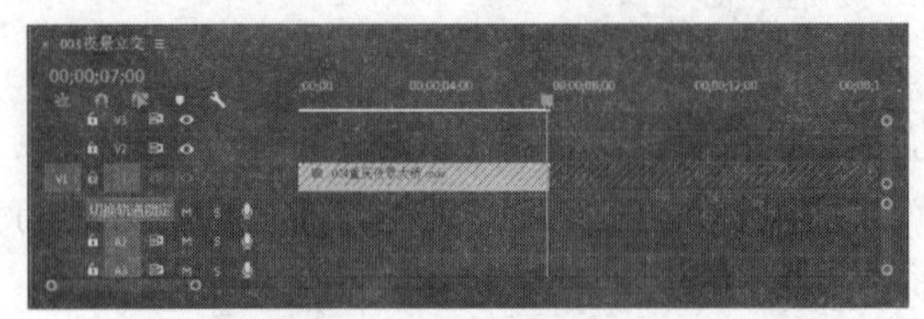

图 3-42　锁定轨道上的素材

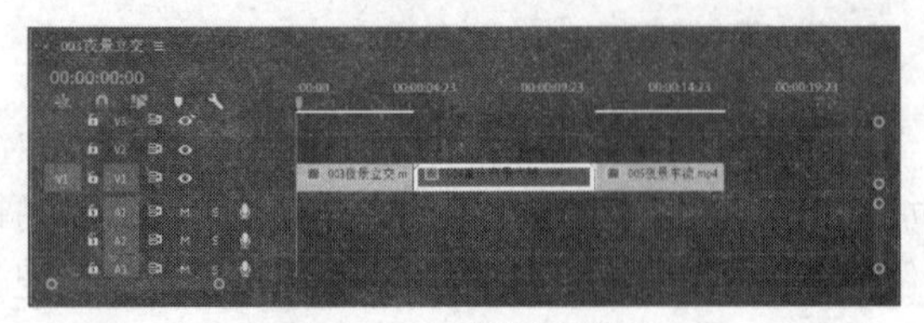

图 3-43　禁用素材

锁定和禁用素材都是 Premiere Pro 2020 中的保护性操作，不过它们的具体作用并不相同。二者最主要的区别在于，锁定的内容不可以被改变，而禁用的内容可以被改变，使用时应该加以区分。

素材禁用是 Premiere Pro 2020 中一项重要的安全性措施。当用户想要删除某段影片中不需要的素材，而又担心删除操作会造成意外影响时，可以先将该素材禁用，然后对影片进行预演，在确定没有异常的情况下即可放心地删除该素材。

还有一种情况是【时间轴】面板中多条轨道上有多个复合的素材时，为了观察其中一些素材的预演情况，也可以暂时性地禁用某些素材。

3.5.3　帧定格

如果用户要在剪辑的持续时间中在屏幕上定格单个静止帧，而允许正常播放它的背景音乐，则可使用【帧定格】功能。

在 Premiere Pro 2020 中有三个命令可以设置【帧定格】。

(1) 右击【时间轴】面板中的某段素材，在弹出的快捷菜单中选择【帧定格选项】命令，将弹出如图 3-44 所示的【帧定格选项】对话框。单击【确定】按钮，则这段素材变为定帧画面，定格的位置有多个选项，如图 3-44 所示。

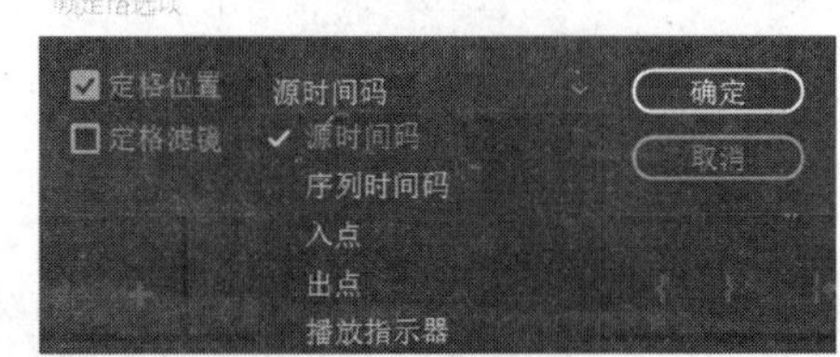

图 3-44　【帧定格选项】对话框

(2) 右击【时间轴】面板中的某段素材，在弹出的快捷菜单中选择【添加帧定格】命令，则当前帧之后的内容定格在该帧，该帧前面的内容继续播放。

(3) 右击【时间轴】面板中的某段素材，在弹出的快捷菜单中选择【插入帧定格分段】命令，则将当前帧独立为一个片段，前后内容继续播放。

3.5.4　素材编组和序列嵌套

素材编组也是一个重要的操作。在编辑过程中，如果需要对多个素材同时进行操作，最好的选择是将这些素材编组，作为一个对象使用。编组后的素材不能使用基于素材的命令，如速度调节等。效果也不能添加到编组素材上(编组内部的素材个体可以添加特效)。用户可以修剪群组素材的边缘，这不会影响组内的入点和出点设置。

1. 素材编组

选择多个素材，执行【素材】|【编组】命令。

要选择编组素材内的一个或多个素材，用户可以按住 A1t 键，单击其中一个素材；或按 Shift+A1t 快捷键，同时选择多个素材。

2. 取消编组

选择一个素材编组，执行【素材】|【解组】命令。

除了素材编组操作，用户还可以在一个特定序列中进行素材剪辑，然后把该序列当作一个素材应用到其他序列中，形成序列嵌套，这样可以在各个特定的序列中进行独立编辑。

序列嵌套可以是多层嵌套，但是不能相互嵌套。

拓展训练

在影视作品中，经常可以看到一些快慢的镜头效果，恰当地使用这两种镜头可以突出画面的视觉效果。在 Premiere Pro 2020 中很容易实现这种效果，只需调整视频轨道中素材的播放速率即可。本拓展训练主要通过制作快慢镜头的实例，使用户熟悉影片剪辑的一些基本操作。

1) 效果说明

本例效果利用的是 Premiere Pro 2020 中的【速度/持续时间】等命令调整视频轨道中素材的播放速率，制作快慢镜头。

2) 操作要点

本例主要练习使用【速度/持续时间】命令调整视频轨道素材的播放速率，从而形成快慢镜头。

3) 操作步骤

(1) 运行 Premiere Pro 2020，打开开始使用界面，单击【新建项目】按钮，打开【新建项目】对话框，如图 3-45 所示。在该对话框中，设置项目保存的路径及名称“ch03-5”后，单击【确定】按钮。

(2) 按 Ctrl+N 打开【新建序列】对话框。打开【设置】选项面板，【编辑模式】选择“自定义”，【时基】选择“25.00 帧/秒”，【视频】面板中的【帧大小】设为“1920、1080”，【像素长宽比】选择“方形像素(1.0)”，【场】选择“无场(逐行扫描)” ,设置【序列名称】为“播放速度调整”，其他选项保持默认设置，如图 3-46 所示。单击【确定】按钮，进入主程序界面。

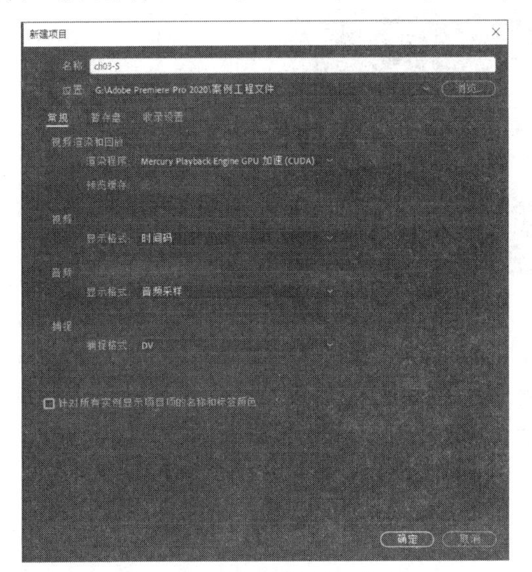

图 3-45 【新建项目】对话框

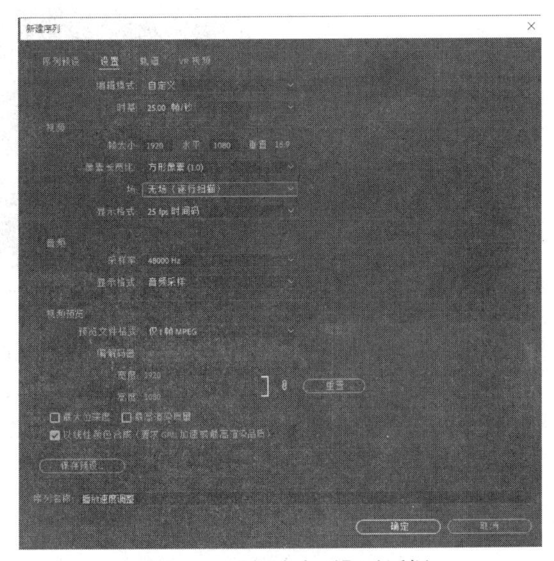

图 3-46 【新建序列】对话框

(3) 在【项目】面板中导入视频素材“滑板.mp4”，并将其添加到 V1 轨道中，如图 3-47 所示。在弹出的【剪辑不匹配警告】对话框中单击【保持现有设置】按钮。

(4) 选择【工具】面板中的【剃刀工具】工具，在 V1 轨道的 00:00:03:20、00:00:05:08 处单击，将素材分割成 3 段，如图 3-48 所示。

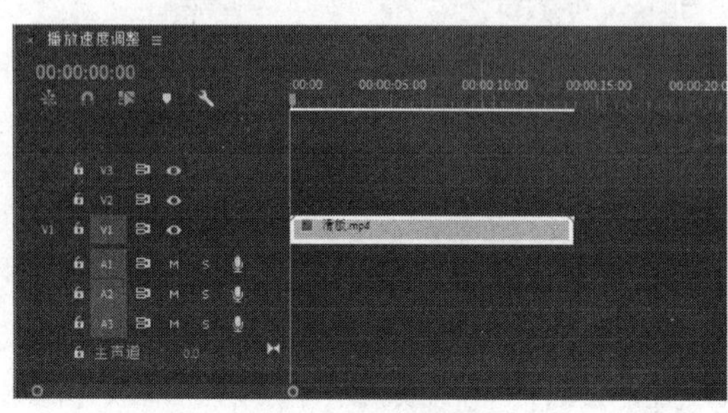

图 3-47 添加素材

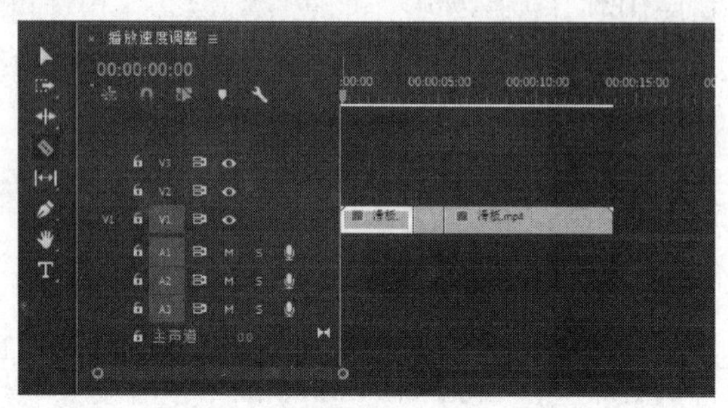

图 3-48 分割素材

(5) 选中第一段素材并右击，在弹出的快捷菜单中选择【速度/持续时间】命令，如图 3-49 所示。在弹出的【剪辑速度/持续时间】对话框中，将【速度】设置为“200%”，如图 3-50 所示，单击【确定】按钮，创建快镜头。设置完成后的时间轴面板如图 3-51 所示。

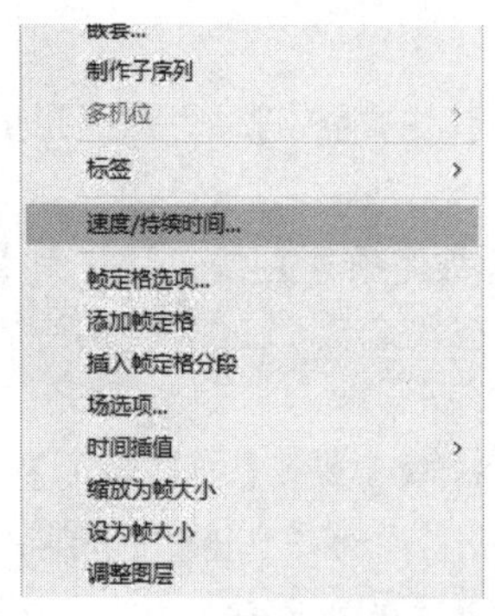

图 3-49 选择【速度/持续时间】命令

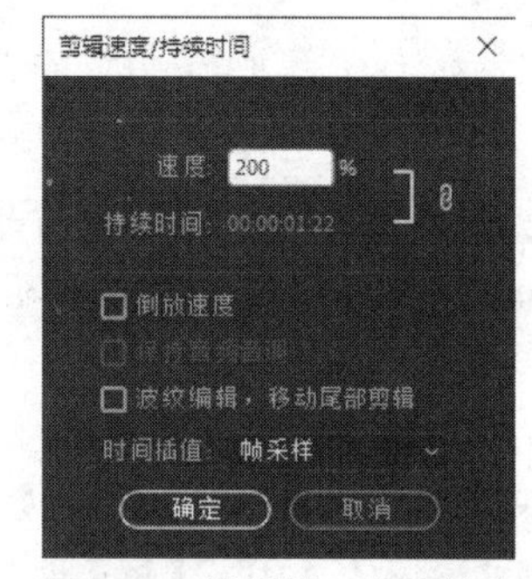

图 3-50 设置第一段快镜头

图 3-51 第一段素材设置后的【时间轴】

(6) 选中第二段素材，将其拖至 V2 轨道，使其左侧与第一段素材右侧对齐，如图 3-52 所示。选中第二段素材并右击，在弹出的快捷菜单中选择【速度/持续时间】命令，在弹出的【剪辑速度/持续时间】对话框中，将【速度】设置为“25%”，单击【确定】按钮，创建慢镜头，如图 3-53 所示。

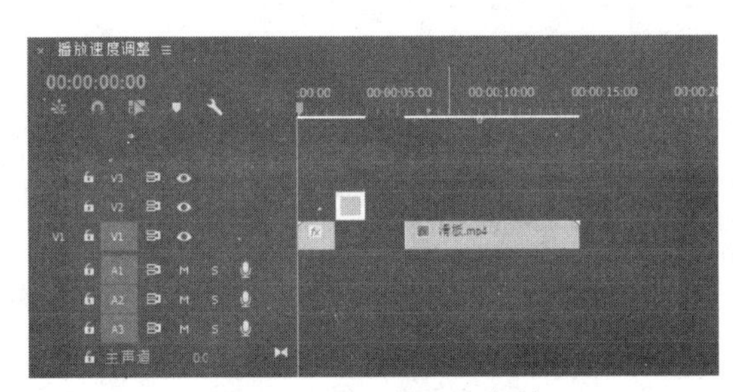

图 3-52　移动第二段素材

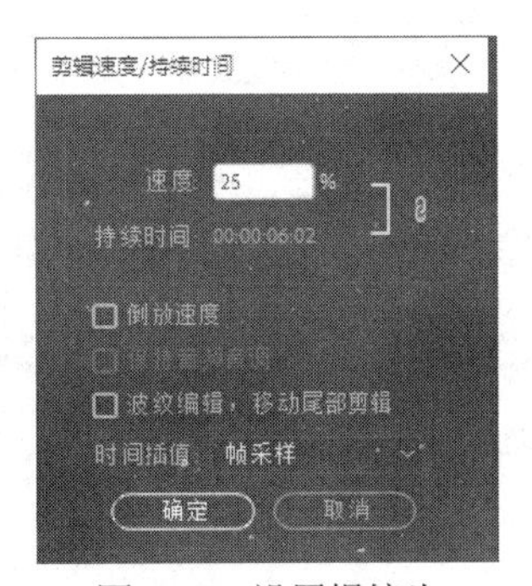

图 3-53　设置慢镜头

(7) 选中第三段素材，将其拖至 V2 轨道，使其左侧与第二段素材右侧对齐，如图 3-54 所示。选中第三段素材并右击，在弹出的快捷菜单中选择【速度/持续时间】命令，在弹出的【剪辑速度/持续时间】对话框中，将【速度】设置为“400%”，单击【确定】按钮，创建第二个快镜头，如图 3-55 所示。

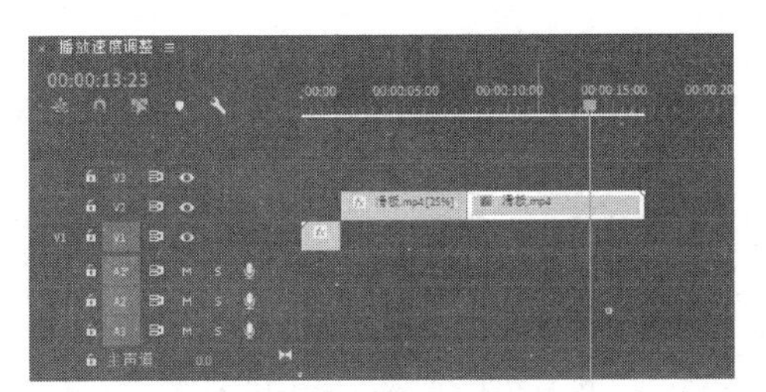

图 3-54　移动第三段素材

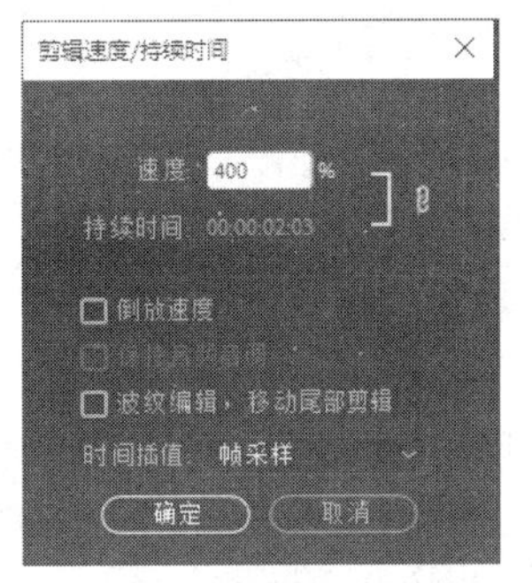

图 3-55　设置第二个快镜头

(8) 按回车键，在【节目监视器】面板中观看最终效果，并保存该项目。

习　题

1. 校正序列中两个相邻素材片段的相邻帧，对素材片段之间的剪接点进行精细调整，观察使用哪种办法剪辑效率最高。

2. 如何同时选择多个素材？

3. 在【工具】面板中，【剃刀】工具的快捷键是什么？

4. 如何解除视音频链接？

5. 什么是三点编辑和四点编辑？

6. 【插入】和【覆盖】，【提升】和【提取】之间有何区别？

7. 锁定和禁用素材有何区别？

第4章 视频过渡

学习目标

使用视频过渡效果，可以让一段视频素材以一种特殊的形式变化到下一段视频。恰当地使用视频过渡效果将素材组织到一起，可以保持作品的整体性和连贯性，制作出赏心悦目的变换效果。作为一款专业的非线性编辑软件，Premiere Pro 2020 提供了众多视频过渡效果。本章将详细介绍运用视频过渡效果的技巧。

本章重点

- 查找过渡效果
- 应用视频过渡效果
- 设置默认视频过渡效果
- 使用【效果控件】面板

任务1 了解视频过渡

在讲解视频过渡之前，我们先来了解一个词“切换”。所谓切换，是指一个素材结束时立即转换成另一个素材，这称为硬切换，也叫无技巧转换。要在 Premiere Pro 2020 的两个素材间进行硬切换，只需要在【时间轴】面板的同一条视频轨道上将两个素材首尾相连即可。

在影视制作中，为了更好地保持作品的整体性和连贯性，经常运用有技巧转换。这种让一个素材以某种效果逐渐地转换为另一个素材的手法称为软切换。恰当运用场景的技巧切换，可以制作出一些赏心悦目的特技，大大增强作品的艺术感染力。

4.1.1 查找视频过渡效果

在 Premiere Pro 2020 中，要运用视频过渡效果，首先要执行【窗口】|【效果】命令，打开【效果】面板，如图 4-1 所示。

在【效果】面板中，单击【视频过渡】前的按钮展开该文件夹，可以看到它包含了 8 个子文件夹，如图 4-2 所示。

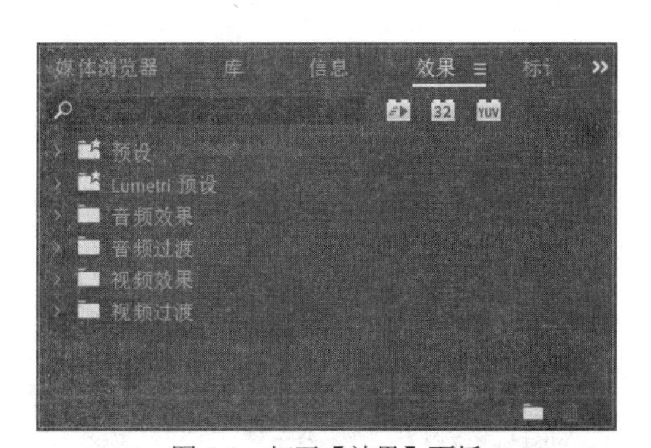

图 4-1 打开【效果】面板

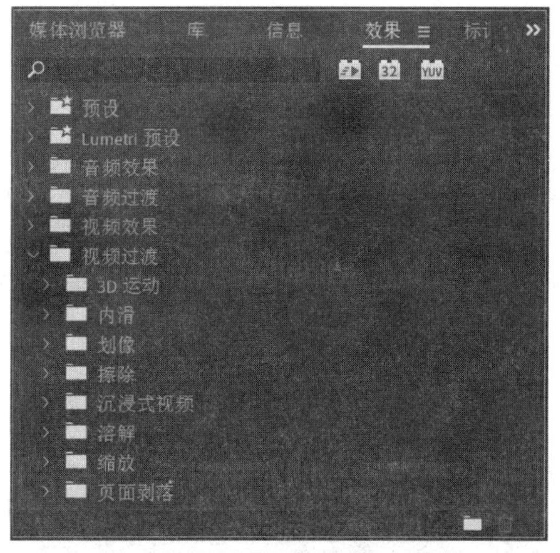

图 4-2 展开【视频过渡】文件夹

Premiere Pro 2020 提供了多种视频过渡效果，按类别分别放在 8 个子文件夹中，以方便用户按类别寻找所需运用的效果。单击某个分类前的按钮可以展开该文件夹。例如，要打开属于【溶解】这一类型的视频过渡效果，可以单击【溶解】前的按钮展开该文件夹，这时会出现同属于【溶解】分类的所有视频过渡效果，如图 4-3 所示。

如果用户知道要运用的视频过渡效果的名称，可以直接在【查找】文本框中输入名称，从而快速找到所需的效果。例如，要查找【划出】效果，可以直接在【查找】文本框中输入“划出”，如图 4-4 所示。

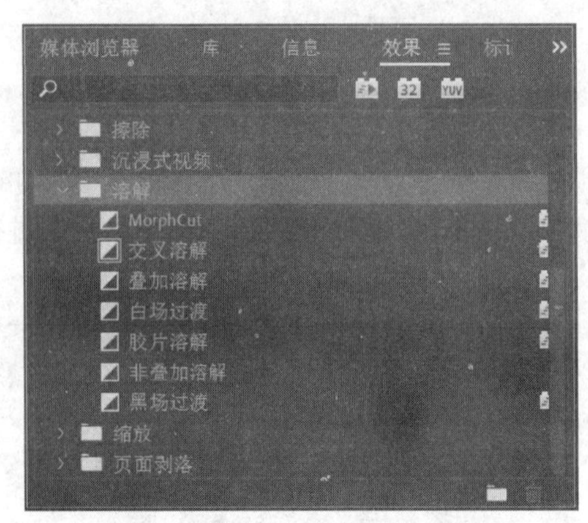

图 4-3　展开【溶解】分类文件夹

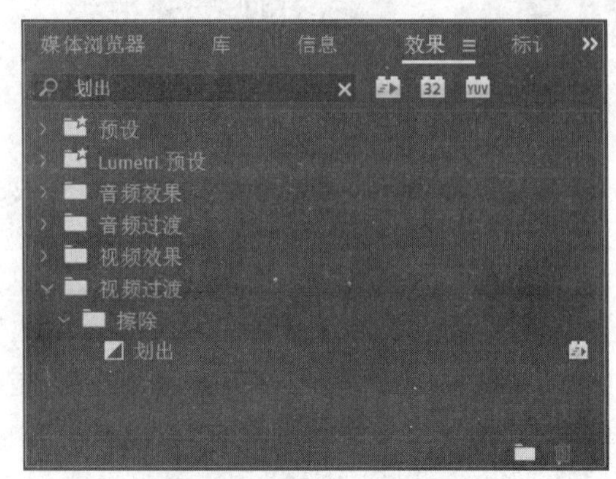

图 4-4　查找【划出】效果

另外，还可以通过创建一个新的文件夹来存放经常使用的视频过渡效果。

【例 4-1】 在【效果】面板中创建一个名为“常用视频过渡效果”的文件夹，用来存放经常使用的视频过渡效果。素材

1) 效果说明

本例的效果是在 Premiere Pro 2020 的【效果】面板中创建一个名为“常用视频过渡效果”的文件夹，用来存放经常使用的视频过渡效果。

2) 操作要点

学习如何创建自定义素材箱。

3) 操作过程

(1) 启动 Premiere Pro 2020，新建一个名为“ch04-1”的项目文件。按下快捷键 Ctrl+N，在打开的【新建序列】对话框中单击【确定】按钮，新建一个序列。

(2) 执行【窗口】|【效果】菜单命令，打开【效果】面板，单击右下角的【新建自定义素材箱】按钮，在面板中创建一个文件夹，默认文件夹名称为“自定义素材箱 01”，如图 4-5 所示。

(3) 选中并单击该文件夹，可以对该文件夹进行重命名。在文本框中输入“常用视频过渡效果”文字，更改后的效果如图 4-6 所示。

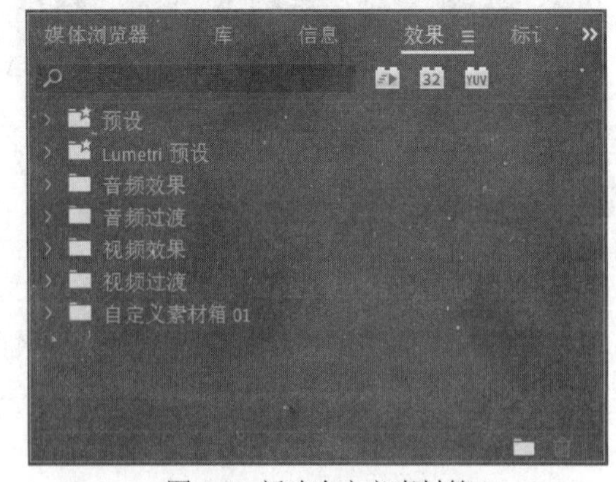

图 4-5　新建自定义素材箱

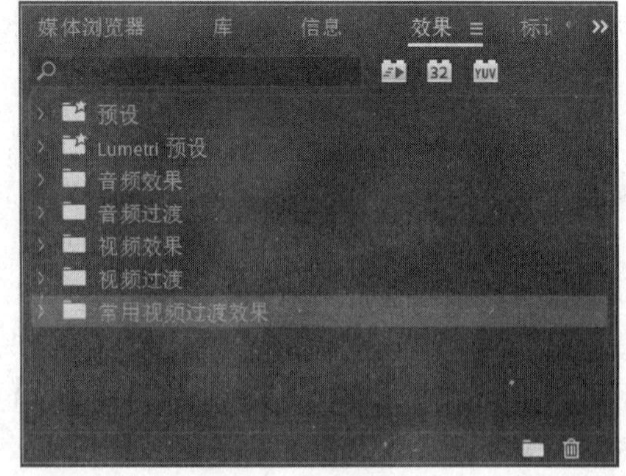

图 4-6　重命名文件夹

(4) 展开【视频过渡】文件夹，选择【内滑】|【拆分】效果，如图 4-7 所示。选中该效果后，

按住鼠标左键不放，拖动该效果到新建的“常用视频过渡效果”文件夹中，该文件夹名称区域会变成蓝底白字，如图 4-8 所示，此时可以松开鼠标左键。

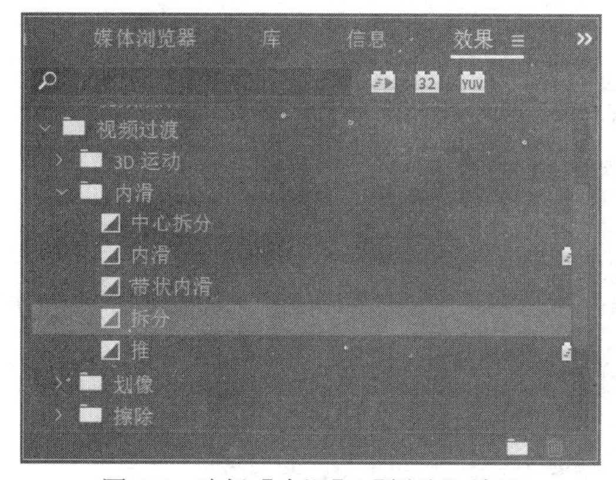

图 4-7　选择【内滑】|【拆分】效果

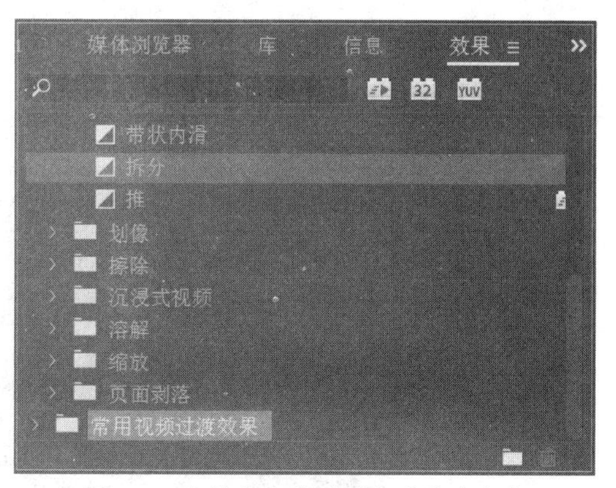

图 4-8　文件夹名称区域变成蓝底白字

(5) 展开“常用视频过渡效果”文件夹，可以看到【拆分】这一效果已被复制到该文件夹中，如图 4-9 所示。

(6) 使用同样的方法，可以把其他常用的效果也复制到该文件夹中，如图 4-10 所示。

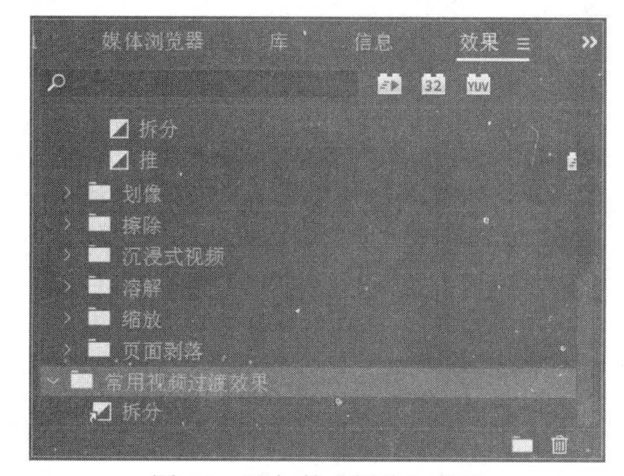

图 4-9　添加的【拆分】效果

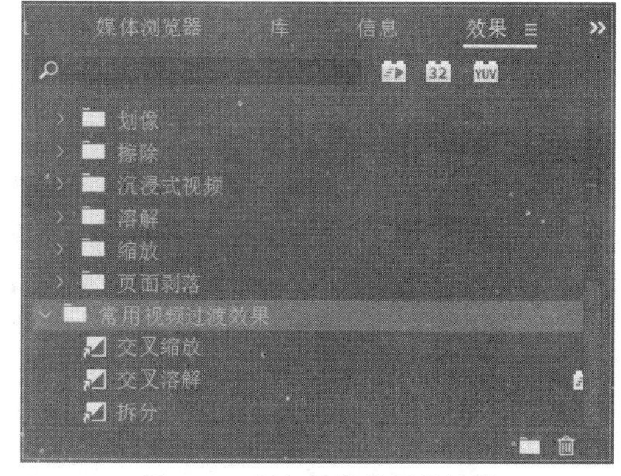

图 4-10　添加其他常用的效果

用户可以根据需要再新建多个文件夹放入切换效果的快捷方式，也可以根据需要删除这些快捷方式，甚至删除整个文件夹。

要删除某个快捷方式或者某个文件夹，可以选中该快捷方式或者文件夹，单击左下角的【删除自定义项目】按钮，在弹出的如图 4-11 所示的【删除项目】对话框中单击【确定】按钮。

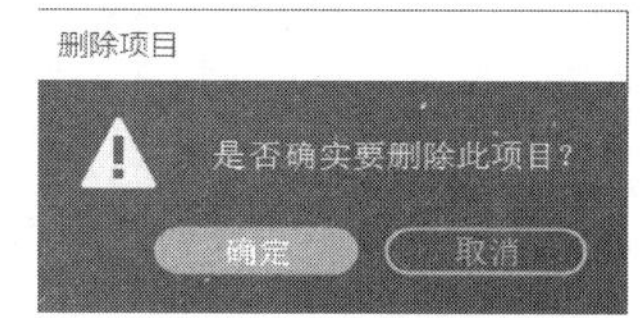

图 4-11　【删除项目】对话框

4.1.2　应用视频过渡效果

在【时间轴】面板中的视频轨道上，将一个素材的开头接到另一个素材的结尾，就能实现切换。那么如何进行素材间有技巧的切换效果呢？要产生切换效果，要求两个素材间有重叠的部分，否则就不会同时显示，这些重叠的部分就是前一个素材的出点与后一个素材的入点相接的部分。

在默认状态下，在时间轴中放置两段相邻的素材，如果采用的是剪切方式，那么就是前一段素材的最后一帧与下一段素材的第一帧紧密连接在一起。若要为一个场景的变换添加一个特定的效果，则可以添加一个多样化的切换，如【卷页】【缩放】和【擦除】等。用户可以在【效果】面板中选择所要应用的切换效果，并将它拖到两段素材片段的首尾相连处，如图 4-12 所示。

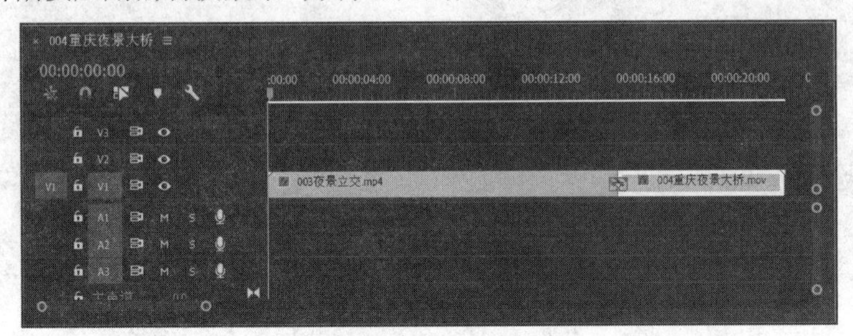

图 4-12　应用视频过渡效果到两段素材片段的首尾相连处

【例 4-2】 为两段视频素材运用视频过渡效果。素材

1) 效果说明

本例的效果是在 Premiere Pro 2020 中，为两个序列添加过渡效果。

2) 操作要点

学习如何在序列中间插入过渡效果。

3) 操作过程

(1) 启动 Premiere Pro 2020，新建一个名为“ch04-2”的项目文件。按下快捷键 Ctrl+N，在打开的【新建序列】对话框中单击【确定】按钮，新建一个序列。

(2) 选择【文件】|【导入】命令，打开【导入】对话框，导入“ch04_2”文件夹中的两个素材“010 海岸航拍.mp4”和“011 海浪.mp4”，如图 4-13 所示。

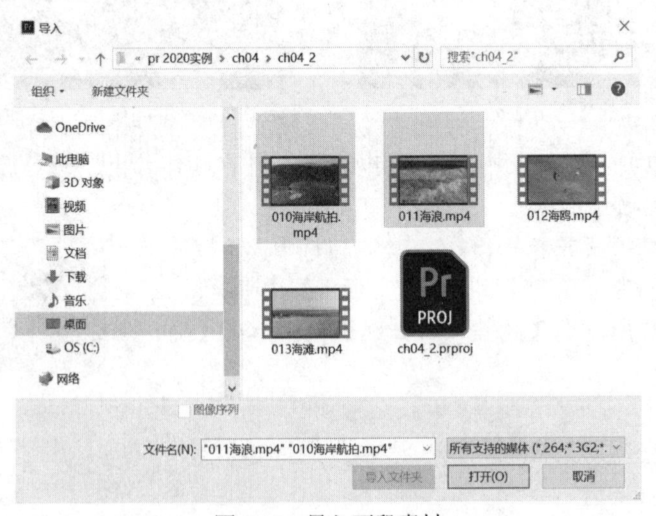

图 4-13　导入两段素材

(3) 在【项目】面板中双击素材“010 海岸航拍.mp4”，在【源监视器】面板中的 00:00:00:00 和 00:00:08:00 处设置入点和出点，将素材拖到【时间轴】面板的 V1 轨道上释放。在弹出的【剪

辑不匹配警告】对话框中单击【更改序列设置】按钮。同样，双击素材“011海浪.mp4”，在【源监视器】面板中的00:00:00:00和00:00:10:00处设置入点和出点，拖动素材到【时间轴】面板的V1轨道上释放，如图4-14所示。

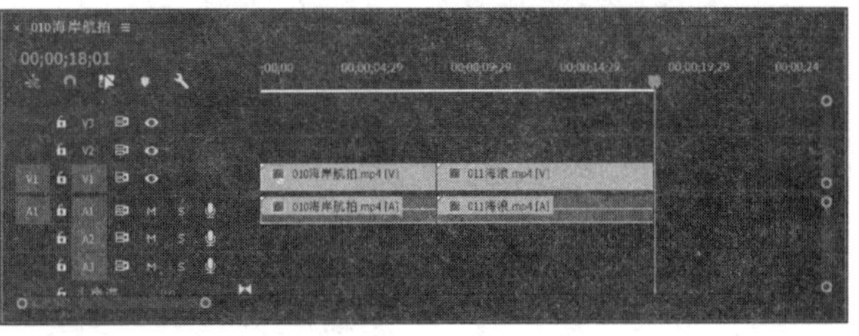

图4-14 将素材拖到视频轨道上

(4) 打开【效果】面板，在【效果】面板中选择【视频过渡】|【溶解】|【交叉溶解】效果，如图4-15所示。

(5) 将【交叉溶解】效果拖放到V1轨道上的两个素材连接处，然后释放鼠标，如图4-16所示。如果过渡效果只添加到了后一段素材上，则可以选中【交叉溶解】过渡效果，打开【效果控件】面板，调整【对齐】方式，由“起点切入”调整为“中心切入”，【交叉溶解】过渡效果就会出现在两段素材的中间连接处。

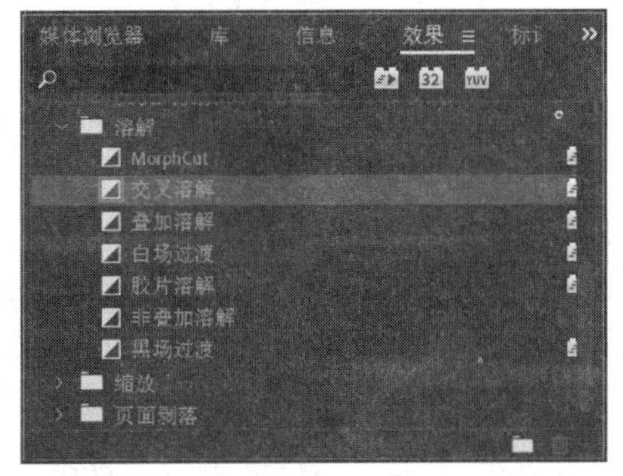

图4-15 选择【交叉溶解】效果

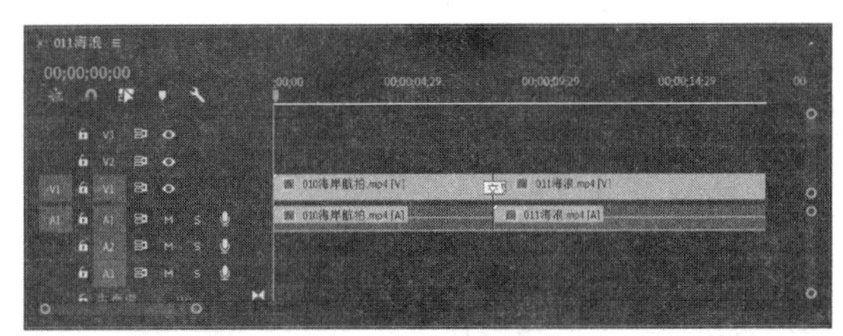

图4-16 将【交叉溶解】效果应用到两个素材的连接处

(6) 将时间线指针拖到两个素材中应用了【交叉溶解】效果的位置，可以在【节目监视器】面板中看到前一段视频逐渐消失，后一段视频逐渐显现的预演效果，如图4-17所示。

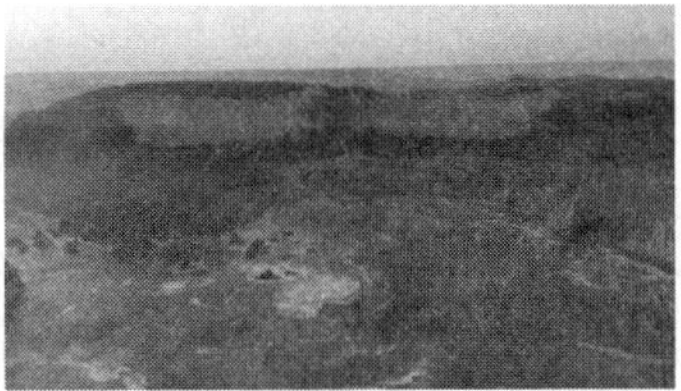

图4-17 预演【交叉溶解】效果

(7) 在【效果】面板中，还可以选择其他的视频过渡效果，将其拖放在【时间轴】面板上的现有效果上，释放鼠标后原来的视频过渡效果则被替换成新的过渡效果。例如，可以选择【视频过渡】|【划像】|【菱形划像】效果，将【菱形划像】效果拖放在时间轴上原来的【交叉溶解】效果上，如图4-18所示。

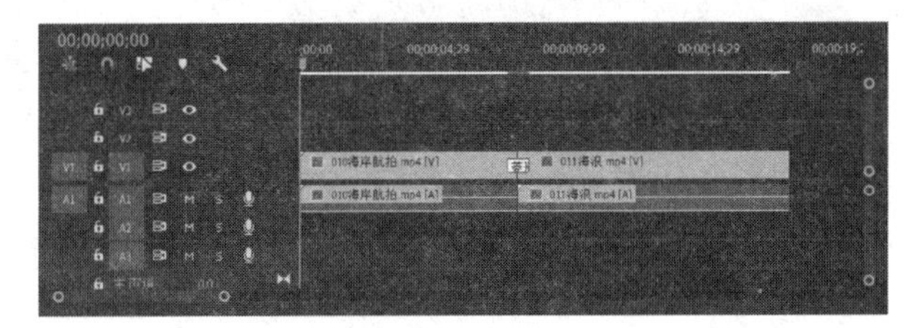

图4-18 使用【菱形划像】效果替换【交叉溶解】效果

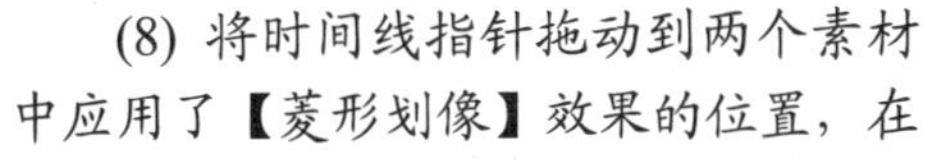

(8) 将时间线指针拖动到两个素材中应用了【菱形划像】效果的位置，在【节目监视器】面板中进行预演，其效果如图4-19所示。

图 4-19　预演【菱形划像】效果

(9) 保存项目文件。

任务 2　设置视频过渡效果

一般来说，要应用视频过渡效果，可以直接拖动一个效果到【时间轴】面板的素材上。如果用户需要经常使用某个视频过渡效果，可以将其设置为默认效果。当需要使用该默认效果时，可以在前后两段素材的连接处执行【序列】|【应用视频过渡】菜单命令，进行添加。

4.2.1　设置默认视频过渡效果

在默认状态下，Premiere Pro 2020 会使用【交叉溶解】作为默认视频过渡效果。在【效果】面板中，默认过渡效果会标有蓝色的轮廓线，如图 4-20 所示。在编辑过程中，如果频繁使用其他的过渡效果，可以将它设置为默认过渡效果。当改变默认过渡效果的设置时，会改变所有项目中的默认效果设置，但并不影响已经在序列中使用的过渡。

改变默认视频过渡效果的操作如下。

在【效果】面板中找到要设置为默认过渡效果的那个效果，如【立方体旋转】，在该过渡效果上右击，单击弹出的【将所选过渡设置为默认过渡】按钮，如图 4-21 所示。

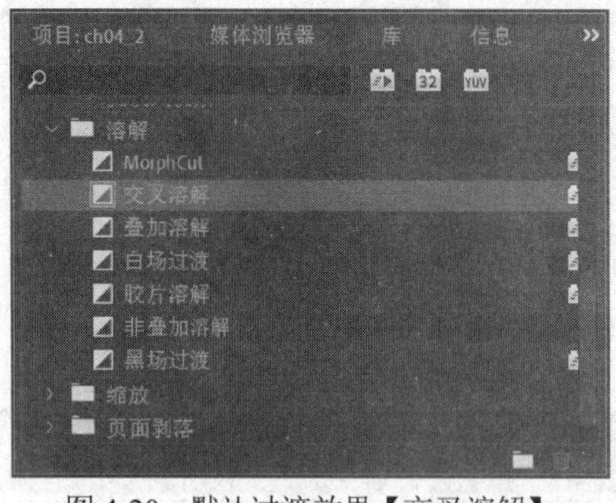

图 4-20　默认过渡效果【交叉溶解】

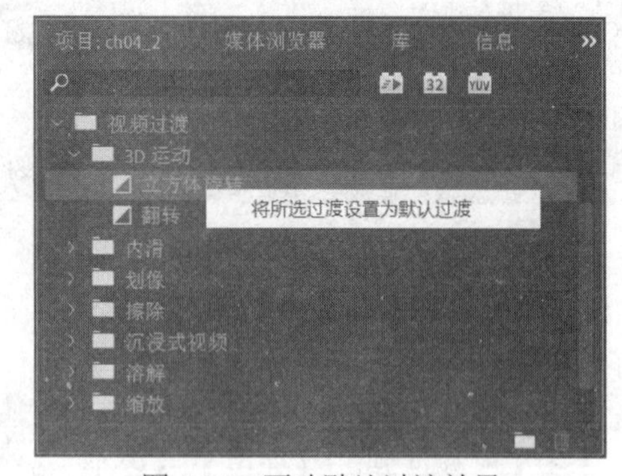

图 4-21　更改默认过渡效果

4.2.2　使用【效果控件】面板

视频过渡效果自身带有参数设置，通过更改设置即可实现视频过渡效果的变化。在【时间轴】面板中选中已经应用的视频过渡效果，执行【窗口】|【效果控件】菜单命令，打开【效果

控件】面板，相关的参数设置会出现其中。或者在【时间轴】面板中双击某个视频过渡效果，也可以打开【效果控件】面板，如图 4-22 所示。

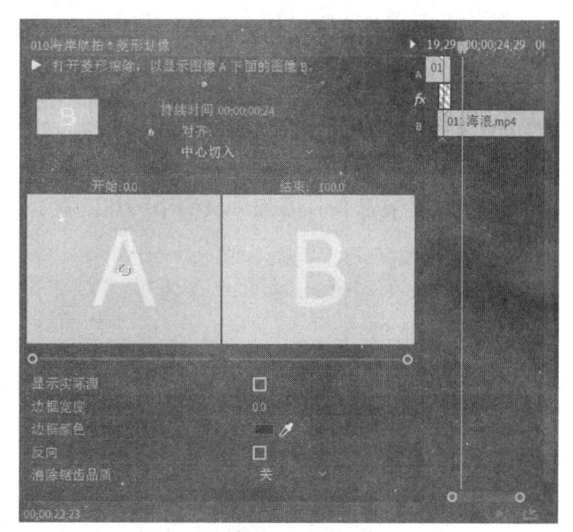

图 4-22　【效果控件】面板

【效果控件】面板中各选项的功能如下。

- 【播放过渡】按钮▶：单击该按钮后，将在下面的【预演和方向选择】区域中动态或静态地显示视频过渡效果。【播放过渡】按钮后出现的是关于该效果的描述。
- 【预演和方向选择】区域：预演视频过渡效果，单击视窗边缘的三角按钮可以改变视频过渡效果的方向。
- 【开始】和【结束】视窗：分别对应的是前一个素材和后一个素材，下面对应的圆形滑块可以改变视频过渡开始和结束的程度，其具体数值在视窗上方显示。
- 【持续时间】：显示视频过渡效果的持续时间，在数值上拖动或者双击鼠标也可以进行数值调整。
- 【对齐】：校准视频过渡效果，其中，【中心切入】是指视频过渡效果放在两个素材交接处的中间；【起点切入】是指视频过渡开始点在后一个素材的开始点上；【终点切入】是指视频过渡结束点在前一个素材的结束点上。用户还可以手动设置【自定义起点】。
- 【显示实际源】复选框：选中该复选框后，可以在【预演和方向选择】区域，以及【开始】和【结束】视窗中显示实际的素材，如图 4-23 所示。

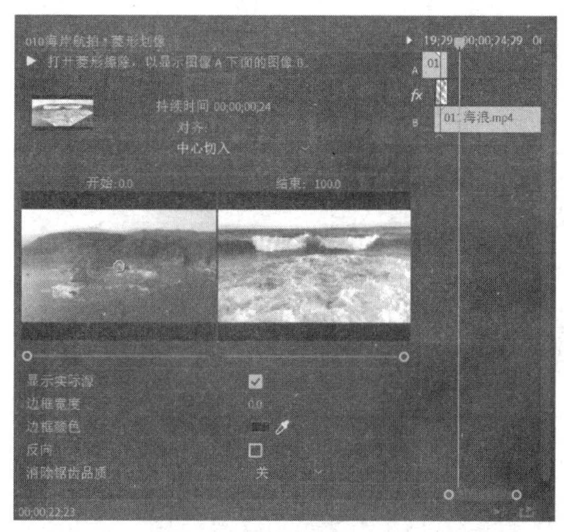
图 4-23　显示实际素材

- 【边框宽度】：调整视频过渡效果的边界宽度，默认值是 0.0，即无边界。
- 【边框颜色】：设定边界的颜色。单击颜色图标会打开【拾色器】对话框，进行颜色设置，也可以使用吸管工具在屏幕上选取颜色。
- 【反向】：选中该复选框后，会使视频过渡效果运动的方向相反。
- 【消除锯齿品质】：对过渡效果中两个素材相交的边缘实施边缘抗锯齿效果，有【关】【低】【中】【高】4 个等级可供选择。

另外，某些转换的设置窗口中还有自定义按钮，它提供了一些自定义参数。如【棋盘擦除】效果，可以在【棋盘擦除设置】对话框中自定义设置【水平切片】数量和【垂直切片】数量，调整好后单击【确定】按钮即可应用自定义视频过渡效果，如图 4-24 所示。

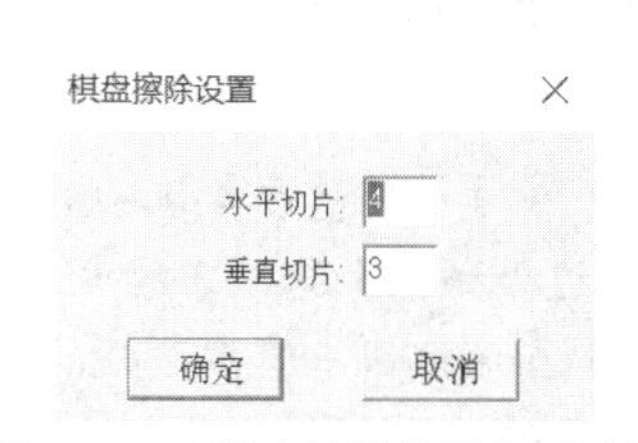

图 4-24　【棋盘擦除设置】对话框

在视频过渡参数设置窗口的右侧，以时间线的形式显示了两个素材相互重合的程度，以及视频过渡的持续时间，这与以前版本的【时间轴】面板的布局一致。

【例 4-3】 为两段视频素材间的视频过渡效果进行参数设置。素材

1) 效果说明

本例的效果是使用 Premiere Pro 2020 在两段素材间添加过渡效果并设置参数。

2) 操作要点

学习如何在素材间添加过渡效果，设置过渡效果的参数。

3) 操作过程

(1) 运行 Premiere Pro 2020，打开【例 4-2】中的项目文件。

(2) 在【效果】面板中，选择【效果】|【视频过渡】|【擦除】|【棋盘】效果，拖放在时间轴上原来的【菱形划像】效果上，如图 4-25 所示。

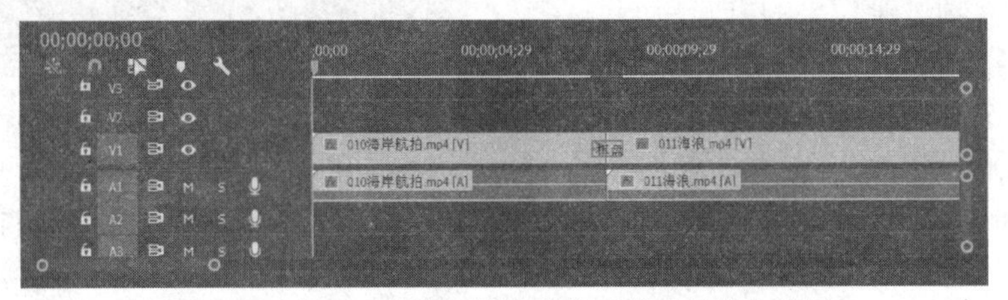

图 4-25　使用【棋盘】效果替换【菱形划像】效果

(3) 在【时间轴】面板中选中【棋盘】效果，打开【效果控件】面板，如图 4-26 所示。

(4) 选中【显示实际源】复选框，再单击【播放过渡】按钮▶，观看【棋盘】效果预演，如图 4-27 所示。

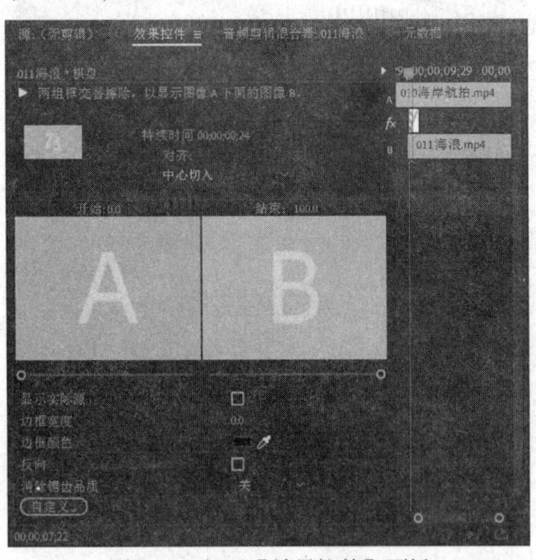

图 4-26　打开【效果控件】面板

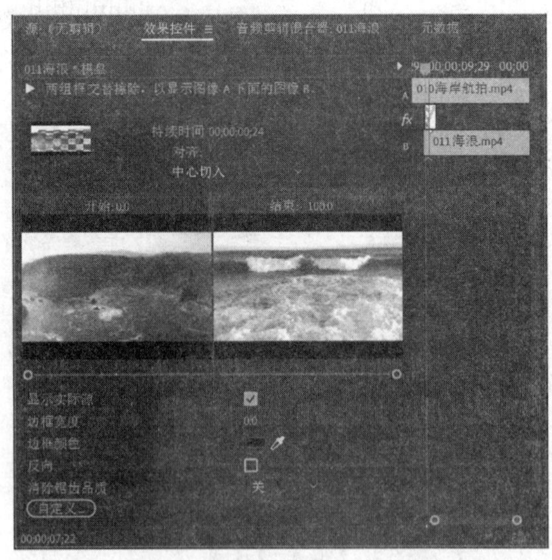

图 4-27　观看【棋盘】效果预演

(5) 在【边框宽度】选项的数值上拖动鼠标或者单击后输入边框的宽度大小为“1.0”。然后单击【边框颜色】选项中的颜色图标，会弹出如图 4-28 所示的【拾色器】对话框。

(6) 在调色板中选择边框的颜色，如选择 R 为“40”、G 为“80”、B 为“20”的绿色，此时过渡效果的边界会出现用户所设置的大小和颜色的边界，其效果可以在【节目监视器】面板中进

行查看，如图 4-29 所示。

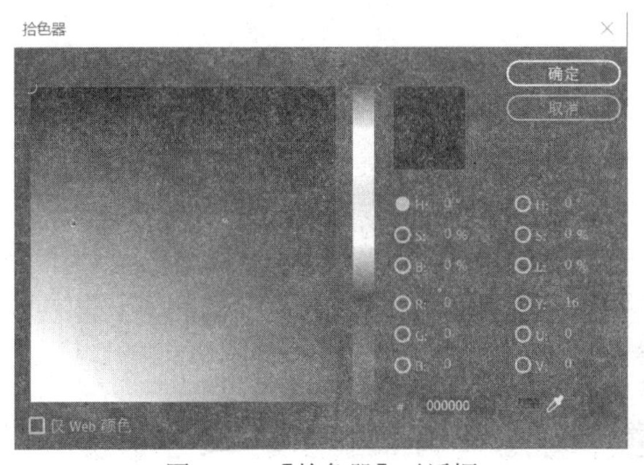

图 4-28 【拾色器】对话框

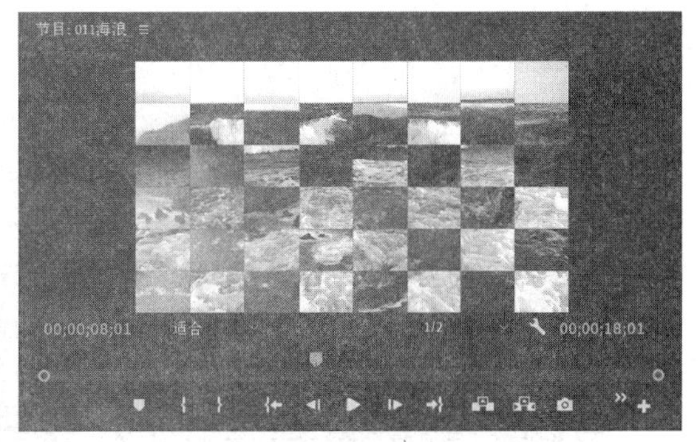

图 4-29 查看边界的宽度和颜色

(7) 选中【反向】复选框，会使视频过渡效果运动的方向相反，效果如图 4-30 所示。

(8) 在【消除锯齿品质】下拉列表中选择【高】选项，特效边界会变得柔和，如图 4-31 所示。

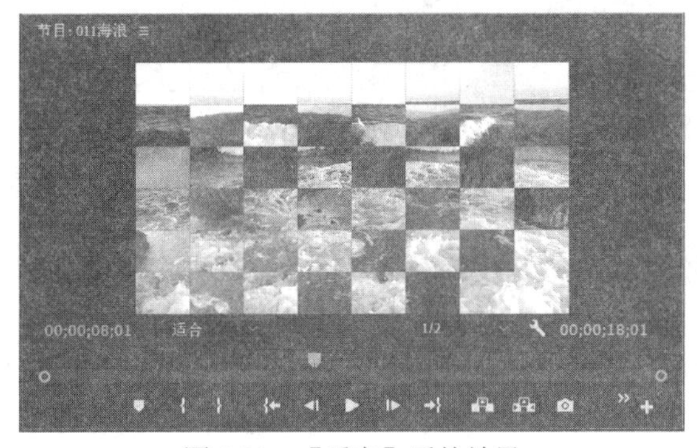

图 4-30 【反向】后的效果

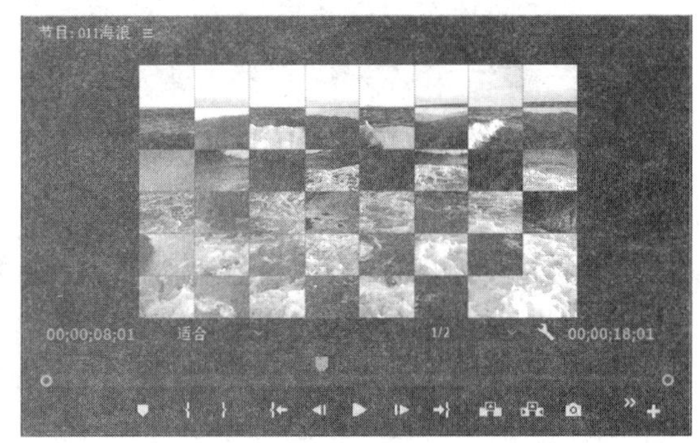

图 4-31 在【消除锯齿品质】下拉列表中选择【高】选项后的效果

(9) 单击【自定义】按钮，将弹出【棋盘设置】对话框，如图 4-32 所示。在【水平切片】中输入“12”，在【垂直切片】中输入“9”，单击【确定】按钮，效果如图 4-33 所示。

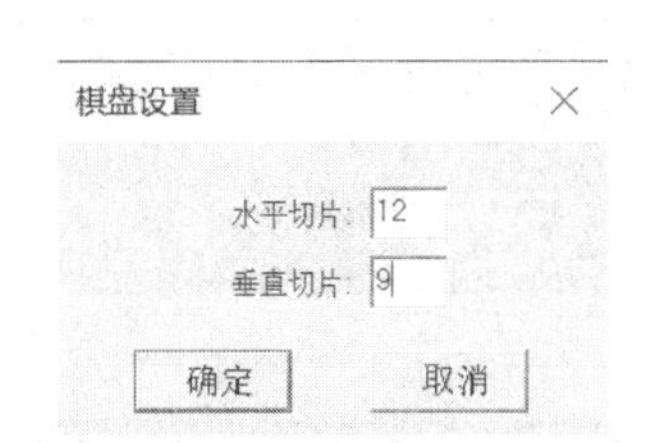

图 4-32 【棋盘设置】对话框

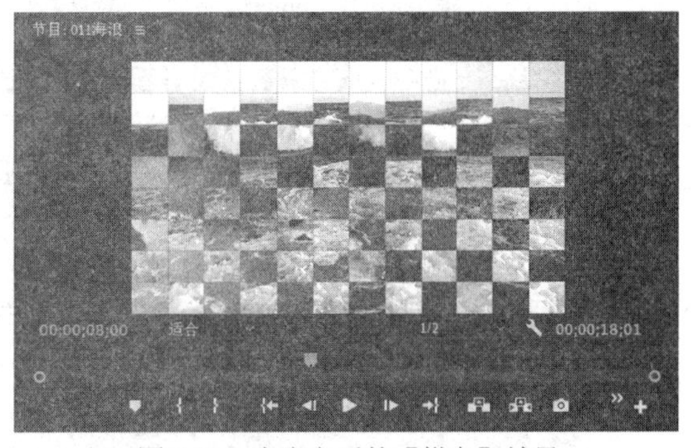

图 4-33 自定义后的【棋盘】效果

4.2.3 视频过渡效果一览

1. 3D 运动

【3D 运动】视频过渡效果就是将前后两个要应用 3D 运动过渡的镜头进行层次化处理，使人获得三维立体的视觉效果，形成画面上的视觉冲击。

在 Premiere Pro 2020 中，【3D 运动】提供了两种视频过渡效果，如图 4-34 和图 4-35 所示。

图 4-34 【立方体旋转】效果

图 4-35 【翻转】效果

2. 划像

【划像】过渡类型的影像效果通常是前一个镜头从画面中逐渐由大变小离开，后一个镜头则由小变大进入。【划像】根据前一镜头的退出方向及后一镜头出现方式的不同，可以有多样化的具体样式。其中最简单的是水平方向或垂直方向的“划像”，恰似舞台上的拉幕效果。一幅画面好似幕布，而另一幅画面则如同舞台上布置的场景，幕布向两边(或向一边)逐渐拉开，或者向上逐渐升起时，便可看到部分场景，直至场景全部显露出来。

Premiere Pro 2020 共提供了 4 种类型的【划像】过渡，如图 4-36 至图 4-39 所示。

图 4-36 【交叉划像】效果

图 4-37 【圆划像】效果

图 4-38 【盒形划像】效果

图4-39 【菱形划像】效果

3. 页面剥落

【页面剥落】是指在一个画面将要结束时将其后面的一系列画面翻转，从而翻出后面画面的过渡过程。这种表现手法多用于表现空间和时间的转换，常常用于对比前后的一系列画面。影视广告中常常会应用这种过渡效果。

【页面剥落】提供了【翻页】和【页面剥落】两种过渡效果，如图4-40和图4-41所示。

图4-40 【翻页】效果

图4-41 【页面剥落】效果

4. 溶解

【溶解】效果在影视编辑中又称【叠化】效果，它相当于【淡入】与【淡出】的结合。【淡入】是指一个镜头开始的时候由暗逐渐变亮，一般用于段落或全片开始的第一个镜头，引领观众逐渐进入；【淡出】则是在一个镜头结束的时候由亮逐渐变暗，常用于段落或全片的最后一个镜头，可以激发观众进行回味。将前后两个镜头的淡出和淡入过程重叠在一起便形成了【化】。当前一个画面逐渐消失时，后一个画面逐渐显现出来，直至完全替代前一个画面的过程称为【化】。【化】也是一种缓慢的渐变过程。画面之间的转换显得非常流畅、自然、柔和，会给人以舒适、平和的感觉。如果将两个画面化出化入中间相叠的过程固定，并延续下去，便得到相重叠的效果，称为【叠】。【叠】可以强调重叠画面内容之间的对应关系。淡入淡出效果最重要的参数是视频过渡效果持续时间的长短，这需要根据内容而定。

Premiere Pro 2020提供了【MorphCut】【交叉溶解】【叠加溶解】【白场过渡】【黑场过渡】【胶片溶解】【非叠加溶解】等几种效果，其中部分效果如图4-42至图4-46所示。

图4-42 【交叉溶解】效果

图 4-43 【叠加溶解】效果

图 4-44 【非叠加溶解】效果

图 4-45 【白场过渡】效果

图 4-46 【黑场过渡】效果

【MorphCut】是 Premiere Pro 2020 中的一种视频过渡效果，可通过在原声摘要之间平滑跳切，帮助用户创建更加完美的访谈。例如，在拍摄的一组访谈中，可以将视频中的一些“点头”“停顿”等小动作删除，再应用【MorphCut】，通过后台计算，实现视频的“无缝过渡”。

【胶片溶解】和【交叉溶解】在应用效果上的作用类似，但在原理上有所区别。例如，连续的 A、B 两段素材，【交叉溶解】是在淡入剪辑 B 的同时淡出剪辑 A，而【胶片溶解】是混合在线性色彩空间中的溶解过渡(灰度系数=1.0)。

5. 擦除

【擦除】效果是 Premiere Pro 2020 中包含类型最多的一组切换效果。【擦除】过渡效果的共同特征是一个镜头从另一个镜头扫过，且多呈指针旋转，所以通常情况下，可以用来制作电影片头的倒计时数字，还可以用来制作渐层的效果。

Premiere Pro 2020 共提供了 17 种【擦除】视频过渡效果，下面用两张纯色图片演示部分效果，如图 4-47 至图 4-53 所示。

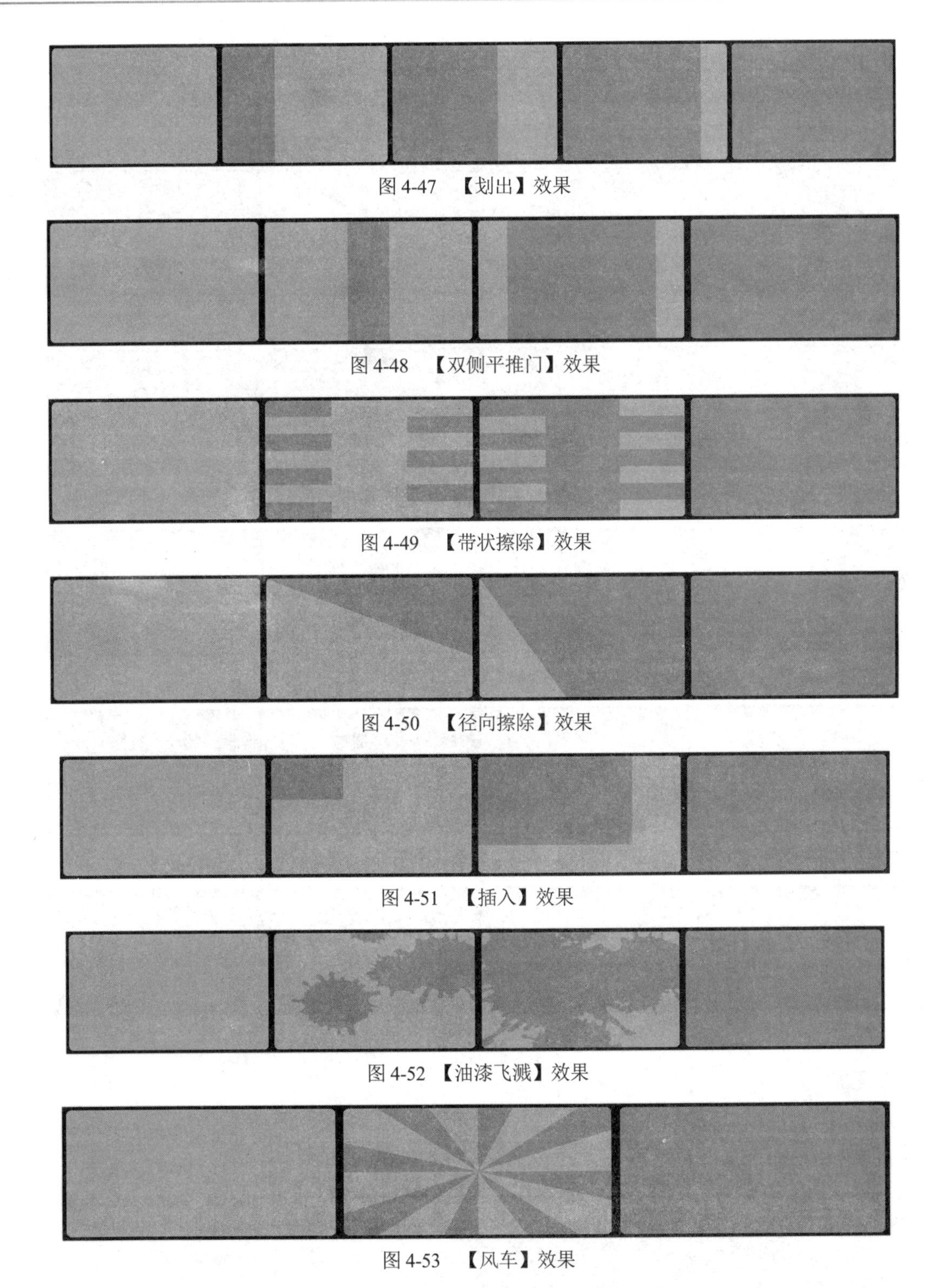

图 4-47 【划出】效果

图 4-48 【双侧平推门】效果

图 4-49 【带状擦除】效果

图 4-50 【径向擦除】效果

图 4-51 【插入】效果

图 4-52 【油漆飞溅】效果

图 4-53 【风车】效果

除了以上演示的效果，还有【时钟式擦除】【棋盘】【棋盘擦除】【楔形擦除】【水波块】【渐变擦除】【百叶窗】【螺旋框】【随机块】【随机擦除】效果，用户可以根据需要使用这些效果，本书不再逐一演示。

6. 内滑

【内滑】视频过渡效果也是 Premiere Pro 2020 中所包含类型较多的一种视频过渡效果，它共包含 5 种效果，如图 4-54 至图 4-58 所示。

图 4-54 【中心拆分】效果

图 4-55 【带状内滑】效果

图 4-56 【拆分】效果

图 4-57 【推】效果

图 4-58 【内滑】效果

7. 缩放

【缩放】视频过渡效果模拟了实际拍摄过程中镜头的推拉。Premiere Pro 2020 中提供了【交叉缩放】过渡效果，如图 4-59 所示。

图 4-59 【交叉缩放】效果

由于 Premiere Pro 2020 支持 VR 视频的剪辑，因此在视频过渡的效果中加入了【沉浸式视频】过渡效果，内含【VR 光圈擦除】【VR 光线】【VR 渐变擦除】【VR 漏光】【VR 球形模糊】【VR 色度泄露】【VR 随机块】【VR 默比乌斯缩放】效果。

拓展训练

本拓展训练通过制作多场景过渡视频，让读者熟悉视频过渡效果和设置视频过渡参数等知识。在本例中，将使用【视频过渡】中的多个视频过渡效果，来实现素材之间过渡的效果。

1) 效果说明

本例的效果是使用 Premiere Pro 2020 在两个素材间添加【视频过渡】中的过渡效果，实现两个场景之间的过渡。

2) 操作要点

学习如何在素材中间插入过渡效果，设置过渡效果的参数。

3) 操作过程

(1) 运行 Premiere Pro 2020，打开开始使用界面，单击【新建项目】按钮，打开【新建项目】对话框，如图 4-60 所示。在该对话框中，设置项目保存的路径及名称“ch04-4”后，单击【确定】按钮。

(2) 按下快捷键 Ctrl+N，在打开的【新建序列】对话框中单击【确定】按钮，如图 4-61 所示，进入主程序界面。

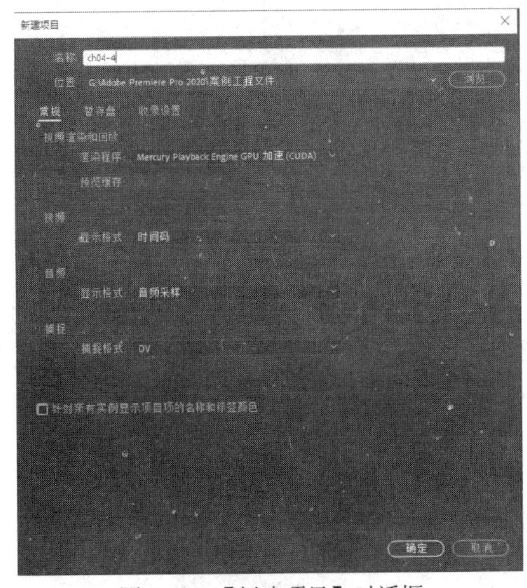

图 4-60　【新建项目】对话框

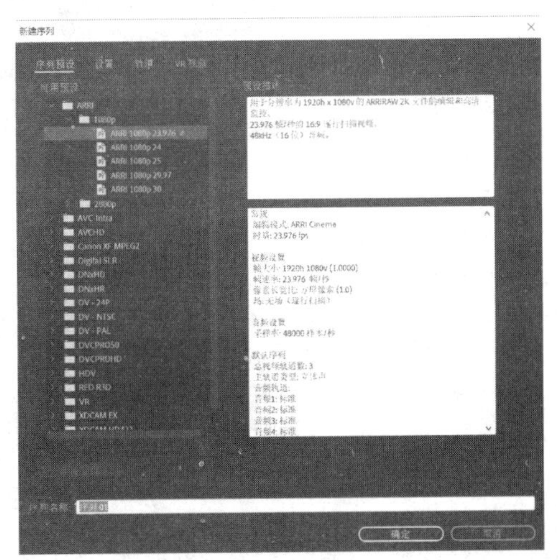

图 4-61　【新建序列】对话框

(3) 选择【序列】【添加轨道】命令，在弹出的“添加轨道”窗口点击【确定】添加一条轨道。在【项目】面板中导入视频素材“01.mp4”“02.mp4”“03.mp4”和“04.mp4”。将素材“01.mp4”“02.mp4”“03.mp4”和“04.mp4”分别拖到【时间轴】面板的 V1、V2、V3 和 V4 轨道中，如图 4-62 所示。在弹出的【剪辑不匹配警告】对话框中单击【更改序列设置】按钮。

(4) 选中 V1 轨道的“01.mp4”素材，在【工具】面板中选择【剃刀工具】，在 00:00:06:00 处将素材“01.mp4”分割成两部分；选中 V2 轨道的“02.mp4”素材，使用【剃刀工具】在 00:00:05:00 处将素材“02.mp4”分割成两部分；选中 V3 轨道的“03.mp4”素材，使用【剃刀工具】在 00:00:05:00 处将素材“03.mp4”分割成两部分，选中 V4 轨道的“04.mp4”素材，使用【剃刀工具】在 00:00:04:00 处将素材“04.mp4”分割成两部分，如图 4-63 所示。

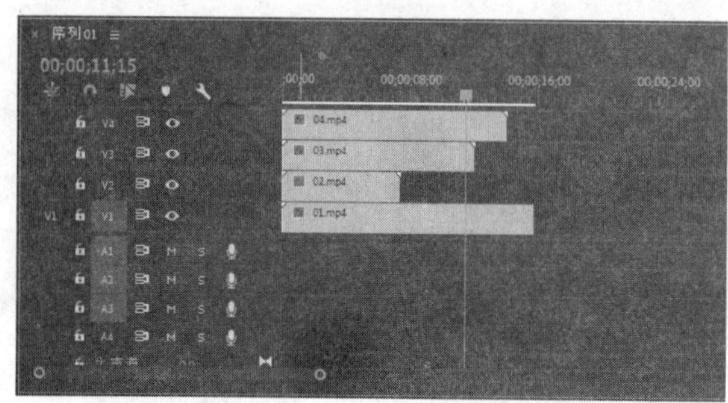

图 4-62　放入素材

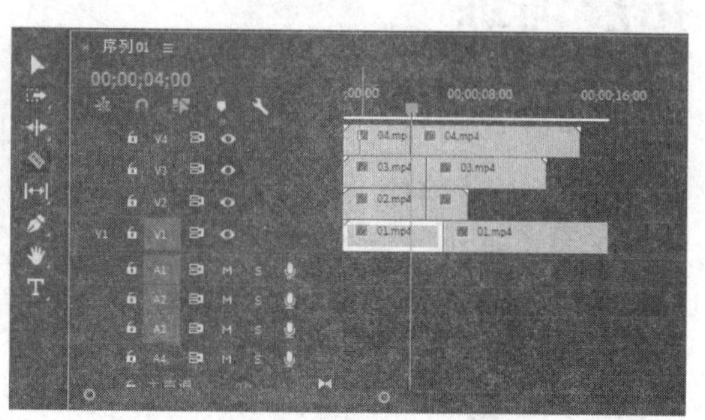

图 4-63　切割素材

(5) 选中 V1 轨道上的第二段素材，使用键盘的“Delete”键将其删除，照此操作，分别将 V2、V3、V4 轨道上的第二段素材删除。然后将 V2 轨道的素材“02.mp4”拖至 V1 轨道的“01.mp4”右侧，将 V3 轨道的素材拖至 V1 轨道的“02.mp4”右侧，将 V4 轨道的素材“04.mp4”拖至 V1 轨道的“03.mp4”右侧，如图 4-64 所示。

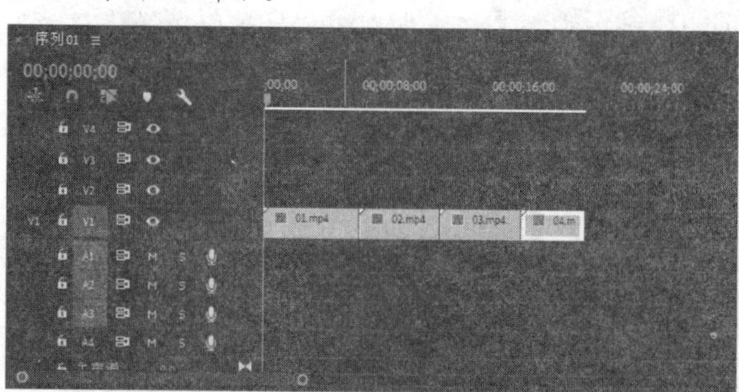

图 4-64　移动切割后的素材

(6) 选中素材“01.mp4”，在【效果控件】面板中展开【不透明度】界面，将编辑线拖至 00:00:00:00 处，点击【不透明度】效果前的【切换动画】按钮，激活【不透明度】关键帧，将【不透明度】值设为“25%”，如图 4-65 所示。

将编辑线拖至 00:00:03:00 处，点击【不透明度】的关键帧按钮创建关键帧，将该帧的【不透明度】值设为“100%”，如图 4-66 所示，实现视频开场的“淡入效果。”

图 4-65　设置第一个关键帧的【不透明度】

图 4-66　设置第二个关键帧的【不透明度】

分别在 00:00:17:00 和 00:00:19:29 处点击【不透明度】的关键帧按钮创建关键帧，将【不透明度】的值分别设为“100%”和“25%”，实现视频结尾“淡出效果”。

(7) 在【效果】面板中，选择【视频过度】【溶解】【胶片溶解】效果，将其拖至素材“01.mp4”

“02.mp4”之间。在【时间轴】面板中选择该效果，在【效果控件】面板中将其【持续时间】设为 00:00:02:00，【对齐】选择“起点切入”，如图 4-67 所示。

(8) 在【效果】面板中，选择【视频过度】【溶解】【交叉溶解】效果，将其拖至素材“02.mp4”“03.mp4”之间。在【时间轴】面板中选择该效果，在【效果控件】中将其【持续时间】修改为 00:00:02:00，如图 4-68 所示。

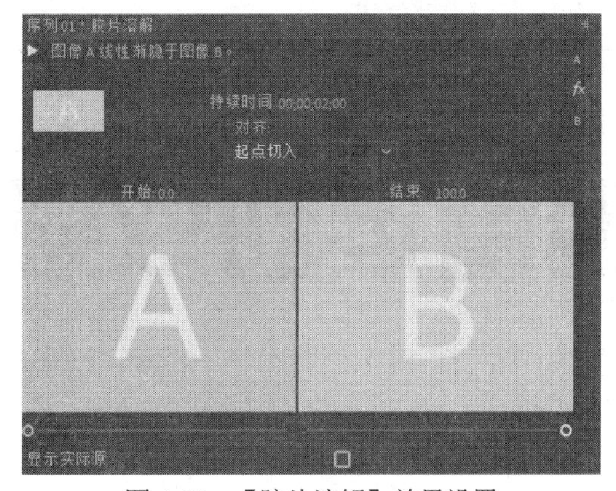

图 4-67 【胶片溶解】效果设置

图 4-68 【交叉溶解】效果设置

(9) 选择【视频过度】【擦除】【渐变擦除】效果，将其拖至素材“03.mp4”“04.mp4”之间，在弹出的【渐变擦除设置】面板中，将【柔和度】设为“50”，点击【确定】，如图 4-69 所示。

(10) 按回车键，在【节目监视器】面板中预览最终效果。最终设置效果如 4-70 所示。

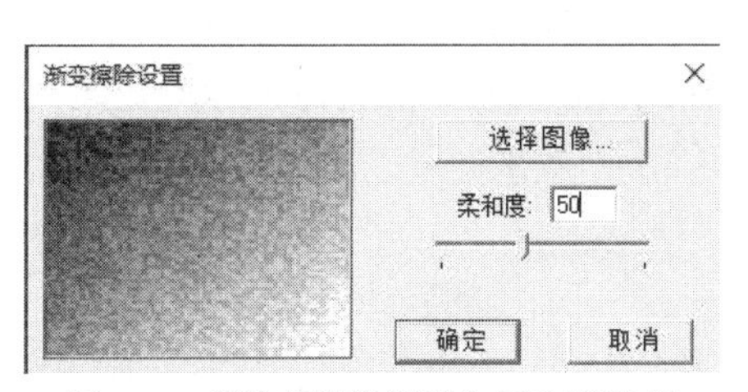

图 4-69 【渐变擦除设置】柔和度设置

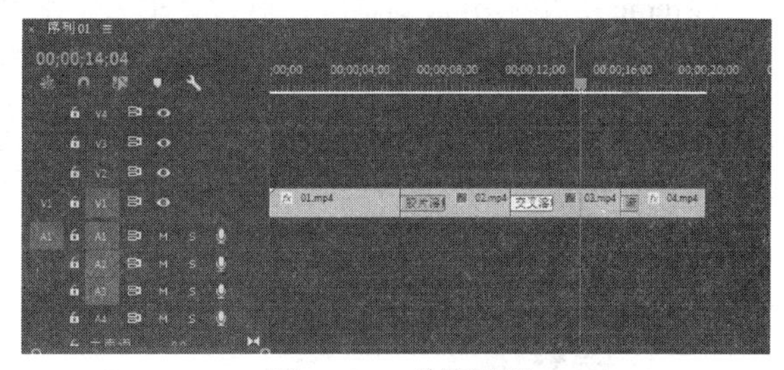

图 4-70 最终设置

(11) 保存项目文件。

习 题

1.【百叶窗】属于哪一类视频过渡效果？
2. 默认状态下，Premiere Pro 2020 使用哪一种效果作为默认的视频过渡效果？
3. 如果需要对大多数甚至全部素材应用默认的切换，最好的办法是使用哪种方式？
4. 在两个素材衔接处加入视频过渡效果，两个素材应如何排列？
5.【溶解】类视频过渡特效有什么作用？它包括了哪些效果？
6. 简述在 Premiere Pro 2020 中如何进行视频过渡特效设置。

第5章 设置运动效果

学习目标

Premiere 虽然不是动画制作软件，但却有强大的运动生成功能。通过运动设定，Premiere 能轻易地将图像(或视频)进行移动、旋转、缩放及变形等，可让静态的图像产生运动效果。本章将详细介绍利用 Premiere Pro 2020 制作视频动画的技巧，详细讲解如何给素材添加运动效果，如何设置运动路径，以及如何使素材产生移动、旋转、缩放等不同效果。

本章重点

- 【运动】效果选项
- 设置运动路径
- 控制运动速度
- 控制图像大小比例
- 设置旋转效果

任务 1　运动效果基本设置

影视节目与其他艺术类型的不同之处在于它不拘一格的运动形式。就拍摄本身来讲，它是对运动主体的真实记录和艺术化的反映。众所周知，电影是以每秒 24 帧的速率放映的，由于存在“视觉暂留”现象，在某个视像消失后，它仍然会在视网膜上滞留 0.1~0.4 秒，因此这 24 张具有连贯性静态画面的播放，展现在观众眼前便宛如真实的运动。而电视由于制式的不同，在中国和一些欧洲国家以每秒 25 帧(PAL 制式)的速率播放，在欧美的另一些国家则以每秒 30 帧(NTSC 制式)的速率播放。

这里讲述的视频运动是一种后期制作与合成中的技术，而不是拍摄层面或者播放层面的概念。在 Premiere Pro 2020 中，对视频运动的设置是在【效果控件】面板中进行的，这种运动设置建立在关键帧的基础上。这里的运动是针对视频而言的，包括视频在画面上的运动、变形、缩放等效果。在视频运动中，也可以结合前面学习的内容综合运用，实现更为复杂的画面效果。

【运动】效果是 Premiere 中专门对片段进行运动设置的效果。【运动】效果通过设置一条运动路径来对片段进行运动设置，用户可以在【节目监视器】面板内移动剪辑，但是只能对剪辑本身应用运动，而不能对剪辑的特定部分使用运动。

5.1.1　【运动】效果选项

在 Premiere Pro 2020 中，对剪辑运动的设置是通过【效果控件】面板来进行的。每段应用到【时间轴】面板中的视频剪辑都会有【运动】效果应用其中，【运动】效果的设置会涉及多种属性的设置，如【位置】【缩放】【旋转】【锚点】和【防闪烁滤镜】。

选中【时间轴】面板中的素材，执行【窗口】|【效果控件】菜单命令，可以打开【效果控件】面板。然后单击【运动】前面的三角形按钮>，展开【运动】效果，如图 5-1 所示。其中，各选项的功能如下。

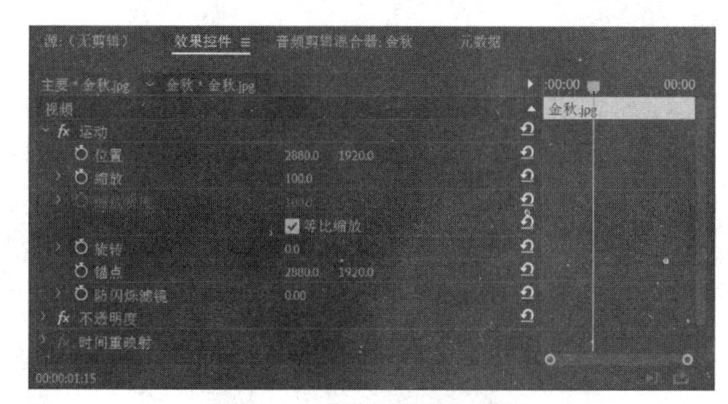

图 5-1　【效果控件】面板

- 【位置】：当前对象中心点所在的位置。用户可以把鼠标移到后面的坐标值上，按住鼠标左键，向左或向右拖动鼠标即可改变位置的坐标值，也可以在该数值上双击，然后直接输入数值。
- 【缩放】：指定当前对象显示的尺寸相对于原始尺寸的百分比值。如果选中后面的【等比缩放】复选框，则表示当前对象的长宽比不变，即长和宽同时改变；如果未选中【等比缩放】复选框，则【缩放】变成【缩放高度】，同时激活下面的【缩放宽度】选项，可以单独调整长和宽的显示比例。大于 100%表示放大，小于 100%表示缩小。
- 【旋转】：指定当前对象的旋转角度。用户可以把鼠标移到后面的角度值上，按住鼠标左键，向左或向右拖动鼠标即可改变旋转的角度值，也可以在该数值上双击，然后直接输入数值设置旋转角度。此外，还可以展开【旋转】选项进行手动调节。

- 【锚点】：该点是图像旋转的中心点，以相对于图像左上角的坐标值表示。
- 【防闪烁滤镜】：指定当前对象在执行运动、变形、缩放等效果时的清晰程度。

5.1.2 设置运动路径、控制图像大小比例

仅仅利用这些选项是无法完成运动效果的，还必须加入关键帧技术的支持。利用关键帧技术，并配合运用【效果控件】面板和【节目监视器】面板，可以为素材片段设置运动路径，改变比例大小。

【例 5-1】 为图片设置运动效果，利用关键帧设置运动路径。素材

1) 效果说明

本例的效果是在 Premiere Pro 2020 中，为图片设置运动效果，利用关键帧设置运动路径。

2) 操作要点

学习如何在【效果控件】面板中，通过改变【位置】参数和添加关键帧来达到运动效果和改变图像比例大小。

3) 操作过程

(1) 运行 Premiere Pro 2020，打开开始使用界面，单击【新建项目】按钮，打开【新建项目】对话框。在该对话框中设置项目保存的路径及输入名称“ch05-1”后，单击【确定】按钮，如图 5-2 所示。

(2) 执行【文件】|【新建】|【序列】命令，此时系统将弹出【新建序列】对话框。填写【序列名称】为“ch05-1”，单击【确定】按钮，如图 5-3 所示，新建一个序列。

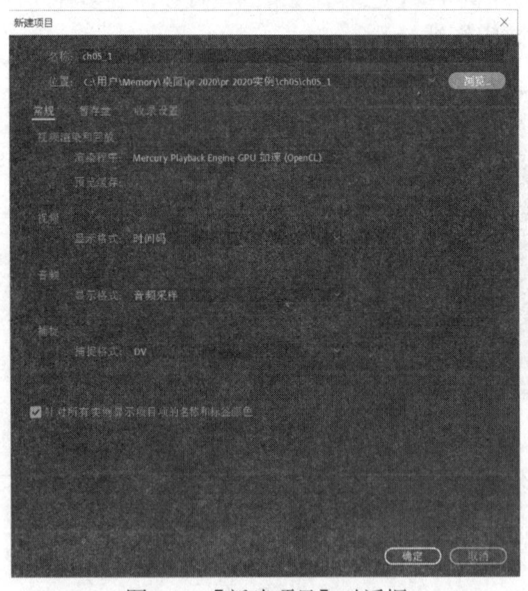

图 5-2 【新建项目】对话框

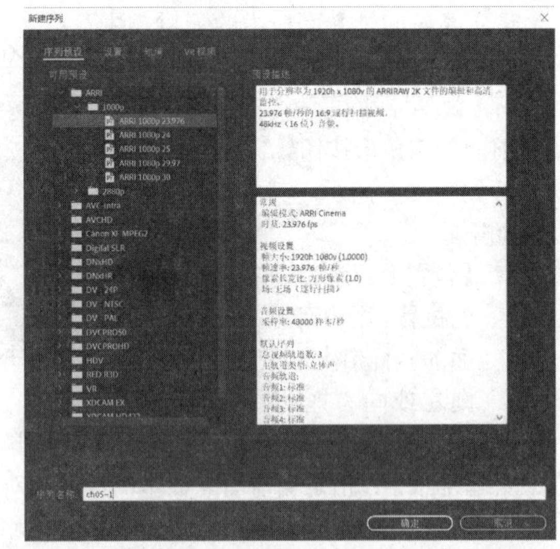

图 5-3 【新建序列】对话框

(3) 执行【文件】|【导入】命令，打开【导入】对话框，导入图片素材“江河水墨.jpg”和“古风小船.png”，如图 5-4 所示。

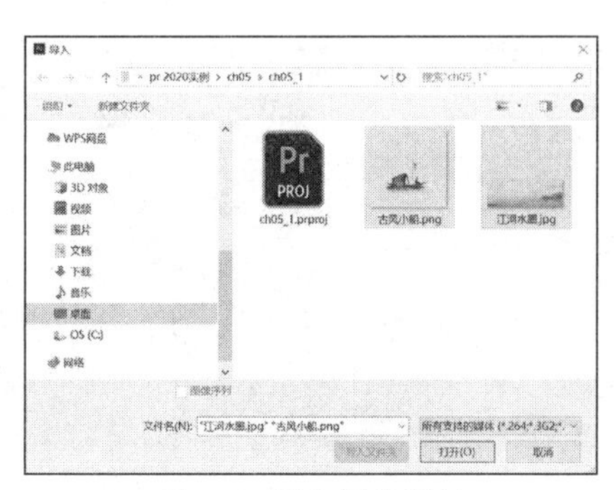
图 5-4　导入图片素材

(4) 双击“江河水墨.jpg”，使其在【源监视器】面板中打开，分别在 00:00:00:00 和 00:00:10:00 处设置入点和出点，如图 5-5 所示，然后将其拖到【时间轴】面板的 V1 轨道上。同样，双击“古风小船.png”，使其在【源监视器】面板中打开，分别在 00:00:00:00 和 00:00:10:00 处设置入点和出点，将其拖到【时间轴】面板的 V2 轨道上，如图 5-6 所示。

图 5-5　为图片素材设置入点和出点

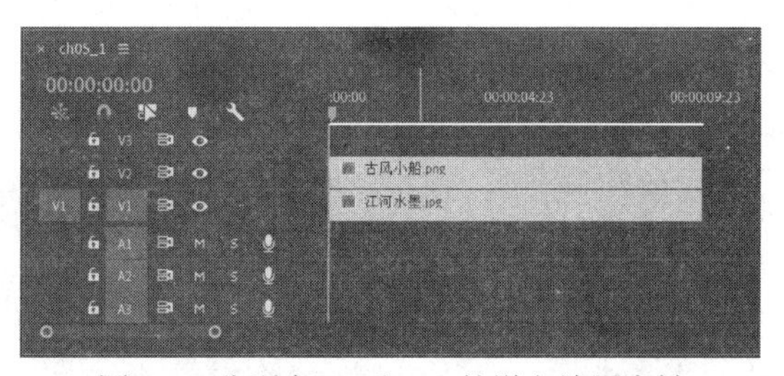
图 5-6　分别在 V1 和 V2 轨道上放置素材

(5) 选中 V2 轨道上的“古风小船.png”素材，在【效果控件】面板中，可以看到【运动】效果作为默认选项出现在了【效果控件】面板中，单击前面的三角形按钮展开【运动】选项，将【缩放】数值设为“27.0”，使其大小比例适合背景图片，如图 5-7 所示。

(6) 在【节目监视器】面板中，双击“古风小船.png”素材，则出现该素材片段的控制框，这样可以在【节目监视器】面板中对素材进行调整，如图 5-8 所示。

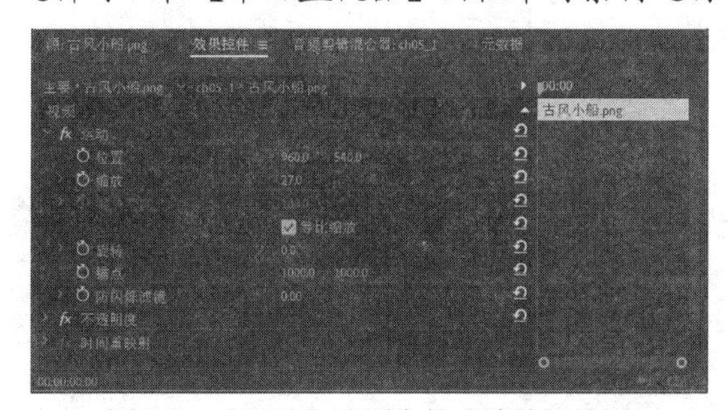
图 5-7　【运动】选项中的【缩放】设置

图 5-8　素材片段的控制框

(7) 在【节目监视器】面板中，拖动“古风小船.png”到左上角，或在【位置】参数中直接输入“11.3、398.6”，此时该素材将从左上角开始运动，即设置了运动的起点。然后在【效果控件】面板中按下【位置】参数左边的【切换动画】按钮，使其变为蓝色，为素材添加关键帧，此时【效果控件】面板中的右侧区域会增加关键帧的控制点，如图 5-9 所示。

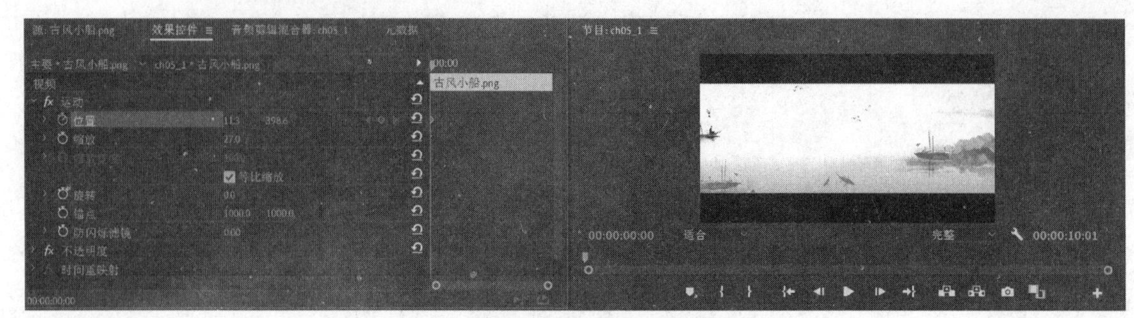

图 5-9　设置运动起始位置的关键帧

(8) 将时间线指针移到【时间轴】面板中的 00:00:03:00 处，然后拖动“古风小船.png”以确定运动到的位置，或将【位置】参数设置为“626.8、483.5”。在【效果控件】面板中按下【缩放】参数左边的【切换动画】按钮，使其变为蓝色，为素材添加关键帧，此时【缩放】数值仍然为“27.0”。

(9) 再将时间线指针移到【时间轴】面板中的 00:00:06:03 处，拖动“古风小船.png”以确定运动到的位置，或将【位置】参数设置为“1129.4、664.4”，按下【缩放】参数那一行的【添加/移除关键帧】按钮，使其变为蓝色，为素材添加关键帧，选中右侧的关键帧，将此关键帧上的【缩放】数值调整为“38.0”，以符合运动时近大远小的规律，如图 5-10 所示。

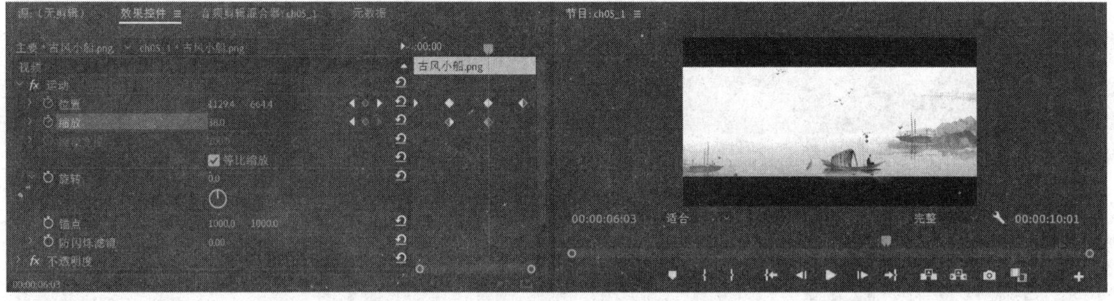

图 5-10　设置【缩放】选项的关键帧

(10) 接着依次在 00:00:09:00 处将【位置】设置为“1671.5、596.5”，按下【缩放】参数那一行的【添加/移除关键帧】按钮，使其变为蓝色，为素材添加关键帧，选中右侧的关键帧，将此关键帧上的【缩放】数值调整为“34.0”，完成小船在江河中的运动，如图 5-11 所示。

(11) 按下回车键，预览整个过程，并保存项目文件。

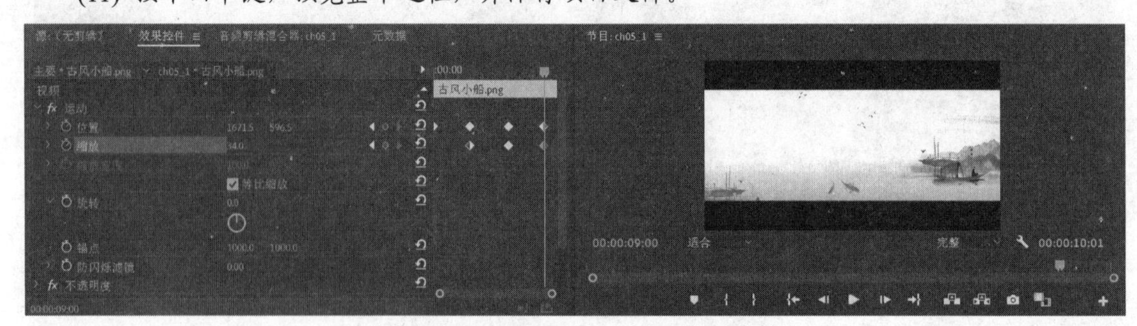

图 5-11　设置运动结束位置的关键帧

5.1.3　使用句柄控制运动路径

在设置运动路径时，还可以利用关键帧控制点为素材片段的运动路径做进一步设置。使用句柄可以随心所欲地为运动设置更加复杂的路径。

【例 5-2】 为图片设置关键帧控制点，使用句柄设置复杂的运动路径。素材

1) 效果说明

本例的效果是在 Premiere Pro 2020 中，使用句柄设置复杂的运动路径，以进一步提升图片运动效果。

2) 操作要点

学习如何在【效果控件】面板中，通过句柄设置复杂的运动路径。

3) 操作过程

(1) 启动 Premiere Pro 2020，打开例 5-1 保存的“ch05-1”项目文件，另存为“ch05-2”。

(2) 将时间线指针移到素材片段中的任意位置，在【节目监视器】面板中，双击“古风小船”图片，用户可以看到在关键帧控制点附近出现了句柄控制点，以及小船运动的路径，如图 5-12 所示。

(3) 将鼠标移到句柄控制点上时，鼠标会变成▸∘状，用鼠标拖动句柄，可以调整“古风小船”的运动路径，使其变得平滑，如图 5-13 所示。此外，当鼠标变成▸∘状时，同时按住 Ctrl 键，鼠标会变成⊾状，可以对手柄一侧的路径进行调整，且不会影响另外一侧。可以通过不断播放片段并调整路径，以获得满意的效果。

图 5-12　句柄控制点

图 5-13　拖动句柄控制点改变素材运动的路径

(4) 按下回车键，预览整个过程，并保存项目文件。

5.1.4　预览运动效果

在设置完素材的运动路径后，用户可以在【节目监视器】面板中预览运动的效果，然后根据预览结果决定是否对运动效果做进一步调整。

要预览运动效果，可以按下空格键预演整个影片。但当剪辑比较长的影片，而运动效果只是一小段时，可以通过用鼠标来回拖动时间线指针的方式进行浏览，此时素材将在【节目监视器】面板中动起来，这种方式的预览快速有效。

预览例 5-2 设置的运动效果，如图 5-14 所示。

图 5-14　小船由远到近的运动效果

任务 2　控制运动的高级设置

利用关键帧技术，不仅可以设置素材运动的路径，还可以对运动的速度、图像大小的比例变化和旋转效果等进行更高级的设置。

5.2.1　控制运动速度

在 Premiere 中，没有专门的设置运动速度的选项，但通过关键帧的设置完全可以实现画面的变速运动。

【例 5-3】 调整关键帧控制点，控制运动速度。素材

1) 效果说明

本例的效果是在 Premiere Pro 2020 中，通过改变关键帧设置实现变速运动。

2) 操作要点

学习如何在【效果控件】面板中，使用关键帧设置实现变速运动。

3) 操作过程

(1) 启动 Premiere Pro 2020，打开例 5-2 保存的“ch05-2”项目文件，另存为“ch05-3”。

(2) 执行【文件】|【导入】命令，打开【导入】对话框，导入图片素材“云 1.png”。将【项目】面板中的“云 1.png”素材文件拖到【时间轴】面板的 V3 轨道上。调整【时间轴】面板的显示，使“云 1.png”图片显示时长和“古风小船.png”图片显示时长相同。

(3) 根据前面小船的运动案例，制作云的运动动画。将时间线指针移到【时间轴】面板中的 00:00:00:00 处，单击 V3 轨道上的“云 1.png”，在【效果控件】面板中，将其【缩放】值设为“15.0”。然后拖动“云 1.png”，在其【位置】参数中直接输入“1852.0、300.0”，单击【位置】前面的【切

换动画】按钮，使其变为蓝色。

(4) 再将时间线指针移到【时间轴】面板中的 00:00:03:08 处，然后拖动“云 1.png”到相应位置，或者在【位置】参数中直接输入“1263.0、345.0”，完成一段运动。接着依次在 00:00:06:05 处输入“560.0、420.0”，在 00:00:09:22 处输入“-16.0、340.0”，完成“云 1.png”运动路径的设置。在【节目监视器】面板中拖动句柄，使运动更加平滑、自然，如图 5-15 所示。

图 5-15　拖动句柄

(5) 选中 V3 轨道上的“云 1.png”素材，在【效果控件】面板中，将时间线指针移到 00:00:00:00 处，单击【缩放】前面的【切换动画】按钮，使其变为蓝色，分别在 00:00:03:03、00:00:06:02 和 00:00:09:21 处添加关键帧。在第一个关键帧上调整其【缩放】值为“20.0”，在后面的两个关键帧上调整【缩放】值均为“15.0”。

(6) 选中 V3 轨道上的“云 1.png”素材，在【效果控件】面板中展开【运动】选项中的【位置】选项，可以看到每两个关键帧之间的具体速度值，如图 5-16 所示。

(7) 在【效果控件】面板右侧关键帧控制点下的曲线，表示的是速度变化的路径，也可以通过句柄控制来制作出更加复杂的速度变化，如图 5-17 所示。

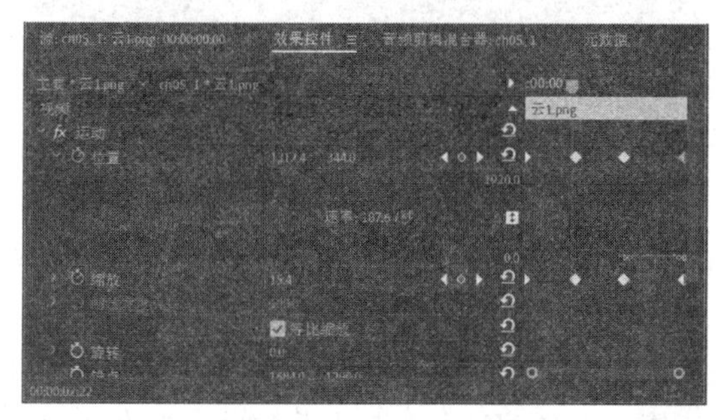
图 5-16　显示具体速度值

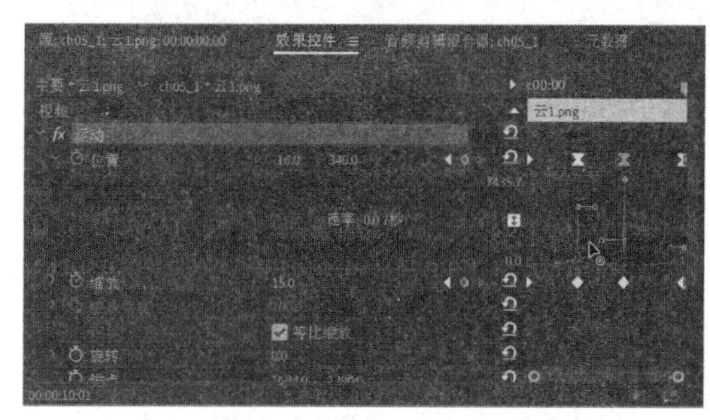
图 5-17　通过句柄控制运动的速度

(8) 按下回车键，预览整个过程，并保存项目文件。

5.2.2　设置旋转效果

设置运动效果时，可以通过设置【旋转】选项的参数并结合关键帧创建旋转效果。

【例 5-4】 调整不同时刻素材的【旋转】选项参数，控制素材的旋转效果。素材

1) 效果说明

本例的效果是在 Premiere Pro 2020 中，为图片添加【旋转】关键帧，以达到旋转变化的效果。

2) 操作要点

学习如何在【效果控件】面板中，添加【旋转】关键帧。

3) 操作过程

(1) 启动 Premiere Pro 2020，打开例 5-3 保存的“ch05-3”项目文件，另存为“ch05-4”。

(2) 执行【文件】|【导入】命令，打开【导入】对话框，导入图片素材“落叶.png”。在 V3 轨道上方添加轨道 V4，将【项目】面板中的“落叶.png”素材文件拖到【时间轴】面板的 V4 轨道上。调整【时间轴】面板的显示，使“落叶.png”图片显示时长和“古风小船.png”图片显示时长相同。

(3) 选中 V4 轨道上的“落叶.png”素材，执行【窗口】|【效果控件】菜单命令，打开【效果控件】面板，将【缩放】值设为“5.0”，将其【位置】设为“1932.0、455.0”。展开【运动】选项中的【旋转】选项，将时间线指针移到【时间轴】面板中的开始位置，然后按下【旋转】选项左边的【动画切换】按钮，使其变为蓝色，为“落叶.png”素材片段添加【旋转】关键帧。同时，按下【位置】选项左边的【动画切换】按钮，使其变为蓝色，为【位置】添加关键帧。

(4) 在 00:00:01:22 处，将【位置】参数设置为“1790.0、606.0”，调整【旋转】参数为“290° ”，如图 5-18 所示。

(5) 在 00:00:05:20 处，将【位置】参数设置为“1747.0、835.0”，调整【旋转】参数为“1 × 350.0° ”，如图 5-19 所示。

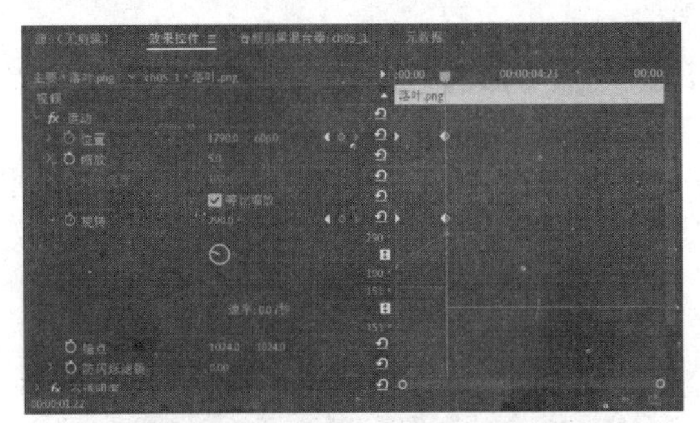

图 5-18　设置【位置】和【旋转】参数(一)

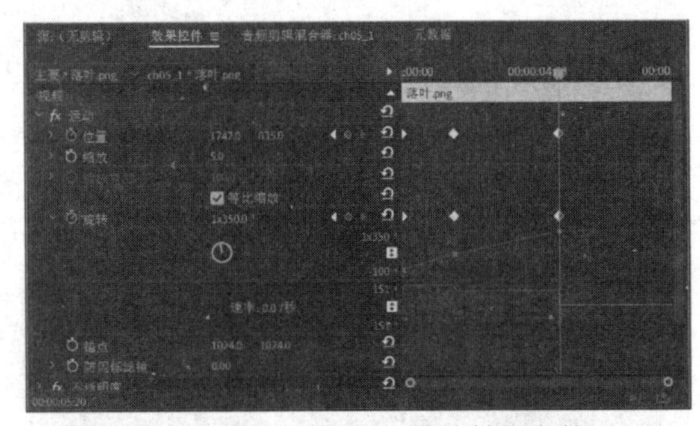

图 5-19　设置【位置】和【旋转】参数(二)

(6) 将“落叶.png”素材的播放时长调整为 00:00:00:00~00:00:05:20。在 00:00:05:20 后，“落叶.png”素材将不在画面中出现。

(7) 在 V4 轨道上方添加轨道 V5，复制 V4 轨道上的“落叶.png”素材，单击 V1 轨道上的【以此轨道为目标切换轨道】按钮 V1，使其变为白色 V1。单击 V5 轨道上的【以此轨道为目标切换轨道】按钮 V5，使其变为蓝色 V5。需要注意的是，仅将 V5 轨道作为目标切换轨道，其他轨道均需取消。

(8) 将时间线指针放在 00:00:01:16 处，按下 Ctrl+V 快捷键，将 V4 轨道上的“落叶.png”素材粘贴到 V5 轨道上，如图 5-20 所示。使用相同的方法，还可以添加更多的轨道，对素材进行粘贴，以增加“落叶”数量。调整粘贴后的素材相应的【位置】参数、【旋转】参数、时长等，以使整个画面协调。

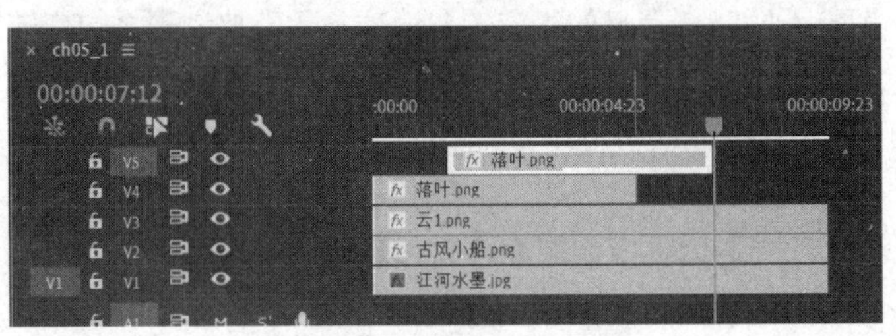

图 5-20　复制、粘贴轨道上的素材

(9) 预览旋转效果，如图 5-21 所示。

(10) 保存项目文件。

图 5-21　预览旋转效果

拓展训练

本拓展训练通过使用静态图片素材制作视频“花朵”，使用户熟悉运动效果的基本设置和操作。

1) 效果说明

本例的效果是在 Premiere Pro 2020 中，为图片添加运动效果关键帧，实现静态图片运动效果。效果如图 5-22 所示。

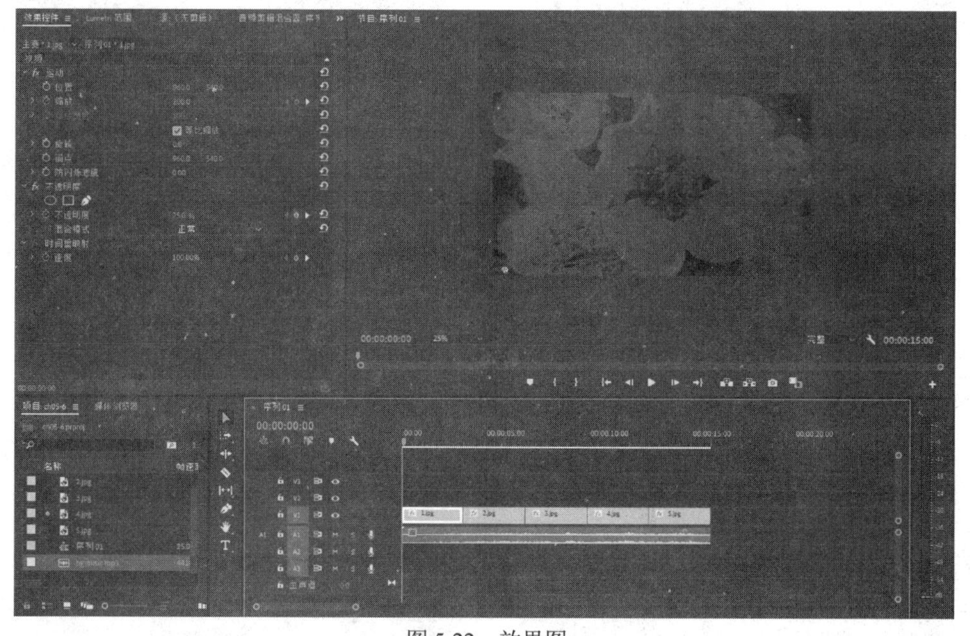

图 5-22　效果图

2) 操作要点

为静态图片设置【位置】及【缩放】关键帧，以实现图片的各种运动效果。

3) 操作过程

(1) 运行 Premiere Pro 2020，打开开始使用界面，单击【新建项目】按钮，打开【新建项目】对话框，如图 5-23 所示。在该对话框中，设置项目保存的路径并输入名称“ch05-5”后，单击【确定】按钮，进入主程序界面。执行【文件】|【新建】|【序列】命令，此时系统将弹出【新建序列】对话框。

(2) 单击【设置】选项卡，设置【编辑模式】为“自定义”，【视频】界面的【帧大小】设定为“1920px × 1080px”，【像素长宽比】为“方形像素(1.0)”，序列名称默认为“序列 01”，如图 5-24 所示。

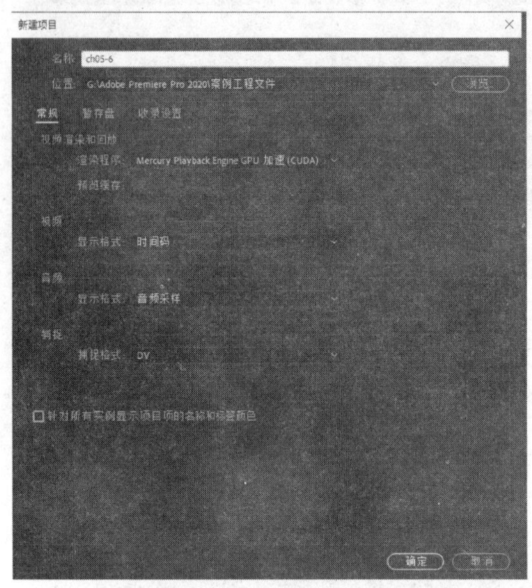

图 5-23 【新建项目】对话框

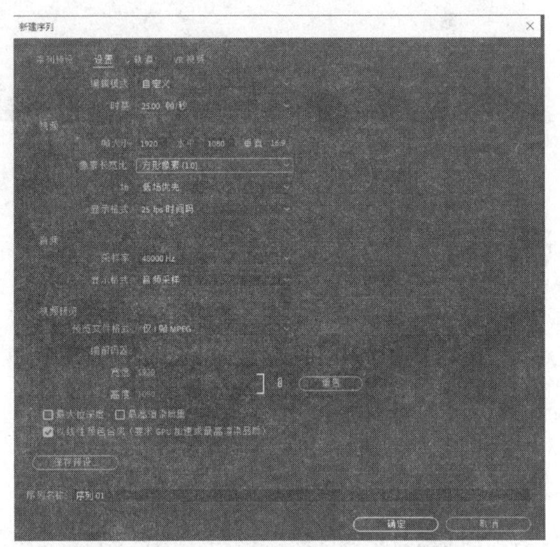

图 5-24 【新建序列】对话框

(3) 选择【编辑】|【首选项】|【时间轴】命令，打开【首选项】对话框，设置【静止图像默认持续时间】为“3.00 秒”，如图 5-25 所示。在【项目】面板中导入素材文件夹中的所有图片“1.jpg”～“5.jpg”。

(4) 将【项目】面板中的“1.jpg”～“5.jpg”同时选中，并拖到【时间轴】面板中的 V1 轨道上，如图 5-26 所示。

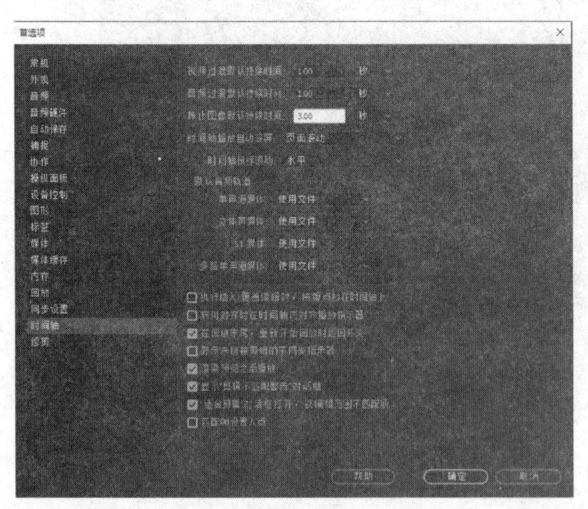

图 5-25 修改图片的默认持续时间

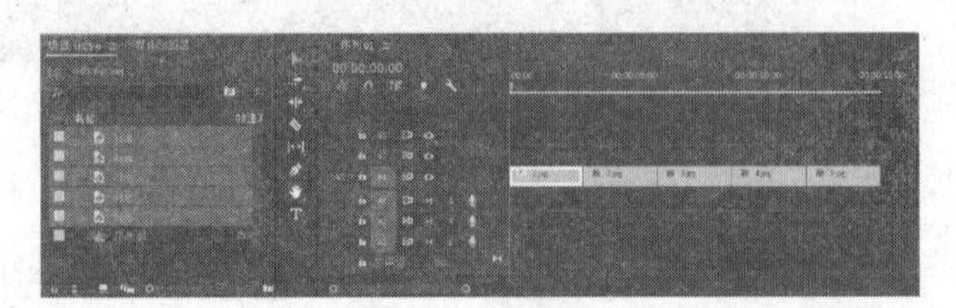

图 5-26 将图片拖入【时间轴】面板

(5) 选择“1.jpg”，在【效果控件】面板中展开【运动】特效，并单击【运动】特效以显示控制框。设置【位置】的值为“960.0、540.0”，在 00:00:00:00 处，单击【缩放】属性前的按钮，创建缩放关键帧，设置【缩放】值为“200”，同时展开下面的【不透明度】特效，单击【不透明

度】属性前的按钮创建关键帧，设置【不透明度】的值为“25%”，如图 5-27 所示。在 00:00:02:00 处单击【不透明度】属性对应的按钮创建一个关键帧，修改【不透明度】的值为“100%”，实现第一张图片的淡入效果。在 00:00:02:24 处单击【缩放】属性对应的按钮创建一个关键帧，修改【缩放】属性的值为“100”，其余不变，如图 5-28 所示。

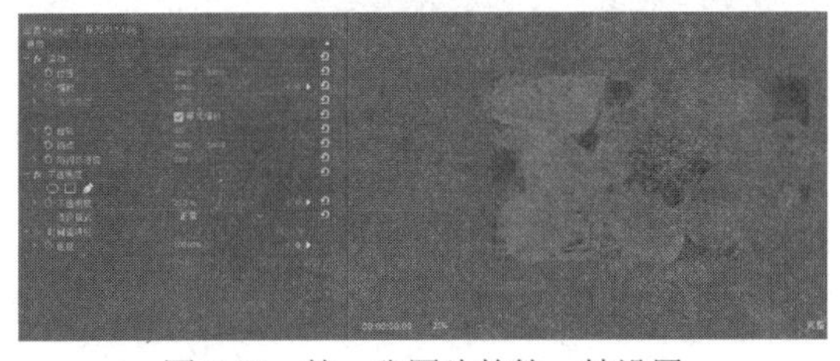

图 5-27　第一张图片的第一帧设置

图 5-28　第一张图片的尾帧设置

(6) 选择“2.jpg”，在【效果控件】面板中展开【运动】特效，在 00:00:03:00 处，单击【缩放】属性前的按钮激活缩放关键帧，设置【缩放】值为“100”，在 00:00:05:24 处，单击【缩放】属性对应的按钮创建一个关键帧，修改【缩放】属性的值为“200”，如图 5-29 所示。

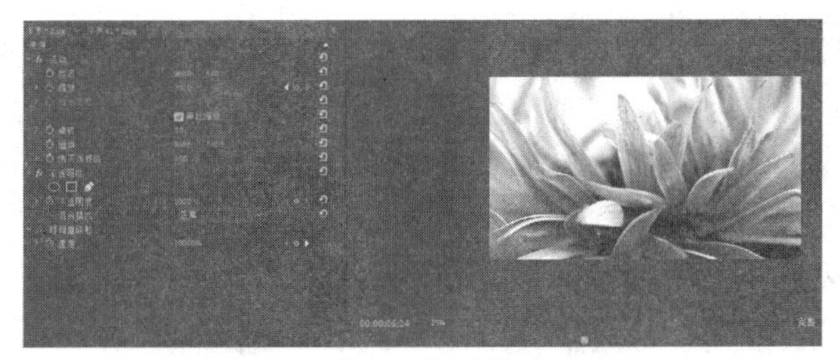

图 5-29　第二张图片的动画设置

(7) 选择“3.jpg”，在【效果控件】面板中展开【运动】特效，在 00:00:06:00 处单击【缩放】属性前的按钮以创建缩放关键帧，设置【缩放】值为“200”，同时单击【位置】属性前的按钮激活位置关键帧，设置【位置】属性的值为“650.0、600.0”，如图 5-30 所示。在 00:00:08:24 处单击【缩放】属性前的按钮以创建缩放关键帧，设置【缩放】值为“100”，同时单击【位置】属性前的按钮创建位置关键帧，设置【位置】属性的值为“960.0、540.0”，如图 5-31 所示。

图 5-30　第三张图片的第一帧设置

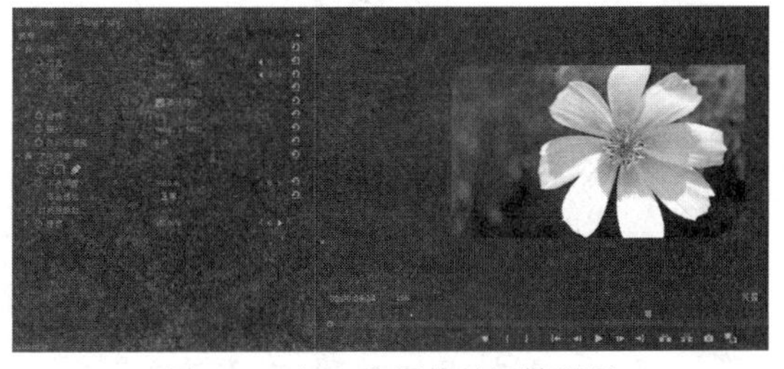

图 5-31　第三张图片的尾帧设置

(8) 选择“4.jpg”，在【效果控件】面板中展开【运动】特效，在 00:00:09:00 处单击【缩放】属性前的按钮以创建缩放关键帧，设置【缩放】值为“100”，同时单击【位置】属性前的按钮激活位置关键帧，设置【位置】属性的值为“960.0、540.0”，如图 5-32 所示。在 00:00:11:24 处单击【缩放】属性前的按钮以创建缩放关键帧，设置【缩放】值为“200”，同时单击【位置】属性前的按钮创建位置关键帧，设置【位置】属性的值为“0.0、720.0”，如图 5-33 所示。

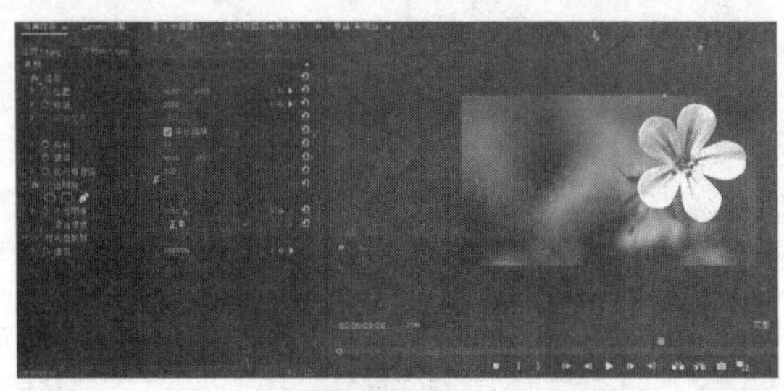
图 5-32　第四张图片第一帧设置

图 5-33　第四张图片尾帧设置

(9) 选择“5.jpg”，在【效果控件】面板中展开【运动】特效，在 00:00:12:00 处，单击【缩放】属性前的按钮激活缩放关键帧，设置【缩放】的值为“100”，如图 5-34 所示。在 00:00:13:00 处单击【不透明度】属性前的按钮激活不透明度关键帧，设置【不透明度】值为“100%”，在 00:00:14:24 处单击【缩放】属性对应的按钮创建一个关键帧，修改【缩放】属性的值为“200”，单击【不透明度】属性对应的按钮创建一个关键帧，设置【不透明度】属性的值为“25%”，如图 5-35 所示。

图 5-34　第五张图片的第一帧设置

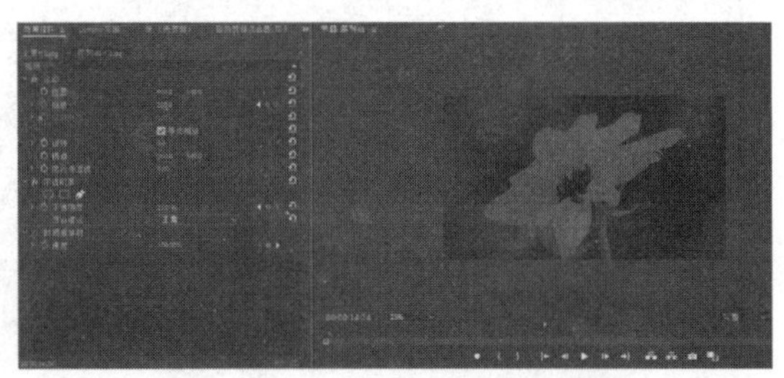
图 5-35　第五张图片的尾帧设置

(10) 导入音频素材“bgmusic.mp3”，将其拖至 A1 轨道，选择【工具】面板的【剃刀工具】，在 00:00:14:24 处将音频素材“bgmusic.mp3”切割成两部分，选中“bgmusic.mp3”的第二部分，使用键盘的“Delete 键”将其删除，完成本拓展训练。

(11) 单击【时间轴】面板，按空格键或回车键预览效果，最后执行【文件】|【保存】命令，保存项目文件。

习　题

1.【运动】效果的设置会涉及哪些属性？
2. 如何改变素材的长宽比例？
3.【运动】选项中的【旋转】值是根据什么来计算的？
4. 如何改变素材的运动速度？
5. 简述创建运动效果的原理。
6. 简述应用运动效果的步骤和要点。

第 6 章

使用视频特效

学习目标

使用过 Photoshop 的用户不会对滤镜感到陌生。用户可以通过各种特效滤镜，对图片素材进行加工，为原始图片添加各种各样的特效。在 Premiere 中，用户也可以通过使用各种滤镜(称为“视频特效”)为影片添加有创意的风格，解决曝光度或颜色的问题，使图像产生动态的扭变、模糊、风吹、幻影等效果，从而增强影片的吸引力。

Premiere 提供的预设效果可以让用户将预配置的效果快速且轻松地应用于素材。用户可以使用软件自带的预设，也可以通过调整数值和设置动画参数的方式自己创建预设，并在之后的剪辑中运用自己创建的预设。

本章将通过对视频特效的详细介绍，使读者掌握在 Premiere Pro 2020 中根据需要为影片添加视频特效的方法。

本章重点

- 视频特效基础知识
- 查找视频特效
- 添加视频特效
- 删除视频特效
- 设置视频特效随时间而变化

任务 1　视频特效基础知识

编辑影片(整理、删除和裁切剪辑)后，可以将视频特效应用于视频剪辑。例如，视频特效可以改变素材的曝光度或颜色，扭曲图像或增加艺术感。

所有的视频特效都被预设为默认设置，因此用户在应用视频特效后立刻就能看到效果，并可以更改设置以达到需要应用的效果，还可以使用效果来旋转剪辑或为剪辑设置动画，或者调整其在帧中的大小和位置。

Premiere Pro 2020 中提供了多种预设的效果，可用于快速更改用户的素材。大多数效果都有可调整的属性，但某些效果(如【黑白】)没有这些属性。

6.1.1　视频特效

Premiere 中的视频特效是使素材产生特殊效果的有力工具，其作用和 Photoshop 中的滤镜相似。最初 Premiere 也将视频特效称为滤镜，从 Premiere Pro CS 开始采用 After Effects 的叫法，并将原来 After Effects 使用的一些视频特效引入 Premiere，使得 Premiere 的视频特效功能更加强大。Premiere Pro 2020 中包含了大量的视频特效，用于改变或者提高视频画面的效果，通过应用视频特效，可以使图像产生模糊、变形、构造、变色及其他效果。

6.1.2　关键帧

关键帧(keyframe)是 Premiere 中极为重要的概念，通常，使用的视频特效都要设置几个关键帧。每个关键帧的设置都要包含视频特效的所有参数值，并将这些参数值应用到视频片段的某个特定的时间段中，通过这些关键帧来控制一定时间范围的视频剪辑，即可实现控制视频特效的目的。

在应用视频特效时，Premiere 会自动在两个关键帧之间设置线性增益的参数，从而获得流畅的画面播放效果。所以通常情况下，只需在一个片段上设置几个关键帧即可控制整个片段的特效。

任务 2　应用视频特效

6.2.1　查找视频特效

在【效果】面板中，单击【视频效果】文件夹前的三角按钮，展开该文件夹可以看到它包含了 19 个子文件夹，如图 6-1 所示。

Premiere Pro 2020 中提供了 130 多种视频特效，按类别分别放在这 19 个子文件夹中，以方便用户按类别找到所需运用的效果。单击某个分类前的按钮，展开该分类，可以看到同属于该分类的所有效果，如图 6-2 所示。

与视频过渡效果一样，如果用户知道要运用的视频特效的名称，可以直接在【效果】搜索框中输入要运用的视频特效名称，这样即可快速找到所需的效果，如图 6-3 所示。

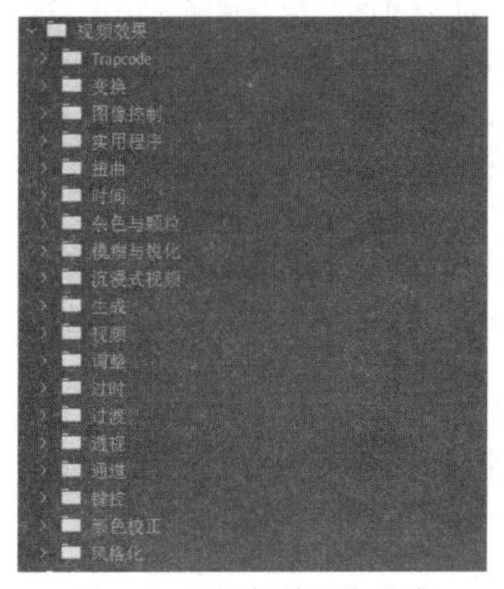

图 6-1　【视频效果】分类

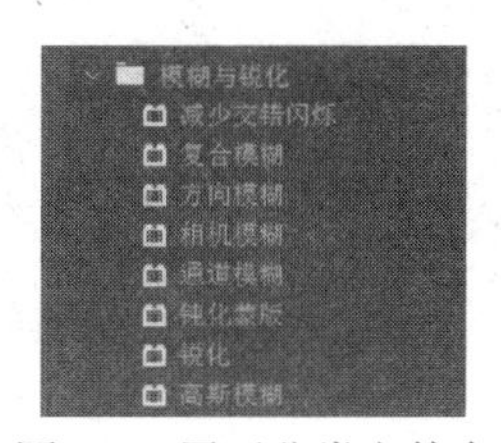

图 6-2　展开分类文件夹

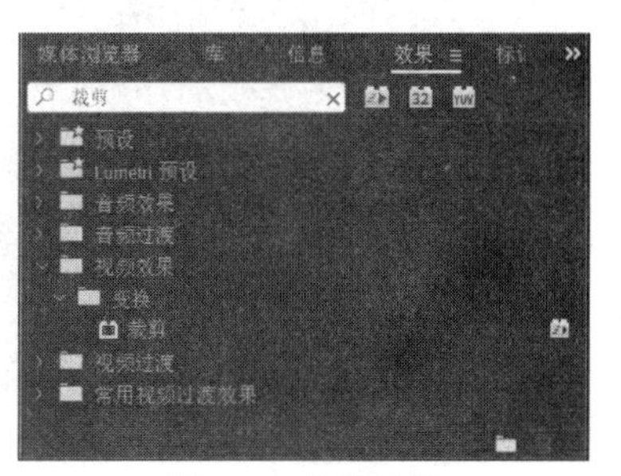

图 6-3　查找效果

同样，用户还可以通过新建一个文件夹来存放经常使用的视频特效。

6.2.2　添加视频特效

视频特效都放在【效果】面板的【视频效果】分类夹下。为素材应用特效主要采用以下两种方法。

1. 在【时间轴】面板上应用

从【效果】面板中选择特效，将其拖放到【时间轴】面板中的素材上，如图 6-4 所示。

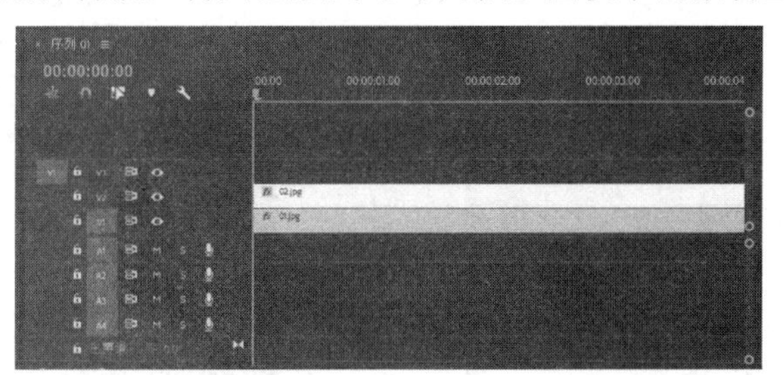

图 6-4　将特效拖放到【时间轴】面板中的素材上

用户可以看到，应用了特效的素材片段，其原本灰色的 fx 产生了颜色变化。

2. 在【效果控件】面板上应用

在【时间轴】面板中选中要应用视频特效的素材后，打开【效果控件】面板，然后从【效果】面板中选择特效，将其拖放到【效果控件】面板中，此时被选中的素材就应用了该特效，如图 6-5 所示。

当一个素材被应用了多个特效时，还可以调整各个特效之间的位置关系。将光标移到要改变位置的特效名称处，按住鼠标左键并向下(向上)拖到另一个特效名称的下方(上方)，此时鼠标会变成一个带有加号的手势，如图 6-6 所示，表示特效被移动到新的位置。

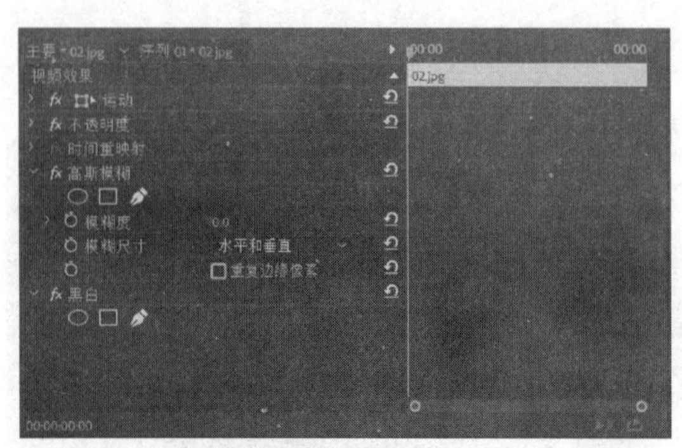
图 6-5　将特效拖放到【效果控件】面板的素材上

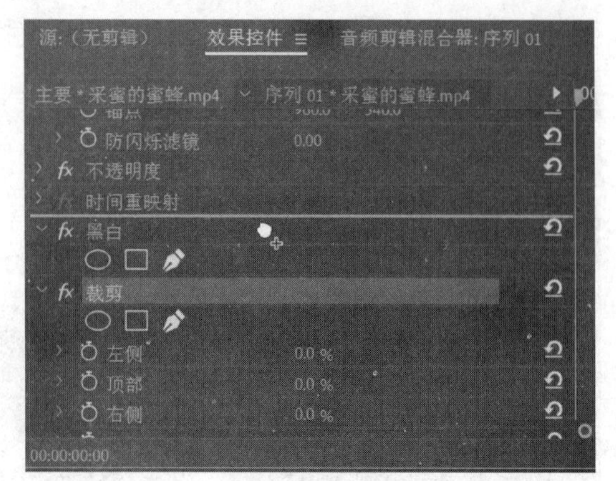
图 6-6　调整特效之间的位置关系

6.2.3　清除视频特效

用户还可以自由地删除素材上不想要的特效。

首先在【时间轴】面板中选中素材，然后在【效果控件】面板中选中要删除的效果，最后执行以下操作之一即可。

- 按下键盘上的 Delete 键或者 Backspace 键。
- 在【效果控件】面板的菜单按钮上右击，在弹出的快捷菜单中选择【移除所选效果】命令，如图 6-7 所示。
- 在所选中的效果上右击，在弹出的快捷菜单中选择【清除】命令，如图 6-8 所示。

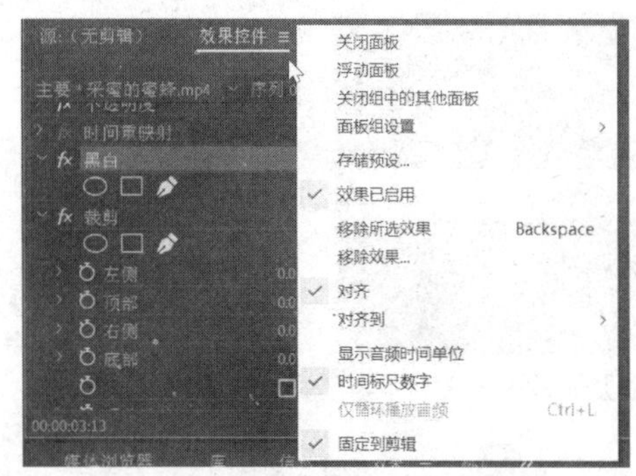

图 6-7　选择【移除所选效果】命令

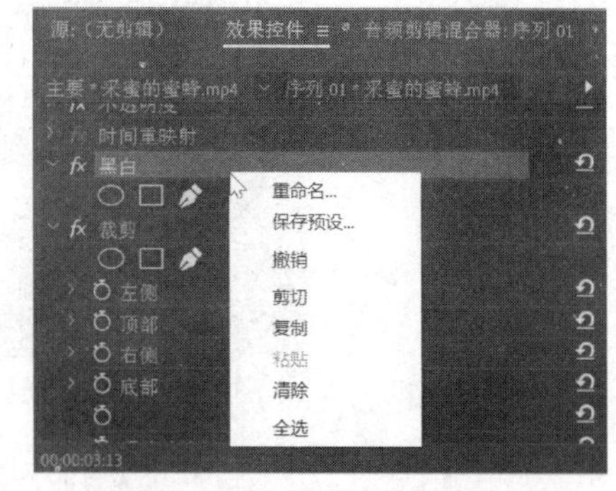

图 6-8　选择【清除】命令

如果要删除一个素材的多个效果，则可以按住 Ctrl 键，单击选择多个效果，并执行以下操作之一。

- 按下键盘上的 Delete 键或者 Backspace 键。
- 在【效果控件】面板的菜单按钮上右击，在弹出的快捷菜单中选择【移除所选效果】命令。
- 如果要删除一个素材的全部效果，则可以在如图 6-7 所示的快捷菜单中选择【移除效果】命令。

此外，用户还可以临时停用剪辑中的视频特效，以便预览尚未应用效果的影片。要临时停用剪辑中的视频特效，可以执行以下操作之一。

- 单击要停用视频特效前的按钮【切换效果开关】fx，若要停用或启用剪辑中的所有效果，可以在单击图标的同时按下 Alt 键。
- 选择要停用的视频特效，在如图 6-7 所示的快捷菜单中，取消选择【效果已启用】选项。如要重新启用视频特效，则重新选择【效果已启用】选项。

6.2.4　复制和粘贴视频特效

在【效果控件】面板中，还可以复制粘贴一个或多个效果(包括其属性)。

1. 复制和粘贴某个特定的视频特效

(1) 在【时间轴】面板中，选择要复制视频特效的素材剪辑。

(2) 在【效果控件】面板中，选择要复制的视频特效(按住 Ctrl 键并单击，可以选择多种效果) 。

(3) 在该特效上右击，在弹出的快捷菜单中选择【复制】命令，或者执行【编辑】|【复制】菜单命令(快捷键为 Ctrl+C)。

(4) 在【时间轴】面板中，选择要接收已复制的视频特效的素材剪辑。

(5) 在【效果控件】面板中右击鼠标，在弹出的快捷菜单中选择【粘贴】命令，或者执行【编辑】|【粘贴】菜单命令(快捷键为 Ctrl+V)。

2. 复制和粘贴素材剪辑上的所有特效

(1) 在【时间轴】面板中，选择要复制视频特效的素材剪辑。

(2) 在该素材上右击，在弹出的快捷菜单中选择【复制】命令，或者执行【编辑】|【复制】菜单命令(快捷键为 Ctrl +C)。此操作将复制该素材剪辑的所有属性。

(3) 选择要接收已复制的视频特效的素材剪辑。

(4) 在选中的素材剪辑上右击，在弹出的快捷菜单中选择【粘贴属性】命令，或者执行【编辑】|【粘贴属性】菜单命令(快捷键为 Ctrl+Alt+V)。

使用【粘贴属性】命令，可以复制一个片段的所有效果值(包括固定效果和标准效果的关键帧)到另一个片段。如果是一个包含关键帧效果的片段，它们会从片段的起点开始，分别出现在目标片段色彩匹配相对应的位置上。如果目标片段比源片段短，粘贴时关键帧会超出目标片段的入点和出点，若要查看这些关键帧，可以向后移动素材的出点。

6.2.5　设置视频特效随时间而变化

在素材上应用了视频特效，可以通过时间的变化来改变视频画面。这个操作基础就是设置视频的关键帧。

当创建一个关键帧时，可以指定某个效果在一个确切时间点上的属性值。当多个关键帧上被赋予了不同的属性值后，Premiere 会自动计算出关键帧之间的属性值，即进行 “插补”处理。例如，创建一个模糊效果，想要让视频素材随着时间推移变得模糊后再变得清晰，可以设置 3 个关键帧。第 1 个开始帧设置为无模糊，第 2 个中间帧设置为最大值的模糊效果，第 3 个结束帧设置为无模糊。此时 Premiere 会自动进行“插补”，使得第 1 个关键帧和第 2 个关键帧之间的模糊值逐渐增大，而第 2 个关键帧和第 3 个关键帧之间的模糊值逐渐减小。

6.2.6 视频特效预设效果

在 Premiere Pro 2020 中，用户除了可以直接为素材添加内置的特效，还可以使用系统自带的且已经设置好各项参数的预设特效，预设特效被存放在【效果】面板的【预设】文件夹中，如图 6-9 所示。

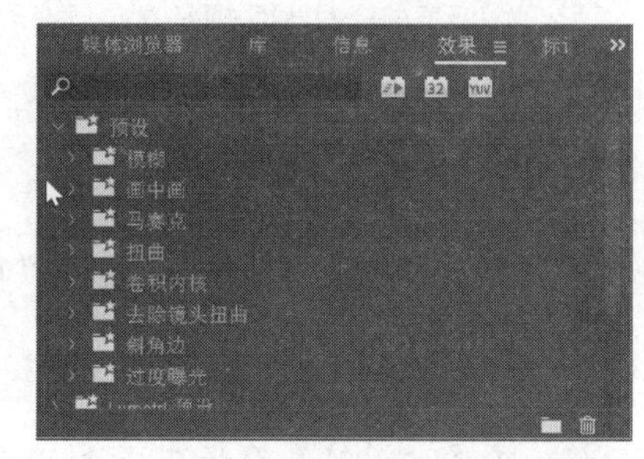

图 6-9 【效果】面板中的预设效果

通常，预设可提供良好的效果，不必调整其属性。应用预设效果后，用户可以更改其属性，还可以创建自己的预设效果，从而节省设置参数的时间。

应用预设效果的操作与应用普通视频特效类似，可按以下操作进行。

(1) 打开【效果】面板，展开【预设】文件夹。

(2) 在【预设】文件夹中找到要运用到素材剪辑上的预设效果，选中该效果后将其拖到【时间轴】面板的素材剪辑上。

(3) 在【节目监视器】面板中预览效果。

用户在编辑一个素材的视频特效后，可以将设置完成的视频特效保存为预设效果，保存后该预设也会出现在【效果】面板的【预设】文件夹中。

将设置完成的视频特效保存为预设效果，可按以下操作进行。

(1) 在【时间轴】面板中，选中已经设置完成视频特效的素材剪辑。

(2) 打开【效果控件】面板，右击要保存的视频特效，在弹出的快捷菜单中选择【保存预设】命令。

(3) 在弹出的如图 6-10 所示的【保存预设】对话框中输入预设的名称，选择相应的类型，输入对该效果的简单描述，单击【确定】按钮。

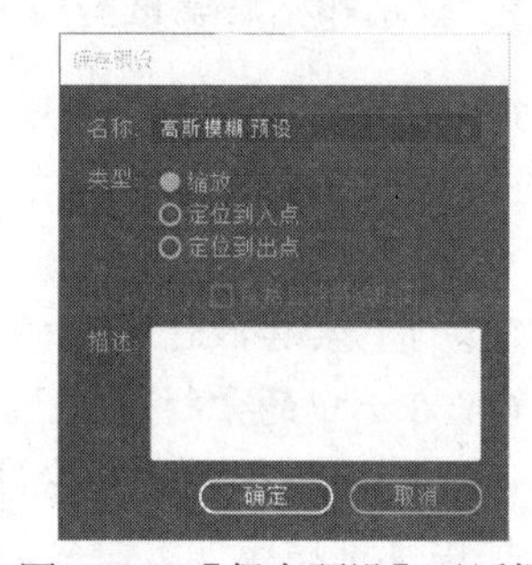

图 6-10 【保存预设】对话框

【例 6-1】 为视频素材添加特效，利用关键帧设置视频特效随时间而变化，并将该设置保存为预设效果。素材

1) 效果说明

通过调整光晕的参数，为视频制作出不同的镜头光晕效果。

2) 操作要点

【镜头光晕】效果和【扭曲】效果的使用，以及参数的调整；【扭曲】效果多运用于影片中的穿梭、眩晕等场景。

3) 操作步骤

(1) 运行 Premiere Pro 2020，打开开始使用界面，单击【新建项目】按钮，打开【新建项目】对话框。在该对话框中设置项目保存的路径及输入名称“ch06-1”后，单击【确定】按钮，如图 6-11 所示。进入主程序界面后，执行【文件】|【新建】|【序列】命令，此时系统将弹出【新

建序列】对话框，如图 6-12 所示，单击【确定】按钮。

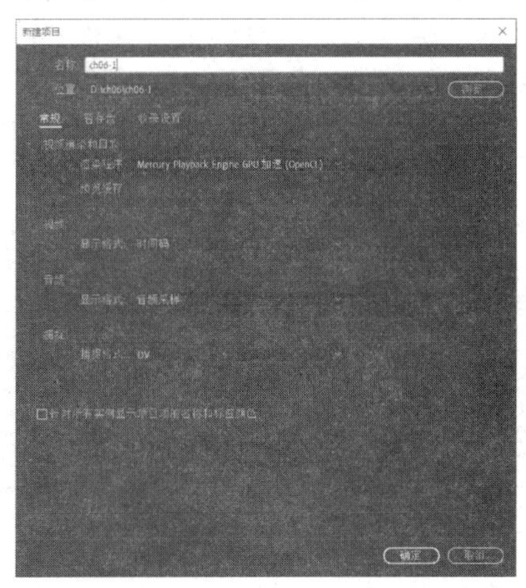

图 6-11　【新建项目】对话框

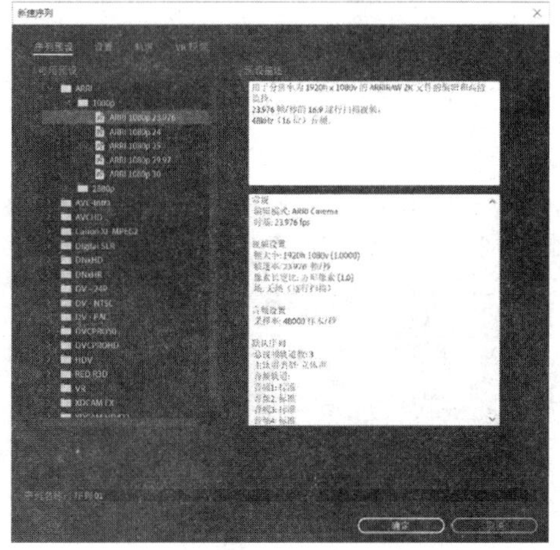

图 6-12　新建序列

(2) 选择【文件】|【导入】命令，打开【导入】对话框，导入“ch06-1”文件夹中的视频素材“01.mp4”和“02.mp4”，如图 6-13 所示。

(3) 在【项目】面板中选择“01.mp4”和“02.mp4”视频素材文件，然后将它们依次拖到【时间轴】面板的 V1 轨道上，如图 6-14 所示。在弹出的【剪辑不匹配警告】对话框中单击【更改序列设置】按钮。

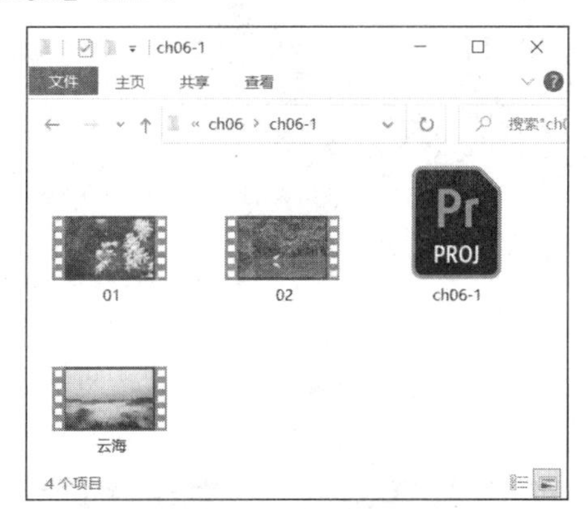

图 6-13　导入视频素材

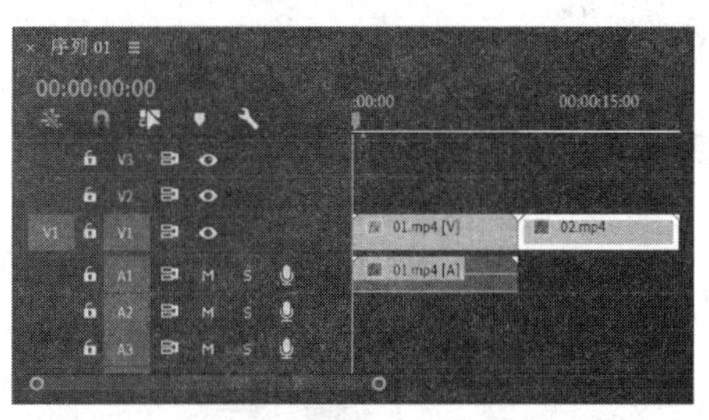

图 6-14　添加素材到【时间轴】面板

(4) 在【效果】面板中，打开【视频效果】下的【生成】分类夹，从中选择【镜头光晕】效果，按住鼠标左键将该效果拖放到 V1 轨道上的“01.mp4”视频文件中后释放，即可为“01.mp4”素材片段应用【镜头光晕】效果，如图 6-15 所示。

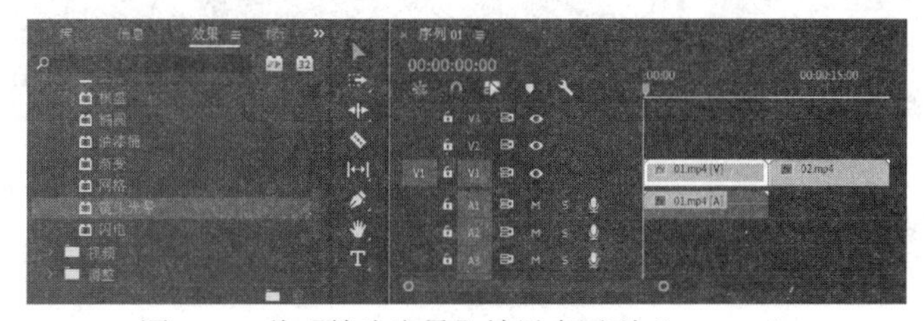

图 6-15　将【镜头光晕】效果应用到“01.mp4”

(5) 在【时间轴】面板选中“01.mp4”素材，打开【效果控件】面板，单击【镜头光晕】特效前的三角按钮，展开该效果，可以看到该效果包含的各项参数，分别是【光晕中心】【光晕亮度】【镜头类型】和【与原始图像混合】。确认时间线指针在 00:00:00:00 处，按下【光晕中心】【光晕亮度】前的【切换动画】按钮，为其创建关键帧，并设置【光晕中心】值为“225.0、218.0”，【光晕亮度】值为“125%”，如图 6-16 所示。

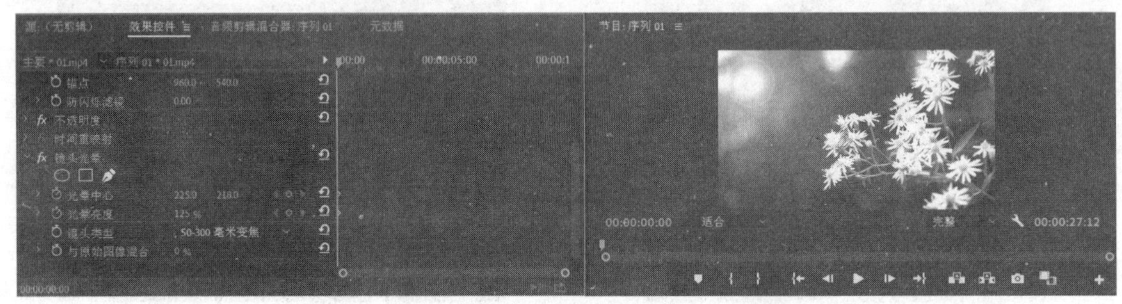

图 6-16　为【镜头光晕】效果创建第一个关键帧

(6) 在【效果控件】面板中拖动时间线指针到 00:00:03:00 处，调整【光晕中心】值为“300.0、105.0”，【光晕亮度】值为“90%”，为素材创建第二个关键帧，变化【镜头光晕】效果，如图 6-17 所示。

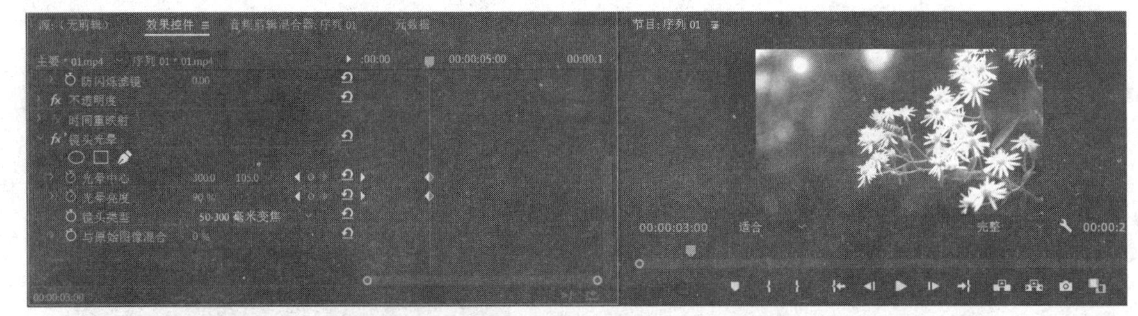

图 6-17　为【镜头光晕】效果创建第二个关键帧

(7) 在【效果控件】面板中拖动时间线指针到 00:00:07:06 处，调整【光晕中心】值为“660.0、6.0”，【光晕亮度】值为“25%”，为素材创建第三个关键帧，如图 6-18 所示。

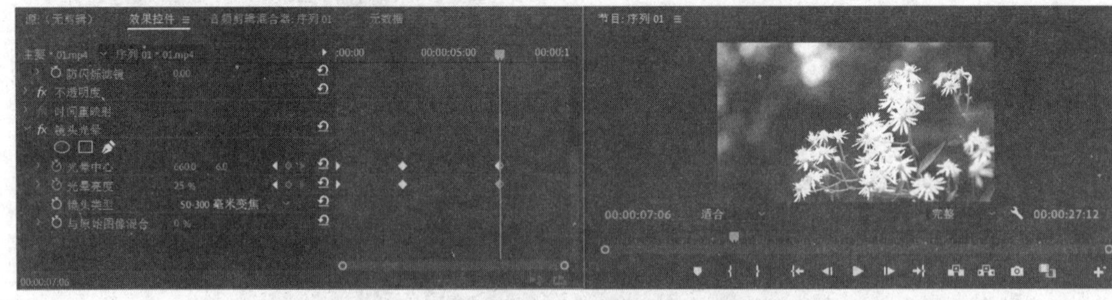

图 6-18　为【镜头光晕】效果创建第三个关键帧

(8) 拖动时间线指针到起始位置处，在【节目监视器】面板中预览效果，如图 6-19 所示。

图 6-19　预览【镜头光晕】效果

(9) 在【效果】面板中，打开【视频效果】下的【扭曲】分类夹，从中选择【球面化】效果，按住鼠标左键将该效果拖放到 V1 轨道上的“02.mp4”视频文件中后释放，即可为“02.mp4”素材片段应用【球面化】效果，如图 6-20 所示。

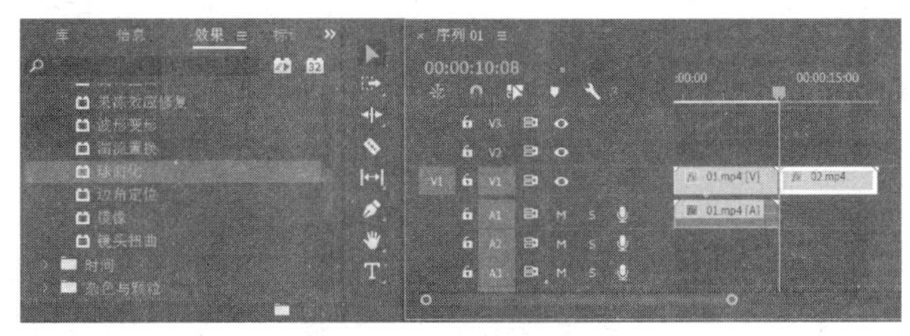

图 6-20　将【球面化】效果应用到“02.mp4”

(10) 在【时间轴】面板中选中“02.mp4”素材，将时间线指针移到素材的入点，打开【效果控件】面板，单击【球面化】特效前的三角按钮，展开该效果，依次按下【半径】和【球面中心】参数前的【切换动画】按钮，为其创建关键帧。调整【半径】值为“100.0”，【球面中心】值为“900.0、900.0”，如图 6-21 所示。

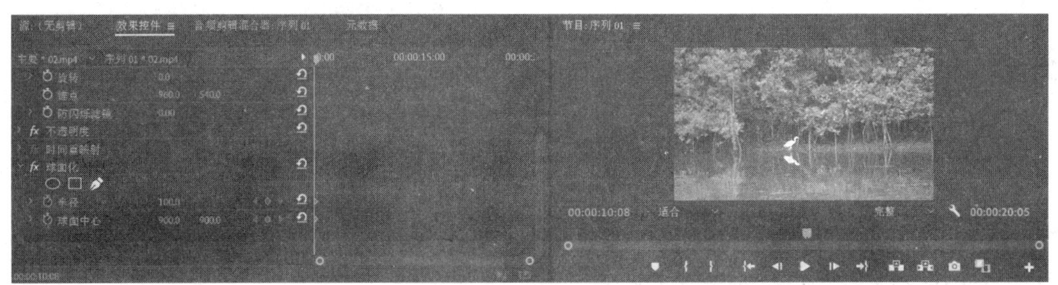

图 6-21　为【球面化】效果创建第一个关键帧

(11) 在【效果控件】面板中拖动时间线指针到 00:00:15:00 处，调整【半径】值为“200.0”，【球面中心】值为“1200.0、900.0”，为素材创建第二个关键帧，变化【球面化】效果，如图 6-22 所示。

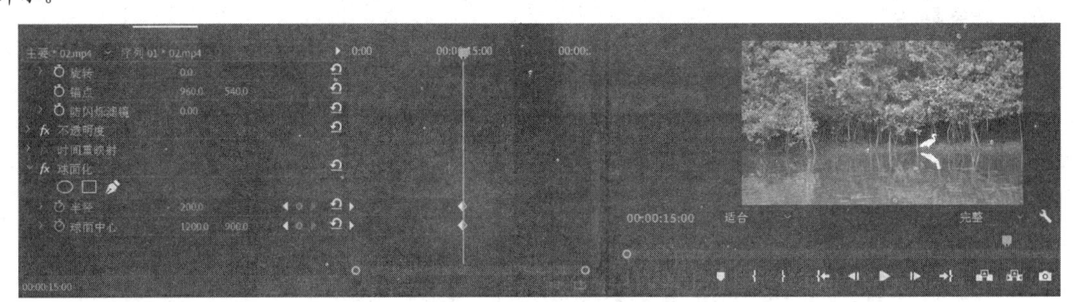

图 6-22　为【球面化】效果创建第二个关键帧

(12) 拖动时间线指针到素材入点处，在【节目监视器】面板中预览效果，如图 6-23 所示。

图 6-23　预览【球面化】效果

(13) 在【效果控件】面板右击【球面化】效果，在弹出的快捷菜单中选择【保存预设】命令，如图 6-24 所示。在打开的【保存预设】对话框中，输入预设效果的名称“球面化预设”，选择【类型】为“定位到入点”，输入描述内容，如图 6-25 所示，单击【确定】按钮。

(14) 打开【效果】面板，展开【预设】文件夹，可以看到刚刚保存的预设效果【球面化预设】，将鼠标移到该效果名称上，会显示对该效果的描述，如图 6-26 所示。

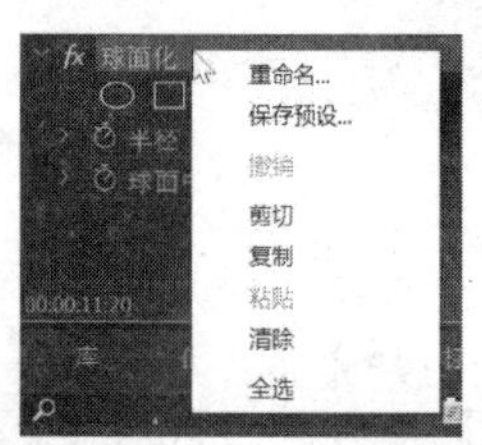

图 6-24　选择【保存预设】命令

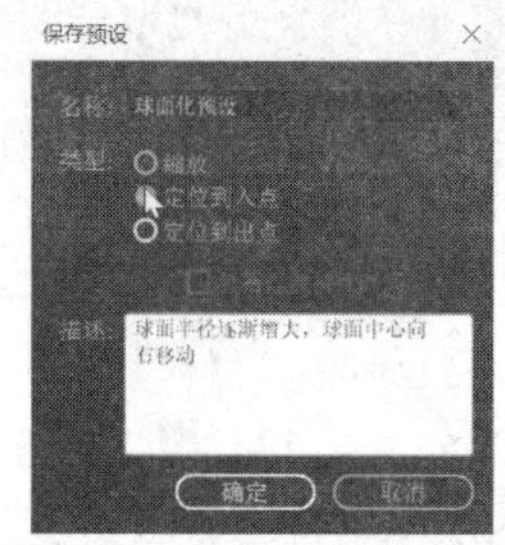

图 6-25　【保存预设】对话框

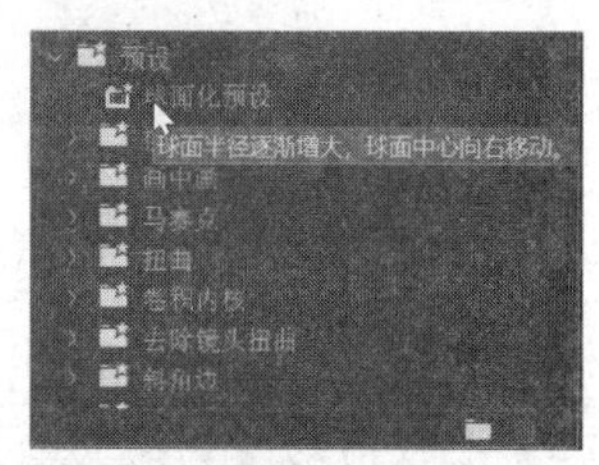

图 6-26　预设效果【球面化预设】

任务 3　视频特效分类

Premiere Pro 2020 包含了许多视频特效，它们按照性质的不同分别存放在 19 个分类夹中，下面分别对其进行介绍。

6.3.1　【变换】分类夹

应用【变换】类视频特效后，可以使剪辑图像产生二维或者三维的几何变化。【变换】类视频特效分类夹中包含以下几种效果。

1. 垂直翻转

运用该效果，可以将画面垂直翻转，产生类似倒影的效果，如图 6-27 所示。

图 6-27　【垂直翻转】效果

2. 水平翻转

运用该效果，可以产生左右翻转的效果，如图 6-28 所示。

图 6-28 【水平翻转】效果

3. 羽化边缘

运用该效果，可以产生将画面四周羽化，即由背景色到画面色调过渡的效果。羽化数值设置得越大，则过渡范围空间越大，如图 6-29 所示。

图 6-29 【羽化边缘】效果

4. 裁剪

运用该效果，可以产生将画面裁剪的效果，如图 6-30 所示。

图 6-30 【裁剪】效果

此外，Premiere Pro 2020 还支持自动重新构图，使用【自动重新构图】效果可以将不同宽高比(包括方形、9∶16 和 16∶9)的视频自动调整为不同于原来宽高比的视频，并且可以自动跟踪兴趣点，将它们保留在帧内。

6.3.2 【杂色与颗粒】分类夹

1. 中间值

该效果会将图像的每一个像素都用它周围像素的 RGB 值来代替，从而平均整个画面的色值，如图 6-31 所示。

图 6-31 【中间值】效果

2. 杂色

运用该效果，可以产生增加画面杂色的效果，如图 6-32 所示。

图 6-32 【杂色】效果

3. 蒙尘与划痕

运用该效果，可以产生修补像素来减少图像中的杂色，隐藏画面缺陷的效果，如图 6-33 所示。

图 6-33 【蒙尘与划痕】效果

除了以上几种特效，本特效分类夹还包含【杂色 Alpha】【杂色 HLS】和【杂色 HLS 自动】效果。这里不再赘述，用户可根据需要自行调试。

6.3.3 【图像控制】分类夹

此类视频特效主要用于对图像进行色调调整。

1. 灰度系数校正

该效果可以在不改变图像高亮区域和低亮区域的情况下，使图像变亮或者变暗，如图 6-34 所示。

图 6-34 【灰度系数校正】效果

2. 颜色过滤

运用该效果，可以将画面中没有选中的颜色范围变为黑色或者白色，而选中部分仍保持原样，如图 6-35 所示。

图 6-35　【颜色过滤】效果

3. 黑白

运用该效果，可以直接将彩色图像转换成灰度图像，如图 6-36 所示。

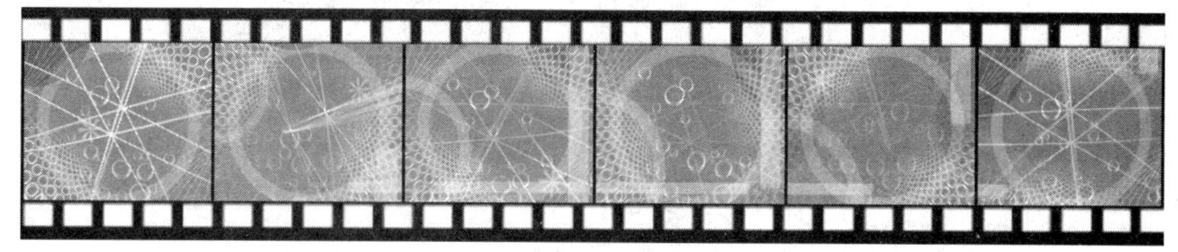

图 6-36 【黑白】效果

除了以上几种特效，本特效分类夹还包含【颜色平衡(RGB)】和【颜色替换】效果。这里不再赘述，用户可根据需要自行调试。

6.3.4　【实用程序】分类夹

本特效分类夹仅有【Cineon 转换器】一种效果。

运用该效果，可以将画面色彩转换成老电影效果，如图 6-37 所示。

图 6-37 【Cineon 转换器】效果

6.3.5　【扭曲】分类夹

1. 偏移

运用该效果，可以使图像产生水平或者垂直方向上的位置偏移，如图 6-38 所示。

图 6-38 【偏移】效果

2. 变换

运用该效果，可以设置如默认的【运动】和【不透明度】效果中的各个选项参数。其不同之处在于，该特效可以应用在其他特效之后。【变换】效果如图 6-39 所示。

图 6-39 【变换】效果

3. 放大

运用该效果，可以使画面的某一部分产生圆形或者方形的放大效果，如图 6-40 所示。

图 6-40 【放大】效果

4. 旋转扭曲

运用该效果，可以使画面产生沿着中心轴旋转扭曲的效果，如图 6-41 所示。

图 6-41 【旋转扭曲】效果

5. 波形变形

运用该效果，可以使画面产生如水波纹般的弯曲效果，如图 6-42 所示。

6. 镜像

运用该效果，可以使画面产生镜像效果，如图 6-43 所示。

图 6-42　【波形变形】效果

图 6-43　【镜像】效果

除了以上几种特效，本特效分类夹还包含【变形稳定器】【果冻效应修复】【湍流置换】【球面化】【边角定位】和【镜头扭曲】效果。这里不再赘述，用户可根据需要自行调试。

6.3.6　【时间】分类夹

【时间】分类夹中的效果用于模仿时间差值，以得到一些特殊的视频效果。

1. 色调分离时间

运用该效果，可以改变视频素材的帧速率，用户可根据需要自行调试。

2. 残影

运用该效果，可以模仿声波和回音作用到视频片段的效果，如图 6-44 所示。

图 6-44　【残影】效果

6.3.7　【模糊与锐化】分类夹

应用【模糊与锐化】分类夹中的视频特效可以使图像模糊或者清晰，其原理都是对图像的相邻像素进行计算，从而产生相应的效果。应用这些效果后，可以产生摄像机的变焦及柔和阴影的效果。

1. 复合模糊

运用该效果，能以一个指定的模糊层的亮度为基准，对当前层的像素进行模糊。模糊层可以是一个包含不同亮度值的任意层，模糊层中亮的像素部分会对当前层对应的像素进行更强的模糊，暗的部分则对对应的像素进行较弱的模糊，效果如图 6-45 所示。

图 6-45 【复合模糊】效果

2. 方向模糊

运用该效果，可以在画面中产生模糊的方向和强度，使片段产生一种运动的效果，如图 6-46 所示。

图 6-46 【方向模糊】效果

3. 相机模糊

运用该效果，可以生成在相机焦距之外的图像模糊效果，如图 6-47 所示。

图 6-47 【相机模糊】效果

4. 锐化

运用该效果，可以增加相邻像素间的对比度，使图像变得更加清晰，效果如图 6-48 所示。

图 6-48 【锐化】效果

除了以上几种特效，本特效分类夹还包含【减少交错闪烁】【通道模糊】【钝化蒙版】和【高斯模糊】效果。这里不再赘述，用户可根据需要自行调试。

6.3.8 【生成】分类夹

1. 四色渐变

运用该效果，可以在图层上指定 4 种颜色并对其进行混合，产生渐变效果。利用不同的混合模式可以创建出不同风格的彩色效果，如图 6-49 所示。

图 6-49　【四色渐变】效果

2. 油漆桶

运用该效果，可以在图像上产生根据选定区域创建卡通轮廓或者油漆桶填充效果，如图6-50 所示。

图 6-50 【油漆桶】效果

3. 网格

运用该效果，可以按照设置在图像上产生网格效果。利用不同的混合模式可以创建出不同风格的网格效果，如图 6-51 所示。

图 6-51 【网格】效果

4. 单元格图案

运用该效果，可以按照设置在图像上产生各种单元格图案，效果如图 6-52 所示。

图 6-52　【单元格图案】效果

5. 闪电

运用该效果，可以在画面上产生闪电或者其他类似放电的效果，不需要利用关键帧就可以自动产生动画，效果如图 6-53 所示。

图 6-53 【闪电】效果

除了以上几种特效，本特效分类夹还包含【书写】【吸管填充】【圆形】【棋盘】【椭圆】【渐变】和【镜头光晕】效果。这里不再赘述，用户可根据需要自行调试。

6.3.9 【颜色校正】分类夹

1. 亮度与对比度

运用该特效，可以调节图像的亮度和对比度，效果如图 6-54 所示。

图 6-54 【亮度与对比度】效果

2. 更改颜色

该特效可以调节色彩区域的色相、饱和度和亮度，效果如图 6-55 所示。在参数设置中，可以调节基色和相似值，匹配颜色可以选择使用 RGB、色相或色度。

图 6-55 【更改颜色】效果

3. 颜色平衡

该特效通过调整图像【阴影】【中间调】和【高光】部分的 RGB 标准来改变素材的颜色，效果如图 6-56 所示。

图 6-56 【颜色平衡】效果

除了以上几种特效，本特效分类夹还包含【ASC CDL】【Lumetri 颜色】【保留颜色】【均衡】【更改为颜色】【色彩】【视频限制器】【颜色平衡(HLS)】和【通道混合器】效果。这里不再赘述，用户可根据需要自行调试。

6.3.10　【视频】分类夹

1. 时间码

运用该特效，可以在视频里加入当前的时间码。该特效主要用于在图层中显示时间码信息或者关键帧上的编码信息。同时，它也可以将时间码的信息编译成密码并保存在图层中以便显示，效果如图 6-57 所示。

图 6-57　【时间码】效果

2. 剪辑名称

运用该特效，可以在视频里加入素材的名称等。用户可根据需要自行调试。

除了以上几种特效，本特效分类夹还包含【SDR 遵从情况】和【简单文本】效果。这里不再赘述，用户可根据需要自行调试。

6.3.11　【调整】分类夹

1. 卷积内核

运用该特效，可以改变素材中每一像素的亮度，通过某种指定的数学计算方法对素材中的像素颜色进行运算，从而改变像素的亮度值。通过设置亮度矩阵的数值可以改变当前像素及其周围 8 个方向位置上的像素亮度，效果如图 6-58 所示。

图 6-58　【卷积内核】效果

2. 提取

当想利用一张彩色图片作为蒙版时，应该先将它转换成灰度图片。运用【提取】效果，可以改变图像的灰度范围，通过对图片颜色的控制得到黑白灰度效果，如图 6-59 所示。

图 6-59 【提取】效果

3. 光照效果

运用该特效，可以产生在素材上添加灯光照射的效果，如图 6-60 所示。

图 6-60 【光照效果】效果

除了以上几种特效，本特效分类夹还包含【ProcAmp】和【色阶】效果。这里不再赘述，用户可根据需要自行调试。

6.3.12 【过时】分类夹

1. RGB 曲线

该特效可以通过曲线调整主体红色、绿色和蓝色通道中的数值，以达到改变图像色彩的目的，效果如图 6-61 所示。

图 6-61 【RGB 曲线】效果

2. 自动颜色

此特效用来校正色彩，它可以辨别黑与白之间的色差，然后消除这种色差，效果如图 6-62 所示。这项功能在处理有黑点、白点的图像时效果更佳。

图 6-62 【自动颜色】效果

此外，此分类夹还包括【RGB 颜色校正器】【三向颜色校正器】【亮度曲线】【亮度校正器】【快速模糊】【快速颜色校正器】【自动对比度】【自动色阶】【阴影/高光】等效果。这里不再赘述，用户可根据需要自行调试。

6.3.13 【过渡】分类夹

1. 块溶解

运用该特效，配合使用关键帧，可以制作各种自定义的【块溶解】效果，如图 6-63 所示。

图 6-63　【块溶解】效果

2. 径向擦除

运用该特效，配合使用关键帧，可以制作各种自定义的【径向擦除】效果，如图 6-64 所示。

图 6-64　【径向擦除】效果

3. 渐变擦除

运用该特效，配合使用关键帧，可以制作出各种自定义的【渐变擦除】效果，如图 6-65 所示。

图 6-65　【渐变擦除】效果

4. 百叶窗

运用该特效，配合使用关键帧，可以制作各种自定义的【百叶窗】效果，如图 6-66 所示。

5. 线性擦除

运用该特效，配合使用关键帧，可以制作各种自定义的【线性擦除】效果，如图 6-67 所示。

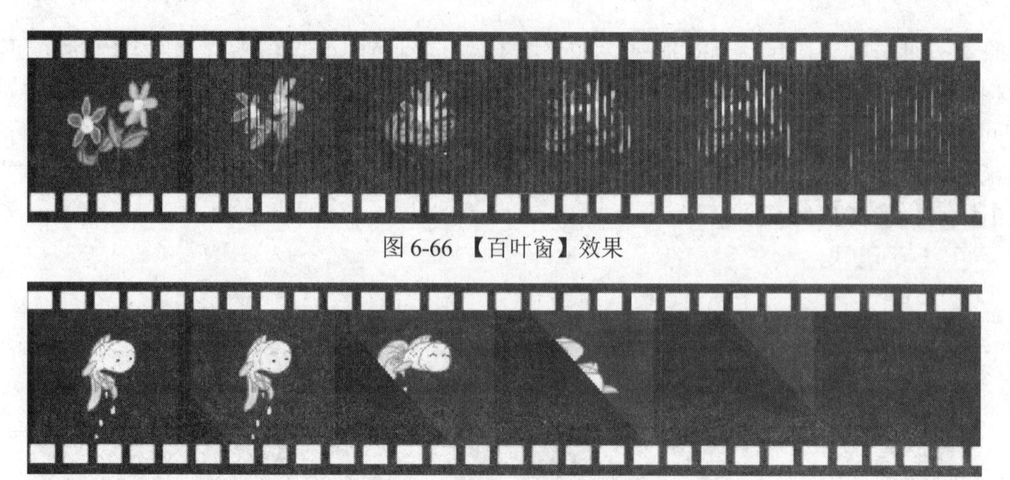

图 6-66 【百叶窗】效果

图 6-67 【线性擦除】效果

6.3.14 【透视】分类夹

1. 基本 3D

运用该特效，可以使画面在三维空间中水平或者垂直移动，也可以拉远或者靠近，效果如图 6-68 所示。如果启用【镜面高光】选项，还可以建立一个增强亮度的镜面来反射旋转表面的光芒。

图 6-68 【基本 3D】效果

2. 边缘斜面

运用该特效，可以对图像的边缘产生立体效果，用来模拟三维外观，效果如图 6-69 所示。此特效不适合在非矩形的图像上使用，也不能应用在带有 Alpha 通道的图像上。

图 6-69 【边缘斜面】效果

3. 投影

运用该特效，可以在图层的后面产生阴影，形成投影效果。投影的形状是由 Alpha 通道决定的，效果如图 6-70 所示。

图 6-70 【投影】效果

除了以上几种特效，本特效分类夹还包含【径向阴影】和【斜面 Alpha】效果。这里不再赘述，用户可根据需要自行调试。

6.3.15 【通道】分类夹

1. 反转

该特效用于反转图像的颜色信息，通常有很好的颜色效果，如图 6-71 所示。设置【通道】选项，可以对整个图像进行反转，也可以对单一的通道进行反转；【与原始图像混合】选项用于合成反转的图像与原图像。

图 6-71 【反转】效果

2. 纯色合成

该特效提供一种快捷方式以创建一种色彩填充合成图像在原素材图层的后面，效果如图 6-72 所示。用户可以控制原素材图层的不透明度及填充合成图像的不透明度，还可以选择应用不同的混合模式。

图 6-72 【纯色合成】效果

3. 复合运算

该特效以数学方式合成当前图层和指定图层，效果如图 6-73 所示。

图 6-73 【复合运算】效果

4. 混合

该特效通过 5 种不同的混合模式，将两个图层的图像进行混合，效果如图 6-74 所示。

图 6-74 【混合】效果

5. 算术

该特效提供了各种用于图像颜色通道的简单数学运算，效果如图 6-75 所示。

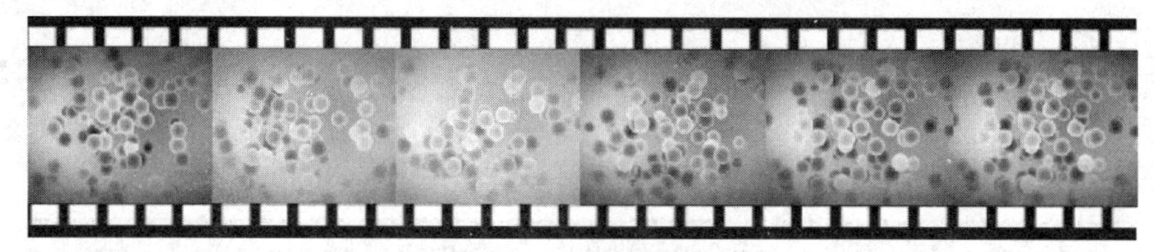

图 6-75 【算术】效果

6. 计算

该特效通过通道混合一幅图像的另一个通道，效果如图 6-76 所示。

图 6-76 【计算】效果

7. 设置遮罩

该特效同轨道蒙版类似，可以用指定的蒙版层的通道作为当前层的通道，效果如图 6-77 所示。

图 6-77 【设置遮罩】效果

6.3.16 【键控】分类夹

【键控】分类夹包含【Alpha 调整】【亮度键】【图像遮罩键】【差值遮罩】【移除遮罩】【超级键】【轨道遮罩键】【非红色键】和【颜色键】效果，相关内容将在第 8 章中详细介绍。

6.3.17 【风格化】分类夹

1. Alpha 发光

该特效仅对具有 Alpha 通道的片段起作用，而且只对第 1 个 Alpha 通道起作用。它可以在 Alpha 通道指定的区域边缘产生一种颜色逐渐衰减或向另一种颜色过渡的效果，如图 6-78 所示。

图 6-78 【Alpha 发光】效果

2. 复制

运用该特效后，会将原始素材的数量变为多个，效果如图 6-79 所示。

图 6-79 【复制】效果

3. 彩色浮雕

该特效与【浮雕】效果类似，不同的是【彩色浮雕】是包含颜色的，效果如图 6-80 所示。

图 6-80 【彩色浮雕】效果

4. 曝光过度

运用该特效可以将图像的正片和负片进行混合，模拟底片显影过程中的曝光效果，如图 6-81 所示。

图 6-81 【曝光过度】效果

5. 查找边缘

运用该特效，可以通过强化过渡像素产生彩色线条，用来表现铅笔勾画的效果，如图 6-82 所示。

图 6-82 【查找边缘】效果

6. 浮雕

运用该特效，可以产生单色的浮雕，效果如图 6-83 所示。

图 6-83 【浮雕】效果

7. 画笔描边

该特效可以产生一种画笔描绘出的粗糙外观，可以模拟水彩画的效果，如图6-84所示。

图 6-84 【画笔描边】效果

8. 粗糙边缘

运用该特效，可以将图像的边缘粗糙化，用来模拟腐蚀的纹理或溶解效果，如图 6-85 所示。

图 6-85 【粗糙边缘】效果

9. 闪光灯

运用该特效，可以在一些画面中间不断加入一帧闪白或其他颜色，或者应用一帧图层合成模式，然后立即恢复，使连续画面产生闪烁的效果，如图 6-86 所示。

图 6-86　【闪光灯】效果

10. 阈值

运用该特效，可以将一个灰度或者彩色图像转换为高对比度的灰白图像。它将一定的电平指定为阈值，所有比该值亮的像素都被转换为白色，所有比该值暗的像素都被转换为黑色，效果如图 6-87 所示。

图 6-87　【阈值】效果

11. 马赛克

运用该特效，可以将一个单元内的所有像素统一为一种颜色，然后使用方形颜色块来填充整个图层，从而产生马赛克效果，如图 6-88 所示。

图 6-88　【马赛克】效果

除了以上几种特效，本特效分类夹还包含【色调分离】和【纹理】效果。这里不再赘述，用户可根据需要自行调试。

此外，Premiere Pro 2020 还拥有许多第三方外挂视频插件，这些外挂视频特效插件能够扩展 Premiere Pro 2020 的视频功能，制作出 Premiere Pro 2020 自身不易制作或者不能实现的某些效果，从而为影片增加更多的艺术效果。例如，可以制作扫光文字的 Shine(耀光)插件、制作弯曲、位移、旋转、缩放、重复效果的 3D Stroke 插件、用于调色校色的 Looks 插件、拥有众多独特视觉效果和转场效果的 Sapphire 插件、可对皮肤进行润饰处理的 Beauty Box 插件等，这些将在第 7 章中详细介绍。

拓展训练

本拓展训练通过制作怀旧老电影效果、自然风光、底片效果、马赛克效果、水墨画及幻影效果，让读者熟悉视频特效的综合应用。

1. 制作怀旧老电影效果

1) 效果说明

本例的画面效果是利用 Premiere Pro 2020 提供的【灰度系数校正】【黑白】【RGB 曲线】和【杂色 HLS 自动】功能去除素材原本的颜色，将特效与源素材融合，利用视频特效制作怀旧老电影效果，其效果如图 6-89 所示。

图 6-89　怀旧老电影效果对比图

2) 操作要点

本例主要练习【灰度系数校正】【黑白】【RGB 曲线】和【杂色 HLS 自动】特效的添加方法。【灰度系数校正】和【黑白】特效是制作怀旧效果的常用特效。

3) 操作步骤

(1) 运行 Premiere Pro 2020，打开开始使用界面，单击【新建项目】按钮，打开【新建项目】对话框，如图 6-90 所示。在该对话框中，设置项目保存的路径及输入名称“ch06-2”后，单击【确定】按钮，进入主程序界面。执行【文件】|【新建】|【序列】命令，此时系统将弹出【新建序列】对话框。

(2) 序列名称默认为“序列 01”，单击【确定】按钮，如图 6-91 所示。

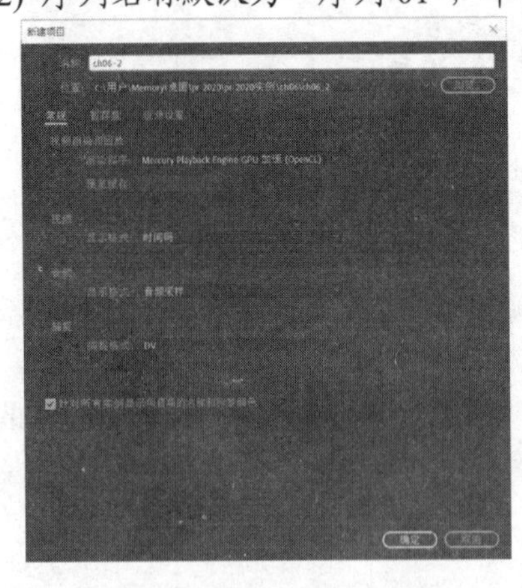

图 6-90　【新建项目】对话框

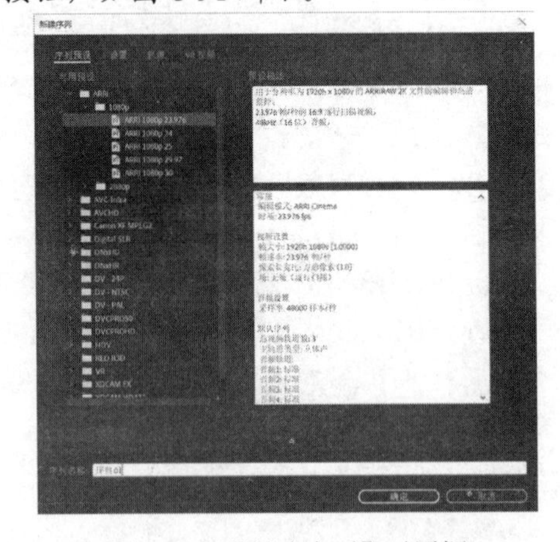

图 6-91　【新建序列】对话框

(3) 在【项目】面板中导入素材“瓦片房 天窗.mp4”，并将其拖到 V1 轨道上，在弹出的【剪辑不匹配警告】对话框中单击【更改序列设置】按钮。在【效果】面板中展开【视频效果】|【图像控制】文件夹，将【灰度系数校正】特效拖至素材上。在【效果控件】面板中设置【灰度系数】为“8”。再将【效果】面板中的【图像控制】|【黑白】效果拖至素材“瓦片房 天窗.mp4”上，

使其变成黑白图像，如图 6-92 所示。

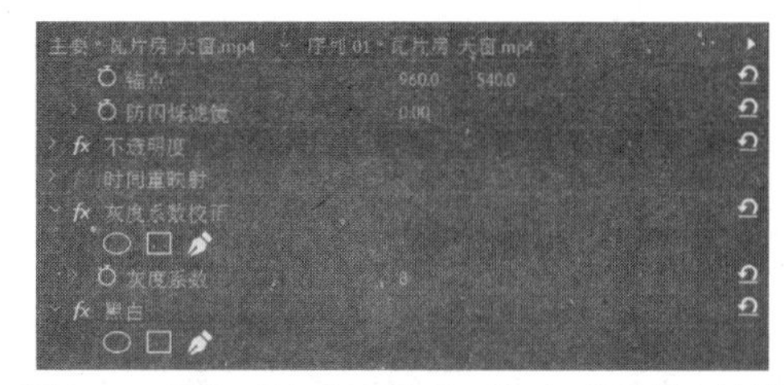

图 6-92　添加【灰度系数校正】和【黑白】特效

(4) 在【效果】面板中展开【过时】文件夹，将特效【RGB 曲线】拖至素材上，在【效果控件】中设置【主要】【红色】及【绿色】曲线，如图 6-93 所示。

(5) 在【效果】面板中展开【杂色与颗粒】文件夹，将【杂色 HLS 自动】特效拖至素材上，在【效果控件】面板中展开【杂色 HLS 自动】特效，设置【杂色】为“均匀”，【色相】为“0.0%”，【亮度】为“0.0%”，【饱和度】为“20.0%”，【杂色动画速度】为“24.0”，如图 6-94 所示。

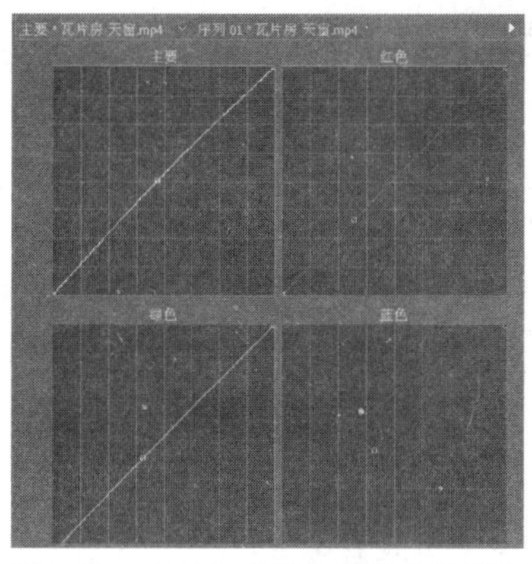

图 6-93　【RGB 曲线】特效参数设置

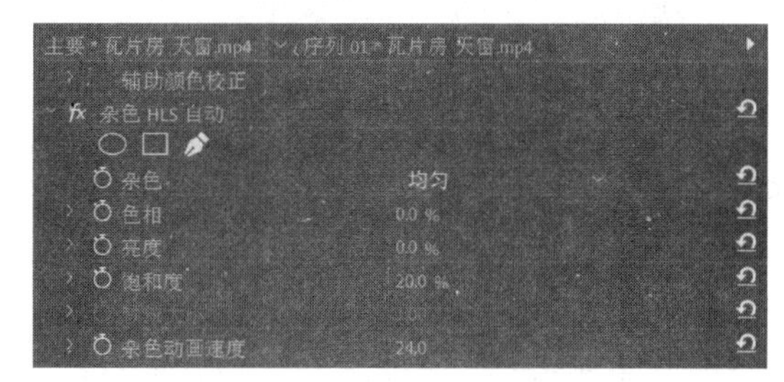

图 6-94　【杂色 HLS 自动】特效参数设置

(6) 删除 A1 轨道上的音频，在【项目】面板中导入素材“配乐 01.mp3”，将其拖到 A1 轨道上，并调整持续时间与“瓦片房 天窗.mp4”相等。

(7) 单击【时间轴】面板，按空格键或回车键预览效果，最后执行【文件】|【保存】命令，保存项目文件。

2. 制作自然风光效果

1) 效果说明

利用视频特效制作图文转场效果，其效果如图 6-95 所示。

图 6-95　自然风光效果

2) 操作要点

本案例主要练习字幕的多重使用方式。通过运用【嵌套序列】，快速完成字幕的蒙版。同时，通过对该案例中关键帧设置及【溶解】等特效的学习，实现字幕的动态变化效果。这是基础的动画制作过程，对后期动画的完成有夯实基础的作用。

3) 操作步骤

(1) 运行 Premiere Pro 2020，打开开始使用界面，单击【新建项目】按钮，打开【新建项目】

对话框，如图 6-96 所示。在该对话框中，设置项目保存的路径及输入名称“ch06-3”后，单击【确定】按钮，进入主程序界面。

(2) 执行【文件】|【新建】|【序列】命令，此时系统将弹出【新建序列】对话框，【序列名称】默认为“序列 01”，单击【确定】按钮，如图 6-97 所示。

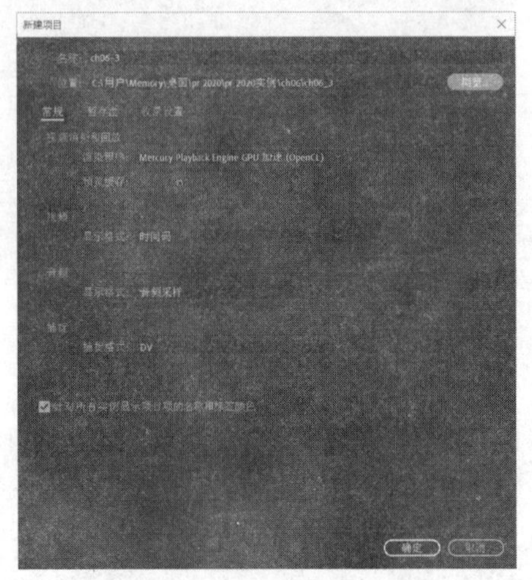

图 6-96 【新建项目】对话框

图 6-97 【新建序列】对话框

(3) 在【项目】面板中单击右下方的【新建素材箱】按钮，新建“字幕”文件夹。在此文件夹下单击【文件】|【新建】|【旧版标题】，在弹出的【新建字幕】对话框中，将【名称】设定为“1”，单击【确定】按钮后打开【字幕编辑器】窗口。输入数字“1”，设置【字体】为“Impact”，【大小】为“300.0”，单击【垂直居中】按钮和【水平居中】按钮，使字幕居中于屏幕，如图 6-98 所示。单击【基于当前字幕新建字幕】按钮，新建属性与字幕“1”相同的字幕文件“2”～“8”。

(4) 在【项目】面板中单击右下方的【新建素材箱】按钮，新建“图片”文件夹。确保选中“图片”文件夹，执行【文件】|【导入】命令，导入图片素材“01.jpg”～“09.jpg”。打开“图片”文件夹，将所有的图片素材拖到 V1 轨道上，选中所有素材后，右击鼠标，在弹出的快捷菜单中选择【速度/持续时间】命令，在弹出的对话框中修改【持续时间】为 00:00:02:00(即 2 s)，如图 6-99 所示。然后选中【波纹编辑，移动尾部剪辑】复选框，单击【确定】按钮后，每张图片的持续时间都将修改成 2s。

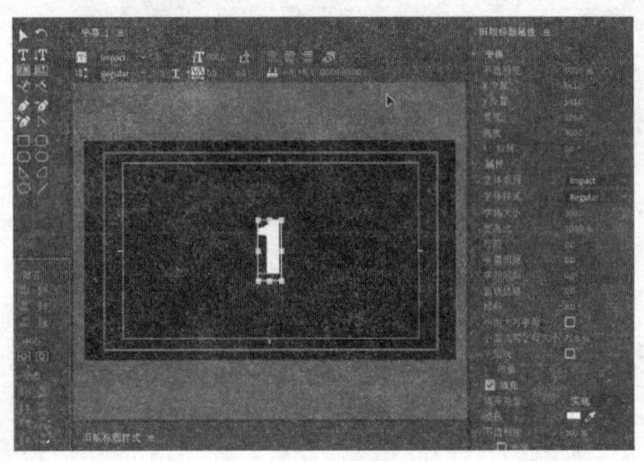

图 6-98 新建字幕

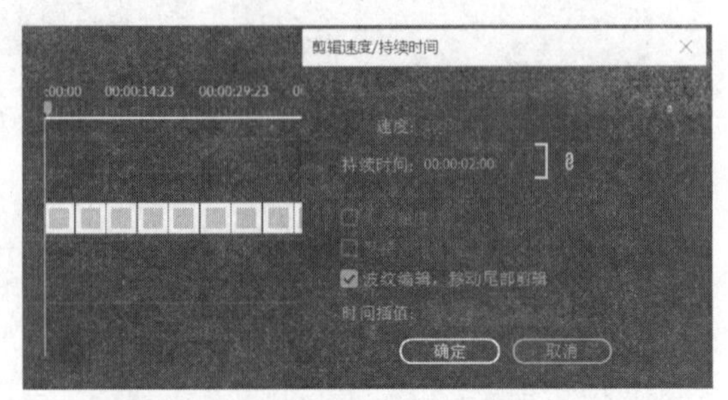

图 6-99 【剪辑速度/持续时间】对话框

(5) 单击 V1 轨道上的第一张图片“01.jpg”，在【效果控件】面板中单击【运动】属性上的“运动”二字。此时，【节目监视器】面板中会显示图片的位置范围，拖动鼠标调整图片在窗口中的位置，或在【运动】属性中调整图片的【位置】和【缩放】数值，使图片位于画面中的合适位置，此时图片会铺满画面并呈现合适的比例，如图 6-100 所示。使用同样的方法调整其余 8 张图片。

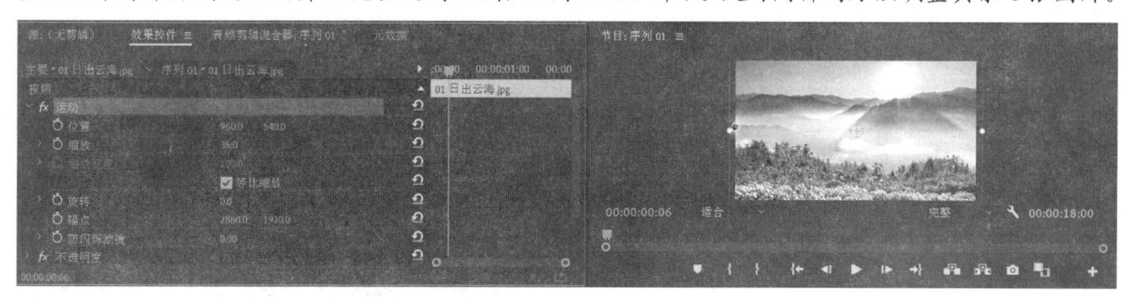

图 6-100　调整图片的位置

(6) 按住 Shift 键选中 V1 轨道上的“02.jpg”～“09.jpg”并右击鼠标，在弹出的快捷菜单中选择【复制】命令，复制这 8 张图片。再选中 V2 轨道，将时间线指针定位于 00:00:00:00 处，执行【编辑】|【粘贴】命令，将图片“02.jpg”～“09.jpg”粘贴到 V2 轨道上，如图 6-101 所示。

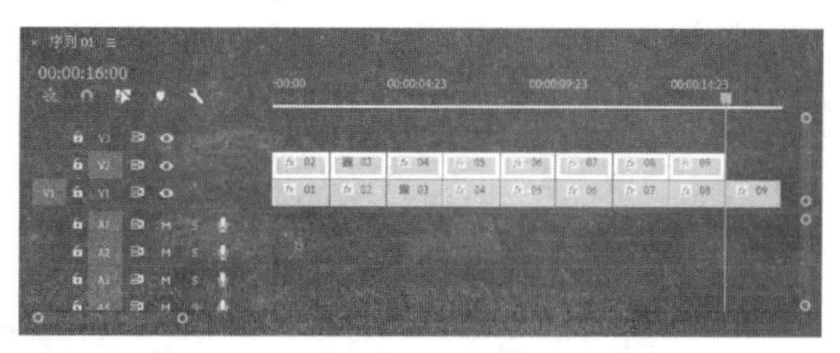

图 6-101　复制图片素材到 V2 轨道

(7) 将时间线指针拖到 00:00:00:00 处，拖动字幕“8”到 V3 轨道上，缩短字幕“8”的视频持续时间为“00:00:01:10”。右击 V2 轨道上的“02.jpg”，在弹出的快捷菜单中选择【嵌套】命令，在弹出的【嵌套序列名称】对话框中默认【名称】为“嵌套序列 01”，将“02.jpg”嵌套在【嵌套序列 01】中。

(8) 打开【效果】面板，选择【视频效果】|【键控】|【轨道遮罩键】效果，将其拖到【嵌套序列 01】上。打开【效果控件】面板中的【轨道遮罩键】属性，设置【遮罩】为“视频 3”，【合成方式】为“Alpha 遮罩”，如图 6-102 所示。

(9) 在【时间轴】面板上单击字幕“8”，展开【效果控件】面板，展开【运动】属性。在 00:00:00:00 处，单击【缩放】前的【切换动画】按钮创建关键帧，设置【缩放】值为“30.0”；在 00:00:01:09 处，修改【缩放】值为“150.0”以新建一个关键帧，形成字幕由小到大的动画。按住 Shift 键选中两个关键帧点并右击鼠标，在弹出的快捷菜单中选择【贝塞尔曲线】命令，将直线关键帧点变成曲线点，单击【缩放】前的展开按钮，用鼠标调整曲线，使动画的速度越来越快，如图 6-103 所示。

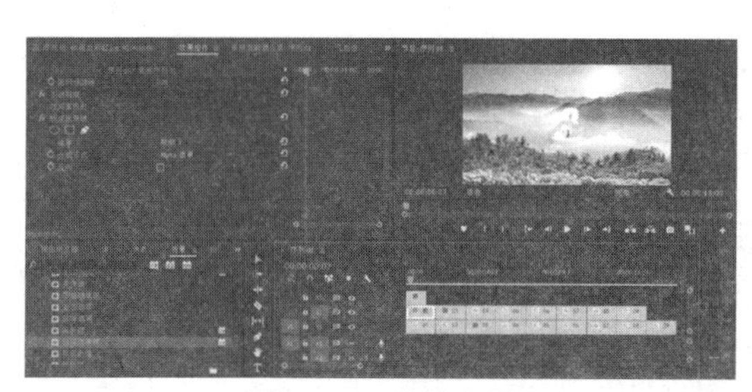

图 6-102　设置遮罩

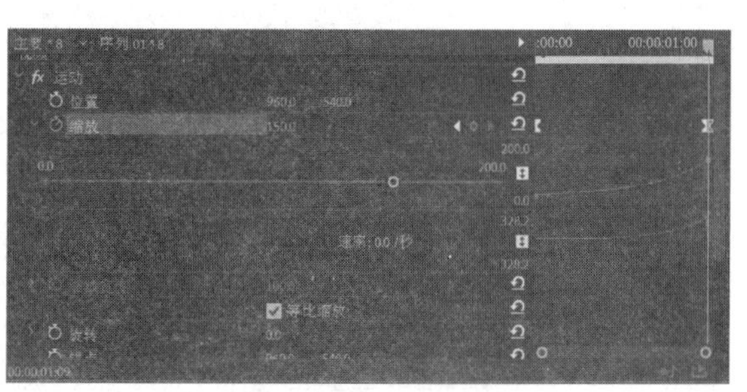

图 6-103　设置字幕动画

(10) 在【效果】面板中，选择【视频效果】|【模糊和锐化】|【高斯模糊】特效，将其拖到字幕文件“8”上，在 00:00:01:04 处，单击【模糊度】前的【切换动画】按钮新建一个关键帧。在 00:00:01:09 处，修改【模糊度】值为“50.0”以新建一个关键帧，形成字幕文字由清楚到模糊的动画效果。

(11) 在视频轨道左边的空白处右击鼠标，在弹出的快捷菜单中选择【添加轨道】命令，打开【添加轨道】对话框，添加 1 条视频轨道，0 条音频轨道，0 条音频子混合轨道，如图 6-104 所示，单击【确定】按钮后即可添加 V4 轨道。

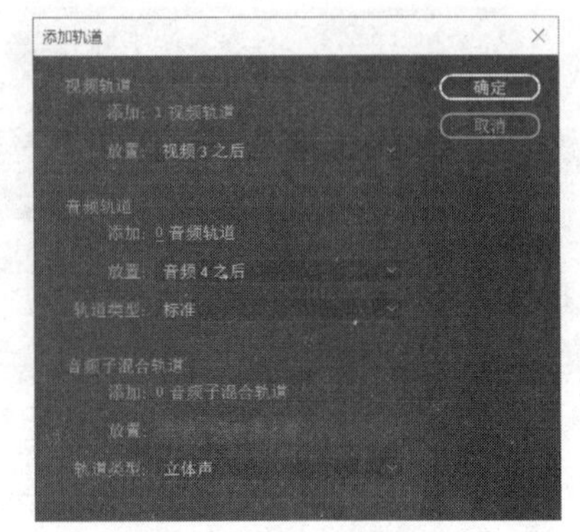

图 6-104　添加视频轨道

(12) 右击 V3 轨道上的字幕“8”，在弹出的快捷菜单中选择【复制】命令。选中 V4 轨道，将时间线指针拖到 00:00:00:00 处，执行【编辑】|【粘贴】命令。复制字幕“8”到 V4 轨道上。

(13) 在【效果】面板中，选择【视频过渡】|【溶解】|【交叉溶解】效果，将其拖到 V4 轨道的字幕文件“8”的后半部分，单击 V4 轨道上的【交叉溶解】效果后，在【效果控件】中调整持续时间为“00:00:00:12”，此时会出现使字幕文字的填充从开始的白色过渡到下一张图片的动画效果，如图 6-105 所示。

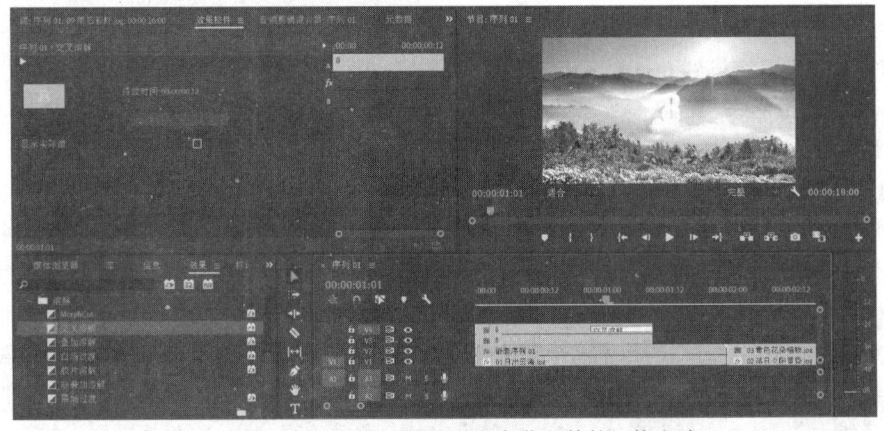

图 6-105　设置两个视频轨道上字幕文件的切换方式

(14) 按住 Shift 键选中 V3 和 V4 轨道上的字幕文件“8”，右击鼠标，在弹出的快捷菜单中选择【复制】命令，使 V3 和 V4 轨道保持选中状态，将时间线指针拖至 00:00:02:00 处，执行【编辑】|【粘贴】命令，实现字幕文件“8”的复制。

(15) 在【项目】面板中选中字幕文件“7”，选中复制的两个字幕文件“8”，右击鼠标，在弹出的快捷菜单中选择【使用剪辑替换】|【从素材箱】命令，将素材字幕文件替换成“7”。

(16) 右击 V2 轨道中的“03.jpg”，在弹出的快捷菜单中选择【嵌套】命令，在弹出的【嵌套序列名称】对话框中默认【名称】为“嵌套序列 02”，将“03.jpg”嵌套在【嵌套序列 02】中。将视频特效【轨道遮罩键】拖到【嵌套序列 02】上。打开【效果控件】面板，展开【轨道遮罩键】属性，将【遮罩】改为“视频 3”，【合成方式】改为“Alpha 遮罩”，这样即可实现从第二张图片“02.jpg”到第三张图片“03.jpg”的过渡，如图 6-106 所示。

(17) 重复步骤(14)~步骤(16)，使用同样的方法实现所有图片之间的过渡切换，如图 6-107 所示。

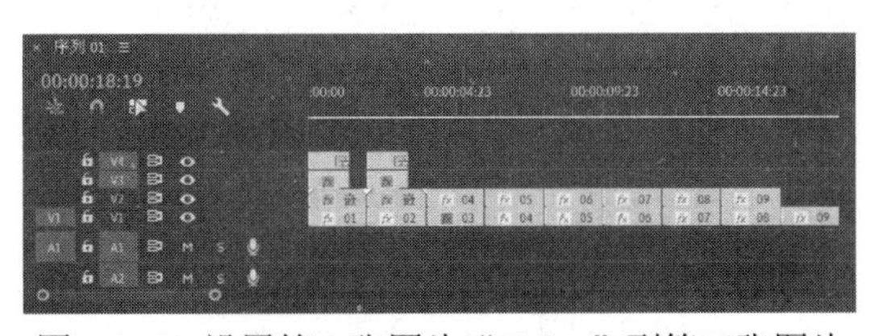

图 6-106　设置第二张图片“02.jpg”到第三张图片“03.jpg”的过渡

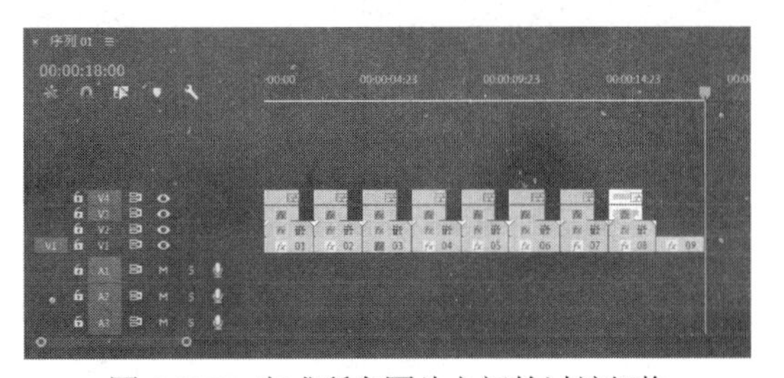

图 6-107　完成所有图片之间的过渡切换

(18) 执行【文件】|【新建】|【旧版标题】菜单命令，在弹出的【新建字幕】对话框中设定字幕【名称】为“自然风光”，如图 6-108 所示，单击【确定】按钮。

(19) 在【字幕编辑器】窗口中输入“自然风光”，选择【字体】为“楷体”，【大小】为“180.0”，字体【颜色】为“#FFFFFF”，阴影【颜色】为“#000000”，阴影【不透明度】为“54%”，阴影【角度】为“-205.0°”，阴影【距离】为“4.0”，阴影【大小】为“2.0”，阴影【拓展】为“19.0”。设置文字“垂直居中”和“水平居中”，效果如图 6-109 所示。将该字幕文件拖到“字幕”文件夹中。

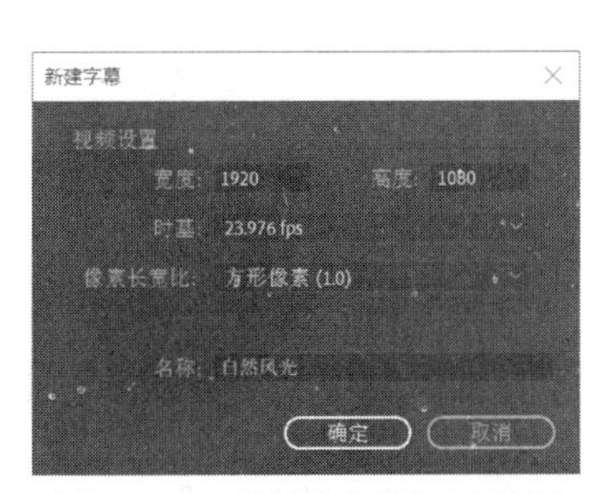

图 6-108　【新建字幕】对话框

图 6-109　新建字幕

(20) 将字幕文件“自然风光”拖到 V2 轨道上的 00:00:16:00 处，并将字幕文件的持续时间缩短为 2 s；在【效果控件】面板中展开【运动】属性，在 00:00:16:00 处，单击【缩放】前的【切换动画】按钮创建关键帧，修改【缩放】值为“600.0”。在 00:00:17:10 处，修改【缩放】值为“100.0”以创建一个关键帧，实现文字由大到小的动画效果。

(21) 将【高斯模糊】视频特效拖到该字幕文件中，在【效果控件】面板中展开【高斯模糊】特效。在 00:00:16:00 处，单击【模糊度】前的【切换动画】按钮新建一个关键帧，修改【模糊度】值为“20.0”，在 00:00:16:20 处修改【模糊度】值为“0.0”，形成由模糊到清晰的动画效果，如图 6-110 所示。

(22) 导入音频素材“配乐.mp3”，将其拖到音频轨道 A1 上，在 00:00:18:00 处利用【剃刀工具】将音频素材切开，选中音频后半部分，按 Delete 键将其清除。在音频轨道 A1 左边的空白处向上滚动鼠标滑轮，显示出音频电平。按住 Ctrl 键，在结尾处添加关键帧，制作音乐渐弱的效果，如图 6-111 所示。

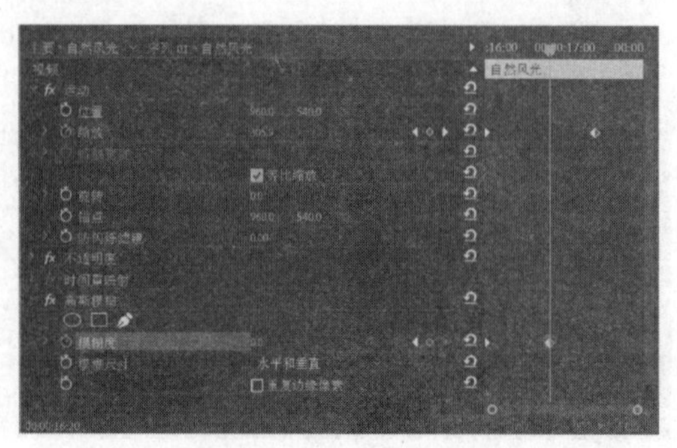

图 6-110　设置字幕动画

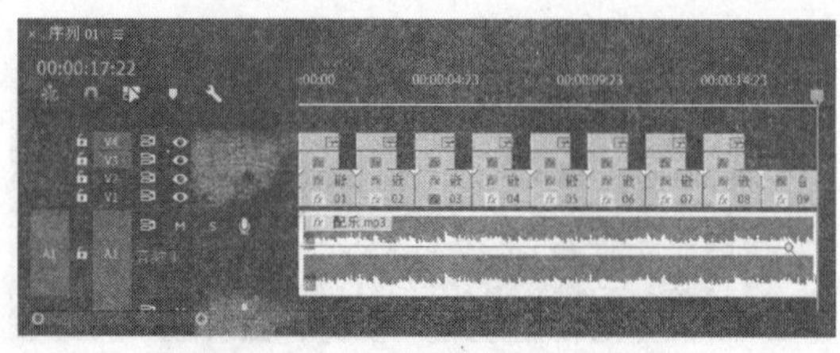

图 6-111　为视频添加背景音乐

(23) 按空格键或回车键预览效果，在【项目】面板中新建文件夹【嵌套序列】，将所有的嵌套序列文件拖入该文件夹。最后，执行【文件】|【保存】命令，保存该项目文件。

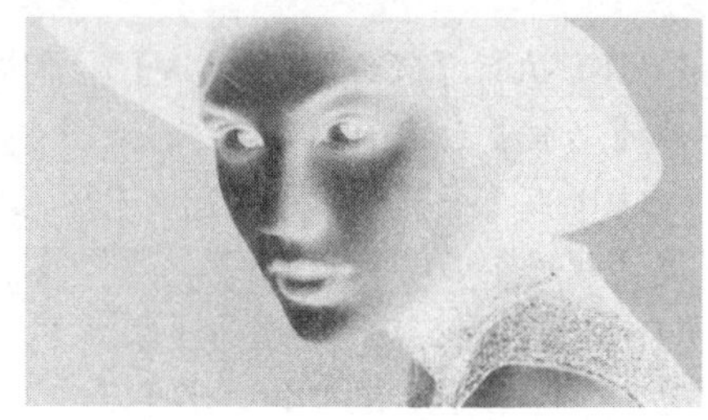

图 6-112　底片效果

3. 制作底片效果

1) 效果说明

利用视频特效制作底片效果，其效果如图 6-112 所示。

2) 操作要点

本案例主要学习【反转】特效。

3) 操作步骤

(1) 运行 Premiere Pro 2020，打开开始使用界面，单击【新建项目】按钮，打开【新建项目】对话框，如图 6-113 所示。在该对话框中，设置项目保存的路径及输入名称“ch06-4”后，单击【确定】按钮，进入主程序界面。

(2) 执行【文件】|【新建】|【序列】命令，此时系统会弹出【新建序列】对话框，【序列名称】默认为“序列 01”，如图 6-114 所示，单击【确定】按钮。

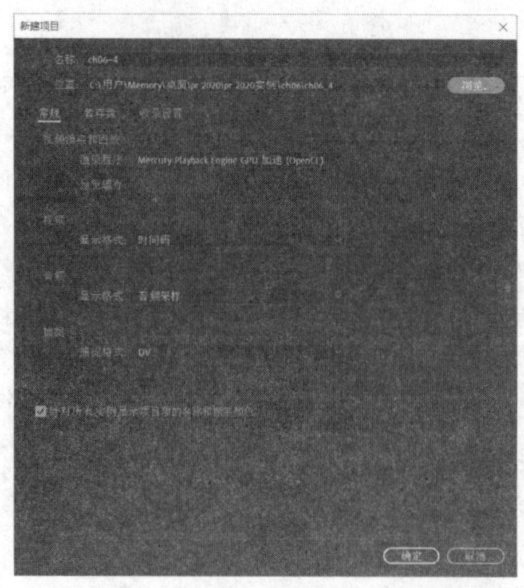

图 6-113　【新建项目】对话框

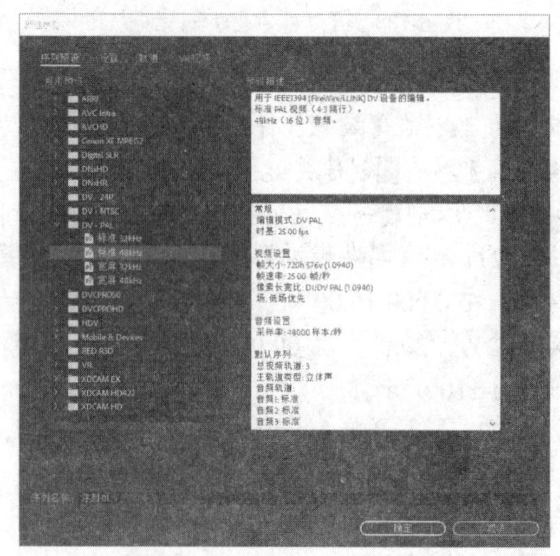

图 6-114　【新建序列】对话框

(3) 在【项目】面板中导入素材“人像负片.jpg”，并将其拖到 V1 轨道上，在弹出的【剪辑不匹配警告】对话框中单击【更改序列设置】按钮。在【效果控件】面板中调整图片的缩放值为“279.0”。

(4) 在【效果】面板中展开【视频效果】文件夹，选择【通道】|【反转】特效，将其拖到【时间轴】面板的“人像负片.jpg”素材上。在【效果控件】中，展开【反转】特效，将【声道】设置为“RGB”，【与原始图像混合】设置为“0%”，如图 6-115 所示。

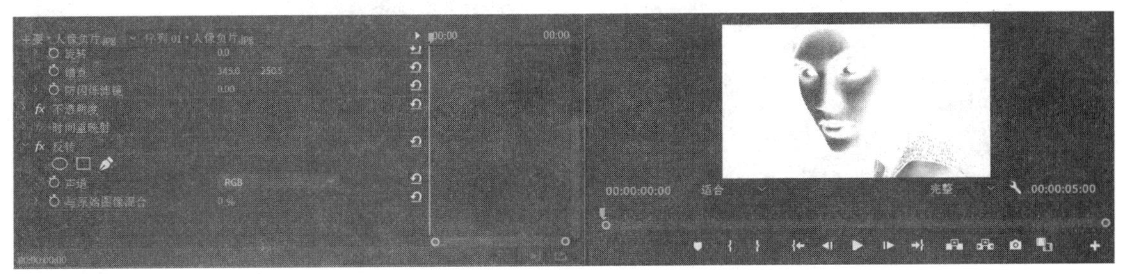

图 6-115　添加【反转】特效

(5) 单击【时间轴】面板，按空格键或回车键预览效果，最后执行【文件】|【保存】命令，保存该项目文件。

4. 制作马赛克效果

1) 效果说明

利用视频特效制作视频的模糊马赛克效果，其效果如图 6-116 所示。

图 6-116　制作马赛克效果

2) 操作要点

本案例主要通过【裁剪】和【马赛克】效果的运用，实现人的面部的马赛克效果。同时，通过【裁剪】效果的关键帧设置，实现全程面部马赛克。

3) 操作步骤

(1) 运行 Premiere Pro 2020，打开开始使用界面，单击【新建项目】按钮，打开【新建项目】对话框，如图 6-117 所示。在该对话框中，设置项目保存的路径及输入名称“ch06-5”后，单击【确定】按钮，进入主程序界面。执行【文件】|【新建】|【序列】命令，此时系统将弹出【新建序列】对话框。

(2) 打开【序列预设】选项卡，选择国内电视制式通用的【DV-PAL】|【标准 48 kHz】，【序列名称】默认为“序列 01”，如图 6-118 所示，单击【确定】按钮。

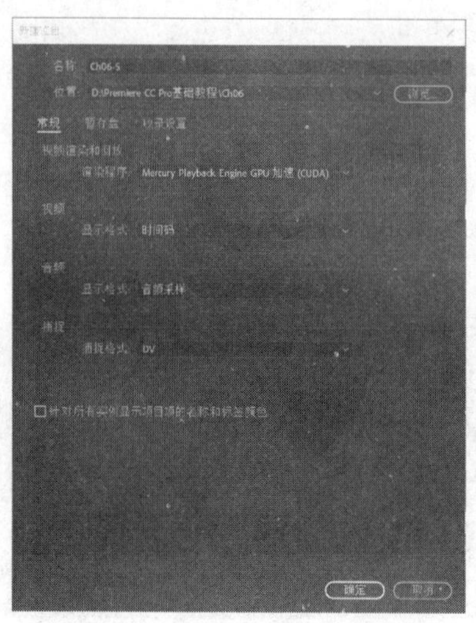
图 6-117 【新建项目】对话框

图 6-118 【序列预设】选项卡

(3) 导入视频素材“歌舞青春.mp4”，并将其拖到 V1 轨道上，在弹出的【剪辑不匹配警告】对话框中单击【更改序列设置】按钮。右击 V1 轨道上的视频素材，在弹出的快捷菜单中选择【取消链接】命令，右击 V1 轨道上的视频素材，在弹出的快捷菜单中选择【复制】命令，选中 V2 轨道，执行【编辑】|【粘贴】命令，将视频素材粘贴到 V2 轨道上，如图 6-119 所示。

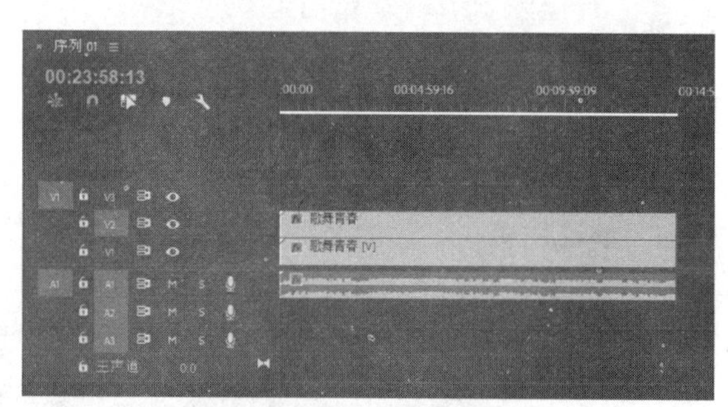
图 6-119 复制并粘贴视频素材

(4) 在【时间轴】面板中单击【切换轨道输出】按钮以隐藏 V1 轨道，在【效果】面板中展开【视频效果】文件夹，再展开【变换】文件夹，将【裁剪】特效拖到 V2 轨道的“歌舞青春.mp4”上。在【效果控件】面板中展开【裁剪】特效，设置【左对齐】为“48%”，【顶部】为“5%”，【右侧】为“19%”，【底对齐】为“39%”(也可直接用鼠标调整裁剪框的大小和位置)，如图 6-120 所示。

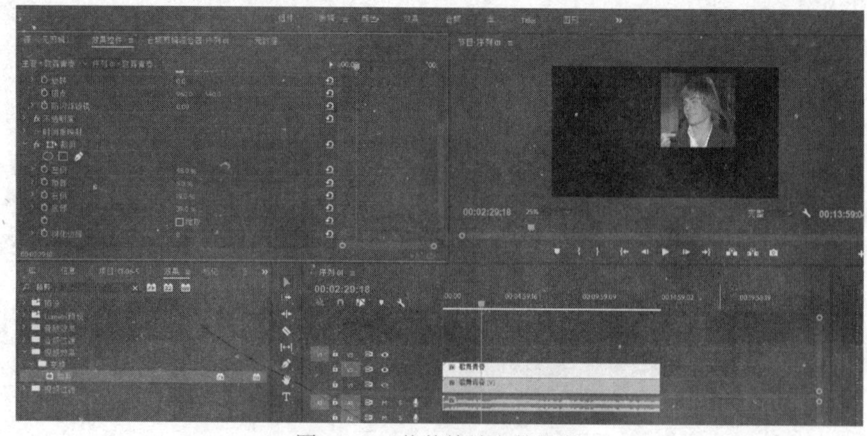
图 6-120 裁剪特效参数设置

(5) 在【效果】面板中展开【视频效果】文件夹，再展开【风格化】文件夹，将特效【马赛克】拖到 V2 轨道的“歌舞青春.mp4”上。在【效果控件】面板中展开【马赛克】特效，设置【水平块】为“30”，【垂直块】为“30”，如图 6-121 所示。在【时间轴】面板中单击【切换轨道输出】按钮以显示 V1 轨道。

图 6-121　添加【马赛克】特效

(6) 在【效果控件】面板中展开【裁剪】特效，当时间线指针在 00:00:00:06 处时，分别单击【左侧】【顶部】【右侧】及【底部】属性前的【切换动画】按钮以创建新关键帧，在 00:00:00:12 处，修改【左侧】为“34.7%”，【顶部】为“24.4%”，【右侧】为“50.3%”，【底部】为“43.4%”，分别新建 4 个属性上的新关键帧；在 00:00:00:24 处，修改【左侧】为“39.9%”，【顶部】为“17.0%”，【右侧】为“45.1%”，【底部】为“50.8%”，分别新建 4 个属性上的新关键帧；在 00:00:02:06 处，修改【左侧】为“32.4%”，【顶部】为“19.7”，【右侧】为“52.5%”，【底部】为“48.1”，分别新建关键帧；在 00:00:03:24 处，修改【左侧】为“44.7”，【顶部】为“18.0%”，【右侧】为“40.2%”，【底部】为“49.8%”，分别新建关键帧；在 00:00:03:26 处，修改【左侧】为“45.1%”，【顶部】为“19.0%”，【右侧】为“47.5%”，【底部】为“67.5%”，分别新建关键帧；在 00:00:04:10 处，修改【左侧】为“14.6%”，【顶部】为“13.9%”，【右侧】为“52.0%”，【底部】为“72.5%”，分别新建关键帧；在 00:00:05:00 处，修改【左侧】为“42.5%”，【顶部】为“17.3%”，【右侧】为“50.1%”，【底部】为“69.2%”，分别新建关键帧；在 00:00:05:22 处，修改【左侧】为“38.7%”，【顶部】为“20.5%”，【右侧】为“53.9%”，【底部】为“66.0%”，分别新建关键帧；在 00:00:05:27 处，修改【左侧】为“37.8%”，【顶部】为“16.6%”，【右侧】为“54.7%”，【底部】为“63.8%”，分别新建关键帧；在 00:00:06:10 处，修改【左侧】为“40.6%”，【顶部】为“10.5%”，【右侧】为“52%”，【底部】为“75.9%”，分别新建关键帧；在 00:00:04:39 处，修改【左侧】为“23.0%”，【顶部】为“7.0%”，【右侧】为“44.0%”，【底部】为“25.0%”，分别新建关键帧，如图 6-122 所示。

注意

此步骤也可以先单击【裁剪】属性，以获取【节目】面板中视频里的裁剪框，再通过鼠标调整裁剪框的大小和位置以新建关键帧来实现。

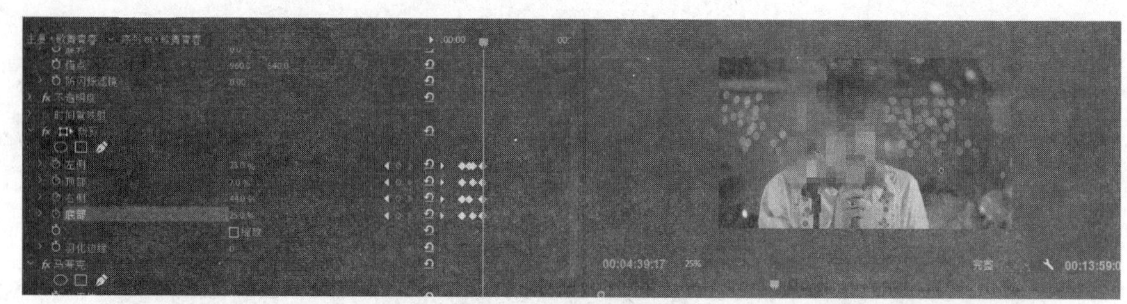

图 6-122　设置裁剪动画

(7) 单击【时间轴】面板，按空格键或回车键预览效果，最后执行【文件】|【保存】命令，保存项目文件。

提示

该案例也可以使用【模糊与锐化】中的【高斯模糊】效果来达到类似的效果。

5. 制作水墨画

1) 效果说明

利用视频特效制作水墨画，其效果如图 6-123 所示。

图 6-123　水墨画效果

2) 操作要点

本案例中主要运用【黑白】【查找边缘】【色阶】【高斯模糊】【亮度键】和【颜色遮罩】效果来实现水墨画效果。通过对本案例的学习，读者能够有效地运用参数调节实现白色背景的消隐、画面的水墨画效果，以及画面上下边缘的遮罩效果。

3) 操作步骤

(1) 运行 Premiere Pro 2020，打开开始使用界面，单击【新建项目】按钮，打开【新建项目】对话框，如图 6-124 所示。在该对话框中，设置项目保存的路径及输入名称“ch06-6”后，单击【确定】按钮，进入主程序界面。执行【文件】|【新建】|【序列】命令，此时系统将弹出【新建序列】对话框。

(2) 切换到【设置】选项卡，设置【编辑模式】为“自定义”，帧大小设定为“713(宽度)、445(高度)”(与素材图片大小一致)，【像素长宽比】为“方形像素(1.0)”，【序列名称】默认为“序列 01”，如图 6-125 所示，单击【确定】按钮。

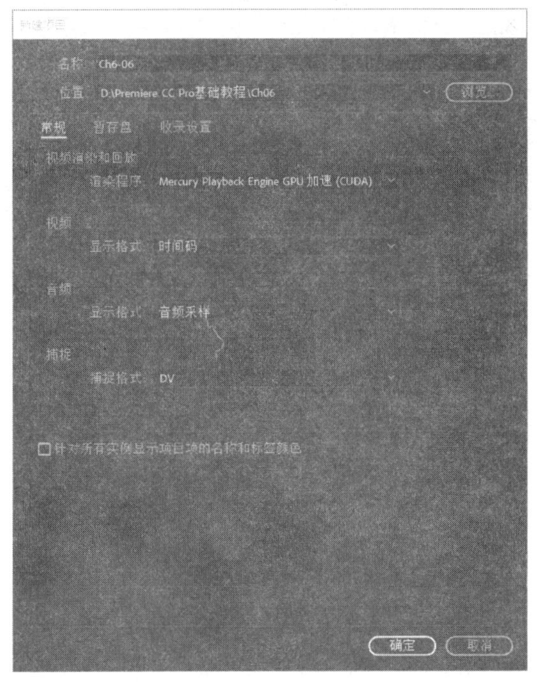
图 6-124　【新建项目】对话框

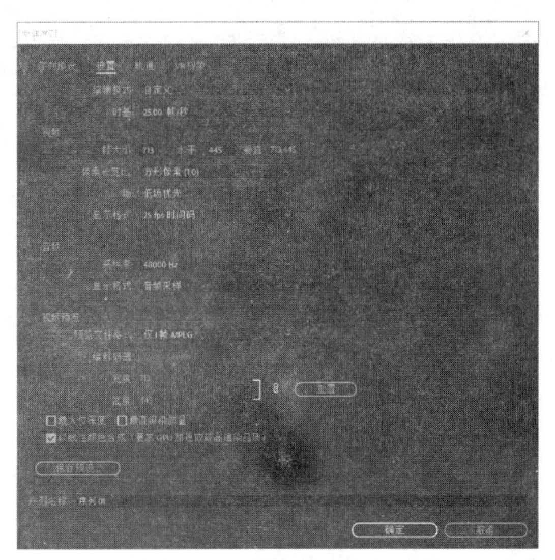
图 6-125　【新建序列】对话框

(3) 在【项目】面板中导入图片素材"水墨画素材.jpg"，并将其拖到【时间轴】面板中的 V1 轨道上。在【效果】面板中展开【视频效果】文件夹，展开【图像控制】文件夹，将特效【Lumetri 曲线】拖到图片素材上，将饱和度降为最低。此时，该图片会由彩色图片变成黑白图片，效果如图 6-126 所示。

图 6-126　添加【Lumetri 曲线】特效

(4) 在【效果】面板中展开【风格化】文件夹，将【查找边缘】特效拖到图片素材上，在【效果控件】面板中展开【查找边缘】特效，调整参数【与原始图像混合】为"85%"，如图 6-127 所示。

(5) 在【效果】面板中展开【调整】文件夹，将【色阶】特效拖到 V1 轨道的图片素材上，在【效果控件】面板中展开【色阶】特效，调整参数【(RGB)输入黑色阶】为"13"，调整参数【(RGB)输入白色阶】为"237"，效果如图 6-128 所示。

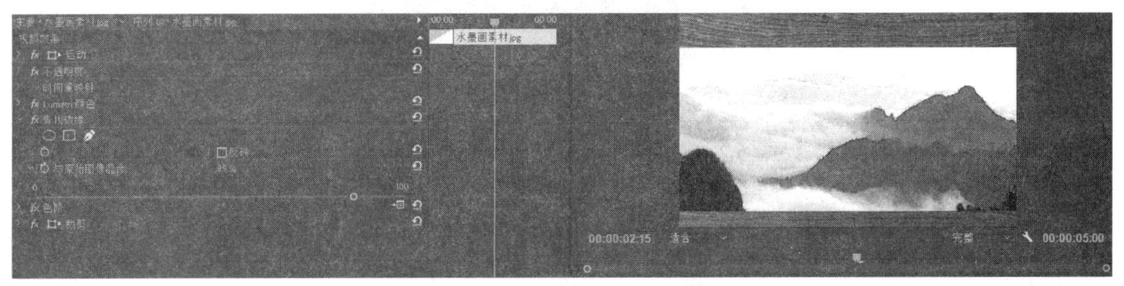
图 6-127　添加【查找边缘】特效

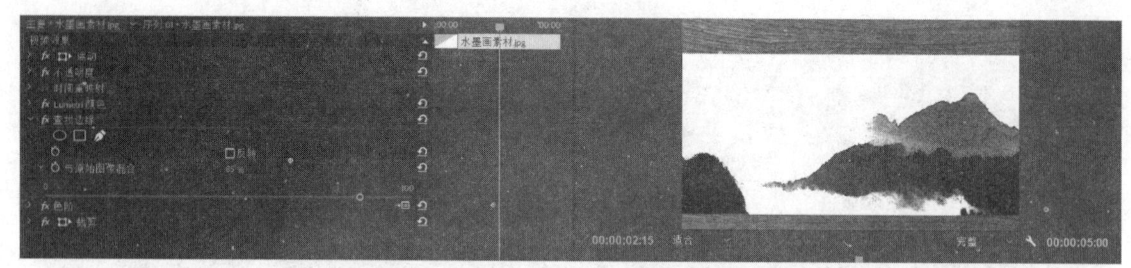

图 6-128　添加【色阶】特效后的效果

(6) 在【效果】面板中展开【模糊和锐化】文件夹，将【高斯模糊】特效拖到 V1 轨道的图片素材上，展开【效果控件】面板中的【高斯模糊】特效，调整【模糊度】参数为“3.0”，效果如图 6-129 所示。

图 6-129　添加【高斯模糊】特效后的效果

(7) 在【项目】面板中导入图片素材“毛笔字素材.jpg”，将其拖到【时间轴】面板的 V2 轨道上，在【效果控件】面板中展开【运动】特效，修改【缩放】值为“30”，修改【位置】值为“109.5、228.5”，如图 6-130 所示。

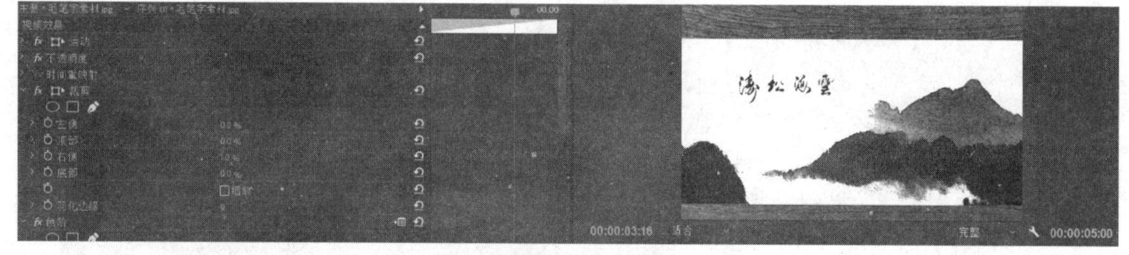

图 6-130　为图片添加题词

(8) 在【效果】面板中展开【视频效果】的【键控】文件夹，将【亮度键】特效拖到 V2 轨道的题词上。在【效果控件】面板中，展开【亮度键】特效，修改【阈值】值为“0%”，【屏蔽度】值为“100.0%”。这样就去除了素材“题词.jpg”的背景，使其与下面的画面合为一体，如图 6-131 所示。

图 6-131　设置【亮度键】特效

(9) 在【项目】面板中单击【新建项】按钮，在弹出的菜单中选择【颜色遮罩】选项，在打开的【新建颜色遮罩】对话框中单击【确定】按钮，打开如图 6-132 所示的【拾色器】对话框，设置一个颜色为“#DBDBA3”的“颜色遮罩”。在弹出的【选择名称】对话框中设置遮罩的名称为“颜色遮罩”，单击【确定】按钮。

(10) 将原 V2 轨道上的“题词.jpg”移到 V3 轨道上，将原 V1 轨道上的“水墨画素材.jpg”移到 V2 轨道上，再将“颜色遮罩”拖到 V1 轨道上。在【效果】面板中，展开【视频效果】中的【变换】文件夹，将【裁剪】特效拖到 V2 轨道的“水墨画素材.jpg”上。在【效果控件】面板中，展开【裁剪】特效，修改【顶部】值为“15.0%”，【底部】值为“15.0%”，最终为其添加卷轴并设置关键帧，使其运动，效果如图 6-133 所示。

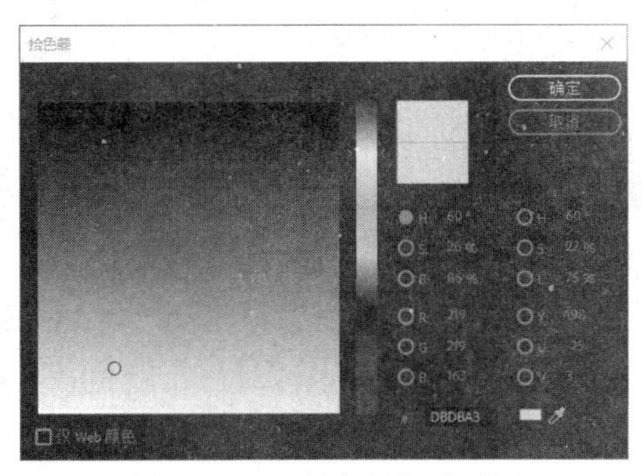

图 6-132　【拾色器】对话框

图 6-133　添加【裁剪】特效后的效果

(11) 单击【时间轴】面板，按空格键或回车键预览效果，最后执行【文件】|【保存】命令，保存该项目文件。

6. 制作幻影效果

1) 效果说明

利用视频特效制作幻影效果，其效果如图 6-134 所示。

图 6-134　幻影效果

2) 操作要点

本案例通过【贝塞尔曲线】【嵌套】和【残影】效果的运用，使读者能够了解字幕幻影效果的实现方式及字幕关键帧的使用方法。

3) 操作步骤

(1) 运行 Premiere Pro 2020，打开开始使用界面，打开【新建项目】对话框，如图 6-135 所示。在该对话框中设置项目保存的路径及输入名称“ch06-7”后，单击【确定】按钮，进入主程序界面。执行【文件】|【新建】|【序列】命令，此时系统将弹出【新建序列】对话框。

(2) 打开【序列预设】选项卡，选择国内电视制式通用的【DV-PAL】|【标准 48 kHZ】，序列名称默认为“序列 01”，如图 6-136 所示，单击【确定】按钮。

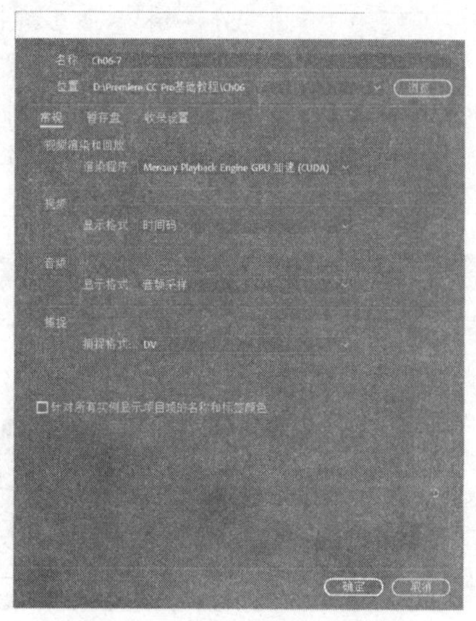

图 6-135　【新建项目】对话框

图 6-136　【新建序列】对话框

(3) 选择【文件】|【新建】|【旧版标题】命令，新建“字幕 01”，在打开的字幕编辑器中输入“紫金漫话工作室”，设置字体为“黑体”，字体大小为“70.0”，选中【填充】选项，设置【填充类型】为“实底”，颜色为“#9865B0”；单击【垂直居中】按钮和【水平居中】按钮，使字幕居中于屏幕；为字幕添加【内描边】，【类型】为“边缘”，大小为“12.0”，【填充类型】为“实底”，【颜色】为“白色”；为字幕添加【外描边】，【类型】为“深度”，【大小】为“10.0”，【角度】为“20.0”，【填充类型】为“实底”，【颜色】为“白色”；为字幕添加阴影效果，【颜色】为“# AE71DD”，【不透明度】为“70%”，【角度】为“45.0”，【距离】为“8.0”，【扩展】为“10.0”，如图 6-137 所示。

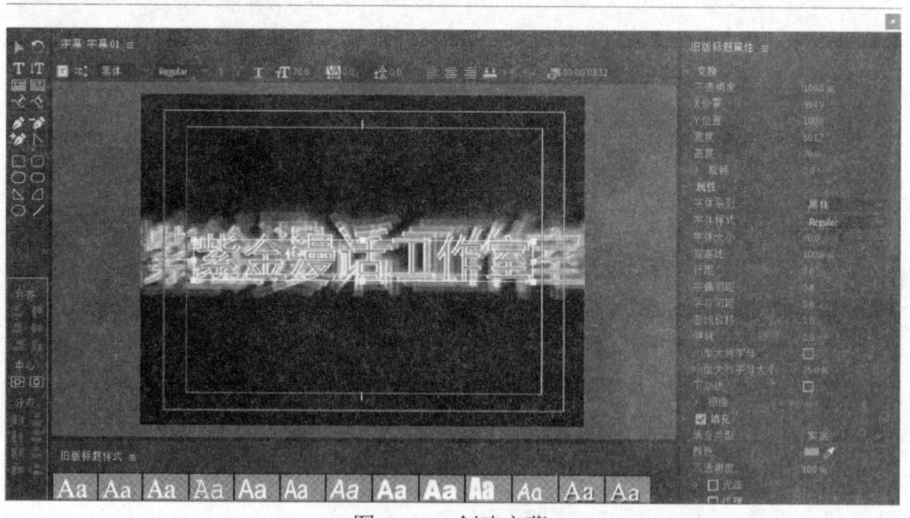

图 6-137　创建字幕

(4) 将“字幕 01”拖入 V1 轨道并释放，选中“字幕 01”，在【效果控件】面板中展开【运动】属性，在 00:00:00:00 处，单击【缩放】属性前的【切换动画】按钮，新建一个关键帧，设置【缩放】值为“600.0”；在 00:00:02:00 处，修改【缩放】值为“100.0”，以自动新建一个关键帧，形成字幕由大到小的动画效果。按住 Shift 键选中两个关键帧后右击，在弹出的快捷菜单中选中【贝塞尔曲线】命令，将直线关键帧点变成曲线点，单击【缩放】前的展开按钮，展开缩放速度图，用鼠标调整曲线，使得动画的速度越来越慢，注意在该过程中不要改变两处关键帧【缩放】值的大小，如图 6-138 所示。

(5) 展开【效果】面板中的【视频效果】文件夹，在【透视】文件夹中选择视频特效【基本 3D】，并将其拖到 “字幕 01” 上。在【效果控件】面板中展开【基本 3D】特效，在 00:00:02:00 处，单击【旋转】属性前的【切换动画】按钮，新建一个关键帧，设置【旋转】值为 “0.0”；在 00:00:04:00 处，修改【旋转】值为 “360”，以自动新建一个关键帧，形成字幕围绕 Y 轴旋转的动画效果，如图 6-139 所示。

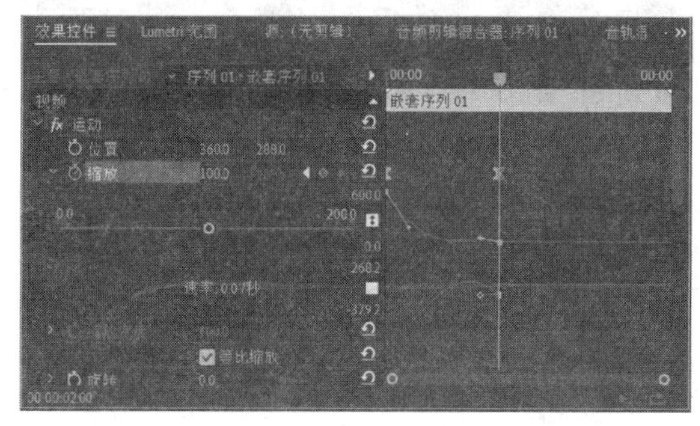

图 6-138　设置字幕缩放动画

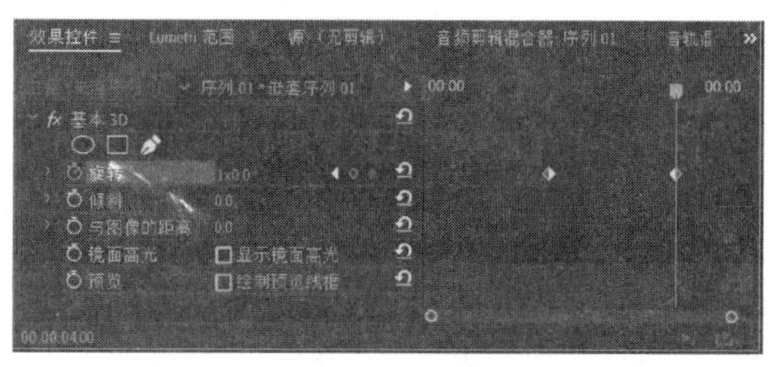

图 6-139　设置字幕的旋转动画

(6) 右击 “字幕 01” 素材，在弹出的快捷菜单中选择【嵌套】命令，新建一个 “嵌套序列 01”。在【视频效果】文件夹中的【时间】子文件夹中选择特效【残影】，将其拖到 “嵌套序列 01” 上；在【效果控件】面板中展开【残影】特效，设置【残影时间】值为 “- 0.2”，【残影数量】值为 “2”，【起始强度】值为 “1.0”，【衰减】值为 “0.6”，【残影运算符】为 “最大值”。

(7) 按空格键或回车键预览效果，最后执行【文件】|【保存】命令，保存该项目文件。

习　题

1. Premiere Pro 2020 中的视频特效有哪些分类？
2. 如何方便地查找视频特效？
3. 简述应用视频特效的步骤。
4. 删除视频特效有哪些方法？
5. 如何临时停用素材中已应用的视频特效？
6. 如何复制一个素材片段的所有效果到另一个片段？简述其步骤。
7. 哪种效果可以将画面没有选中的颜色范围变为黑色或者白色，而选中部分仍保持原样？

第7章 使用外挂滤镜

学习目标

Premiere 中的滤镜是一种后期处理技术。在编辑作品时应用外挂滤镜能使制作出的作品具有十分独特而精彩的效果，因此，外挂滤镜深受影视制作人员的青睐。Premiere Pro 2020 的外挂滤镜众多，本章将详细介绍 Premiere Pro 2020 中几个典型外挂滤镜的应用，如 Shine、3D Stroke、Looks、Sapphire、Beauty Box 等。通过外挂滤镜应用实例制作的演示，读者能在了解外挂滤镜的基础知识，掌握应用外挂滤镜制作特效的同时，进一步领略 Premiere Pro 2020 的强大功能。

本章重点

- 外挂滤镜的基础知识
- Shine、3D Stroke、Looks、Sapphire、Beauty Box 等常用外挂滤镜的应用

任务 1　认识外挂滤镜

一般来说，一个大型软件在开发过程中，常常重视大的功能方面，而将一些细节化的东西忽略。于是，外挂程序文件应运而生，它们往往是由一些小公司开发出来的程序，有的可以单独运行，有的必须挂靠于大型软件，类似一种寄生程序。由于它们能实现的功能恰巧是大型软件所缺少的，从某种意义上说，它们增加了大型软件的功能，所以大多数公司对这样的程序也比较欢迎。

Premiere 中的外挂滤镜就是一种挂靠在 Premiere 上的寄生程序。随着影视制作技术的不断发展，Premiere 中的外挂滤镜也如雨后春笋般涌现。要想在影视编辑中应用外挂滤镜来制作特效，需要先下载相关插件，再将其复制或安装到相应文件夹中才可以使用。

任务 2　应用外挂滤镜

Premiere Pro 2020 中的外挂滤镜众多，出于篇幅考虑，本章将重点介绍 Premiere Pro 2020 中较为常见的外挂滤镜的应用，如 Shine、3D Stroke、Looks、Sapphire、Beauty Box，使用户在学习应用外挂滤镜制作特效的基础上，对 Premiere Pro 2020 中外挂滤镜的应用具有初步了解，并掌握外挂滤镜的应用技巧。

7.2.1　Shine

Shine 是使用频率较高的外挂滤镜之一，它操作简单，效果显著。利用 Shine 特效可制作多种光效，如光芒的放射效果、光芒的扫动效果、光芒的位置动画及不同颜色的光效等。

【例 7-1】　利用 Shine 插件制作光芒四射的文字效果。素材

1) 效果说明

本例利用 Shine 外挂滤镜制作光芒四射的文字效果，如图 7-1 所示。

图 7-1　效果图

2) 操作要点

设置 Shine 外挂滤镜的主要参数，通过设定关键帧实现制作效果。

3) 操作步骤

(1) 运行 Premiere Pro 2020，打开开始使用界面，单击【新建项目】按钮，打开【新建项目】对话框，如图 7-2 所示。在该对话框中设置项目保存的路径及输入名称“ch07-1”后，单击【确定】按钮，进入主程序界面。

(2) 选择【文件】|【新建】|【序列】命令，此时系统将弹出【新建序列】对话框。打开【序列预设】选项卡，选择国内电视制式通用的【DV-PAL】|【标准 48 kHZ】，序列名称默认为“序列 01”，如图 7-3 所示，单击【确定】按钮。

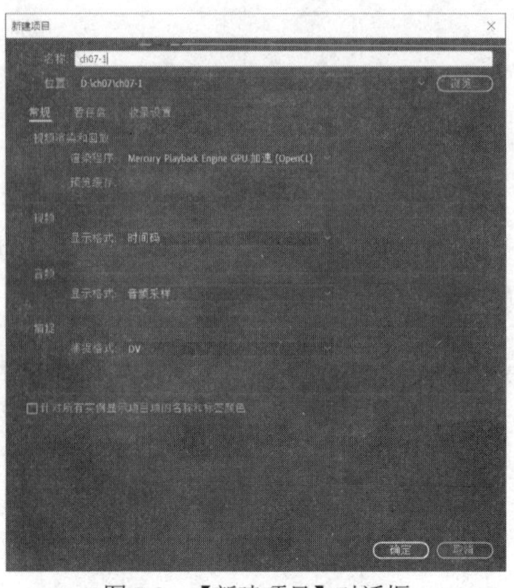

图 7-2 【新建项目】对话框

图 7-3 【新建序列】对话框

(3) 选择【文件】|【新建】|【旧版标题】命令，打开【新建字幕】对话框，采用默认设置，字幕文件名为“字幕 01”，如图 7-4 所示。单击“确定”按钮，进入【字幕编辑器】窗口。

(4) 单击【文字工具】按钮，输入文字“紫金漫话工作室”。单击【选择工具】按钮，确保文字被选中，在【旧版标题属性】面板中设置【字体系列】为“黑体”，设置【字体大小】为“44.0”，【字符间距】为“10.0”，【填充类型】为“实底”，颜色为“白色”。单击【水平居中】按钮和【垂直居中】按钮，如图 7-5 所示。

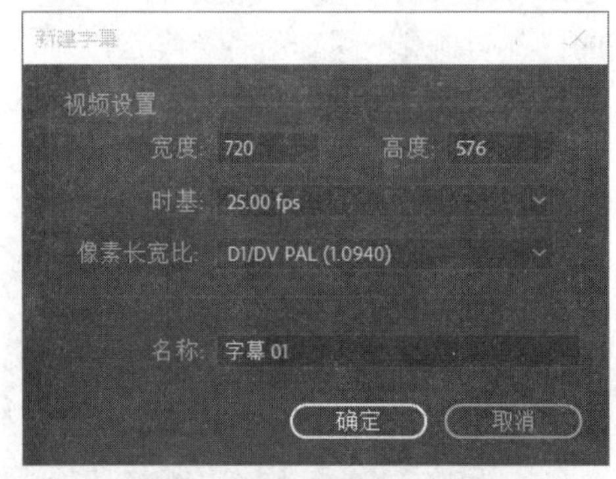

图 7-4 【新建字幕】对话框

图 7-5 编辑字幕

(5) 关闭【字幕编辑器】窗口，在【项目】面板中将“字幕 01”文件拖到 V1 轨道上，设置字幕文件的持续时间为 5s。

(6) 在【效果】面板中展开【视频效果】文件夹，再展开【RG Trapcode】文件夹，如图 7-6 所示。将【Shine】特效拖至 V1 轨道的“字幕 01”上；展开【效果控件】面板，再展开【Shine】特效，然后展开【Pre-Process】，选中【Use Mask】复选框，设置【Mask Radius】为“75.0”，设置【Mask Feather】为“100.0”；设置【Ray Length】为“5.0”，设置【Boost Light】为“10.0”；展开【Colorize】，设置【Colorize】为“One Color”，并设置【Color】为“#CAC212”，设置【Blend Mode】为“Add”，如图 7-7 所示。

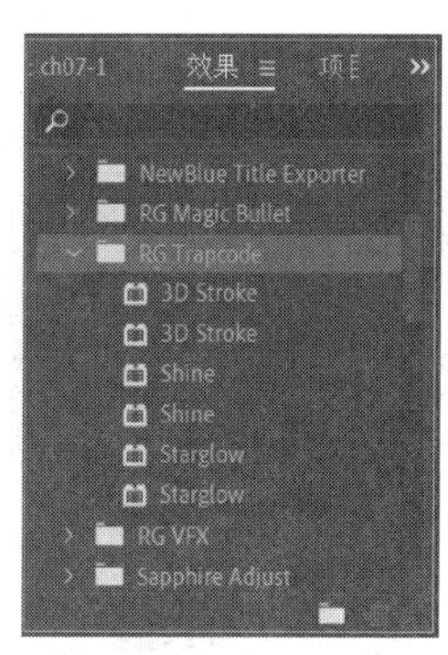

图 7-6　展开【RG Trapcode】文件夹

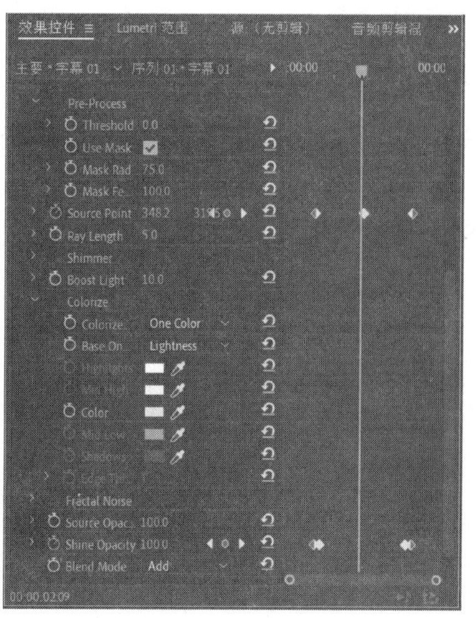

图 7-7　【Shine】特效参数设置

(7) 在【效果控件】面板中单击 Shine 特效的名字“Shine”，此时，在【节目监视器】面板中可以看到光源点，在 00:00:01:00 处，单击 Source Point 前的【切换动画】按钮创建一个关键帧，将光源点拖到文字的左边(位置为“220.0、288.0”)；在 00:00:04:00 处再新建一个关键帧，将光源点拖到文字的右边(位置为“495.0、288.0”)；在 00:00:02:12 处新建一个关键帧，将光源点拖到文字中间的下方(位置为“360.0、320.0”)，完成光线扫动的动画效果。按空格键可预览动画效果，如图 7-8 所示。

(8) 在 00:00:01:00 处，单击 Shine Opacity 前的【切换动画】按钮新建一个关键帧，设置【不透明度】为“0.0”；在 00:00:01:05 处新建一个关键帧，设置【不透明度】为“100.0”；在 00:00:03:20 处新建一个关键帧，设置【不透明度】为“100.0”；在 00:00:04:00 处，再新建一个关键帧，设置【不透明度】为“0.0”，完成不透明度动画的制作，如图 7-9 所示。

图 7-8　动画效果

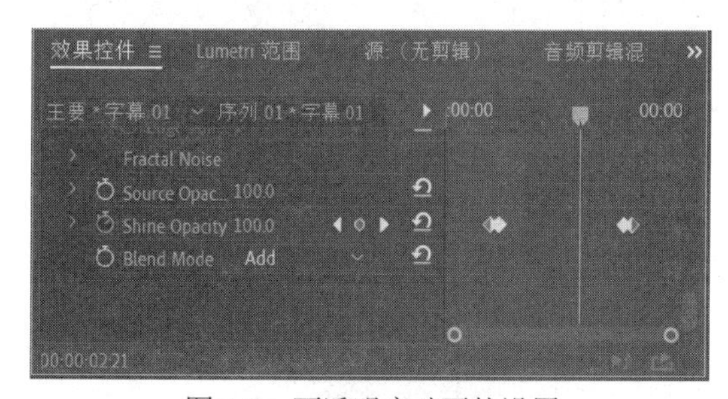

图 7-9　不透明度动画的设置

(9) 单击【时间轴】面板，按空格键或回车键预览效果，最后执行【文件】|【保存】命令，保存该项目文件。

利用 Shine 特效还可以制作出多种光效，如光芒的扫动效果、光芒的位置动画及不同颜色的光效等，用户可自行尝试制作。

7.2.2　3D Stroke

3D Stroke 特效可以为路径、遮罩添加笔画，类似 Photoshop 中的描边功能。它能对笔画设置关键帧动画，通过丰富的控制能力让笔画在三维空间中自由地运动，如弯曲、位移、旋转、缩放、重复等，从而绘制出一些精美、奇异的几何图形。

【例 7-2】 利用 3D Stroke 特效制作旋转等绚丽特效。

1) 效果说明

本例利用 3D Stroke 特效制作旋转等绚丽效果，如图 7-10 所示。

图 7-10　效果图

2) 操作要点

设置 3D Stroke 外挂滤镜的主要参数，利用关键帧完成特效制作。

3) 操作步骤

(1) 运行 Premiere Pro 2020，打开开始使用界面，单击【新建项目】按钮，打开【新建项目】对话框，如图 7-11 所示。在该对话框中，设置项目保存的路径及输入名称“ch07-2”后，单击【确定】按钮，进入主程序界面。

(2) 选择【文件】|【新建】|【序列】命令，此时系统将弹出【新建序列】对话框。打开【序列预设】选项卡，选择国内电视制式通用的【DV-PAL】|【标准 48 kHZ】，序列名称默认为“序列 01”，如图 7-12 所示，单击【确定】按钮。

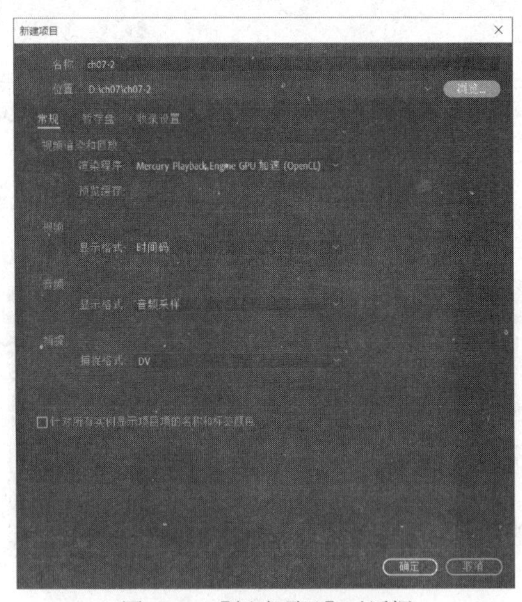

图 7-11　【新建项目】对话框

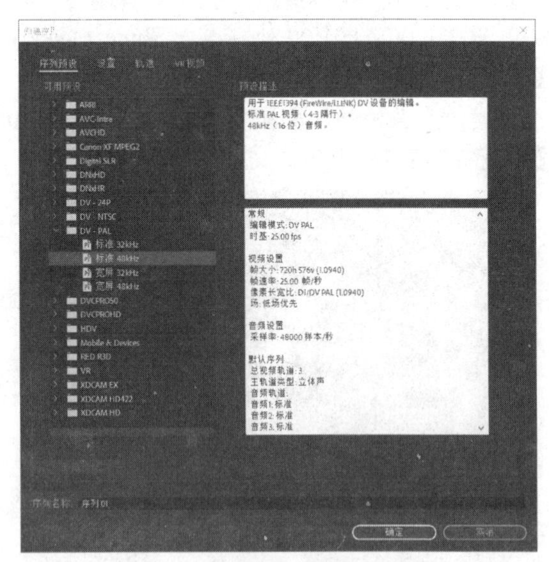

图 7-12　【新建序列】对话框

(3) 选择【编辑】|【首选项】|【时间轴】命令，在打开的对话框中，设置【静止图像默认持续时间】为“125 帧”，如图 7-13 所示，单击【确定】按钮。在【项目】面板中单击右下角的【新建项】按钮，在弹出的如图 7-14 所示的菜单中选择【黑场视频】命令，新建一个黑场视频，并将其拖到 V1 轨道上，如图 7-15 所示。

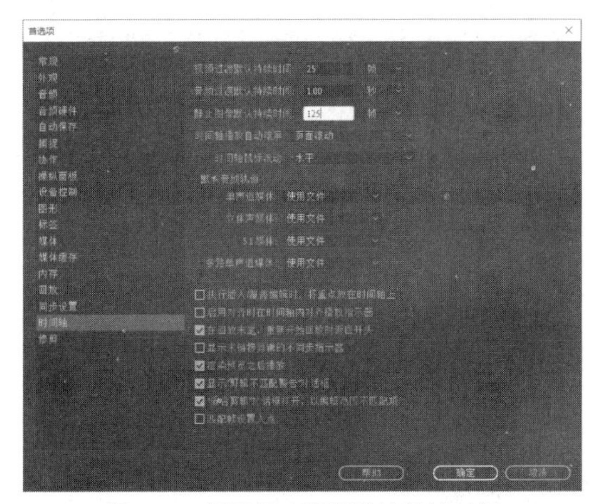

图 7-13　设置静止图像默认持续时间

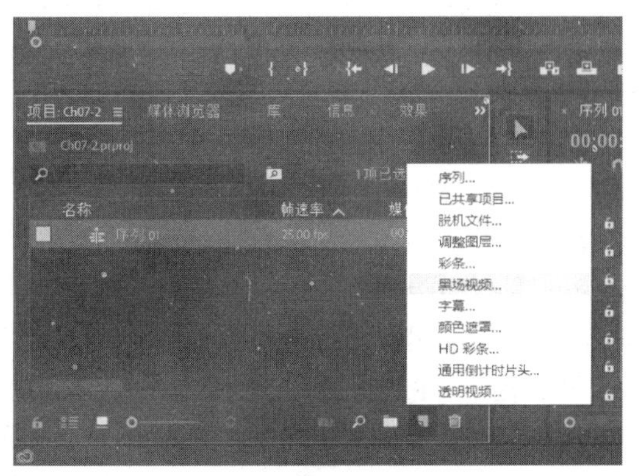

图 7-14　选择【黑场视频】命令

(4) 在【效果】面板中展开【视频效果】文件夹，再展开【RG Tropcode】文件夹，如图 7-16 所示。将【3D Stroke】特效拖到 V1 轨道的【黑场视频】上，打开【效果控件】面板，展开【3D Stroke】特效，设置【Presets】为"Basic Square"，【ScaleX】为"0.8"，【ScaleY】为"0.8"，【Thickness】为"5.0"，如图 7-17 所示。

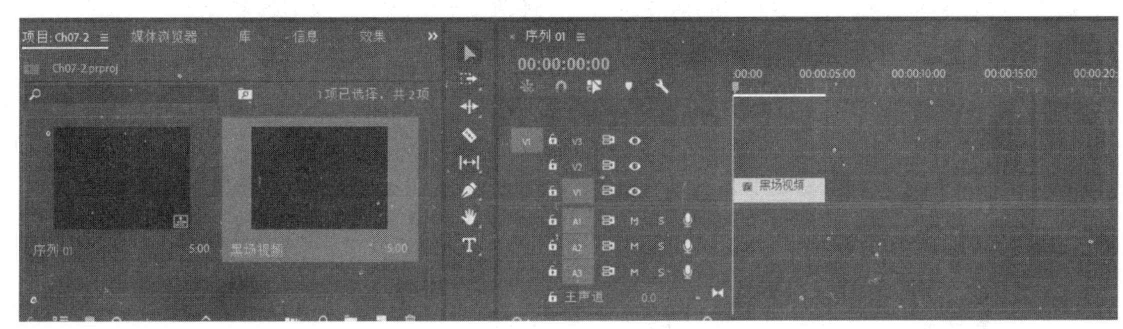

图 7-15　将黑场视频拖到 V1 轨道上

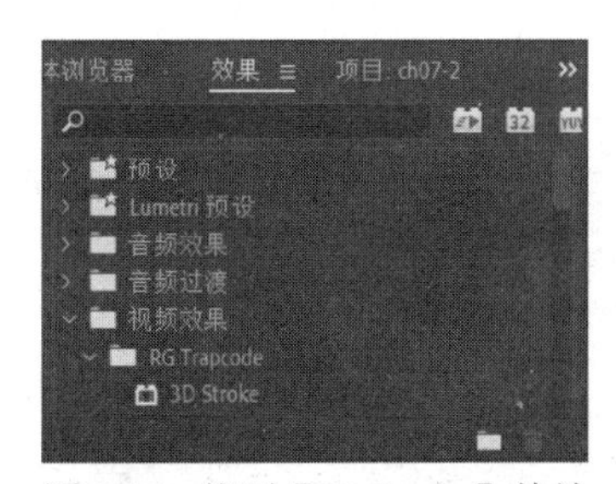

图 7-16　找到【3D Stroke】特效

图 7-17　设置【3D Stroke】特效的参数

(5) 展开【Repeater】属性，选中【Enable】复选框，设置【Instances】为"4"，【Factor】为"1.2"。在 00:00:00:00 处，单击【Y Rotation】前的【切换动画】按钮新建一个关键帧，修改【Y Rotation】值为"45.0"；在 00:00:01:00 处，单击【添加/移除关键帧】按钮再新建一个关键帧，

更改【Y Rotation】值为“0.0”，形成每个矩形副本围绕Y轴进行旋转的动画，如图7-18所示。

(6) 展开【Transform】属性，在00:00:00:00处，单击【Y Rotation】前的【切换动画】按钮新建一个关键帧，修改【Y Rotation】值为“180.0”；在00:00:01:00处，单击【添加/移除关键帧】按钮再新建一个关键帧，更改【Y Rotation】值为“0.0”，形成矩形群整体围绕Y轴进行旋转的动画，如图7-19所示。

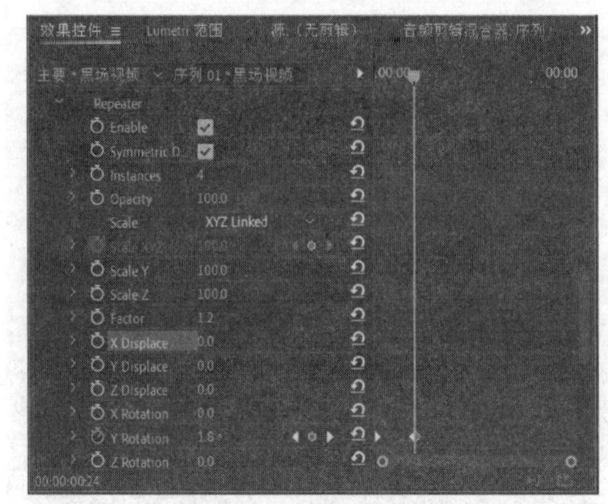

图7-18　各个矩形副本围绕Y轴旋转的动画设置

(7) 展开【Repeater】属性，在00:00:00:00处，单击【Instances】前的【切换动画】按钮新建一个关键帧，修改【Instances】值为“10”；在00:00:00:20处，更改【Instances】值为“6”以新建一个关键帧；在00:00:01:00处，更改【Instances】值为“0”以新建一个关键帧；在00:00:01:05处，更改【Instances】值为“5”以新建一个关键帧，形成矩形副本由多到少、再由少到多的动画，如图7-20所示。

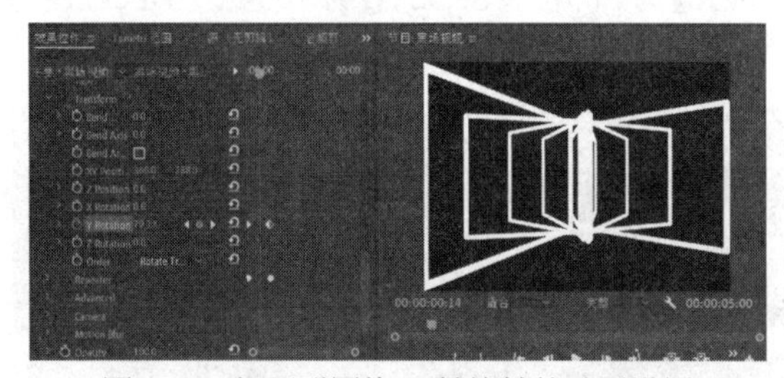

图7-19　矩形群围绕Y轴旋转的动画设置

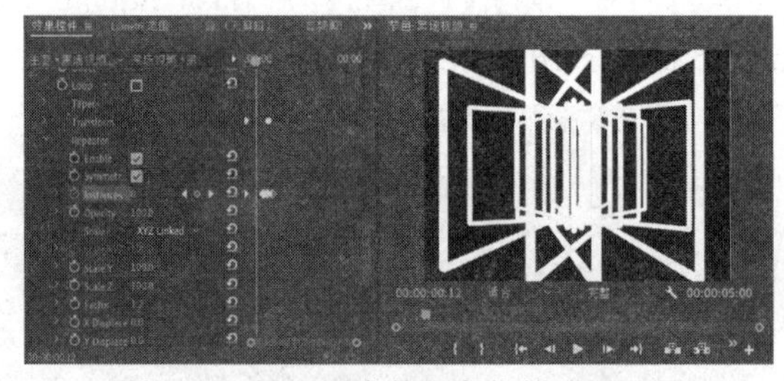

图7-20　矩形副本数目变化的动画设置

(8) 展开【Repeater】属性，设置【Scale】为“XYZ Linked”，在00:00:01:00处，单击Scale XYZ右侧的【添加/移除关键帧】按钮，添加一个关键帧，单击左侧的箭头展开属性设置选项，确保关键帧下方控制点显示的值为“100”；在00:00:02:00处，添加一个关键帧，调节关键帧下方的控制点，将其值更改为“380.0”，形成矩形由远及近的动画，如图7-21所示。

(9) 展开【Repeater】属性，修改【Z Displace】值为“0.0”，在00:00:00:00处，单击【X Displace】前的【切换动画】按钮以新建一个关键帧，修改【X Displace】值为“50.0”；在00:00:01:00处，修改【X Displace】值为“0.0”，以新建一个关键帧，形成各个矩形在X方向上偏移的动画，修改【Factor】值为“2.0”以保证各矩形间的距离更加适当，如图7-22所示。

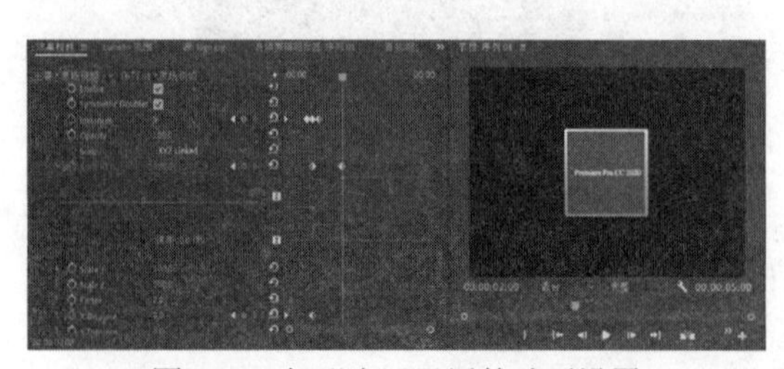

图7-21　矩形由远及近的动画设置

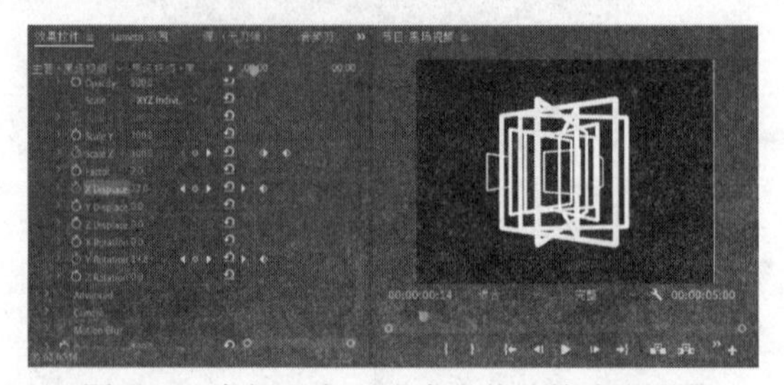

图7-22　各矩形在X方向上偏移的动画设置

(10) 在【项目】面板中导入素材“logo.jpg”，在【时间轴】面板中将时间线指针移到00:00:01:00

处，将“logo.jpg”拖动到 V2 轨道上的时间线指针处，右击该素材，在弹出的快捷菜单中选择【速度/持续时间】命令，在打开的对话框中设置时间持续为 4 s(00:00:04:00)，如图 7-23 所示。

(11) 选择 V2 轨道上的“logo.jpg”，在【效果控件】面板中展开【运动】属性，设置【缩放】为“21.0”，以保证图片素材与矩形框等大，如图 7-24 所示。

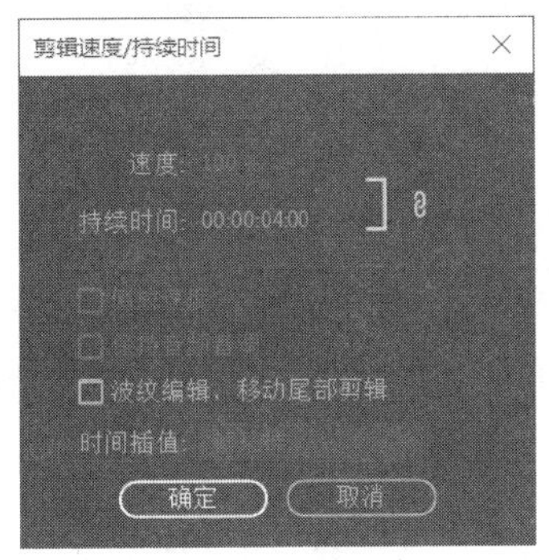

图 7-23　设置素材“logo.jpg”的持续时间

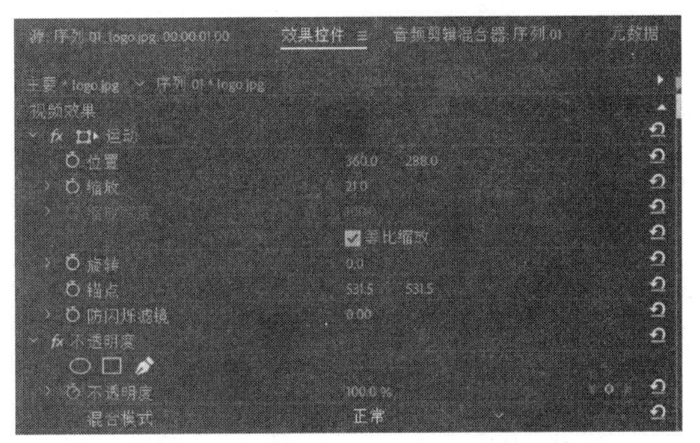

图 7-24　设置素材“logo.jpg”的缩放值

(12) 在【效果】面板中展开【视频效果】文件夹，再展开【生成】文件夹，将特效【渐变】拖到 V1 轨道的【黑场视频】上；在【效果控件】面板中展开【渐变】特效，选择【起始颜色】后的吸管按钮，用鼠标在【项目】面板中单击“logo.jpg”左上角的白色区域，使起始颜色为白色。单击【结束颜色】后的吸管按钮，用鼠标在【项目】面板中单击“logo.jpg”右下角的浅红色区域，使结束颜色为浅红色。单击【渐变】属性，【项目】面板中将出现渐变色的起点和终点，用鼠标将起点拖到“logo.jpg”的左上角，将终点拖到“logo.jpg”的右下角，如图 7-25 所示。

(13) 选择 V1 轨道上的【黑场视频】，在【效果控件】面板中展开【运动】属性，在 00:00:00:00 处，单击【位置】前的【切换动画】按钮以新建一个关键帧，修改【位置】值为“870.0、288.0”；在 00:00:00:10 处，修改【位置】值为“360.0、288.0”以新建一个关键帧，形成矩形框从右到窗口中间移动的动画效果，如图 7-26 所示。

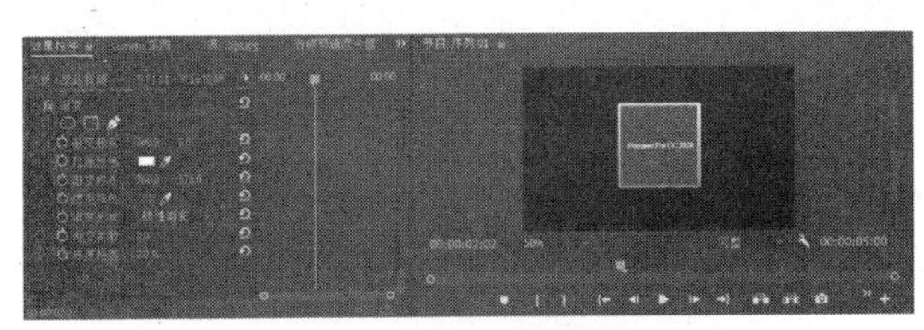

图 7-25　【渐变】特效参数设置

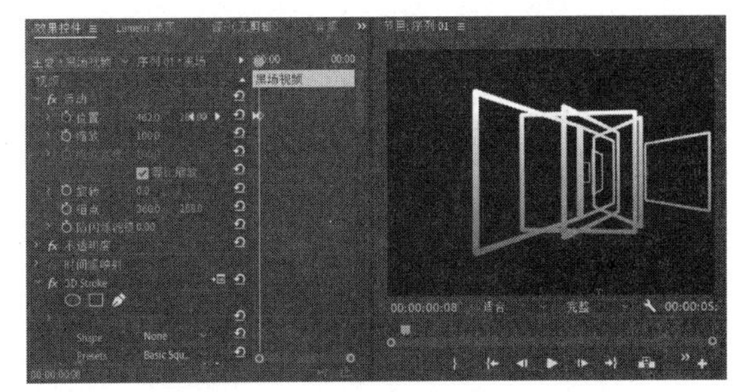

图 7-26　矩形框位置的动画设置

(14) 单击【时间轴】面板，按空格键或回车键预览效果，最后执行【文件】|【保存】命令，保存该项目文件。

7.2.3　Looks

Looks 是一款简单实用的调色校色插件，适用于视频编辑软件 Premiere Pro 与合成软件 After Effects。由于其中包含了很多预设，因此用户只需几步简单操作就可以达到较完美的调色水准。

【例 7-3】 利用 Looks 插件实现调色的效果。素材

1) 效果说明

运用 Looks 插件完成镜头的调色，效果如图 7-27 所示。

图 7-27 调色效果

2) 操作要点

设置 Looks 插件的主要参数，实现调色效果。

3) 操作步骤

(1) 运行 Premiere Pro 2020，打开开始使用界面，单击【新建项目】按钮，打开【新建项目】对话框，如图 7-28 所示。在该对话框中，设置项目保存的路径及输入名称“ch07-3”后，单击【确定】按钮，进入主程序界面。

(2) 选择【文件】|【新建】|【序列】命令，此时系统将弹出【新建序列】对话框。打开【序列预设】选项卡，选择国内电视制式通用的【DV-PAL】|【标准 48 kHZ】，序列名称默认为“序列 01”，如图 7-29 所示，单击【确定】按钮。

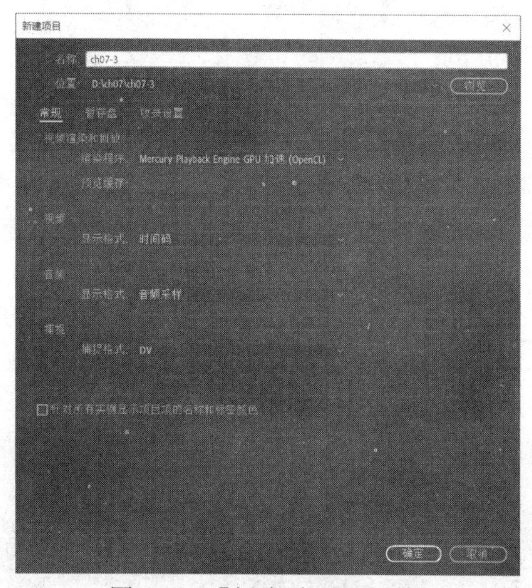

图 7-28 【新建项目】对话框

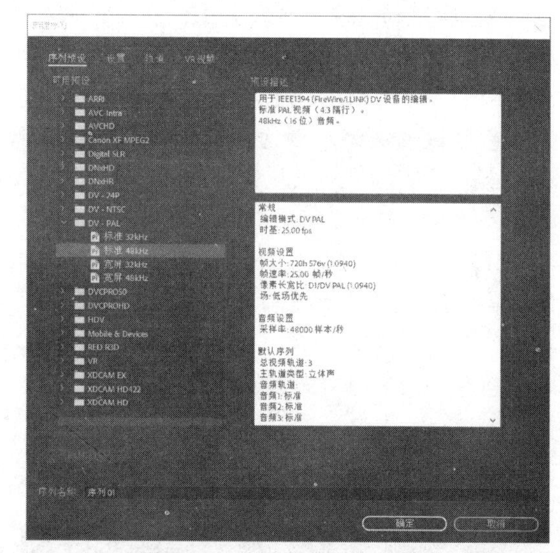

图 7-29 【新建序列】对话框

(3) 在【项目】面板中导入视频素材“校园.MOV”，并将其拖到 V1 轨道上，在弹出的【剪辑不匹配警告】对话框中单击【更改序列设置】按钮，如图 7-30 所示。

图 7-30 【剪辑不匹配警告】对话框

(4) 在【效果】面板中展开【视频效果】|【RG Magic Bullet】文件夹，将“Looks”特效拖到 V1 轨道上的“校园. MOV”上，展开【效果控件】面板，在“Looks”特效中，单击【Edit look...】按钮，打开【Magic Bullet Looks】编辑窗口，如图 7-31 所示。

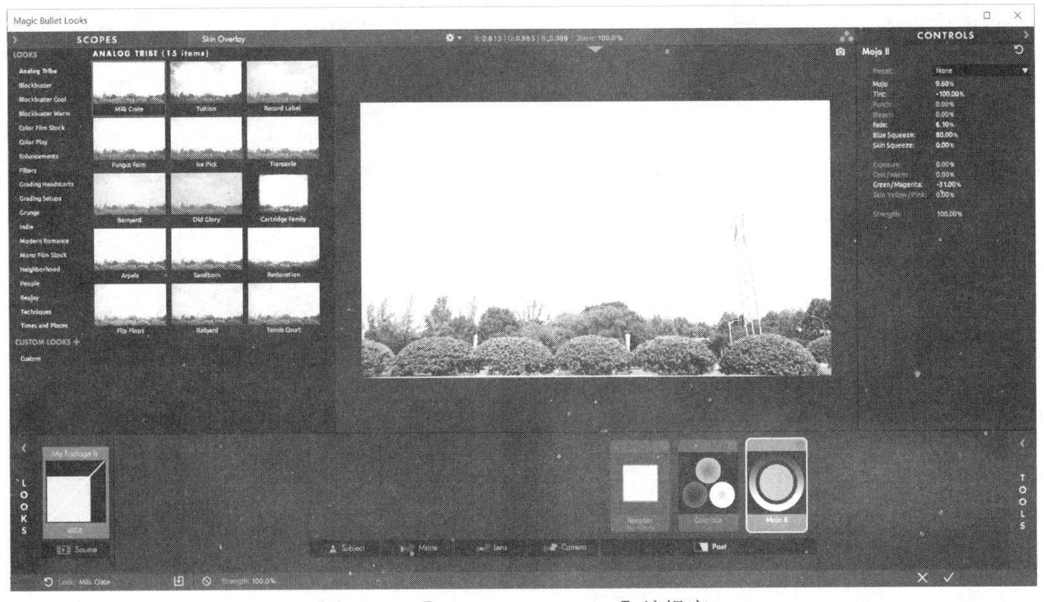

图 7-31 【Magic Bullet Looks】编辑窗口

(5) 选择最左侧各类预设效果中的【Color Play】，再选择其中的【Skydance】选项，如图 7-32 所示，此时画面平淡的缺点会得到一定程度的改善。

(6) 在最右侧的【Controls】面板中设置 HSL 的参数。可单击【HSL】面板右上角的数值显示/隐藏按钮◎，分别调节其参数，如图 7-33 所示。此时，画面中天空的蓝色和树叶的绿色会更加丰富。单击右下角的【确定】按钮✓，关闭【Magic Bullet Looks】编辑窗口。

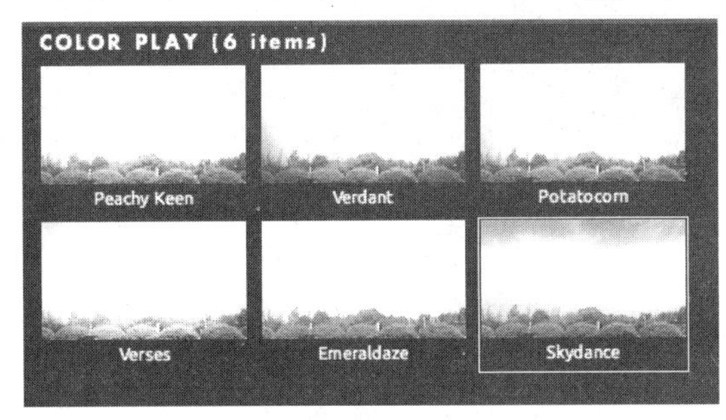

图 7-32 选择【Skydance】选项

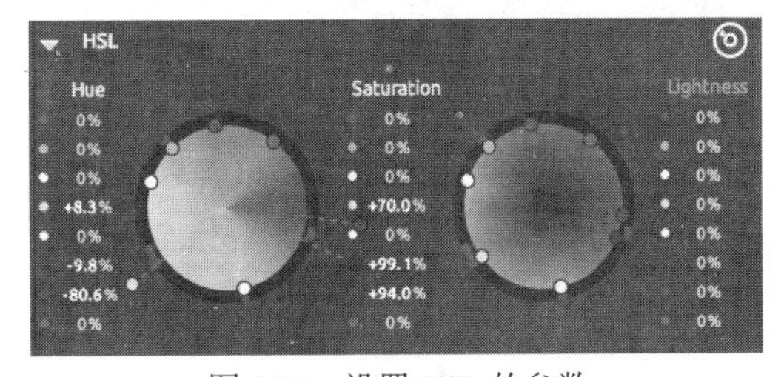

图 7-33 设置 HSL 的参数

(7) 单击【时间轴】面板，按空格键或回车键预览效果，最后执行【文件】|【保存】命令，保存该项目文件。

7.2.4 Sapphire

Sapphire 同样是一款简单实用的视频插件，适用于视频编辑软件 Premiere Pro 与合成软件 After Effects，拥有众多独特的视觉效果和转场效果。

【例 7-4】 利用 Sapphire 插件实现镜头的转场过渡效果。素材

1) 效果说明

转场过渡效果在视频制作中有重要的作用。本例将运用 Sapphire 插件完成镜头的转场效果，如图 7-34 所示。

2) 操作要点

设置 Sapphire 插件的主要参数，实现风格独特的转场效果。

图 7-34　转场效果

3) 操作步骤

(1) 运行 Premiere Pro 2020，打开开始使用界面，单击【新建项目】按钮，打开【新建项目】对话框，如图 7-35 所示。在该对话框中，设置项目保存的路径及输入名称“ch07-4”后，单击【确定】按钮，进入主程序界面。

(2) 选择【文件】|【新建】|【序列】命令，此时系统将弹出【新建序列】对话框。在【序列预设】选项卡中选择国内电视制式通用的【DV-PAL】|【标准 48 kHZ】，序列名称默认为“序列 01”，如图 7-36 所示，单击【确定】按钮。

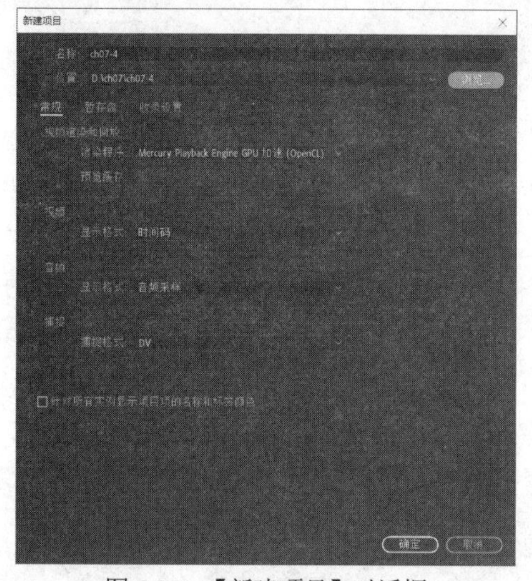

图 7-35　【新建项目】对话框

图 7-36　【新建序列】对话框

(3) 在【项目】面板中导入素材“雨后彩虹.jpg”“西藏山峰山峦景观.jpg”“金色麦田.jpg”，并将它们依次拖到【时间轴】面板的 V1 轨道上，如图 7-37 所示。

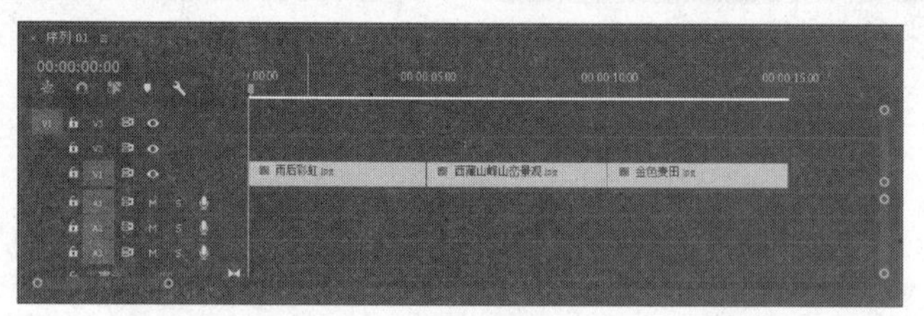

图 7-37　将素材拖至【时间轴】面板的 V1 轨道上

(4) 在【效果】面板中展开【视频过渡】|【Sapphire Builder】文件夹，将“S_Transition”转场效果拖到 V1 轨道上的“雨后彩虹.jpg”和“西藏山峰山峦景观.jpg”之间，在【效果控件】面板中单击【S_Transition】转场效果的【Load Preset】按钮，打开【Sapphire Preset Browser】编辑窗口，如图 7-38 所示。

(5) 单击其中的【S_DissolveDiffuse】，编辑窗口下方会显示这一效果的所有选项。选择其中的【Default】选项，单击播放窗口中的【播放】按钮▶，可以看到转场的实际效果，如图 7-39 所示。单击下方的【Load】按钮，关闭编辑窗口。

图 7-38　【Sapphire Preset Browser】编辑窗口

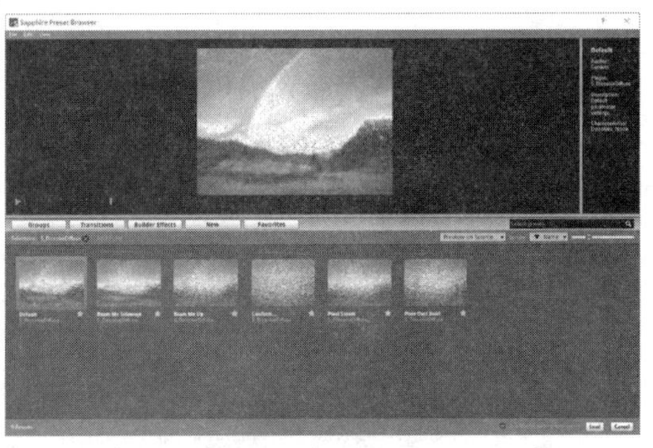

图 7-39　选择“S_DissolveDiffuse”效果

(6) 在【效果控件】面板中设置“S_Transition”效果的【Max Amount】值为“50.00”，【Rel Amount X】值为“5.00”，【Rel Amount Y】值为“3.00”，如图 7-40 所示。

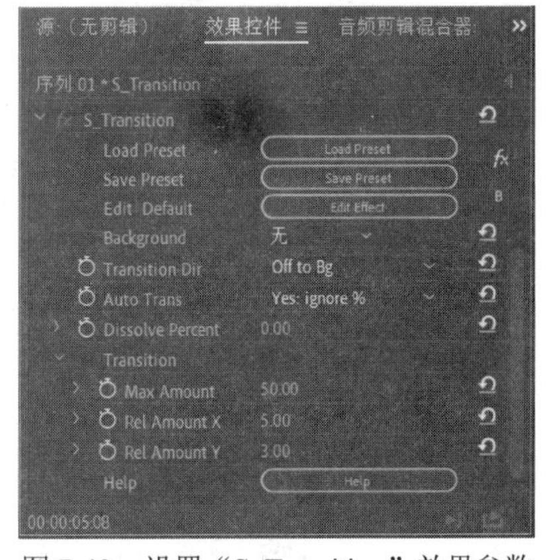

图 7-40　设置“S_Transition”效果参数

(7) 在【效果】面板中展开【视频过渡】|【Sapphire Transitions】文件夹，将“S_WipeWeave”转场效果拖到 V1 轨道上的“西藏山峰山峦景观.jpg”和“金色麦田.jpg”之间，在【效果控件】面板中单击【S_WipeWeave】|【Load Preset】按钮，打开【Sapphire Preset Browser】编辑窗口，如图 7-41 所示。单击下方的【Load】按钮，关闭编辑窗口。

(8) 在【效果控件】面板中设置“S_WipeWeave”的【Strands】为“Shrink”，【Edge Softness】值为“2.00”，【Frequency】值为“16.00”，【Rel Length】值为“6.00”，【Seed】值为“0.100”，如图 7-42 所示。

图 7-41　【Sapphire Preset Browser】编辑窗口

图 7-42　设置“S_WipeWeave”效果参数

(9) 按空格键或回车键预览效果，最后执行【文件】|【保存】命令，保存该项目文件。

拓展训练

本拓展训练通过 Beauty Box 插件的使用，完成皮肤润饰处理的效果。Beauty Box 是一款可为视频人像进行快速、实时皮肤润饰处理的插件。它通过采用先进的脸部和皮肤检测、平滑算法，消除了高清和 4K 视频中可见的皮肤和化妆问题，从而在后期制作中实现“数字化妆”的功能。

1) 效果说明

本例将利用 Beauty Box 插件实现对皮肤进行润饰处理的效果，如图 7-43 所示。

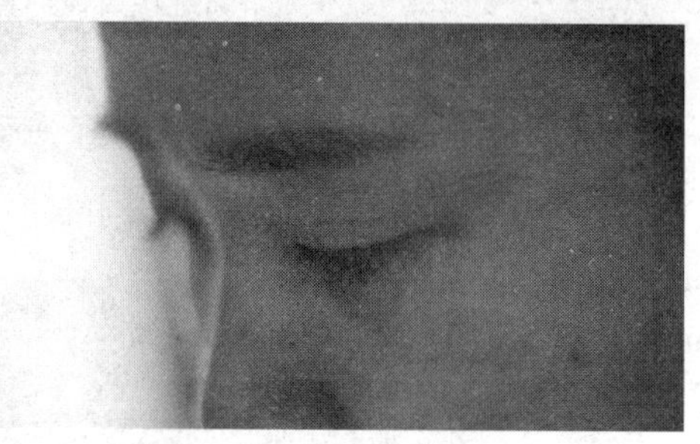
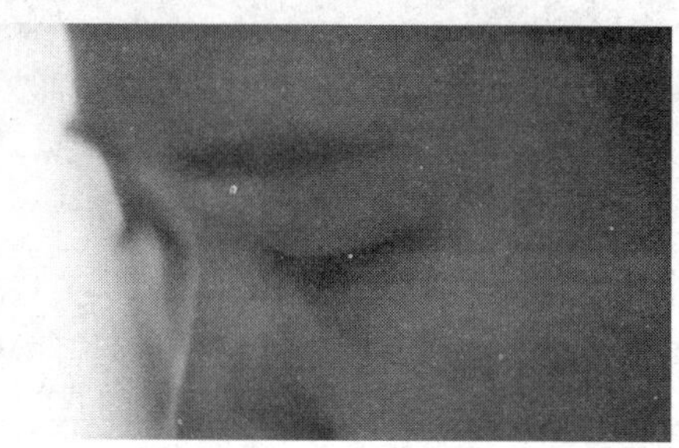

图 7-43　效果图

2) 操作要点

设置 Beauty Box 插件的主要参数，完成特效制作。

3) 操作步骤

(1) 运行 Premiere Pro 2020，打开开始使用界面，单击【新建项目】按钮，打开【新建项目】对话框，如图 7-44 所示。在该对话框中，设置项目保存的路径及输入名称 “ch07-5” 后，单击【确定】按钮，进入主程序界面。

(2) 选择【文件】|【新建】|【序列】命令，此时系统将弹出【新建序列】对话框。在【序列预设】选项卡中选择国内电视制式通用的【DV-PAL】|【标准 48 kHZ】，序列名称默认为 “序列 01”，如图 7-45 所示，单击【确定】按钮。

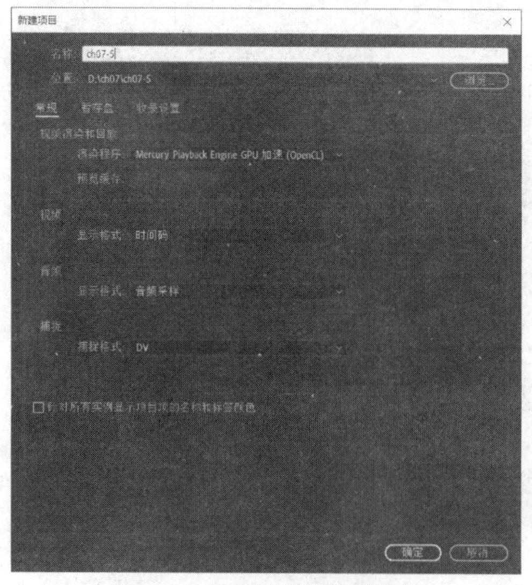

图 7-44　【新建项目】对话框

图 7-45　【新建序列】对话框

(3) 在【项目】面板中导入视频素材“眼睛. mp4”，并将其拖到 V1 轨道上，在弹出的【剪辑不匹配警告】对话框中单击【更改序列设置】按钮，如图 7-46 所示。

图 7-46　【剪辑不匹配警告】对话框

(4) 在【效果】面板中展开【视频效果】|【颜色校正】文件夹，将“Lumetri 颜色”特效拖到 V1 轨道的“眼睛.mp4”上，展开【效果控件】面板，在“Lumetri 颜色”特效中，依次展开【基本校正】|【色调】，设置【曝光】值为“2.0”，如图 7-47 所示。

(5) 在【效果】面板中展开【视频效果】|【Digital Anarchy】文件夹，将“Beauty Box”特效拖到 V1 上的“眼睛. mp4”上，展开【效果控件】面板中的【Beauty Box】特效，选择【Dark Color】右侧的取色工具，单击画面中人脸亮度最低的部分，再选择【Light Color】右侧的取色工具，单击画面中人脸亮度最高的部分，此时的【效果控件】面板如图 7-48 所示。

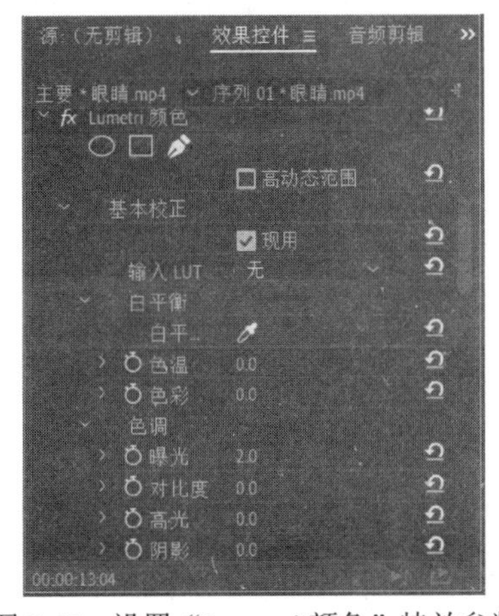

图 7-47　设置“Lumetri 颜色”特效参数

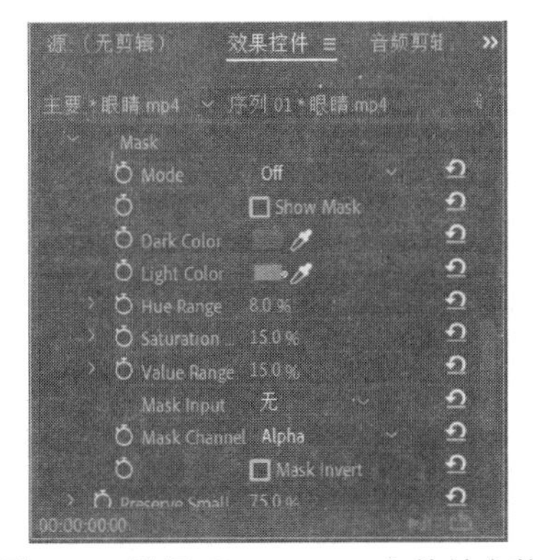

图 7-48　设置“Beauty Box”特效参数

(6) 设置【Smoothing Amount】值为“40.00”，【Skin Detail Smoothing】值为“20.00”，【Contrast Enhance】值为“15.00”，如图 7-49 所示。此时，人脸皮肤会得到较明显的平滑处理，效果如图 7-50 所示。

图 7-49　设置参数

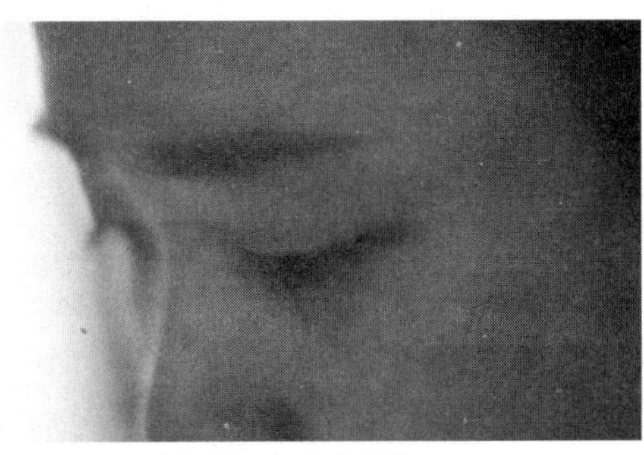

图 7-50　画面效果

(7) 单击【时间轴】面板，按空格键或回车键预览效果，最后执行【文件】|【保存】命令，保存该项目文件。

习题

1. 什么是 Premiere 的外挂滤镜？
2. 如何在 Premiere Pro 2020 中，查看和调用 RG Trapcode 系列滤镜？
3. 如何利用 Shine 滤镜制作光芒放射效果？简述其制作步骤。
4. 在 Premiere Pro 2020 中，如何制作点光闪耀效果？简述其制作步骤。

第 8 章 视频合成

学习目标

在影视制作中，为了增强影片的可观赏性，往往需要对多个剪辑进行叠加处理，这样就能制作出变幻莫测、目不暇接的效果。Premiere Pro 2020 具有强大的视频处理能力，可以通过视频透明叠加及键控技术进行视频合成。本章将详细地介绍 Premiere Pro 2020 中的各种叠加效果，并说明在使用 Premiere Pro 2020 进行影视制作的过程中，如何根据需要选择恰当的叠加处理效果。

本章重点

- 不透明度和叠加
- 设置不透明度
- 键控技术
- 遮罩透明
- 应用遮罩

任务 1 认识视频合成

视频合成是指将多个图像处理成一个合成图像的过程。因为视频帧在默认状态下都是完全不透明的，所以，如要进行视频合成，则要使视频帧在某些部分或区域变成透明。用户还可以通过亮度或者色彩的叠加方式来获得合成效果。

8.1.1 不透明度

如果一个剪辑素材的某些部分是透明的，则一定有一部分表示这种透明的信息，在 Premiere 中，剪辑素材的透明信息保存在 Alpha 通道中。

如果剪辑素材的 Alpha 通道不能完全符合用户的需求，则可以结合使用不透明度(opacity)、遮罩(mask)、遮片(matte)和键控(keying)技术来调整图像的 Alpha 通道，以隐藏剪辑素材的全部或者部分画面。

如要通过组合叠加素材来产生特殊效果，则每个素材的某些部分必须是透明的。透明效果可以通过介质和软件来产生，Premiere 中的相关术语如下。

1. Alpha 通道

对于一些经常使用图形图像处理软件(如 Adobe Photoshop)的读者来说，他们应该相当熟悉 Alpha 通道。在 Premiere 中，Alpha 通道不可见，因为它主要用来定义通道中的透明区域。对于一些导入的素材，Alpha 通道提供了一条途径，可将素材及其自带的透明信息存储在一个文件中而不干扰电影胶片自身的色彩通道。在【监视器】面板中查看 Alpha 通道时，白色部分代表不透明区域，黑色部分代表透明区域，灰色部分代表部分透明区域。

2. 遮罩

Alpha 通道的别称。

3. 遮片

遮片用来定义或修改它的图层或者其他图层中透明区域的文件或通道。在为素材或通道中某部分定义透明或没有 Alpha 通道时，使用遮片要比使用 Alpha 通道方便。

4. 键控

键控用来在图像文件中使用特殊的色彩或亮度值来设置不透明度，使与基调色彩相匹配的像素变得透明。利用键控效果删除具有同一色彩的背景是很方便且有效的。

8.1.2 叠加

通过将部分透明的剪辑堆放在不同轨道上，并利用较低轨道中的颜色通道进行叠加，可以创建出一种特殊的效果。

使用透明叠加的原理是每段剪辑素材都有一定的不透明度，在不透明度为 0%时，图像完全

透明；在不透明度为100%时，图像完全不透明；介于两者之间的图像呈半透明。

叠加是将一个剪辑部分地显示在另一个剪辑上，它所利用的就是剪辑的不透明度。Premiere可以通过对不透明度的设置，为对象制作透明叠加混合效果。

Premiere Pro 2020中，每个视频(或图片)素材都有一个默认的【不透明度】效果。在【时间轴】面板中选中一个素材，就可以看到【效果控件】面板中视频特效的【不透明度】效果，如图8-1所示。展开该效果，可以通过调节该素材的不透明度百分比来得到合适的不透明度效果。

建立叠加的效果，是指将叠加轨道上的剪辑叠加到底层的剪辑上，轨道编号较高的剪辑会叠加在编号较低的叠加轨道剪辑上。叠加就是使上面的素材部分或全部变得透明，使下面的素材能够透过上面的素材显示出来，如图8-2所示。在节目片头、片花制作中经常采用这种方法，特别是多画面的叠加。

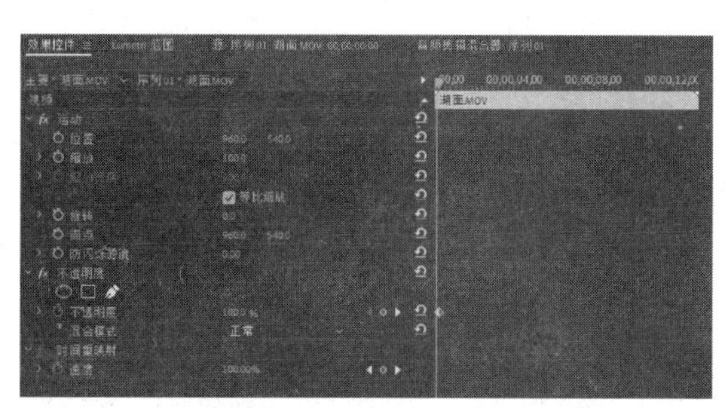

图8-1　【不透明度】效果选项

图8-2　不同透明度的轨道叠加

8.1.3　利用不透明度设置叠加片段

除了在【效果控件】面板中设置不透明度效果，Premiere还可以在【时间轴】面板中直接设置素材的不透明度。

将一个素材放置在【时间轴】面板的视频轨道上后，展开轨道，视频素材会在显示时出现一条线，与素材的持续时间等长。右击素材上的按钮，在弹出的快捷菜单中选择【不透明度】|【不透明度】命令，那么这条线位置的高低就表示素材不透明度的多少，使用它可以控制整个素材的不透明度，其默认的不透明度是100%。

【例8-1】 创建一个名为“ch08-1”的项目，导入一段视频素材，通过【时间轴】面板的关键帧设置视频的不透明度变化效果。素材

1) 效果说明

运用钢笔工具实现透明度的转换。

2) 操作要点

学习钢笔工具的使用与操作控制，使用关键帧设置自由度。

3) 操作步骤

(1) 启动Premiere Pro 2020，新建一个名为“ch08-1”的项目文件。按下快捷键Ctrl + N，新建一个序列。

(2) 选择【文件】|【导入】命令，打开【导入】对话框，导入视频素材“湖面.MOV”，如图8-3所示。

(3) 从【项目】面板中将“湖面.MOV”拖到【时间轴】面板的 V1 轨道上，在弹出的【剪辑不匹配警告】对话框中单击【更改序列设置】按钮，结果如图 8-4 所示。

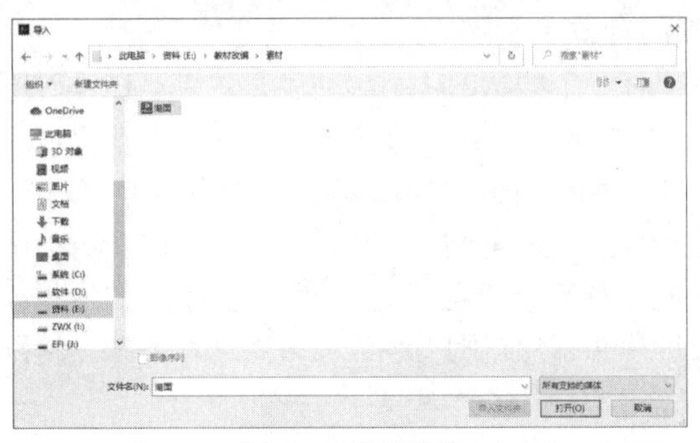

图 8-3　导入素材

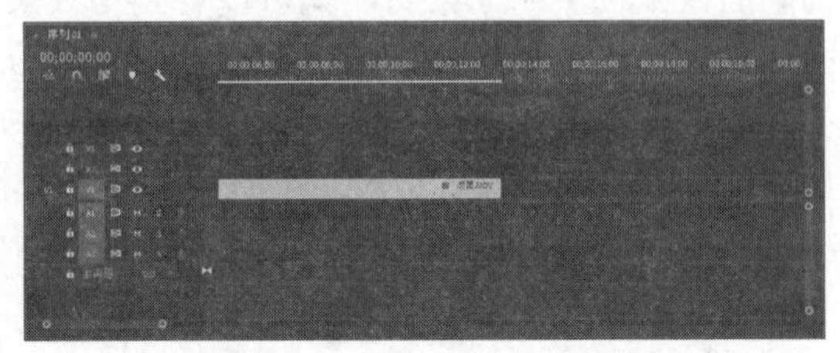

图 8-4　在 V1 轨道上放置素材

(4) 在【时间轴】面板中展开 V1 轨道，即可在素材上看到一条线，右击素材上的按钮 fx，在弹出的快捷菜单中选择【不透明度】|【不透明度】命令，如图 8-5 所示。把鼠标移到渐变线上并向下拖动，不透明度将会发生变化，如图 8-6 所示。用户可以在【节目监视器】面板中看到变化效果，如图 8-7 所示。

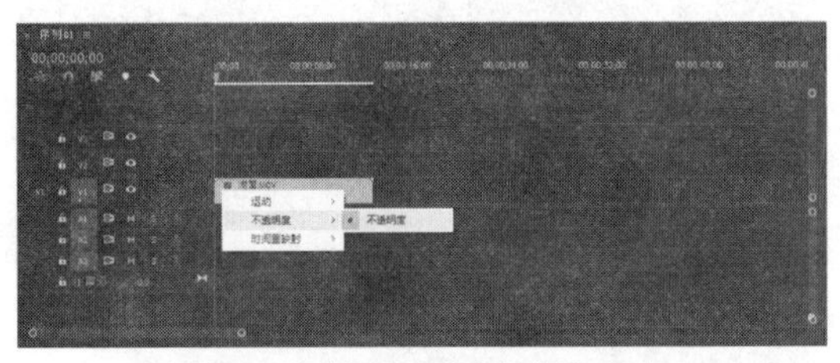

图 8-5　选择【不透明度】命令

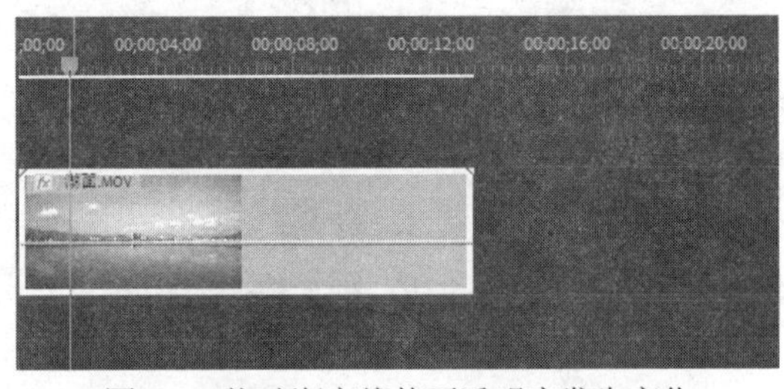

图 8-6　拖动渐变线使不透明度发生变化

图 8-7　不透明度变化前后的对比

(5) 将鼠标放在不透明度线的开始处，在按住 Ctrl 键的同时单击，添加一个关键帧控制点，拖动控制点向上到最高处，将其【不透明度】设定为“100”。然后将鼠标放在 00:00:04:00 处，在按住 Ctrl 键的同时单击，再添加另一个关键帧控制点，拖动控制点向下到最低处，使其【不透明度】为“0”，如图 8-8 所示。

(6) 将时间线指针移到 00:00:08:00 处和结束处，分别添加关键帧控制点，将 00:00:04:00 处和结束处的【不透明度】分别调整为“0”和“100”，结果如图 8-9 所示。添加关键帧控制点的另外一种方法是选取【工具】面板中的【钢笔工具】，将鼠标移到不透明度轨迹线上，当【钢笔工具】右下方出现“+”时单击。如果想去除多余的关键帧控制点，则可通过在选中关键帧控制

点后按 Delete 键实现。

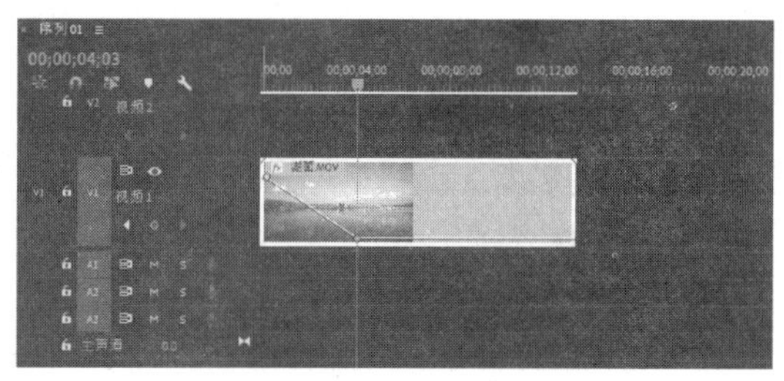

图 8-8　设置关键帧 1

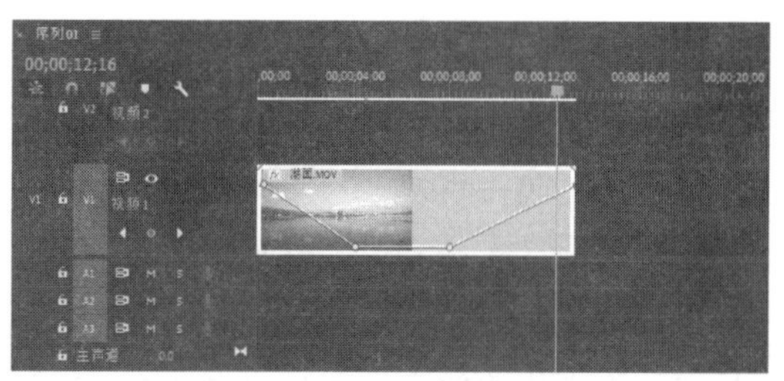

图 8-9　设置关键帧 2

(7) 在【节目监视器】面板中进行预演，即可看到使用渐变线产生的不透明度变化效果，如图 8-10 所示。

图 8-10　使用渐变线产生不透明度变化效果

任务 2　应用键控

键控是指通常所说的抠像，它表现为一种分割屏幕的特技，按图像中的特定颜色值(使用颜色键或色度键)或亮度值(使用明亮度键)来定义不透明度。当用户键出某个值时，所有具有相似颜色或明亮度值的像素都将变为透明。

键控在电视节目的制作中广泛应用。它的本质就是【抠】和【填】。【抠】是通过运用虚拟技术，将背景进行特殊透明叠加的一种技术。抠像是影视合成中常用的背景透明方法，它通过对指定区域的颜色进行去除，使其变得透明来完成和其他素材的合成效果。【填】就是将所要叠加的视频信号填到被抠掉的无图像区域，而最终生成前景物体与叠加背景相合成的图像。

在早期的电视制作中，键控技术需要用昂贵的硬件来支持，而且对拍摄背景有严格要求，通常是在高饱和度的蓝色或绿色背景下拍摄，同时对光线的要求也很严格。目前，各种非线性编辑软件与合成软件都能实现键控特技，且对背景的颜色要求不是十分严格，如 Premiere 和 After

Effects 等都提供了抠像技术。利用多种抠像特效，可以轻易剔除影片中的背景。

下面对 Premiere Pro 2020 中常用的键控效果进行详细讲解。

8.2.1 色键透明

色键透明是 Premiere 中最常用的透明叠加方式。色键技术通过对在一个颜色背景上拍摄的数字化素材进行键控，来指定一种颜色，系统会将图像中所有与其近似的像素键出，使其透明。运用色键透明产生的效果如图 8-11 所示。

图 8-11　运用色键透明产生的效果

Premiere Pro 2020 提供了以下几种色键透明叠加方式，包括【超级键】【非红色键】和【颜色键】。

1. 【超级键】效果

【超级键】又称【极致键】，是 Premiere Pro 2020 中应用最为广泛的键控特效，应用该特效可以使素材中特定的颜色区域变得透明。这种键控可以用于包含一定颜色范围的屏幕为背景的场景，在具有支持 NVIDIA 显卡的计算机上采用 GPU 加速，从而提高播放和渲染性能。运用【超级键】后的效果如图 8-12 所示。

图 8-12　运用【超级键】后的效果

【超级键】效果的参数控制面板如图 8-13 所示，各选项的作用如下。

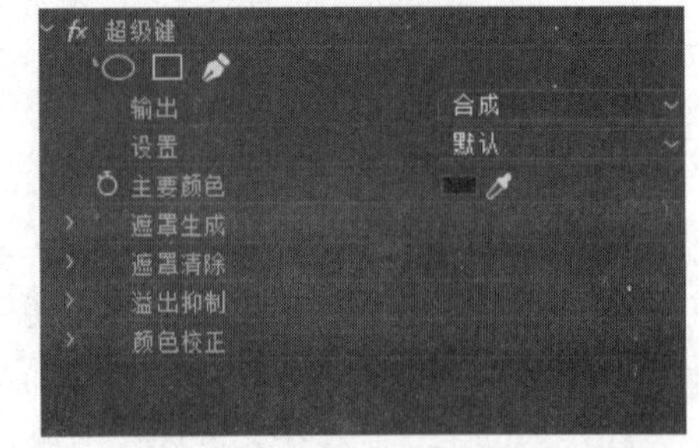

图 8-13　【超级键】效果的参数控制面板

- 【输出】：可以选择【节目监视器】面板中的观看模式，以方便抠像，包含【合成】【Alpha 通道】【颜色通道】三个选项。
- 【设置】：可以选择抠像的强度。
- 【主要颜色】：选取要抠除的颜色。
- 【遮罩生成】：用于精确抠像，主要包含以下几个参数。

【不透明度】：在背景上抠像源后，控制源的不透明度。该数值的范围为 0～100，100 表示完全透明，0 表示不透明。

【高光】：增加源图像亮区的不透明度。可以使用【高光】提取细节，如透明物体上的镜面高光。该数值的范围为 0～100，默认值为 10，0 表示不影响图像。

【阴影】：增加源图像暗区的不透明度。可以使用【阴影】来校正由于颜色溢出而变透明的黑暗元素。该数值的范围为 0～100，默认值为 50，0 表示不影响图像。

【容差】：从背景中滤出前景图像中的颜色，增加偏离主要颜色的容差。可以使用【容差】移除由色偏引起的伪像，也可以使用【容差】控制肤色和暗区上的溢出。该数值的范围为 0～100，默认值为 50，0 表示不影响图像。

【基值】：从 Alpha 通道中滤出通常由粒状或低光素材所引起的杂色。该数值的范围为 0～100，默认值为 10，0 表示不影响图像。源图像的质量越高，【基值】可以设置得越低。

- 【遮罩清除】：用于精确抠出主体边缘，主要包含以下几个参数。

【阻塞】：缩小 Alpha 通道遮罩的大小。执行形态侵蚀(部分内核大小)。阻塞级别值的范围为 0～100，100 表示 9×9 内核，0 表示不影响图像，默认值为 0。

【柔化】：使 Alpha 通道遮罩的边缘变模糊。执行盒形模糊滤镜(部分内核大小)。模糊级别值的范围为 0～100，0 表示不影响图像，默认值为 0，100 表示 9×9 内核。

【对比度】：调整 Alpha 通道的对比度。该数值的范围为 0～100，0 表示不影响图像，默认值为 0。

【中间点】：选择对比度值的平衡点。该数值的范围为 0～100，0 表示不影响图像。

- 【溢出抑制】：可以有效地控制色彩校正合成时的颜色偏差。主要包含以下几个参数。

【降低饱和度】：控制颜色通道背景颜色的饱和度，降低接近完全透明的颜色的饱和度。该数值的范围为 0～50，0 表示不影响图像，默认值为 25。

【范围】：控制校正的溢出的量。该数值的范围为 0～100，0 表示不影响图像，默认值为 50。

【溢出】：调整溢出补偿的量。该数值的范围为 0～100，0 表示不影响图像，默认值为 50。

【亮度】：与 Alpha 通道结合使用可恢复源的原始明亮度。该数值的范围为 0～100，0 表示不影响图像。

- 【颜色校正】：用于抠像后颜色的调整，主要包括以下几个参数。

【饱和度】：控制前景源的饱和度。该数值的范围为 0～200，设置为 0 会移除所有色度，默认值为 100。

【色相】：控制前景源的色相。

【明亮度】：控制前景源的明亮度。

2. 【非红色键】效果

使用【非红色键】效果可以从蓝色或者绿色背景产生透明。它允许混合两个素材，还有助于消除较小不透明对象边缘的须边。当需要控制混合时，可以使用该特效键出绿色，或者当【蓝屏键】键出的效果不太满意时，也可以使用这种键控。运用【非红色键】后的效果如图 8-14 所示。

图 8-14　运用【非红色键】后的效果

【非红色键】效果的参数控制面板如图 8-15 所示，各选项的作用如下。

- 【阈值】：调整蓝色或者绿色背景的透明度，可以减小数值使蓝屏或绿屏变成透明。
- 【屏蔽度】：调节前景图像的对比度，可以增大数值以达到想要的效果。
- 【去边】：指定消除素材不透明区域边缘残留的蓝色或绿色，选择【无】则不消除须边，选择【绿色】或【蓝色】则分别消除绿屏或蓝屏素材残留的须边。
- 【平滑】：控制透明与不透明区域之间边界的柔和程度。
- 【仅蒙版】：选中该复选框，则只显示素材的 Alpha 通道。

图 8-15 【非红色键】效果的参数控制面板

3. 【颜色键】效果

使用【颜色键】效果后，被选择的一种颜色或颜色范围将变成透明。通过控制键控的色彩宽容度可以调节透明的效果。通过对键控边缘的羽化，可以消除毛边区域。

【颜色键】效果的参数控制面板如图 8-16 所示，各选项的作用如下。

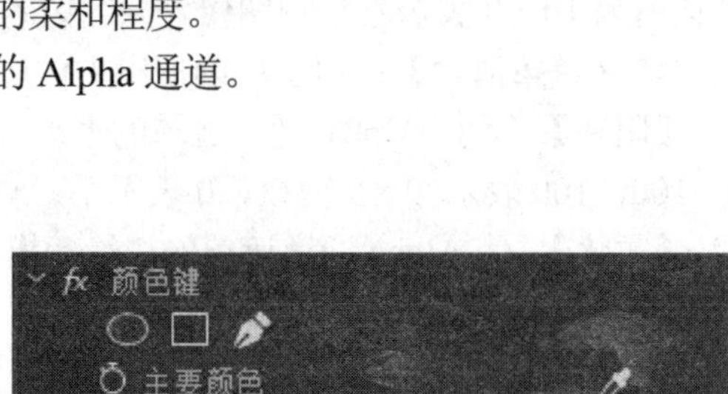

图 8-16 【颜色键】效果的参数控制面板

- 【主要颜色】：指定要设置为透明的颜色。
- 【颜色容差】：指定键控颜色的宽容度，数值越大则表示有越多的与指定颜色相近的颜色被处理成透明。
- 【边缘细化】：调节键控区域的边缘，数值为正则扩大屏蔽范围，数值为负则缩小屏蔽范围。
- 【羽化边缘】：用于羽化键控区域的边缘。

运用【颜色键】后的效果如图 8-17 所示。

图 8-17 运用【颜色键】后的效果

8.2.2 遮罩透明

遮罩是一个轮廓，为对象定义遮罩后，将建立一个透明区域，该区域会显示其下层图像。使用遮罩透明方式需要为透明对象指定一个遮罩对象。

Premiere Pro 2020 提供了以下遮罩键效果，分别为【图像遮罩键】【差值遮罩】【移除遮罩】和【轨道遮罩键】。

1.【图像遮罩键】效果

【图像遮罩键】效果可以使用一个遮罩图像的 Alpha 通道或者亮度值来确定素材的透明区域。为了得到可预测的结果，可以选择一个灰度图像作为图像遮罩。这样画面中的白色部分会保持不透明的状态，而黑色部分则是全透明的，其他介于黑白之间的部分将呈现出不同程度的透明状态。选择有颜色的图像作为遮罩，会改变素材的颜色，图像遮罩中的任意颜色都会消除键控素材中相同级别的颜色。例如，与图像遮罩中红色区域相对应的素材中的白色区域将显示为蓝绿色，因为素材中的红色变成透明，而蓝色和绿色仍保留了源素材的值。

运用【图像遮罩键】后的效果如图 8-18 所示，图 8-19 所示为用到的遮罩图像。

【图像遮罩键】效果的参数控制面板如图 8-20 所示，各选项的作用如下。

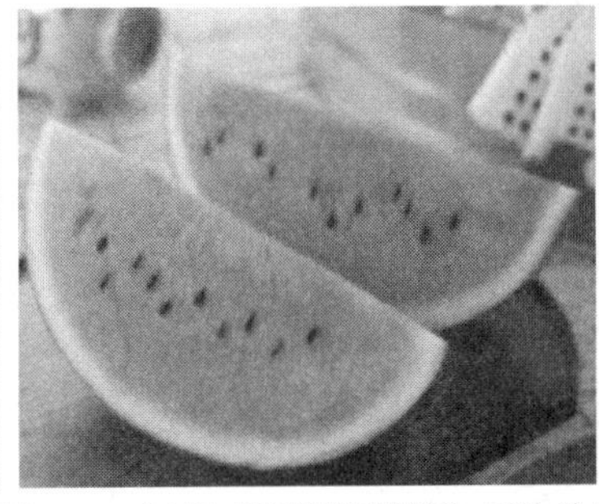
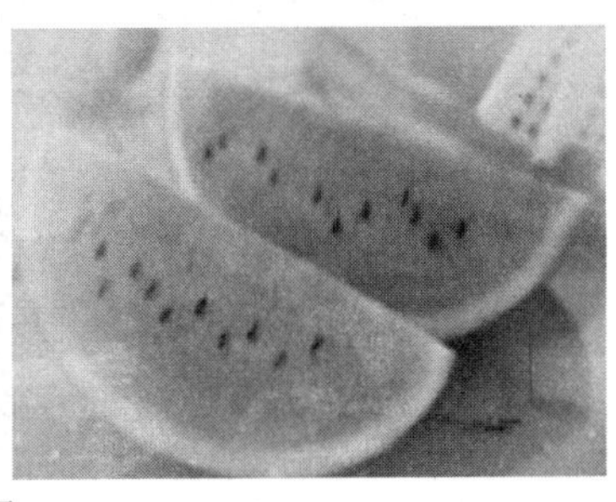

图 8-18　运用【图像遮罩键】后的效果

图 8-19　用到的遮罩图像

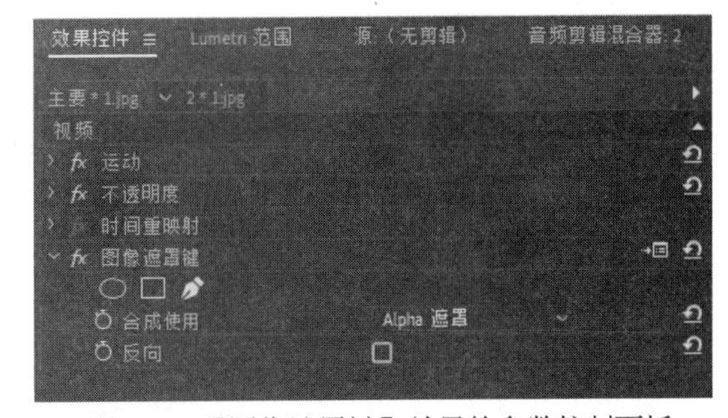

图 8-20　【图像遮罩键】效果的参数控制面板

- 【合成使用】：选择【Alpha 遮罩】，将使用图像的 Alpha 通道的值进行合成；选择【亮度遮罩】，将使用图像的亮度值进行合成。
- 【反向】：选中【反向】复选框后，将使透明区域颠倒。

2.【差值遮罩】效果

【差值遮罩】效果通过将素材与一个指定的图像进行对比并消除素材中与图像匹配的区域来产生透明，可以用来消除两个素材中相同的部分而保留不同的部分。

使用【差值遮罩】效果可以替换一个运动对象后面的静态背景，通常指定的图像就是运动对象进入场景前背景素材中的一帧图像。因此，【差值遮罩】效果最好用于使用固定机位拍摄的镜头。

运用【差值遮罩】后的效果如图 8-21 所示，图 8-22 所示为用到的差值层遮罩图像。

【差值遮罩】效果的参数控制面板如图 8-23 所示，各选项的作用如下。

图 8-21　运用【差值遮罩】后的效果

图 8-22　用到的差值层遮罩图像

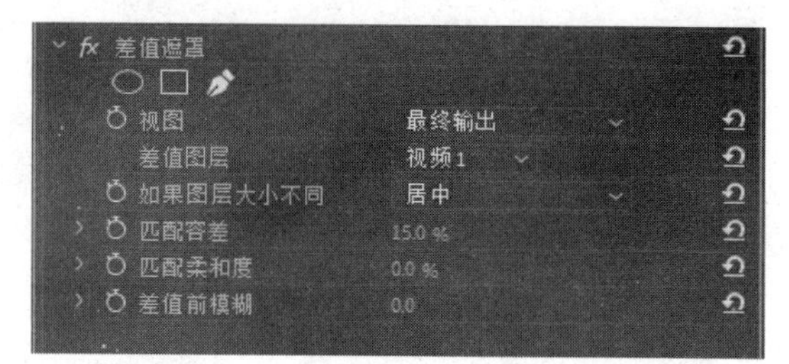

图 8-23　【差值遮罩】效果的参数控制面板

- 【视图】：控制显示方式。选择【最终输出】可以看到最后的键控效果，选择【仅限源】可以显示源素材，选择【仅限遮罩】可以查看键控范围。通过查看不同的显示方式并进行对照可以获得满意的效果。
- 【差值图层】：选择进行差异键控的素材轨道。
- 【如果图层大小不同】：选择在键控素材与差异素材大小不同时的适配方式，有【居中】和【伸展以适合】两种方式。
- 【匹配容差】：扩大或者缩小变成透明的区域范围，数值越大则范围越大。
- 【匹配柔和度】：控制透明与不透明区域之间边界的柔和程度。
- 【差值前模糊】：为遮罩添加模糊效果。

3. 【移除遮罩】效果

使用【移除遮罩】效果可以取出经过颜色相乘后的片段中的杂色，这在将具有填充纹理文件的 Alpha 通道进行结合时特别有用。用户可以从【遮罩类型】的下拉列表中选择【黑色】或者【白色】。【移除遮罩】效果的参数控制面板如图 8-24 所示。

4. 【轨道遮罩键】效果

使用【轨道遮罩键】效果可以显示一个素材穿过另一个素材，使用第 3 个文件作为遮罩产生透明区域。这个效果需要两个素材和一个遮罩，而且每个素材都放在各自的轨道中，可以将作为遮罩的整个轨道隐藏。遮罩中的白色区域在添加素材后是不透明的，同时可以防止下层轨道的素材显示出来；遮罩中的黑色区域是完全透明的，而灰色区域则是半透明的。

一个包含运动的遮罩称为运动遮罩，运动遮罩可以由运动素材组成。将静态图像应用运动效果作为遮罩，可以改变遮罩的大小，设置遮罩随时间变化。创建遮罩有多种方式，可以使用字幕编辑器创建文字或者几何图形，然后导入该字幕作为遮罩；也可以使用色键将素材键出，再选择【只有遮罩】选项，从而创建遮罩；还可以在 Adobe Illustrator 或者 Adobe Photoshop 中创建一个灰度图像作为遮罩使用。

【轨道遮罩键】效果中选择作为遮罩的素材轨道只能位于本素材轨道的上层，不能位于本素材轨道的下层。

运用【轨道遮罩键】后的效果如图 8-25 所示。

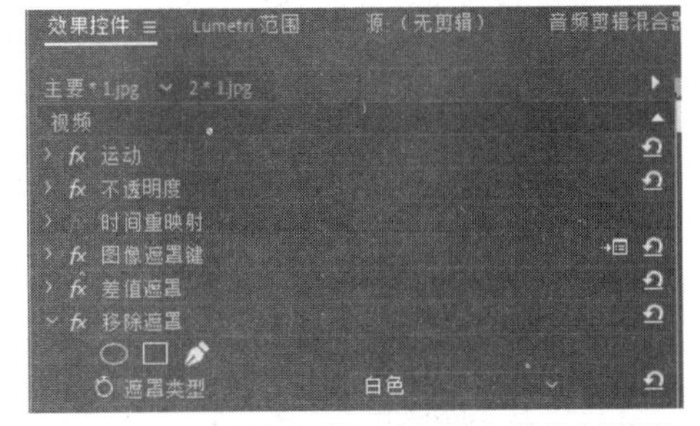

图 8-24 【移除遮罩】效果的参数控制面板

图 8-25 运用【轨道遮罩键】后的效果

【轨道遮罩键】效果的参数控制面板如图 8-26 所示，各选项的作用如下。

- 【遮罩】：选择作为遮罩的素材轨道。
- 【合成方式】：选择【Alpha 遮罩】将使用图像的 Alpha 通道的值进行合成；选择【亮度遮罩】将使用图像的亮度值进行合成。
- 【反向】：选中【反向】复选框后，将使透明区域颠倒。

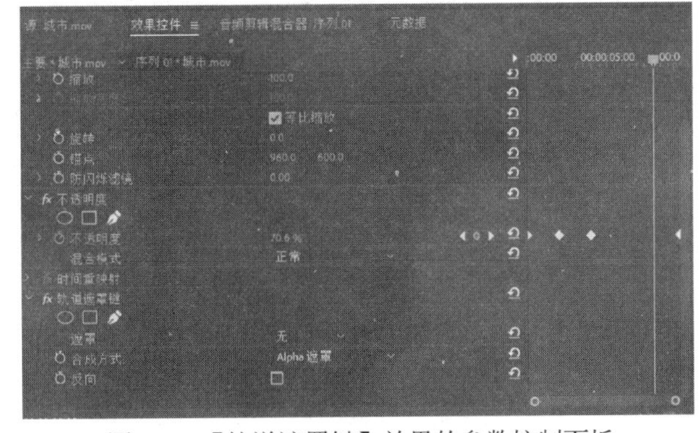

图 8-26 【轨道遮罩键】效果的参数控制面板

8.2.3 其他键控类型

1. 【Alpha 调整】效果

应用【Alpha 调整】效果可以按照前面画面的灰度等级来决定叠加的效果。如果用户想要改变最终渲染时不同效果的渲染次序，则可以使用【Alpha 调整】效果来代替剪辑自动获得的【不透明度】效果。改变不透明度的百分比可以获得不同的透明效果。

【Alpha 调整】效果的参数控制面板如图 8-27 所示，主要选项的作用如下。

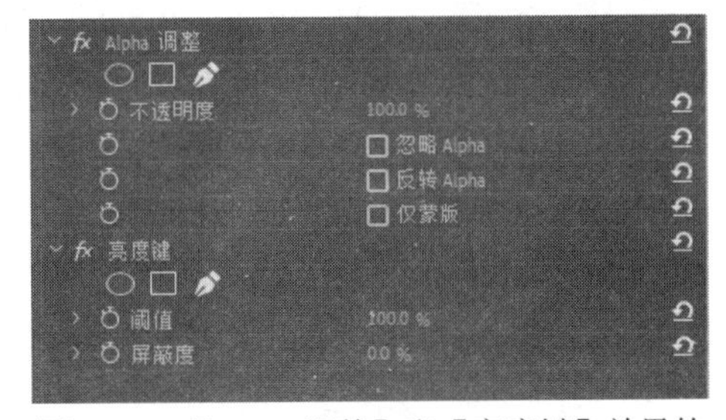

图 8-27 【Alpha 调整】和【亮度键】效果的参数控制面板

- 【忽略 Alpha】：选中该复选框后，将在剪辑图像的 Alpha 通道部分创建不透明效果。
- 【反转 Alpha】：选中该复选框后，将在图像的不透明部分创建透明效果，而在图像的 Alpha 通道部分创建不透明效果。
- 【仅蒙版】：选中该复选框后，只显示素材的 Alpha 通道。

2. 【亮度键】效果

应用【亮度键】效果可以将被叠加的图像的灰度值设置为透明而保持色度不变。此效果对画面明暗对比较为强烈的图像十分有用。

【亮度键】效果的参数控制面板如图 8-27 所示，各选项的作用如下。

- 【阈值】：调节被叠加图像灰度部分的不透明度。
- 【屏蔽度】：调节被叠加图像的对比度。

运用【亮度键】后的效果如图 8-28 所示。

图 8-28　应用【亮度键】后的效果

任务 3　应用遮罩

在视频合成制作中，不仅需要设置素材本身的不透明度进行叠加，还需要遮罩进行辅助以得到满意的效果。

8.3.1　应用【图像遮罩键】

【图像遮罩键】使用一个遮罩图像的 Alpha 通道或者亮度值来确定素材的透明区域。用户可以根据需要在 Illustrator 或者 Photoshop 中创建一个灰度图像作为遮罩使用。

【例 8-2】 创建一个名为“ch08-2”的项目，导入两段视频素材，为 V2 轨道的素材应用【图像遮罩键】效果。

1) 效果说明

完成图像遮罩的效果。

2) 操作要点

运用外部导入的文件，使用【图形遮罩键】实现遮罩效果。

3) 操作步骤

(1) 在 Photoshop 中创建一个 1920 px × 1080 px 大小的图像，使用渐变工具，制作如图 8-29

所示的图像，命名为“mask.jpg”，选择适当位置保存，将其作为遮罩图像。

(2) 启动 Premiere Pro 2020，新建一个名为“ch08-2”的项目文件。按下 Ctrl+N 快捷键，在弹出的【新建序列】对话框中单击【确定】按钮，如图 8-30 所示。

(3) 选择【文件】|【导入】命令，打开【导入】对话框，选择“荷花.mp4”和“湖面.MOV”两段视频文件，单击【打开】按钮，如图 8-31 所示，将其导入【项目】面板。

图 8-29 制作遮罩图像“mask.jpg”

图 8-30 【新建序列】对话框

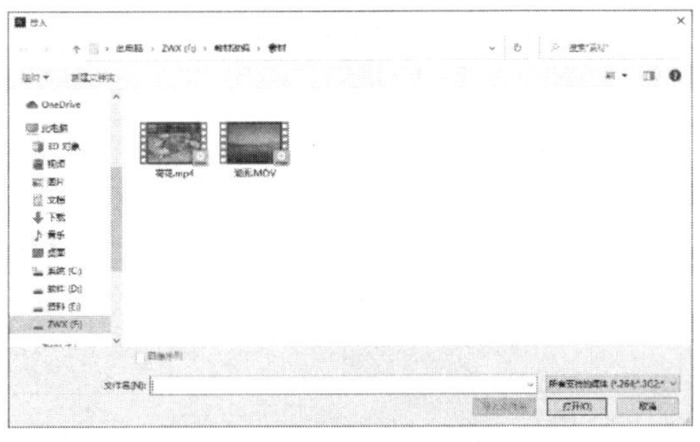

图 8-31 导入两段视频素材

(4) 从【项目】面板中将“湖面.MOV”视频文件拖到【时间轴】面板的 V1 轨道上，将另一段视频文件“荷花.mp4”拖到 V2 轨道上，在弹出的【剪辑不匹配警告】对话框中单击【更改序列设置】按钮，结果如图 8-32 所示。

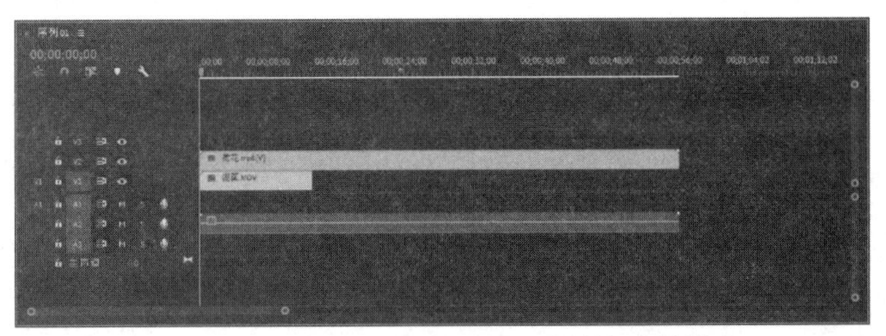

图 8-32 将素材拖到【时间轴】面板的视频轨道上

(5) 在【效果】面板中展开【视频效果】下的【键控】分类夹，找到【图像遮罩键】效果，如图 8-33 所示。将该效果应用到 V2 轨道的“荷花.mp4”素材上，如图 8-34 所示。

(6) 打开【效果控件】面板，展开【图像遮罩键】效果，单击【图像遮罩键】参数框右上角的【设置】按钮 ，如图 8-35 所示。打开【选择遮罩图像】对话框，选择之前创建的图片“mask.jpg”作为遮罩图像，单击【打开】按钮，如图 8-36 所示。

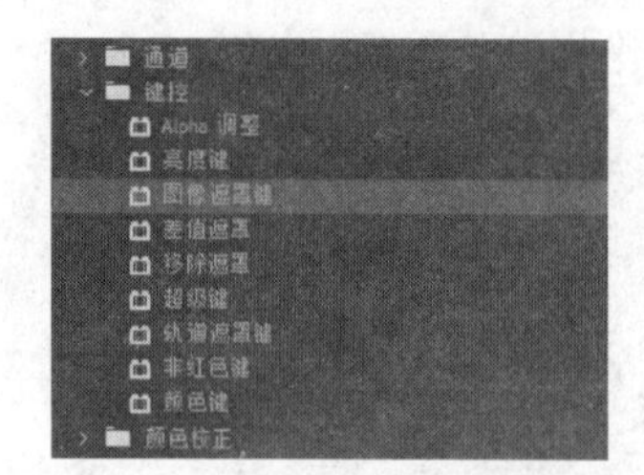

图 8-33　选择【图像遮罩键】效果

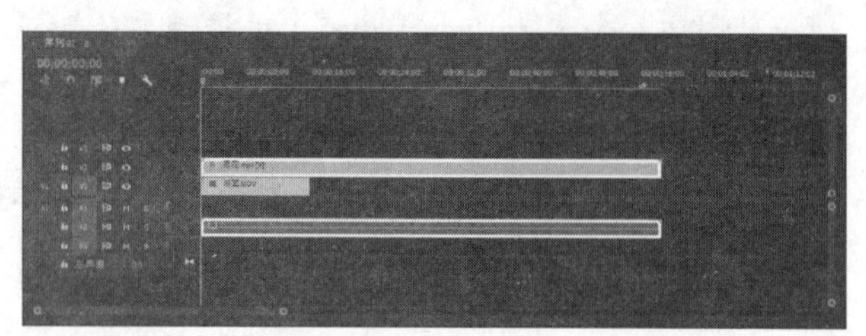

图 8-34　应用【图像遮罩键】效果到“荷花.mp4”上

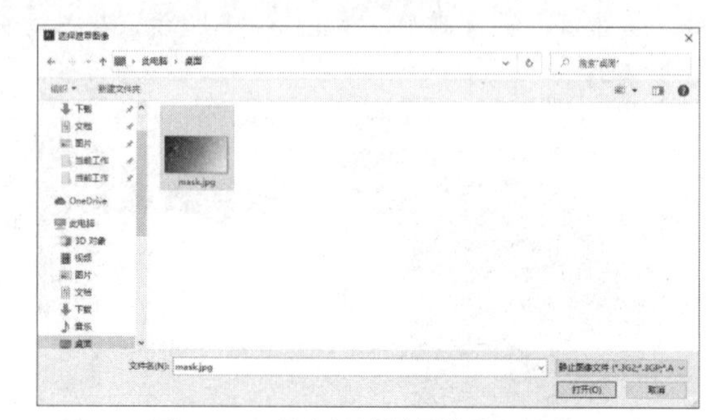

图 8-35　单击【设置】按钮

图 8-36　【选择遮罩图像】对话框

(7) 打开【效果控件】面板，展开【图像遮罩键】效果，在【合成使用】选项的下拉列表中选择【亮度遮罩】选项，可以在【节目监视器】面板中看到使用后的效果，如图 8-37 所示。

图 8-37　应用【亮度遮罩】选项的前后对比

(8) 选中【反向】复选框，可以在【节目监视器】面板中看到透明区域颠倒的效果，如图 8-38 所示。

图 8-38　应用【反向】后透明区域颠倒的效果

8.3.2　应用【轨道遮罩键】

如果想将一个视频轨道的内容透过另一个视频轨道定义的开口显示出来，则可以使用轨道遮罩键，再结合视频的运动效果，得到生动的效果。

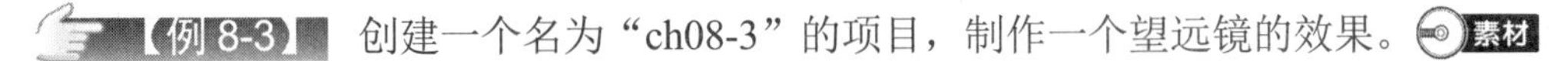

【例 8-3】 创建一个名为“ch08-3”的项目，制作一个望远镜的效果。素材

1) 效果说明

制作望远镜效果。

2) 操作要点

将图像上层覆盖黑白对比强烈的图像，对其设置关键帧，实现望远镜的效果。

3) 操作步骤

(1) 启动 Premiere Pro 2020，新建一个名为“ch08-3”的项目，如图 8-39 所示。按下 Ctrl+N 快捷键，在【新建序列】对话框中单击【确定】按钮，如图 8-40 所示。

(2) 选择【文件】|【导入】命令，打开【导入】对话框，选择“湖面.jpg”，单击【打开】按钮，将其导入【项目】面板。

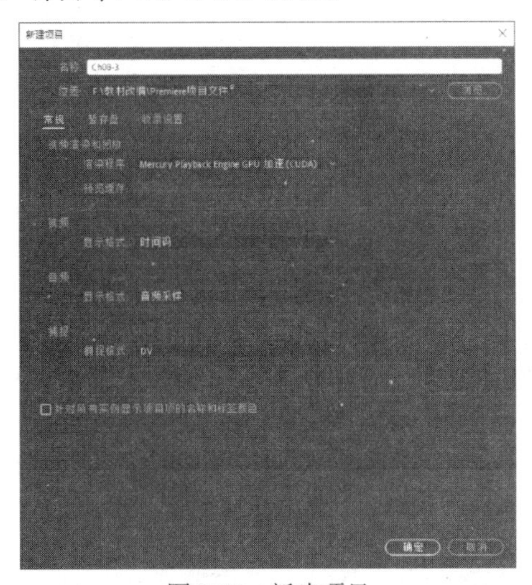

图 8-39 新建项目

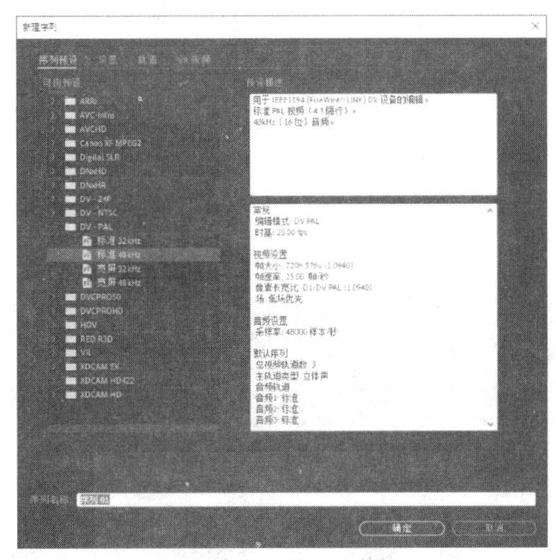

图 8-40 新建序列

(3) 新建字幕文件。选择菜单栏中的【文件】|【新建】|【旧版标题】命令，弹出【新建字幕】对话框，设置名称为“望远镜”后单击【确定】按钮，如图 8-41 所示。在打开的面板左侧的工具栏中选择【椭圆工具】，同时按住 shift 键，用鼠标在屏幕内绘制一个圆，然后选择【选择工具】，同时按住 Alt 键，单击并拖曳刚才绘制的圆，即可复制一个圆，如图 8-42 所示。

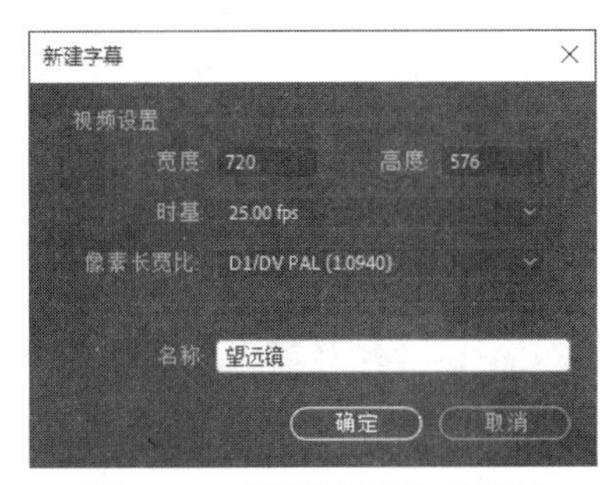

图 8-41 【新建字幕】对话框

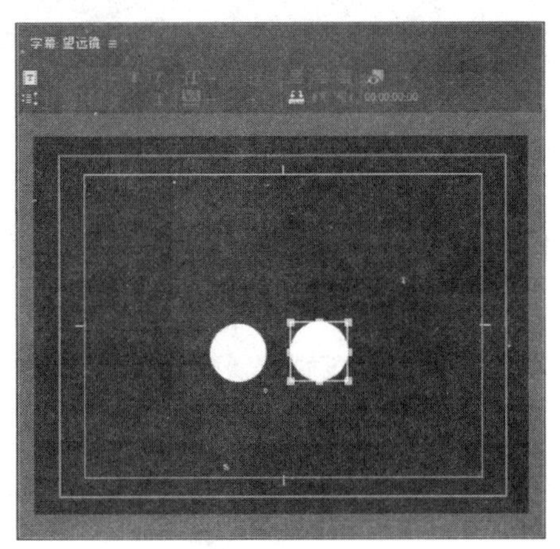

图 8-42 望远镜字幕文件

(4) 从【项目】面板中将“湖面.jpg”视频文件拖到【时间轴】面板的V1轨道上，将“望远镜”拖到V2轨道上，将素材的长度调整一致，如图8-43所示。

(5) 在【效果】面板中展开【视频效果】下的【键控】分类夹，找到【轨道遮罩键】效果，将该效果应用到V1轨道的“湖面”素材上，【遮罩】选项选择“视频2”，【合成方式】选项选择“Alpha遮罩”，如图8-44所示。

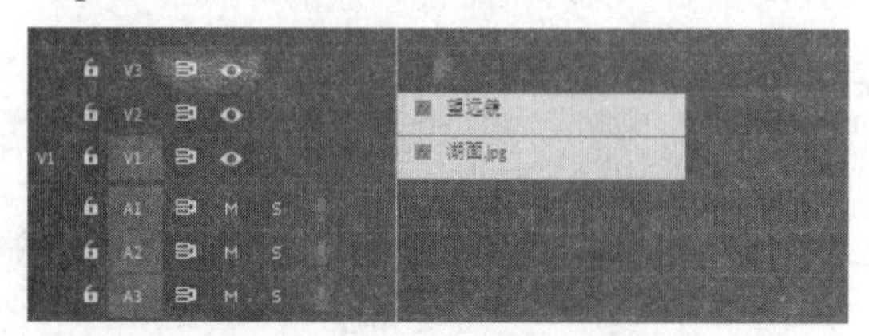

图8-43　将素材拖到【时间轴】面板的视频轨道上

图8-44　设置【轨道遮罩建】效果的参数

(6) 选中V2轨道，打开【效果控件】面板，展开【运动】选项，将时间轴指针拖到起始位置，单击【位置】选项前的【切换动画】按钮，激活【添加/移除关键帧】按钮，创建多个关键帧，修改关键帧的位置数值，如图8-45所示。将关键帧框选，右击鼠标，在弹出的快捷菜单中选择【临时差值】|【贝塞尔曲线】命令，将运动变得舒缓、自然，改变后的关键帧如图8-46所示。

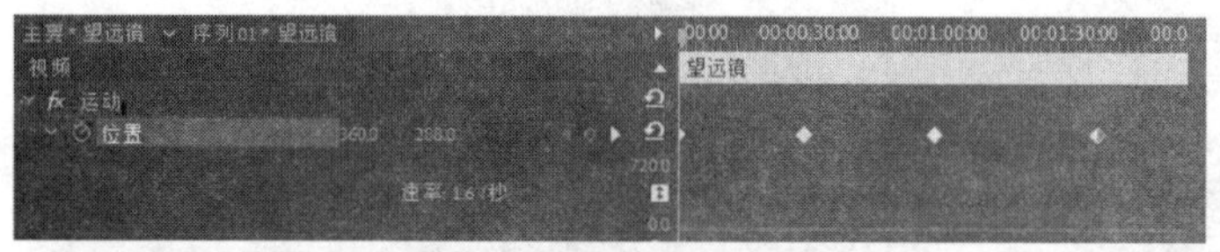

图8-45　添加关键帧控制点

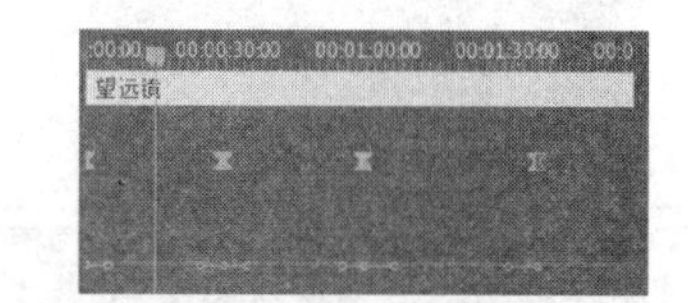

图8-46　添加贝塞尔曲线后的关键帧

(7) 将时间线指针拖到起始位置，按下空格键进行预演，效果如图8-47所示。

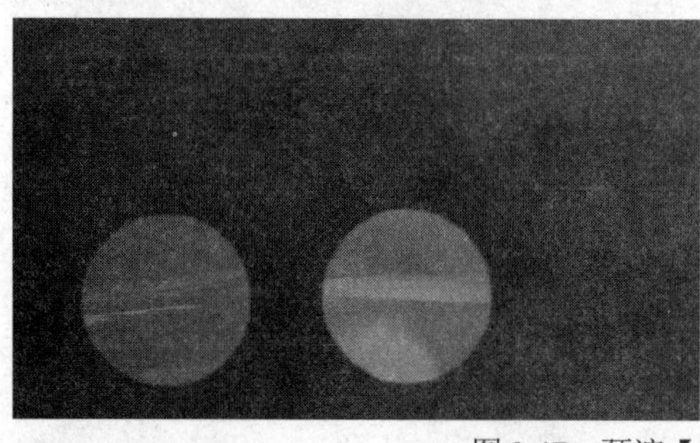
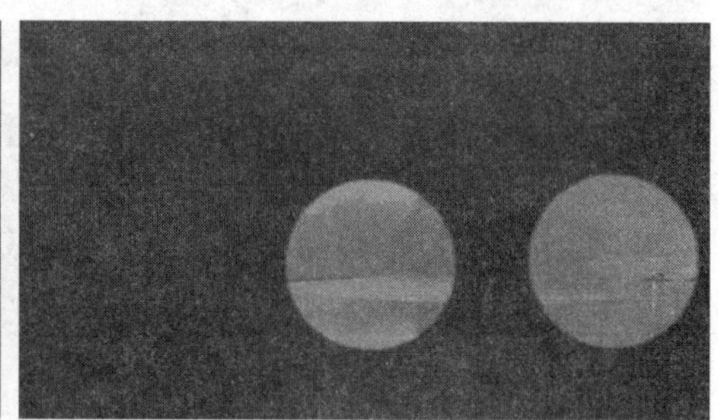

图8-47　预演【轨道遮罩键】效果

拓展训练

本拓展训练通过制作多种键控实例，帮助读者深入理解键控效果的应用，熟悉视频合成。

1. 动态遮罩视频

1) 效果说明

动态遮罩视频效果如图8-48所示。

图 8-48　动态遮罩视频效果

2) 操作要点

运用【轨道遮罩键】视频特效制作动态遮罩视频。

3) 操作步骤

(1) 运行 Premiere Pro 2020，打开开始使用界面，单击【新建项目】按钮，打开【新建项目】对话框，如图 8-49 所示。在该对话框中，设置项目保存的路径及输入名称“ch08-4”后，单击【确定】按钮。

(2) 进入主程序界面后，执行【文件】|【新建】|【序列】命令，此时系统将弹出【新建序列】对话框，【序列名称】默认为“序列 01”，单击【确定】按钮，如图 8-50 所示。

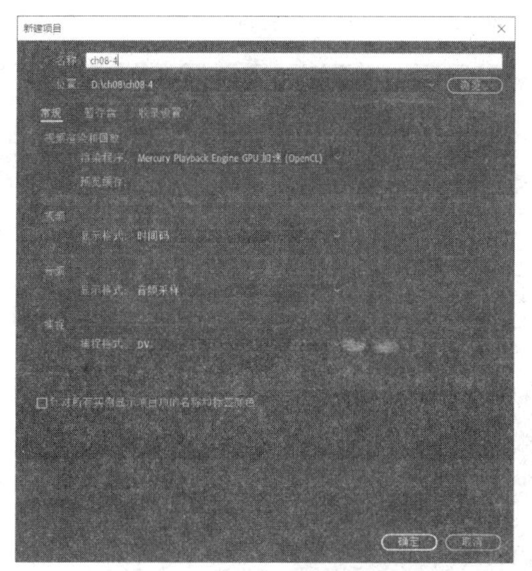

图 8-49　【新建项目】对话框

图 8-50　【新建序列】对话框

(3) 在【项目】面板中导入素材“01 山河.mp4”“02 山水风光.mp4”和“水墨.mp4”，分别将它们拖到【时间轴】面板的 V1、V2 和 V3 轨道上，在弹出的【剪辑不匹配警告】对话框中单击【更改序列设置】按钮。

(4) 在【项目】面板中导入素材“标题.png”和“钢琴 音乐.wav”，在【时间轴】面板的 V3 轨道上右击，在弹出的快捷菜单中选择【添加单个轨道】命令，如图 8-51 所示，为【时间轴】面板添加轨道 V4。分别将“标题.png”“钢琴 音乐.wav”拖到 V4 和 A1 轨道上。

(5) 调整视频轨道上 4 段素材的时长。V1 轨道上的“01 山河.mp4”从 00:00:00:00 处开始，到 00:00:12:00 处结束；V2 轨道上的“02 山水风光.mp4”、V3 轨道上的“水墨.mp4”、V4 轨道上的“标题.png”均设置为从00:00:04:01处开始，到00:00:12:00处结束，如图8-52所示。

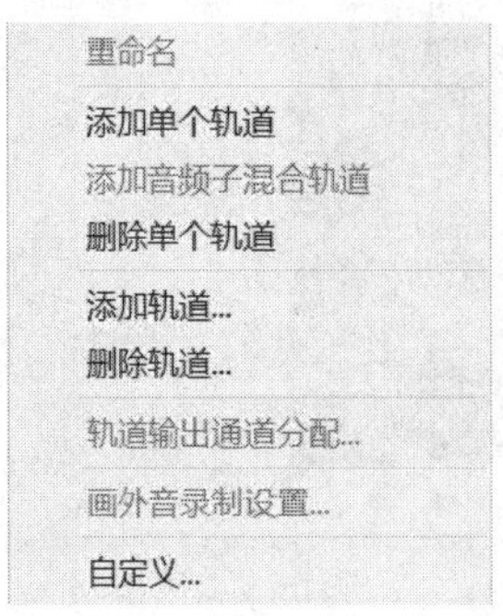

图8-51　选择【添加单个轨道】命令

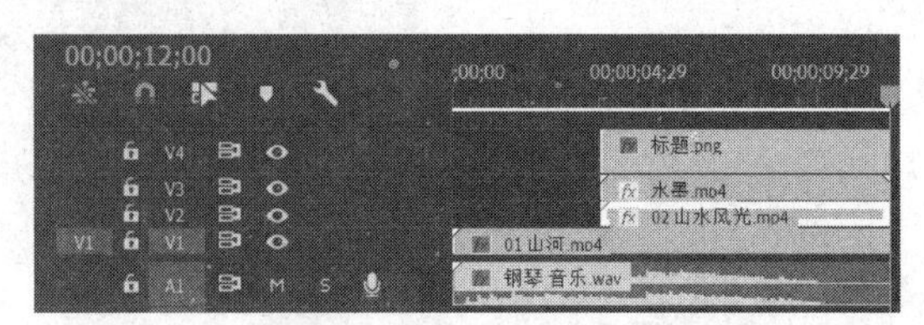

图8-52　将素材放在视频轨道上并调整时长

(6) 展开【效果控件】面板，单击【时间轴】面板上的“02 山水风光.mp4”，将其【缩放】值调整为“200.0”。同样，单击【时间轴】面板上的“水墨.mp4”，也将其【缩放】值调整为“200.0”。

(7) 在【效果】面板中，选择【视频效果】|【键控】|【轨道遮罩键】特效，将其拖到V2轨道的“02 山水风光.mp4”上，如图8-53所示。

(8) 在【效果控件】面板中展开【轨道遮罩键】特效，设置【合成方式】为“亮度遮罩”，【遮罩】为“视频3”，选中【反向】复选框，如图8-54所示。

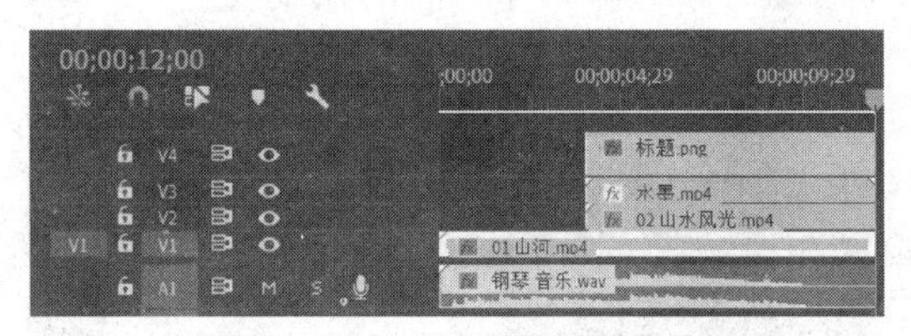

图8-53　添加【轨道遮罩键】特效

图8-54　设置【轨道遮罩键】特效参数

(9) 将时间线指针移到00:00:04:01处，单击V4轨道上的“标题.png”，在【效果控件】面板中，单击【缩放】前的【切换动画】按钮，并调整其数值为“40.0”，如图8-55所示。将时间线指针移到00:00:08:00处，调整其【缩放】值为“300.0”。

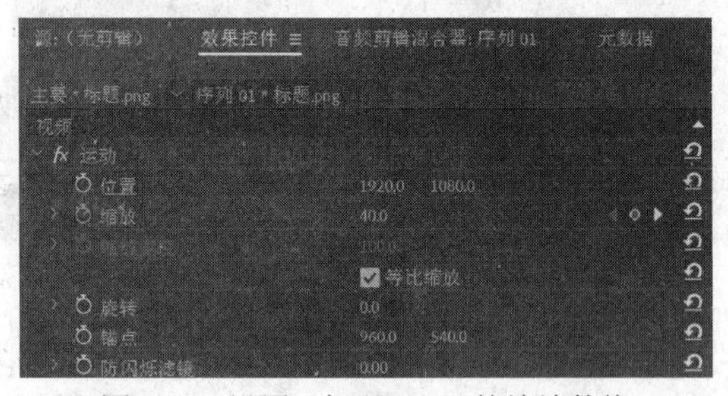

图8-55　设置“标题.png”的缩放数值

(10) 单击【时间轴】面板，按空格键或回车键预览效果，最后执行【文件】|【保存】命令，保存该项目文件。

2. 超级键效果

1) 效果说明

将纯色背景的视频去除背景后放到其他素材的上方，效果如图8-56所示。

图 8-56 【超级键】视频效果

2) 操作要点

使用 Premiere Pro 2020 中的【超级键】特效进行抠像并合成视频。

3) 操作说明

(1) 运行 Premiere Pro 2020，打开开始使用界面，单击【新建项目】按钮，打开【新建项目】对话框，如图 8-57 所示。在该对话框中，设置项目保存的路径及输入名称“ch08-5”后，单击【确定】按钮。

(2) 进入主程序界面后，执行【文件】|【新建】|【序列】命令，此时系统将弹出【新建序列】对话框，【序列名称】默认为“序列 01”，单击【确定】按钮，如图 8-58 所示。

(3) 在【项目】面板中导入素材“商务握手.mov”和“陶瓷展厅.jpg”，将“陶瓷展厅.jpg”拖到【时间轴】面板中的 V1 轨道上，将“商务握手.mov”拖到 V2 轨道上。将“陶瓷展厅.jpg”的持续时间设置为 00:00:16:06，【缩放】值调整为“32.0”。

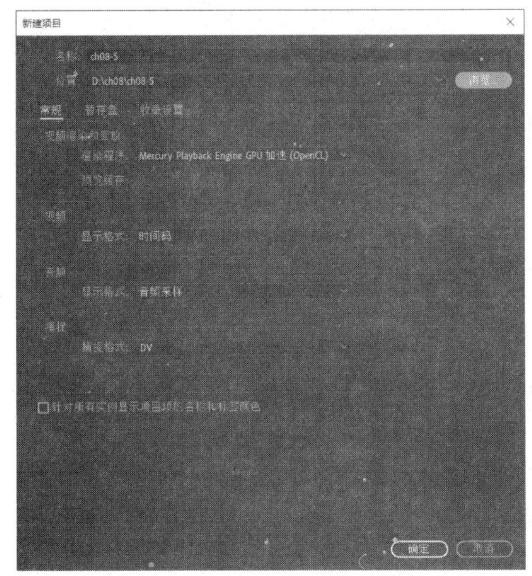

图 8-57 【新建项目】对话框

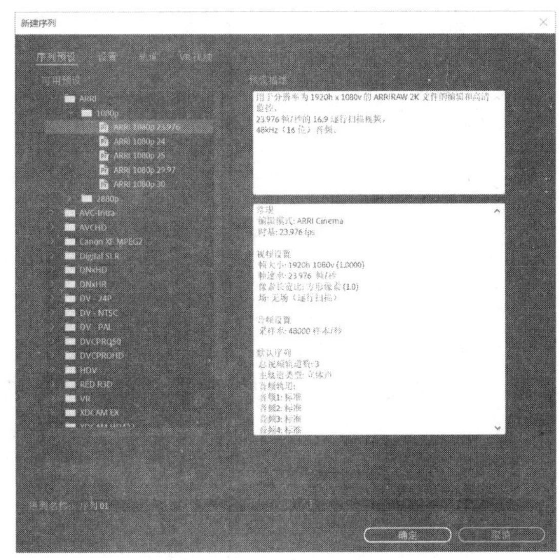

图 8-58 【新建序列】对话框

(4) 选中“商务握手.mov”，在【效果控件】面板中，打开【运动】特效，将【缩放】值调整为“70.0”，【位置】值调整为“960.0、650.0”，如图 8-59 所示。

(5) 在【效果】面板中，选择【视频效果】|【键控】|【超级键】特效，将其拖到 V2 轨道的“商务握手.mov”上。在【效果控件】面板中展开【超级键】特效，使用【主要颜色】吸管在【节目监视器】面板中吸取“商务握手.mov”的背景颜色。展开【遮罩生成】效果，设置【透明度】值为“45.0”，【阴影】值为“52.0”，【容差】值为“100.0”，如图 8-60 所示。

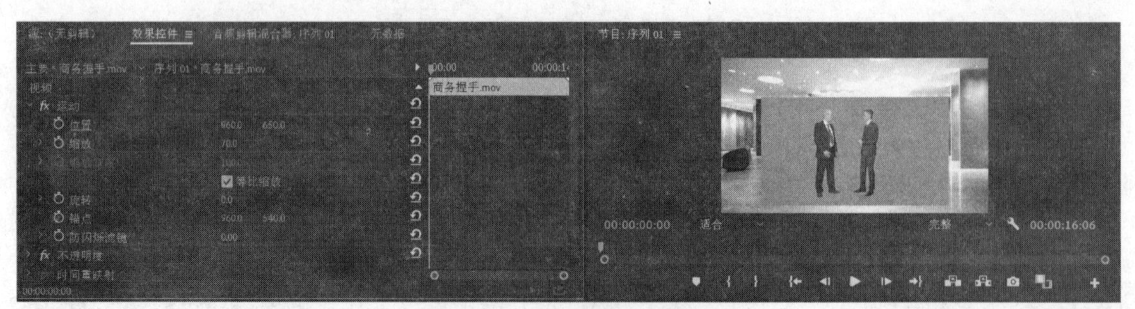

图 8-59　设置素材的位置属性

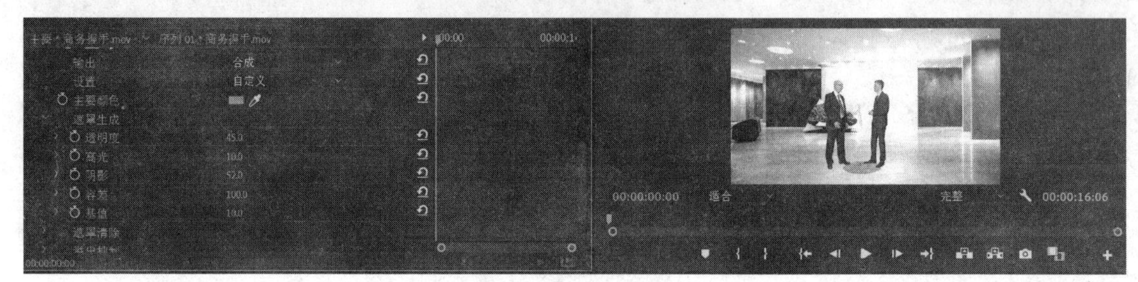

图 8-60　合成视频

(6) 单击【时间轴】面板，按空格键或回车键预览效果，最后执行【文件】|【保存】命令，保存该项目文件。

习　题

1. 剪辑素材的透明信息保存在哪里？
2. 怎样使视频剪辑变成半透明？
3. 简述什么是键控技术。
4. 色键透明和遮罩技术有何异同？
5. 创建遮罩有哪些方式？
6. 简要描述如何应用【差值遮罩】和【轨道遮罩键】效果。

第 9 章

制作字幕

学习目标

字幕是影视作品中的重要组成部分，在制作影片的过程中，用户经常会接触到一些制作字幕的工作。用户有时需要为影片画面添加文字说明，有时需要为影片中的歌曲、对白和解说等添加字幕，有时需要为影片添加片头、片尾的标题或职员表等。

字幕包括文字、线条和几何图形等元素。在 Premiere 中，不仅可以创建和编辑静态字幕，还可以制作各种动态的字幕效果。本章通过对字幕制作的详细介绍，使读者熟悉 Premiere Pro 2020 中不同字幕的制作方法。

本章重点

- 利用旧版标题制作字幕
- 文字工具的使用方法
- 字幕样式效果
- 基本图形面板
- 其他新建字幕的方法

任务 1　利用旧版标题制作字幕

在传统的影视节目制作中，字幕的叠加是通过字幕机来完成的，这种方法需要依靠硬件支持。而在非线性编辑系统中，则没有这一限制，只要是系统支持的字体，都能够把该字体制作成影视字幕，并叠加在影视节目中。

在 Premiere Pro 2020 中，创建字幕的方法有很多种，方法之一是运用旧版标题制作字幕，下面进行具体介绍。

选择【文件】|【新建】|【旧版标题】命令，打开【新建字幕】对话框(快捷键为 T)，如图 9-1 所示。在此对话框中，【宽度】和【高度】可根据需要自行设置；【时基】是指画面每秒传输的帧数，即动画或视频的画面数，也可以根据需要进行选择；【像素长宽比】是指画面中一粒像素的长和宽的比例，现在大多使用方形像素，也就是 1∶1 的像素比。之前由于各国的电视制式不一定相同，也就是像素长宽比和分辨率尺寸、帧速率不一样，因此像素长宽比有多种，主要为 PAL 制式和 NTSC 制式。现在由于液晶电视的普及，大多使用方形像素，如图 9-2 所示。

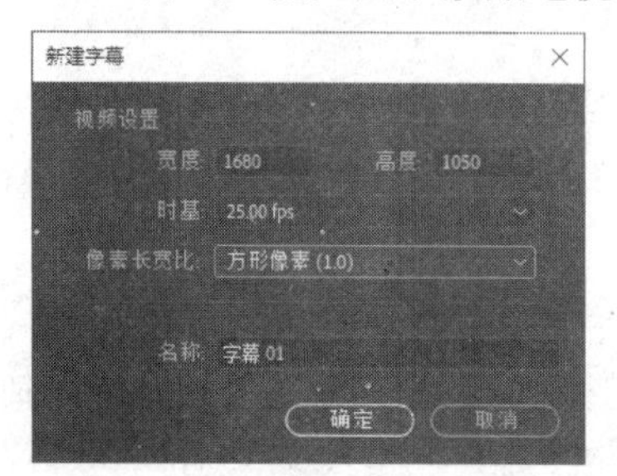

图 9-1　【新建字幕】对话框

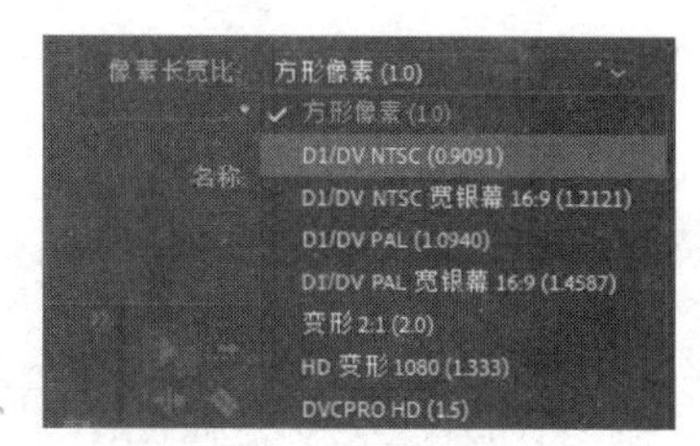

图 9-2　像素长宽比

单击【确定】按钮之后会进入旧版 Premiere 的字幕设计窗口，如图 9-3 所示，它由以下五个部分组成。

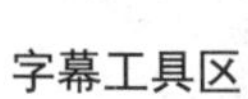

图 9-3　旧版字幕设计窗口

- 字幕工具区：提供创建和编辑字幕与图形的工具。

- 字幕动作区：用于设置字幕和图形的排列分布方式。
- 字幕样式区：用于选择自定义文本的样式。
- 字幕属性区：用于设置字幕的属性，包括转换、属性、填充、描边和阴影。
- 字幕编辑区：所有字幕的创建、编辑均在该区域中完成。

9.1.1 字幕工具区

在 Premiere Pro 2020 中，字幕工具区的设计已经非常完备，通过字幕工具可以制作形式多样的字幕和图形。字幕工具区中有 20 个工具按钮，如图 9-4 所示。

- 【选择】工具：使用该工具可以选中编辑区域的文字或图形。如果配合 Shift 键，则可以选择多个对象。当选中一个对象时，可以使用鼠标移动该对象，或者改变对象的大小与形状，如图 9-5 所示。该工具的快捷键是 V。

图 9-4 字幕工具区

图 9-5 使用【选择】工具

- 【旋转】工具：使用该工具可以使选中的对象绕其中心点转动，从而改变对象的倾斜角度。该工具的快捷键是 O。
- 【文字】工具：使用该工具可以在字幕编辑区域内输入水平方向的文本。单击该按钮后，将鼠标移到编辑区域的安全区内，按下鼠标左键，会在按下的位置出现一个矩形框，松开鼠标左键后即可在矩形区域内输入文本。该工具的快捷键是 T。
- 【垂直文字】工具：使用该工具可以在字幕编辑区域内输入垂直方向的文本。单击该按钮后，将鼠标移到编辑区域内，按下鼠标左键，会在按下的位置出现一个矩形框，松开鼠标左键后即可在矩形区域内垂直输入文本。该工具的快捷键是 C。
- 【区域文字】工具：使用该工具可以在字幕编辑区域内输入水平方向的多行文本。单击该按钮后，将鼠标移到编辑区域内，按下鼠标左键，并拖动鼠标到另一点，松开鼠标左键后，会在编辑区域内出现一个以此两点为对角点的矩形，然后可在矩形区域内输入文本。在矩形区域内输入单行文本时，该按钮自动弹起，【文字】工具按钮自动按下。
- 【垂直区域文字】工具：使用该工具可以在字幕编辑区域内输入垂直方向的多行文本。单击该按钮后，将鼠标移到编辑区域的安全区内，按下鼠标左键，并拖动鼠标到另一点，松开鼠标左键后，会在编辑区域内出现一个以此两点为对角点的矩形，然后可在矩形区域内输入垂直文本。在矩形区域内输入单行文本时，该按钮自动弹起，【垂直文字】工具按钮自动按下。

图 9-6　输入路径文字

- 【路径文字】工具：使用该工具可以在字幕编辑区域内输入弯曲路径的文本。单击该按钮后，把鼠标移到编辑区域内，鼠标的形状会变成【钢笔】工具，在编辑区域内画出路径后，即可输入沿着该路径走向的文字，如图 9-6 所示。
- 【垂直路径文字】工具：使用该工具可以在编辑区域内输入弯曲路径的文本。单击该按钮后，把鼠标移到编辑区域内，鼠标的形状会变成【钢笔】工具，可以在编辑区域内画出路径后，输入垂直于该路径的文字。
- 【钢笔】工具：使用该工具可以为【路径文字】工具和【垂直路径文字】工具提供输入文字的路径，也可以修改这些路径。单击该按钮后，把鼠标移到需要修改路径的节点上，拖动鼠标即可调整文本路径。该工具的快捷键是 P。
- 【添加锚点】工具：使用该工具可以增加文本路径上的锚点，该工具常与【钢笔】工具一起使用。
- 【删除锚点】工具：使用该工具可以删除文本路径上的锚点，该工具常与【钢笔】工具一起使用。
- 【转换锚点】工具：使用该工具可以调整路径的平滑度，使用该工具单击路径上的定位点，会在定位点上出现两个控制句柄，拖动控制句柄可以调整路径的平滑度。该工具常与【钢笔】工具一起使用。

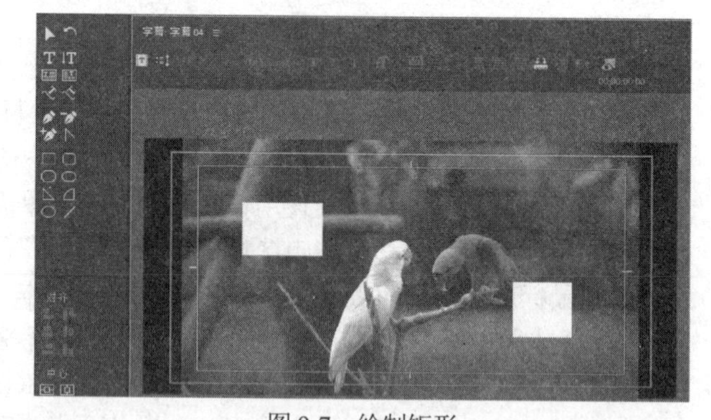

图 9-7　绘制矩形

- 【矩形】工具：使用该工具可以在编辑区域内绘制矩形，如图 9-7 所示。该工具的快捷键是 R。
- 【切角矩形】工具：使用该工具可以在编辑区域内绘制切角矩形。
- 【圆角矩形】工具：使用该工具可以在编辑区域内绘制圆角矩形。
- 【圆矩形】工具：使用该工具可以在编辑区域内绘制圆矩形。
- 【楔形】工具：使用该工具可以在编辑区域内绘制三角形。该工具的快捷键是 W。
- 【弧形】工具：使用该工具可以在编辑区域内绘制圆弧图形。该工具的快捷键是 A。
- 【椭圆】工具：使用该工具可以在编辑区域内绘制椭圆。该工具的快捷键是 E。

> **提示**
>
> 使用【矩形】【切角矩形】【圆角矩形】【圆矩形】【楔形】【弧形】【椭圆】等图形工具进行图像的制作时，默认的填充颜色是白色，用户可以自己指定填充颜色及其他属性。

- 【直线】工具：利用该工具可以在编辑区域内绘制直线。在画直线时，按住 Shift 键，画出的直线将在以间隔为 45 度的方向上。使用该工具画出的直线可以通过【钢笔】工具进行调整。该工具的快捷键是 L。

9.1.2　字幕动作区

字幕动作区提供了【对齐】【中心】【分布】三栏工具，可以设置字幕或者图形的排列分布方式，如图 9-8 所示。

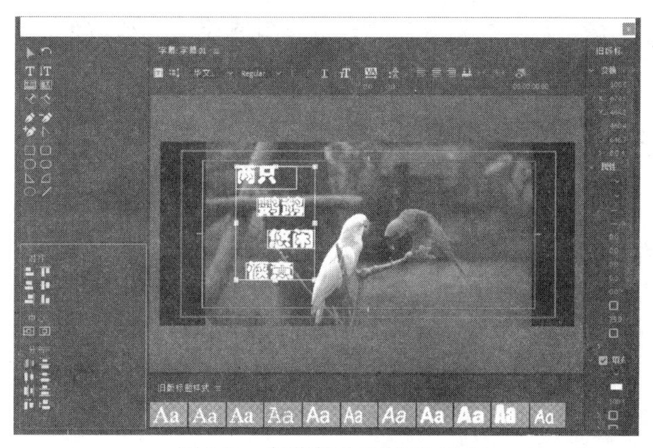

图 9-8　字幕的分布排列方式

- 【对齐】工具区域：该区域中的工具用于在画面中按照水平-右对齐、水平居中、垂直-顶对齐、垂直居中等方式对齐排列选择的 2 个或 2 个以上的文字或图形对象。
- 【中心】工具区域：该区域中的工具用于按照画面的水平中心或垂直中心位置对齐选择的文字或图形对象。
- 【分布】工具区域：该区域中的工具用于在画面中按照水平平均间隔、垂直平均间隔等方式分布排列选择的 3 个或 3 个以上的文字或图形对象。

9.1.3　字幕样式区

字幕样式区存在于旧版标题中。用户在字幕编辑区中输入文字后，可以在字幕样式区选择字体样式，也可以用鼠标拖动文字边框，以此改变文字的大小及高度等。打开右上角的按钮，可以在弹出的菜单中选择新建、删除样式，或从样式库中载入样式。【字幕样式】面板中放置了系统预置的几十种字幕样式效果，如图 9-9 所示。制作字幕时，只需在该面板中选择需要的样式，即可在字幕编辑区的预览窗口中创建出该样式效果的字幕。

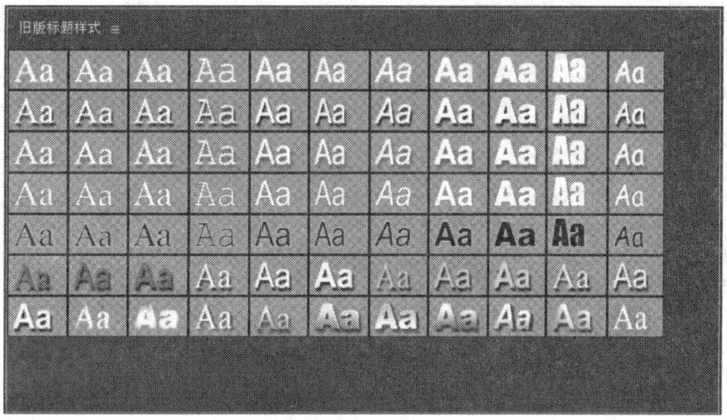

图 9-9　字幕样式

单击【字幕样式】面板右侧的小三角形按钮，可以打开该面板的控制菜单，如图 9-10 所示。通过使用该菜单中的命令，可以实现以下字幕样式设计的功能。

- 将字幕编辑区预览窗口中创建的对象效果设置为【字幕样式】面板中的样式。
- 将所选字幕样式的全部字幕属性或个别属性应用到预览窗口中创建的对象上。
- 复制、删除和重命名所选择的样式效果。

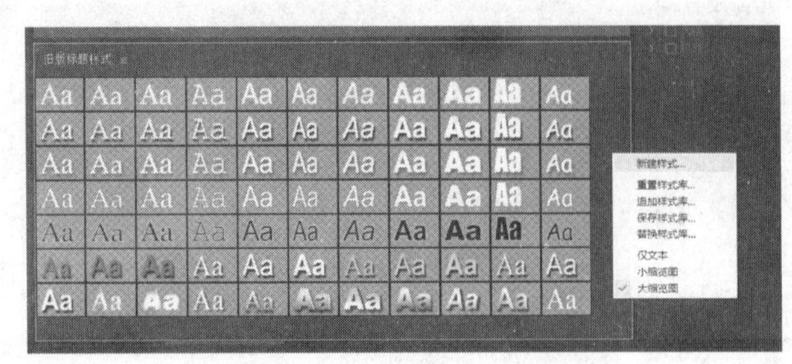

图 9-10　【字幕样式】菜单

- 设置选择的样式为字幕编辑区默认的创建对象样式效果。
- 恢复【字幕样式】面板当前使用的样式库的默认状态。
- 添加其他样式库中的样式至当前使用的样式库。
- 保存当前使用的样式库。
- 使用其他样式库替换当前使用的样式库。
- 在【字幕样式】面板中以字体名称方式或效果缩略图方式显示样式。

9.1.4　字幕属性区

在实际创建字幕的过程中，字幕的设置与字幕属性是不可分割的。例如，创建字幕后要设置字幕的字体、颜色、大小等属性，这些设置全部需要在【字幕属性】面板中进行。本节将介绍如何在【字幕属性】面板中编辑字幕属性。

字幕属性区主要由 5 个部分组成，分别是【变换】选项组、【属性】选项组、【填充】选项组、【描边】选项组和【阴影】选项组。

- 【变换】选项组：可以对图形或者文字进行变形设置，可以改变文字的【不透明度】【X 位置】【Y 位置】【宽度】【高度】和【旋转】角度，如图 9-11 所示。图 9-12 和图 9-13 所示分别为设置不透明度和设置旋转后的效果。

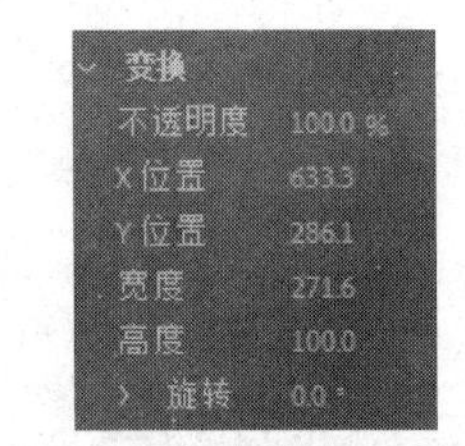

图 9-11　【变换】选项组

图 9-12　设置不透明度后的效果

图 9-13　设置旋转后的效果

- 【属性】选项组：在字幕编辑区选中图形，该选项组下共有两个选项，分别为【绘图类型】和【扭曲】。

如果选中的是文字，【属性】选项组中会显示不同的选项，如图 9-14 所示。这些选项会在以后的制作中逐步介绍。

- 【填充】选项组：该选项组用于设置文字字幕或者图形字幕的填充属性，如图 9-15 所示。
- 【描边】选项组：该选项组为图形或者文本描绘边缘。该选项组下共有两个选项，分别为【内描边】和【外描边】，如图 9-16 所示。
- 【阴影】选项组：该选项组用于为图形或者文字添加阴影效果，如图 9-17 所示。

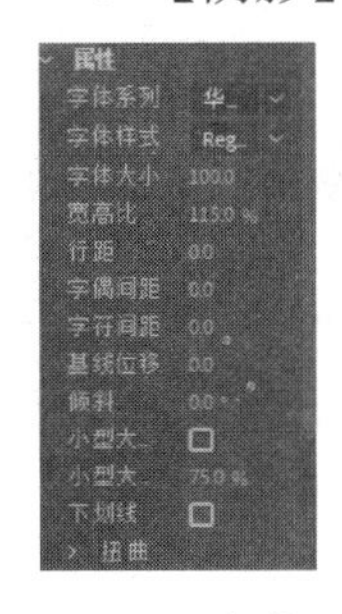

图 9-14　文字的【属性】选项组

图 9-15　【填充】选项组

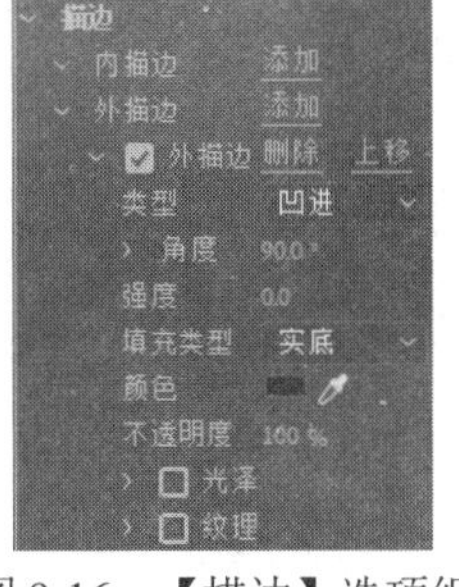

图 9-16　【描边】选项组

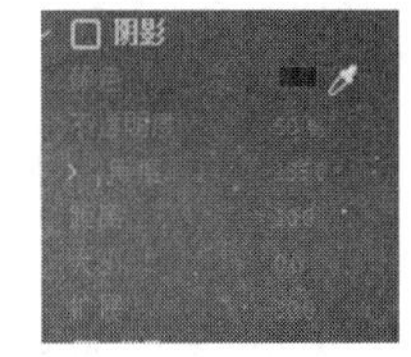

图 9-17　【阴影】选项组

任务 2　利用文字工具和【基本图形】面板制作字幕

9.2.1　利用文字工具制作字幕

在旧版 Premiere 中，字幕可作为一个图层拖放到视频轨道上进行处理。在新版的 Premiere Pro 2020 中，只需要使用文字工具在【节目监视器】面板中输入文字，即可自动在视频轨道上生成一个字幕图层。Premiere Pro 2020 的工具栏中提供了【文字】工具T，如图 9-18 所示，可在【节目监视器】面板中添加文本，对应的【效果控件】面板中会出现【文本】控件，如图 9-19 所示，其中的参数同前面讲解的参数基本相同。使用【文字工具】添加的文本以图形的方式存在，因此，也可以在【基本图形】面板中对文本的属性进行设置，如图 9-20 所示，具体的制作方式将在下一节中讲解。

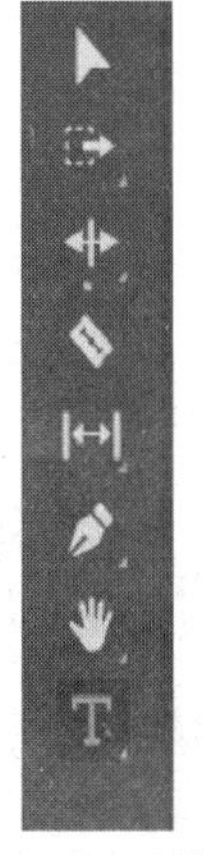

图 9-18　工具栏

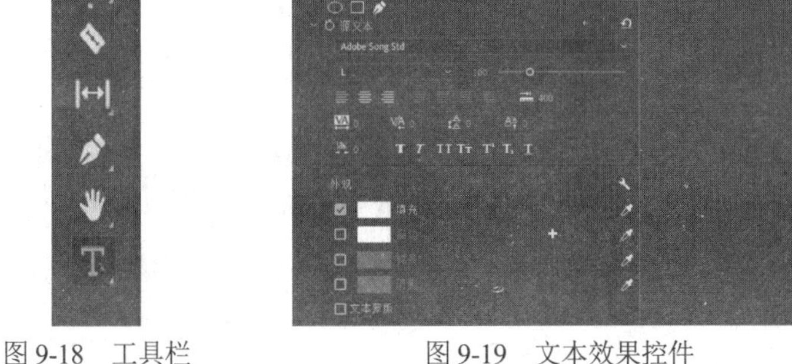

图 9-19　文本效果控件

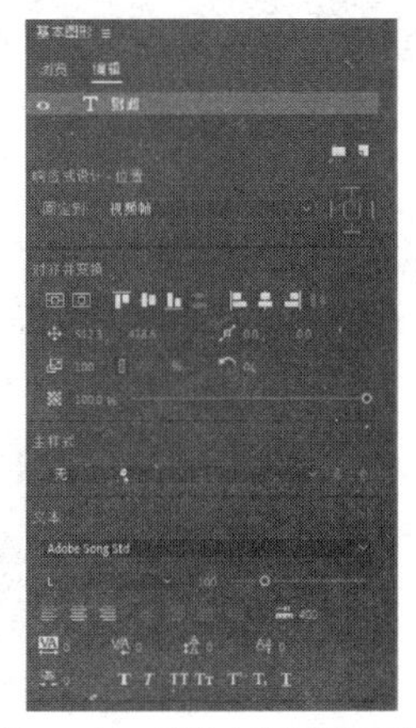

图 9-20　【基本图形】面板

9.2.2 利用【基本图形】面板制作字幕

【基本图形】面板支持以图层的方式快捷地建立文字、形状等，图层之间可以建立响应。在 Premiere Pro 2020 中，建立好序列，将素材导入序列之后，选择【图形】|【新建图层】命令，会出现【文本】【直排文本】【矩形】【椭圆】【来自文件】等选项，如图 9-21 所示。

【文本】：建立横排的字幕。

【直排文本】：建立竖排的字幕。

【矩形】【椭圆】：分别用于建立矩形、椭圆的形状。

【来自文件】：可以导入来自本地计算机的形状。

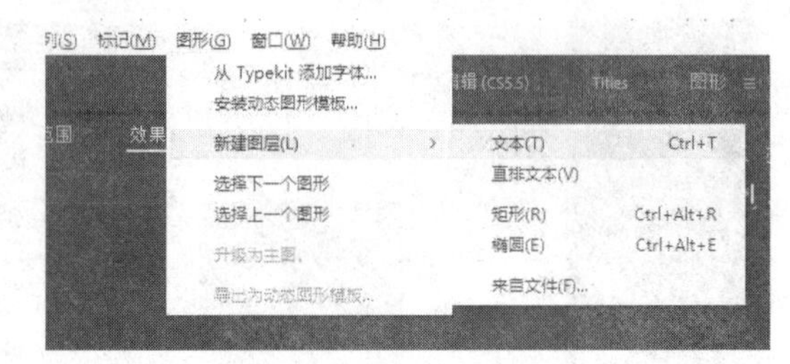

图 9-21 新建图层

选择【文本】命令后，屏幕最右侧的【基本图形】面板被激活，单击【编辑】选项卡即可进行各项设置，如图 9-22 所示。

在【基本图形】面板的右上方，有一个按钮，单击该按钮后，在弹出的快捷菜单中选择相应命令也能新建文本、直排文本，矩形、椭圆等，如图 9-23 所示，类似选择菜单栏上的【图形】|【新建图层】命令。

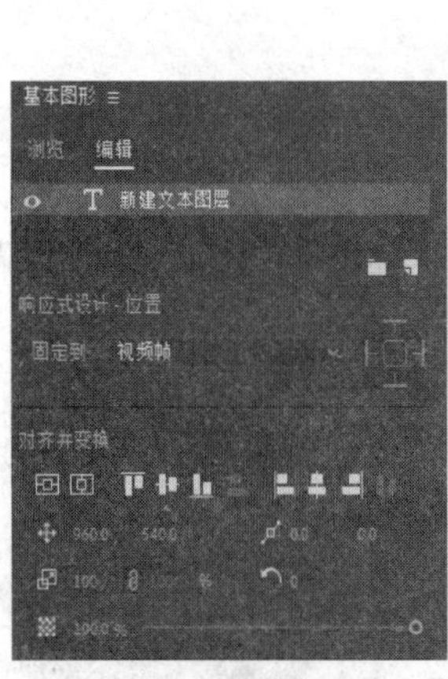

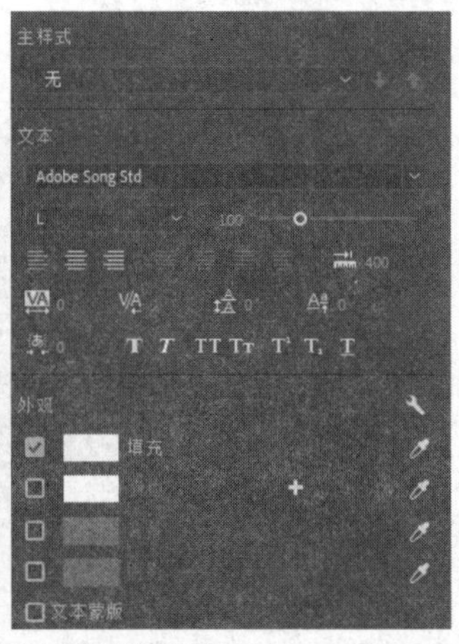

图 9-22 【基本图形】面板

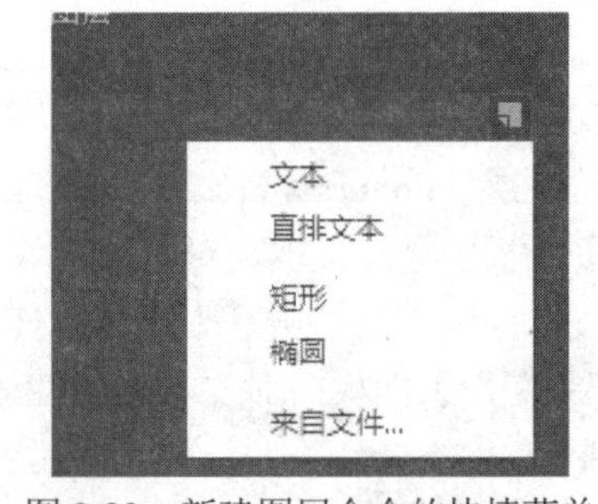

图 9-23 新建图层命令的快捷菜单

多次选择【新建图层】命令，会形成依次排列的各个图层，如图 9-24 所示，各个字幕或形状将以图层的方式直接叠加，类似 Photoshop 中图层排列的方式，可以更加方便直观地进行字幕、形状的剪辑。直接用鼠标拖曳某个图层，可以变换图层之间的关系，可以通过鼠标拖曳的方式将图层“形状 01”放置在两个“新建文本图层”中间，如图 9-25 所示。

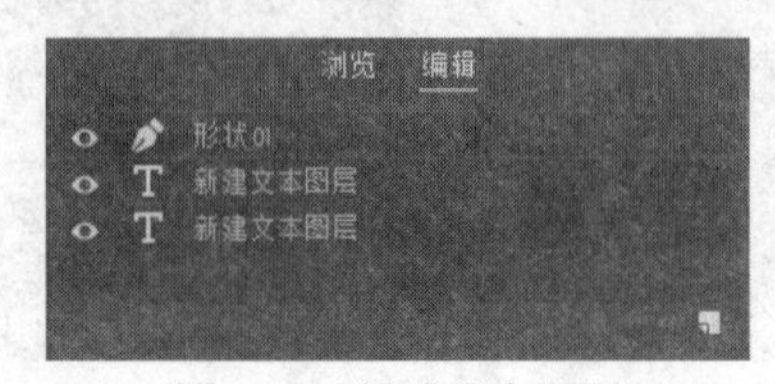

图 9-24 新建多个图层

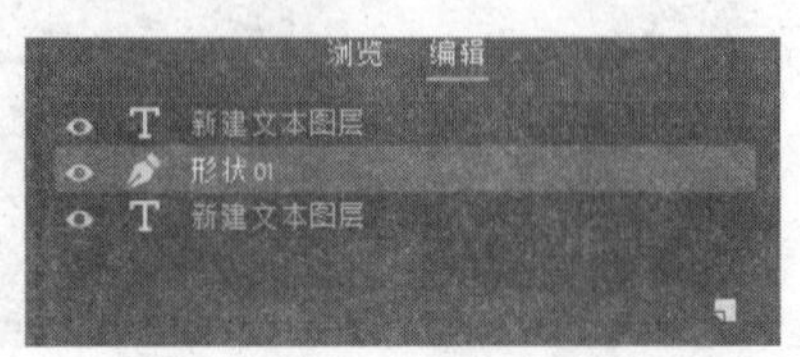

图 9-25 使用鼠标拖曳图层

Premiere Pro 2020 在字幕编辑方面提供了【响应式设计-位置】命令，如图 9-26 所示。

图 9-26 【响应式设计-位置】命令

选中某个图层，可以将其和另外一个图层建立固定关系，右侧的■表示固定的水平和垂直方向，如建立一个文字图层和形状图层，选中形状图层，将其固定到文字图层上，并将其右侧的垂直方向激活(灰色变为蓝色)，如图 9-27 所示。此时的【节目】面板如图 9-28 所示。

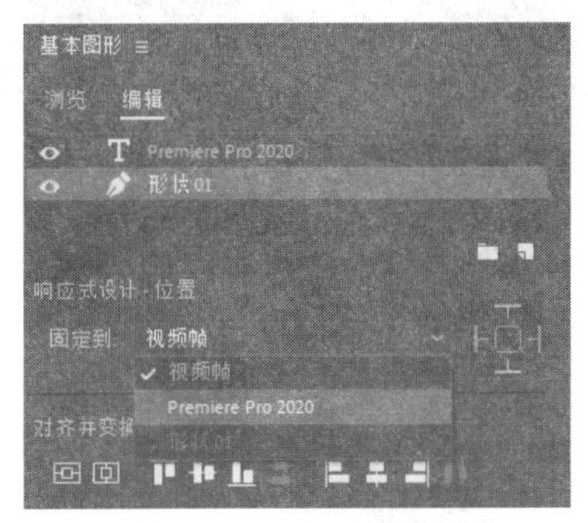

图 9-27 建立固定关系

图 9-28 【节目】面板

此时，选中文字图层并用鼠标上下拖动，则形状图层也随之运动，如图 9-29 所示。在垂直方向上输入文字，其形状也会跟随文字变化，如图 9-30 所示。

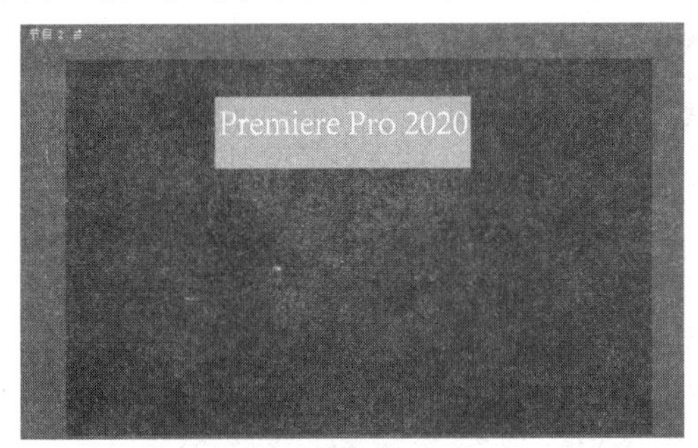

图 9-29 垂直拖动文字

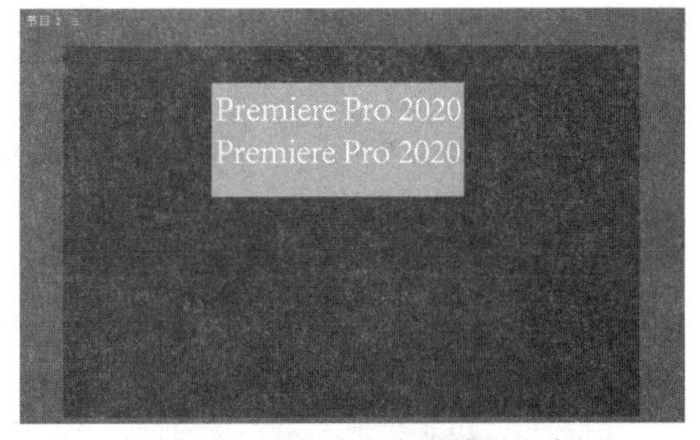

图 9-30 在垂直方向上输入文字

此时，如果在水平方向上拖动文字图层，形状图层则不会跟随文字图层一起移动，同样，在水平方向上进行文字输入，形状图层也不会变化，如图 9-31、图 9-32 所示。

图 9-31 水平拖动文字

图 9-32 在水平方向上输入文字

若单击【响应式设计-位置】右侧方框的中心位置，可将水平方向将和垂直方向都固定，则无论水平、垂直拖动文字或输入文字，其形状都会改变，如图 9-33、图 9-34 所示。

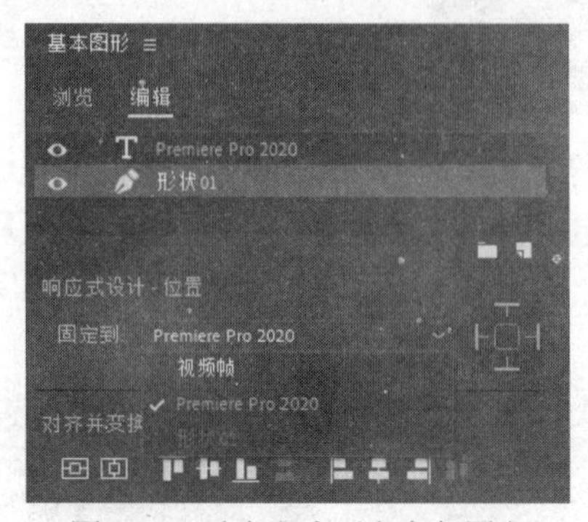

图 9-33　垂直和水平方向都固定

图 9-34　在水平、垂直方向上输入文字

在【基本图形】面板中，在【剪辑】状态下，不选中任何图层，即可进入【响应式设计-时间】命令，可以保证在更改总体时长时，保留动态图形中关键帧的完整性，如开头和结尾动画。

例如，为上面字幕的【不透明度】属性创建关键帧，可实现淡入淡出效果，如图 9-35、图 9-36 所示。

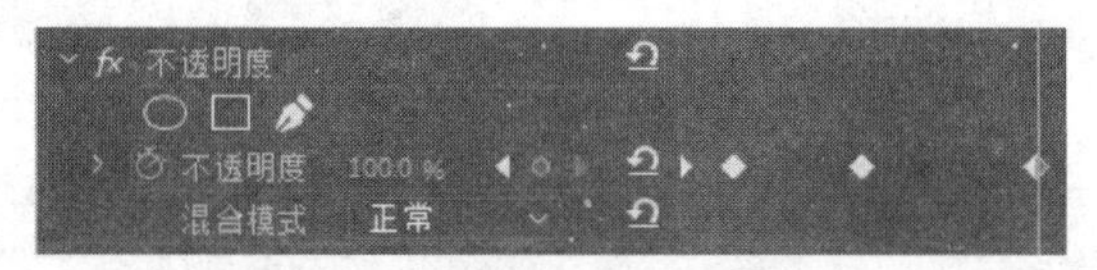

图 9-35　创建不透明度关键帧

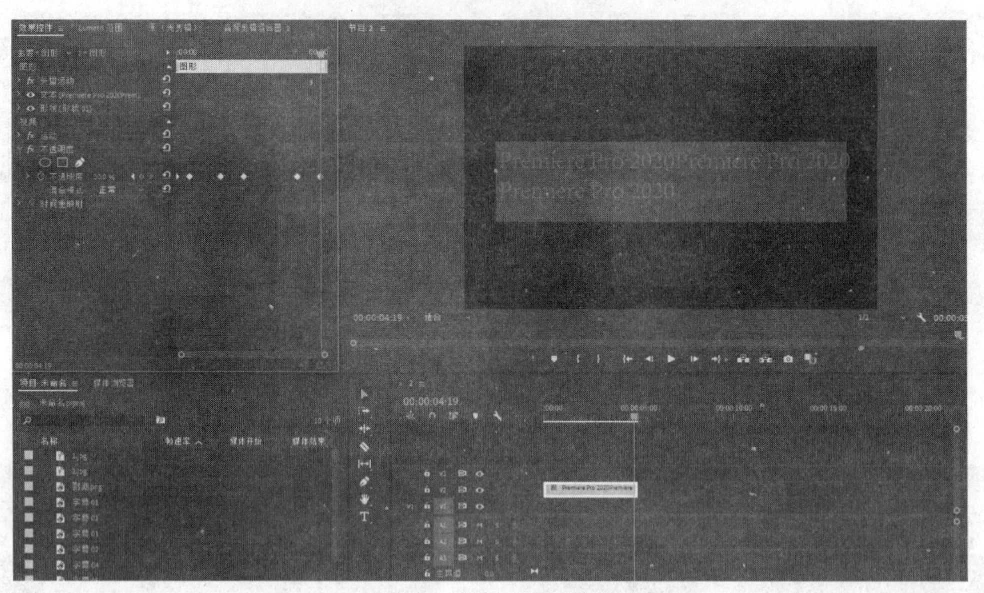

图 9-36　淡入淡出效果

此时，如果采用鼠标拖动的方式缩短字幕时长，则【效果控件】面板中的关键帧信息会丢失，如图 9-37 所示。

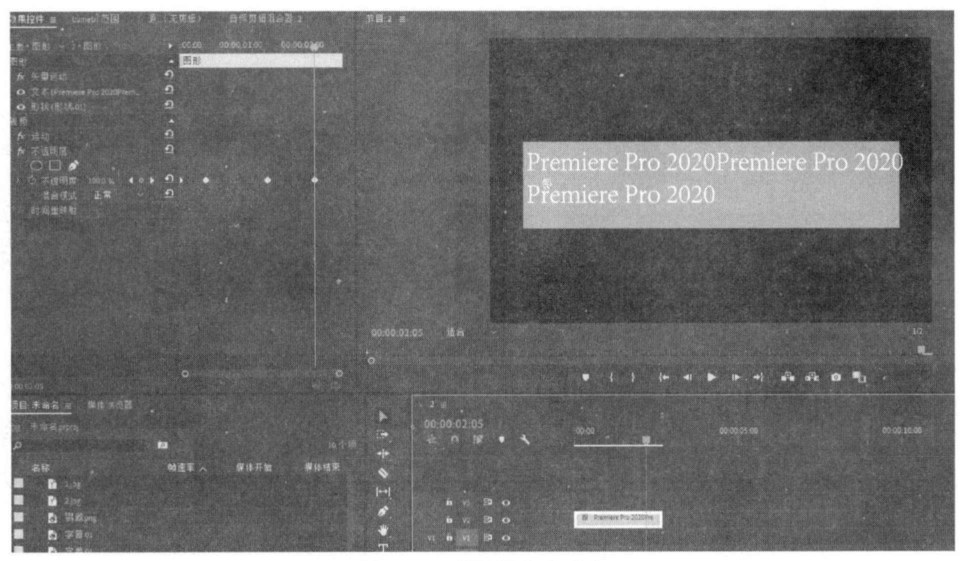

图 9-37 关键帧信息丢失

作为比较，在缩短字幕之前，将【响应式设计-时间】中【开场持续时间】和【结尾持续时间】的参数值进行调整，如图 9-38 所示，使得关键帧信息面板中的灰色区域覆盖关键帧，如图 9-39 所示，则再次缩短时间，仍保留关键帧信息。

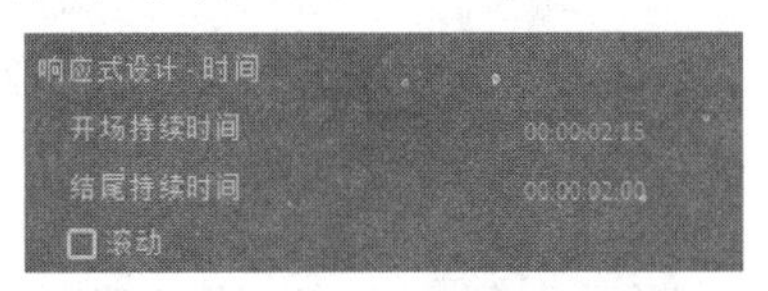

图 9-38 调整响应式设计-时间

【响应式设计-时间】命令下方有【滚动】命令，如图 9-40 所示，设置滚动参数可以制作滚动字幕。

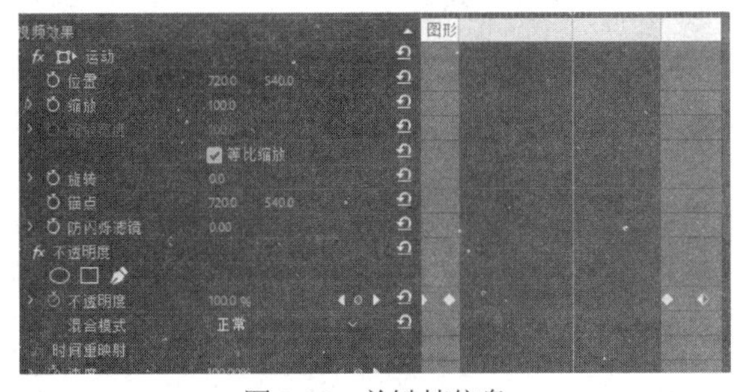

图 9-39 关键帧信息

图 9-40 设置滚动参数

9.2.3 利用基本图形模板制作字幕

和 Office 软件一样，Premiere Pro 2020 也提供模板用于字幕制作。模板中提供了相应的图形区域结构设置，如字幕的整体框架、文本的字体类型和字体运动，这样即可在不安装 After Effects 的情况下，实现理想的字幕效果。

【例 9-1】 创建一个名为“ch09-1”的项目，实现利用模板创建字幕文件的效果。素材

1) 效果说明

利用模板创建字幕文件，完成后的效果如图 9-41 所示。

图 9-41 完成后的效果

2) 操作要点

学习利用【基本图形】模板创建一个带有特效的字幕文件。

3) 操作步骤

(1) 运行 Premiere Pro 2020，打开开始使用界面，单击【新建项目】按钮，打开【新建项目】对话框，如图 9-42 所示。在该对话框中，设置项目保存的路径及输入名称“ch09-1”后，单击【确定】按钮，进入主程序界面。

(2) 按下快捷键 Ctrl + N，弹出【新建序列】对话框，选择【AVCHD 1080i 25(50i)】格式，单击【确定】按钮新建序列，如图 9-43 所示。

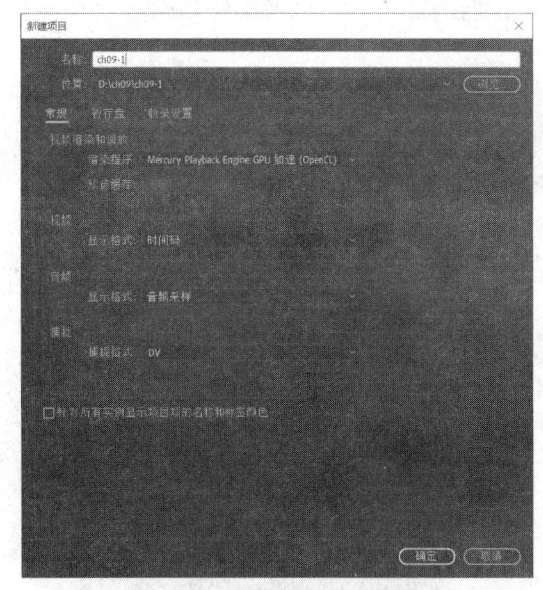

图 9-42 【新建项目】对话框

图 9-43 【新建序列】对话框

(3) 选择【文件】|【导入】命令，将图片“永生.jpg”导入【项目】面板，并将它拖到【时间轴】面板的 V1 轨道上。单击工具栏中的图形按钮(或按下快捷键 Alt + Shift + 6)，【节目监视器】面板右侧会出现【基本图形】面板，如图 9-44 所示。在【基本图形】面板中，单击浏览进入【浏览】状态，可以在右侧的预览窗口中看到不同的模板类型。

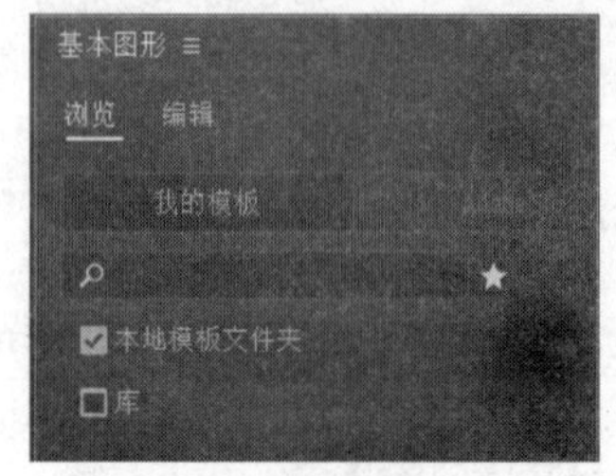

图 9-44 【基本图形】面板

(4) 选择“经典下方三分之一两行”模板，将其拖到 V2 轨道上，如图 9-45 所示。

(5) 单击【时间轴】面板中 V2 轨道上的字幕，此时【基本图形】面板会打开编辑界面，输入字幕信息“《永生》”和“全国大学生艺术展演微电影作品”，如图 9-46 所示。

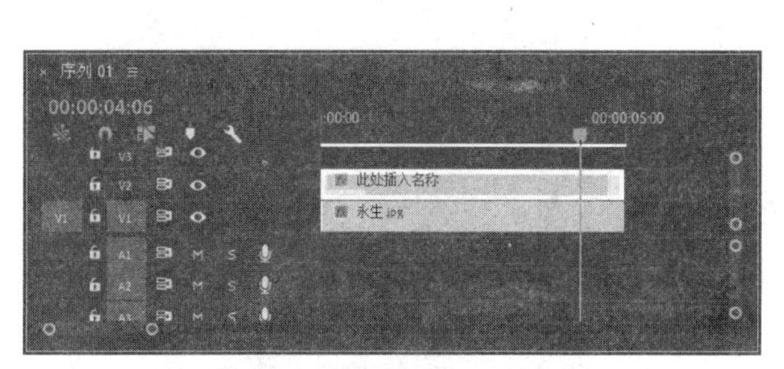

图 9-45　将字幕模板拖至 V2 轨道

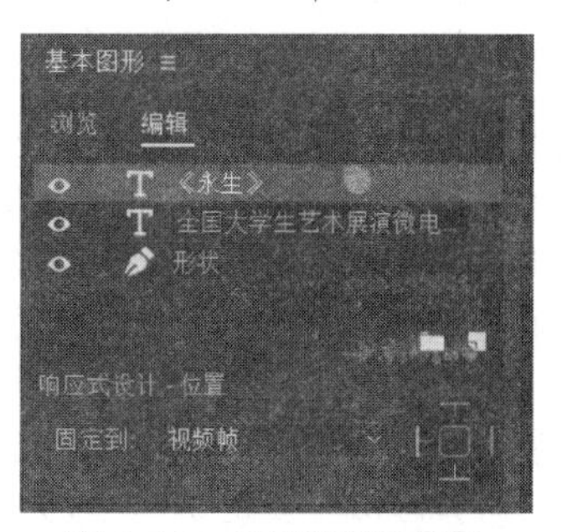

图 9-46　对字幕进行编辑

(6) 单击【时间轴】面板，按空格键或回车键预览效果，最后执行【文件】|【保存】命令，保存该项目文件。

任务 3　以其他方式制作字幕

Premiere Pro 2020 中文版中，“Title”和“Caption”都翻译为“字幕”，但两者在使用过程中是有区别的。“Title”多用于标题和对白字幕，以上两种方法建立的是该类型的字幕。“Caption”多用于说明性的字幕，它是在无声状态下通过进行一些解释性的语言来描述当前画面中所发生的事情的字幕。例如，画面中出现背景声音时，“Caption”都会通过字幕进行提示，一般这种类型的字幕是为听力有障碍或者无声条件下观看节目的观众准备的。在美国执行的一些非强制性的标准中，要求一般的电视及录像节目都要为这样的观众提供“Caption”的字幕，如果不做直接的可显示字幕，也要求将其做成可隐藏的字幕，也就是“Closed Caption”，即“CC 字幕”，而且在北美销售的播放设备中，如电视及投影设备都内置了 CC 解码系统，用以在画面中导出文本格式的 CC 字幕。

制作字幕还有一种方式，即通过【新建】|【字幕】的方式来建立字幕，如图 9-47 和图 9-48 所示，这里的字幕指的是“Caption”。

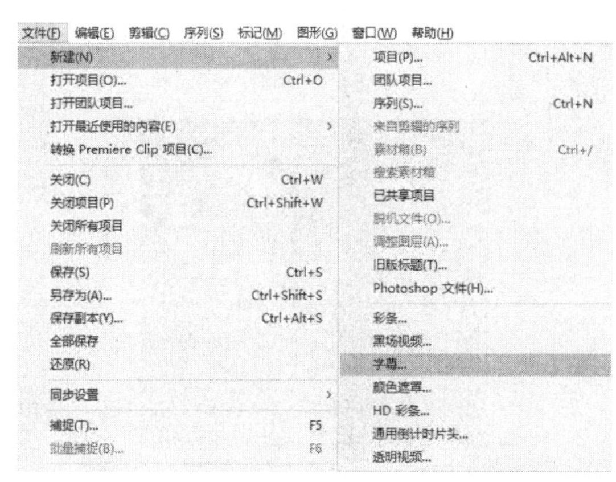

图 9-47　新建字幕

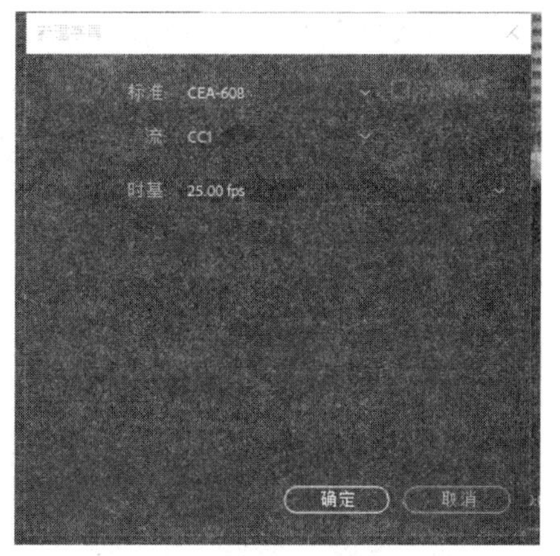

图 9-48　【新建字幕】对话框

在【新建字幕】对话框中，将【标准】选项展开，会出现 6 个选项，即 CEA-608、CEA-708、图文电视、开放字幕、澳大利亚和开放式字幕，如图 9-49 所示。

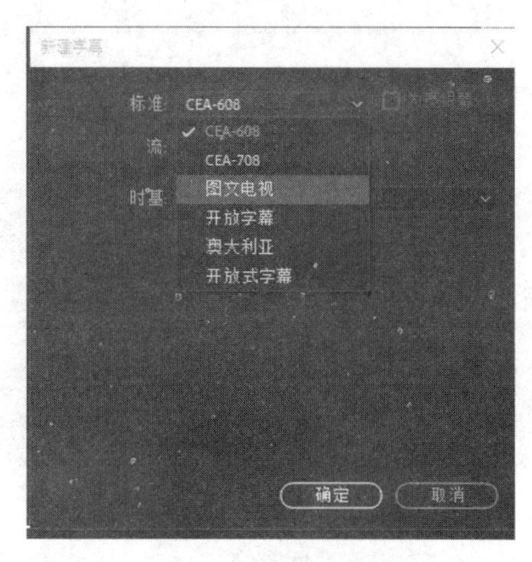

图 9-49　新建字幕选项

CEA-608 和 CEA-708 是 CC 字幕的两个标准，CEA-608 又称 EIA-608，由美国电子工业协会(EIA)制定，规定了 PAL/NTSC 模拟电视上 Line21 行所包含的 caption 信息，主要用于模拟信号中的传输。在数字电视取代模拟电视的过程中，CEA-608 所扮演的角色已经越来越不重要。在 NTSC 标准中，使用的是 CEA-708(EIA-708)字幕标准，该字幕标准由美国电子工业协会制定，美国和加拿大是 NTSC 数字电视的 CC 字幕标准。

图文电视是 20 世纪 70 年代在英国发展起来的一种信息广播系统，它主要利用电视信号场消隐期(VBI)中的某几行(也可以占用电视信号的全部有效行)传送图文和数据信息。图文电视广播业务能以低廉的费用，向大众传播即时的新闻、天气、电视节目预告和字幕等信息。

开放字幕和开放式字幕可以用于一般场景。

【流】：在不同的字幕标准下，流的选项也不一样。流包含了不同语言的信息，如图 9-50、图 9-51 和图 9-52 所示。

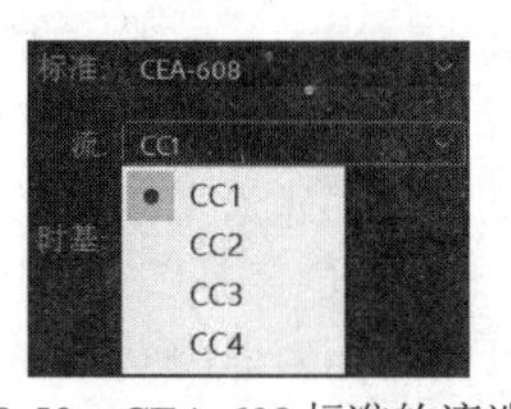

图 9-50　CEA-608 标准的流选项

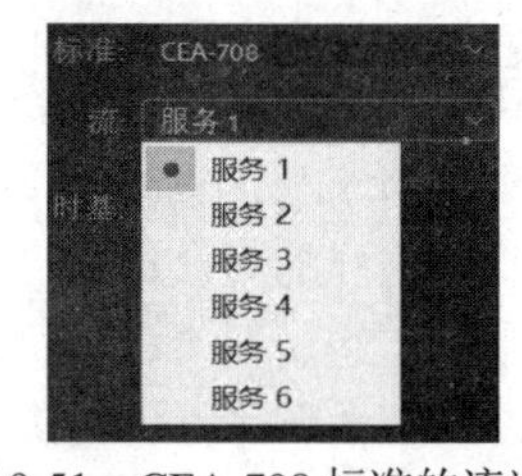

图 9-51　CEA-708 标准的流选项

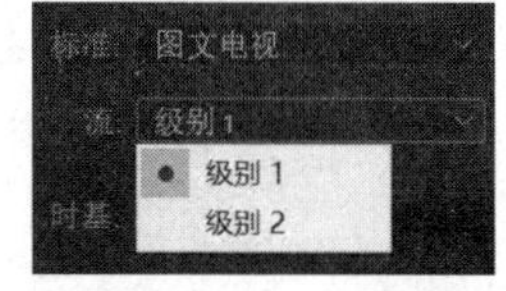

图 9-52　图文电视的流选项

【时基】：指画面每秒传输的帧数，即动画或视频的画面数，用户可以根据需要自行选择，如图 9-53 所示。

一般选择【标准】为“开放式字幕”，如图 9-54 所示，在开放式字幕标准下可以切换字体格式，而在其他字幕标准下，无法选择字幕的字体，只能使用默认的字体格式。

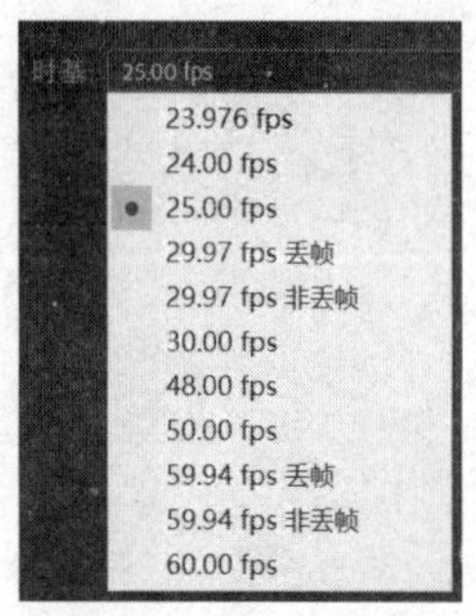

图 9-53　时基选项

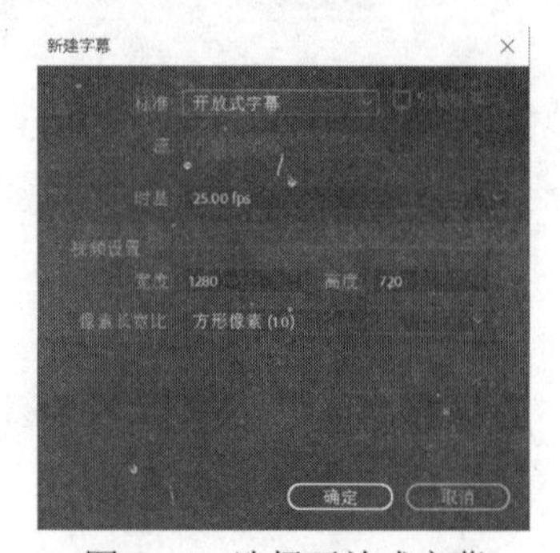

图 9-54　选择开放式字幕

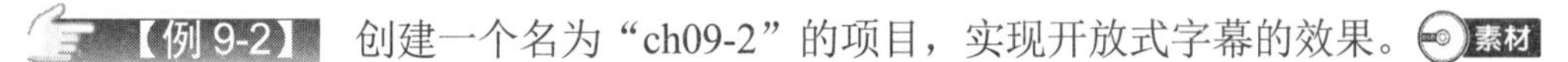

【例 9-2】 创建一个名为“ch09-2”的项目，实现开放式字幕的效果。素材

1) 效果说明

实现开放式字幕的效果。

2) 操作要点

调整文字的字体、大小和颜色；新建文本框并设置【出点】和【入点】的值。

3) 操作步骤

(1) 运行 Premiere Pro 2020，打开开始使用界面，单击【新建项目】按钮，打开【新建项目】对话框，如图 9-55 所示。在该对话框中，设置项目保存的路径及输入名称“ch09-2”后，单击【确定】按钮，进入主程序界面。

(2) 按下快捷键 Ctrl + N，弹出【新建序列】对话框，选择【AVCHD 1080i 25(50i)】格式，单击【确定】按钮新建序列，如图 9-56 所示。

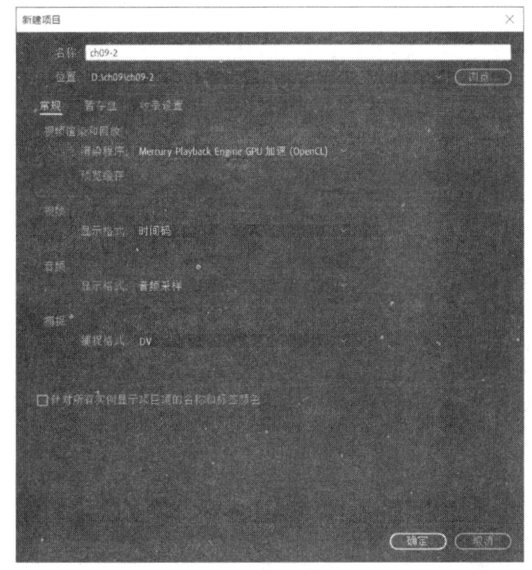

图 9-55 【新建项目】对话框

图 9-56 【新建序列】对话框

(3) 将素材文件“林芝桃花.mp4”导入【项目】面板，并将其拖入【时间轴】面板。执行【文件】|【新建】|【字幕】命令，弹出【新建字幕】对话框，在【标准】下拉列表中选择【开放式字幕】选项，单击【确定】按钮，创建一个空白的字幕文件。在【项目】面板中双击该字幕文件进入编辑界面，在文本框中输入简单介绍“林芝桃花”的第一行文字“林芝地区号称西藏江南”，将【入点】设为 00:00:00:00，将【出点】设为 00:00:03:00，【字体】选择“黑体”，【大小】设为“38”，使用【文本颜色】工具将文字颜色设为白色，使用【边缘颜色】工具将文字边缘设为黑色，使用工具按钮将字幕调整到屏幕下方居中的位置，如图 9-57 所示。文本效果如图 9-58 所示。

提示

在 Premiere Pro 2020 中，如果有些字体不能被识别，则会出现方块代替文字的现象，此时只需要将字体更改为系统能够识别的中文字体即可。

图 9-57　输入文本

图 9-58　文本效果

(4) 在字幕编辑区，依次单击右下角的“+”按钮，将出现新增文本框，在文本框中输入“林芝桃花”的简单介绍文字，如图 9-59 所示。设置第二行“该地区的桃花异于江南碧桃的风格”，【出点】为 00:00:06:29；设置第三行“树高花繁 开得狂野”，【出点】为 00:00:10:05；设置第四行“很多地方山脚桃花盛开山上则是雪峰 独有风味”，【出点】为 00:00:17:00。

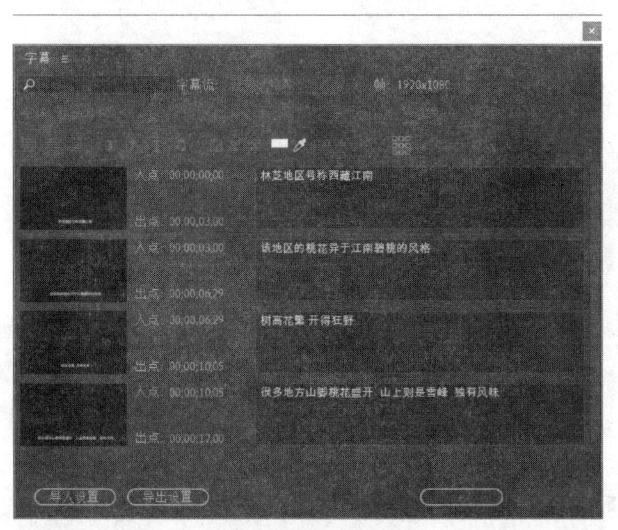

图 9-59　输入文本

(5) 将【项目】面板中的“字幕”文件拖至【时间轴】面板的 V2 轨道，此时可以看到这一字幕素材显示了入点和出点标记，用户可根据需要用鼠标对其进行微调，如图 9-60 所示。

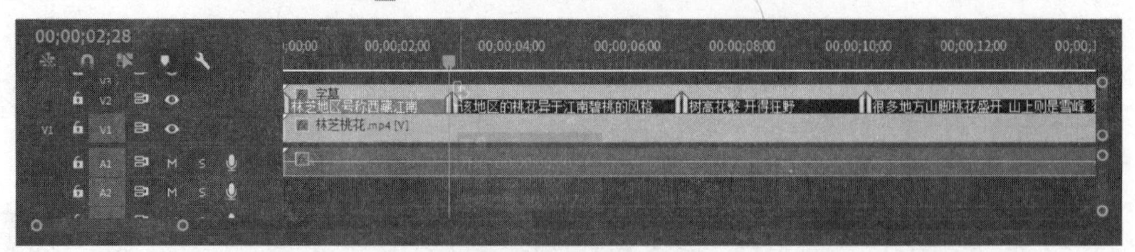

图 9-60　调节入点和出点

(6) 单击【时间轴】面板，按空格键或回车键预览效果，最后执行【文件】|【保存】命令，保存该项目文件。

任务4 制作活动字幕

用户除了可以通过【字幕设计】窗口制作静止的字幕，还可以制作活动的字幕，这分为上下活动的【滚动字幕】和左右活动的【游动字幕】两种。

【例 9-3】 制作滚动字幕与游动字幕。素材

在影视作品中，节目的结尾通常会出现演员表等信息，会以滚动的方式显示。在 Premiere Pro 2020 中，可以通过多种方法制作滚动字幕。

1) 效果说明

通过不同的方法，制作上下滚动字幕和左右游动字幕。

2) 操作要点

根据需要调整【滚动/游动选项】中的参数，控制游动字幕的方向、速度等信息。

3) 操作步骤

▽ 制作滚动字幕的方法如下。

(1) 运行 Premiere Pro 2020，打开开始使用界面，单击【新建项目】按钮，打开【新建项目】对话框，如图 9-61 所示。在该对话框中，设置项目保存的路径及输入名称“ch09-3”后，单击【确定】按钮，进入主程序界面。

(2) 按下快捷键 Ctrl + N，弹出【新建序列】对话框，选择【AVCHD 1080i 25(50i)】格式，单击【确定】按钮新建序列，如图 9-62 所示。

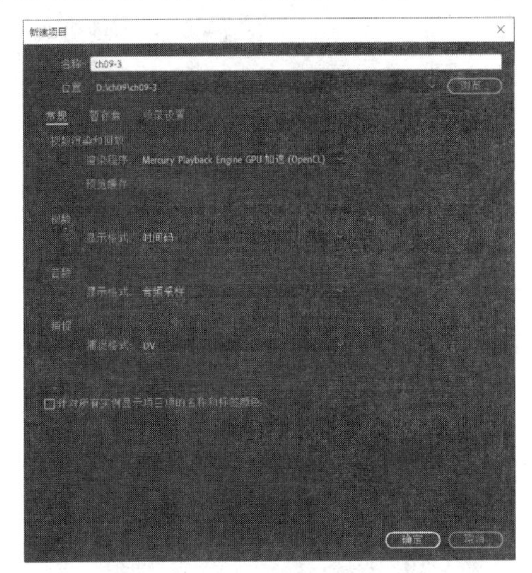

图 9-61 【新建项目】对话框

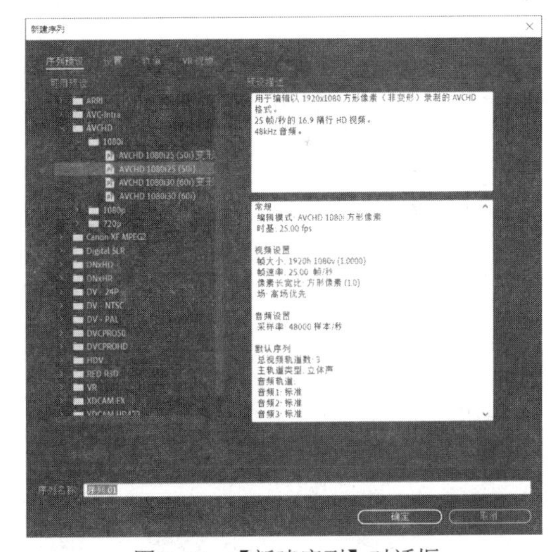

图 9-62 【新建序列】对话框

(3) 执行【文件】|【导入】命令，将素材“石臼湖.mp4”导入【项目】面板，选中该素材，将其拖至【时间轴】面板的 V1 轨道。

(4) 执行【文件】|【新建】|【旧版标题】命令，弹出【新建字幕】对话框，将字幕名称设为“滚动字幕”，单击【确定】按钮，打开字幕编辑器。在字幕编辑区中输入文本“石臼湖”，设置【字体】为“黑体”，【大小】为“70”。利用“选择工具”将文本拖到合适的位置，如图 9-63 所示。

(5) 单击上方的按钮，打开【滚动/游动选项】对话框，在【字幕类型】选项组中选择【滚动】单选按钮，在【定时(帧)】选项组中设置字幕滚动的属性，如图 9-64 所示。

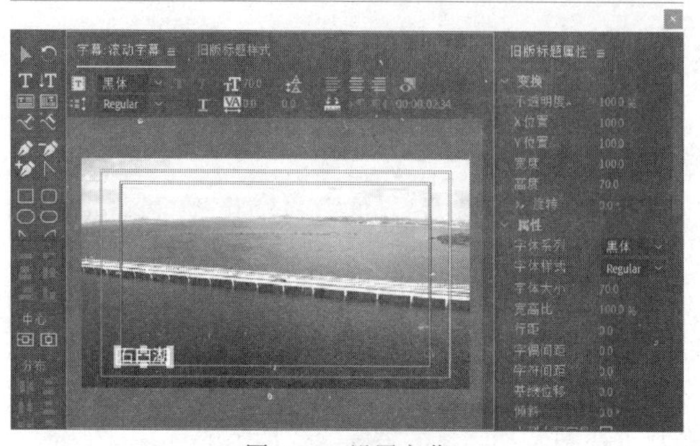

图 9-63　设置字幕

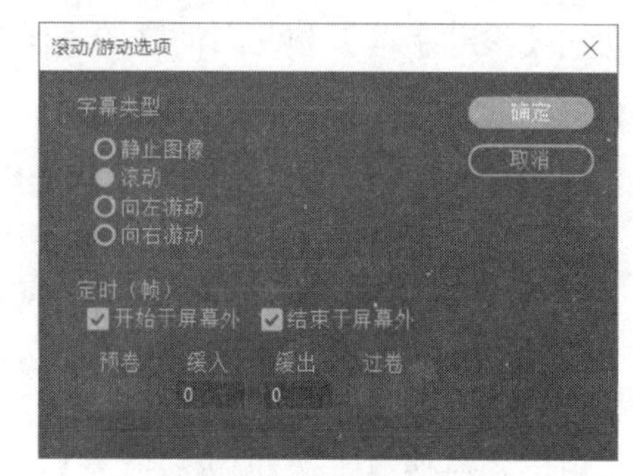

图 9-64　设置滚动字幕

▽ 制作向右/向左游动字幕的方法如下。

(1) 执行【文件】|【新建】|【旧版标题】命令，弹出【新建字幕】对话框，设置字幕名称为“向右滚动字幕”，单击【确定】按钮，打开【字幕编辑器】对话框。在字幕编辑区中输入文本“石臼湖”，并使用“选择工具”将文本拖到合适的位置。

(2) 单击上方的按钮，打开【滚动/游动选项】对话框，在【字幕类型】选项组中选择【向右游动】单选按钮，在【定时(帧)】选项组中设置字幕游动的属性，如图 9-65 所示。

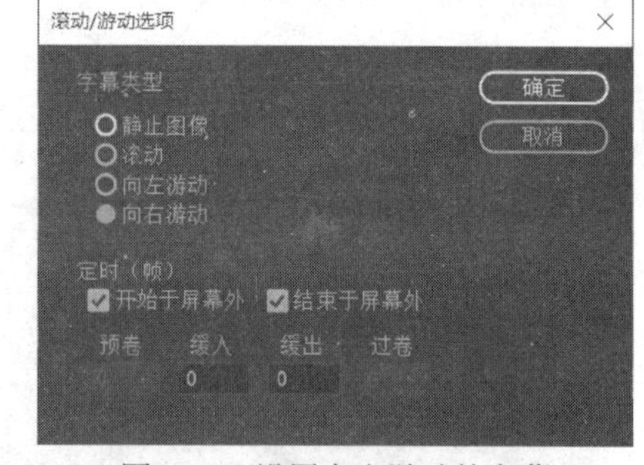

图 9-65　设置向右游动的字幕

(3) 制作向左游动字幕的步骤与制作向右移动字幕的步骤相同，在步骤(2)中的【字幕类型】选项组中选择【向左游动】单选按钮即可。

▽ 应用活动字幕的方法如下。

(1) 编辑完活动字幕后，单击【滚动/游动选项】对话框中的【确定】按钮，再关闭【字幕设计】窗口。

(2) 将编辑好的字幕文件拖到【时间轴】面板的合适位置上，调整持续时间。

(3) 在【节目监视器】面板中预演字幕的滚动和游动效果。滚动字幕效果如图 9-66 所示，向右游动字幕效果如图 9-67 所示，向左游动字幕效果如图 9-68 所示。

图 9-66　滚动字幕效果

图 9-67　向右游动字幕效果

图 9-68 向左游动字幕效果

(4) 最后执行【文件】|【保存】命令，保存该项目文件。

拓展训练

本拓展训练通过制作“ch09-4”实例，让读者深入理解字幕的应用，熟悉字幕制作技巧。

1) 效果说明

为视频画面加入动态字幕，效果如图 9-69 所示。

图 9-69 效果图

2) 操作要点

本例主要练习字幕的排版和属性设置，以及结合视频效果实现动态字幕。

3) 操作步骤

(1) 启动 Premiere Pro 2020，执行【文件】|【新建】|【项目】命令，创建项目文件“ch09-4”，如图 9-70 所示，单击【确定】按钮。

(2) 按下快捷键 Ctrl + N，弹出【新建序列】对话框，选择【AVCHD 1080i 25(50i)】格式，单击【确定】按钮新建序列，如图 9-71 所示。

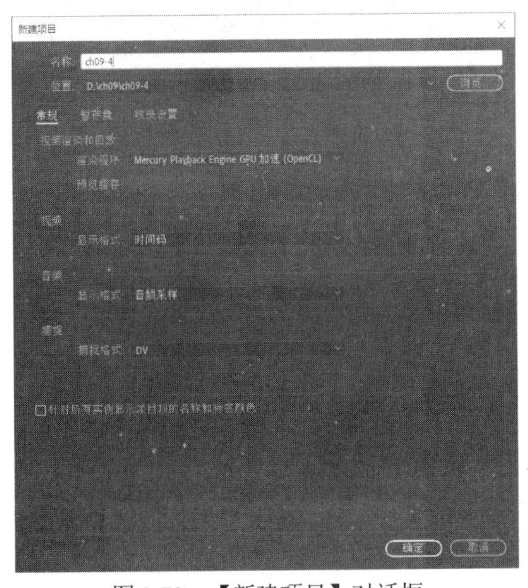

图 9-70 【新建项目】对话框

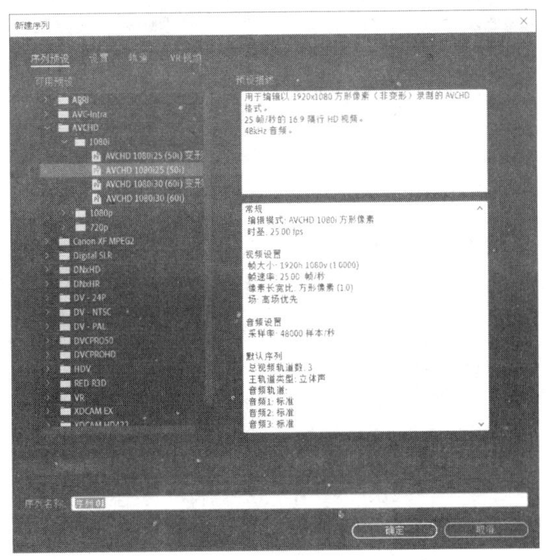

图 9-71 【新建序列】对话框

(3) 执行【文件】|【导入】命令，打开【导入】对话框，选择素材“蒲公英.mov”，将其导入【项目】窗口。将“蒲公英.mov”文件拖至时间线窗口的 V1 轨道。

(4) 选择【文件】|【新建】|【旧版标题】命令，打开【新建字幕】对话框。在该对话框中，

设置新建的字幕名称为“字幕 01”，如图 9-72 所示。

(5) 设置完成后单击【确定】按钮，打开【字幕设计】窗口。在该窗口的字幕预览区中输入“蒲公英”的简单介绍文本。

(6) 设置【字体系列】为“黑体”，【字体大小】为“50”，【行距】设“50”，效果如图 9-73 所示。

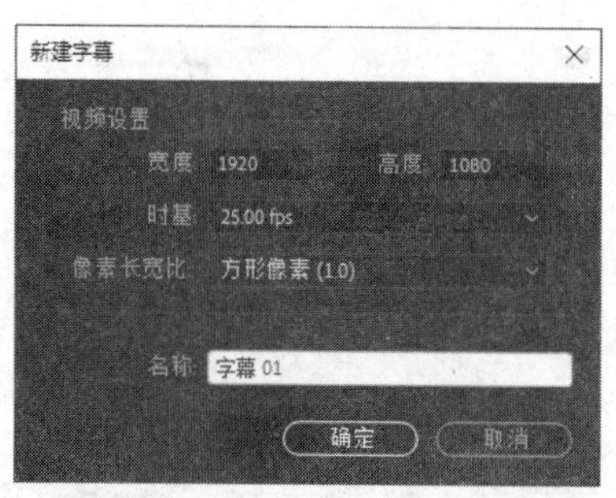

图 9-72 【新建字幕】对话框

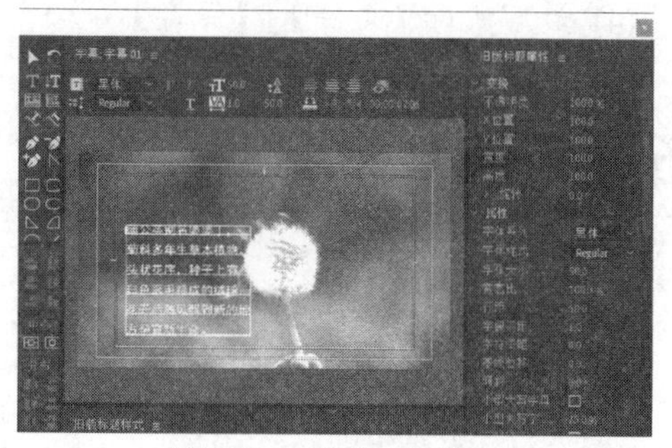

图 9-73 设置字幕样式

(7) 字幕属性设置完成之后，关闭【字幕设计】窗口，在【项目】面板中将字幕文件拖至 V2 轨道，长度与 V1 轨道保持一致，如图 9-74 所示。

(8) 在【效果】面板中打开【视频效果】|【扭曲】文件夹，选中【波形变形】效果，将其拖到轨道 V2 的字幕文件上。选择 V2 轨道上的字幕文件，在【效果控件】面板中找到【波形变形】效果。将【波形高度】设置为“5”，【波形宽度】设置为“60”，【方向】设置为“60.0°”，【波形速度】设置为“0.5”，【消除锯齿(最佳品质)】设置为“高”，如图 9-75 所示。

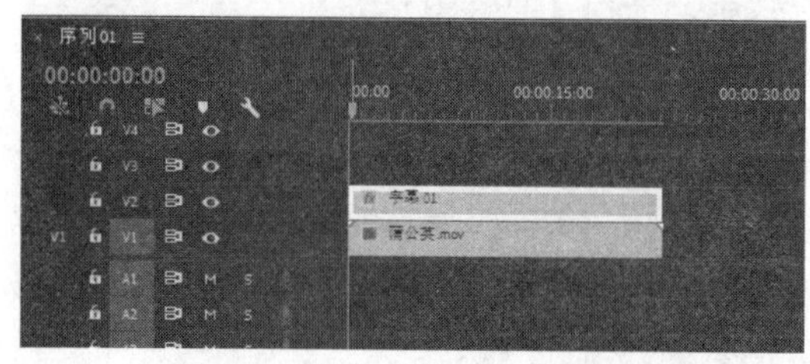

图 9-74 将字幕拖至 V2 轨道中

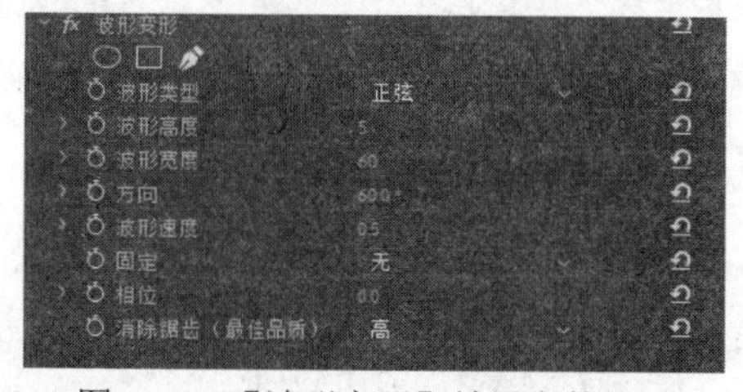

图 9-75 【波形变形】效果参数设置

(9) 完成设置后，按下空格键预览效果。

(10) 选择【文件】|【导出】|【影片】命令输出影片。

习 题

1. 在 Premiere Pro 2020 中，创建字幕文件有哪几种方式？
2. 字幕编辑窗口主要分为哪 5 个区域？其中字幕属性区由哪 5 部分组成？
3. 如何创建一个新的字幕样式？
4. 如何添加几何图形？
5. 简要描述制作活动字幕的一般方法。
6. 如何使用字幕模板？

第 10 章

应用音频

学习目标

音频是一部完整的影视作品中不可或缺的组成部分，音乐和音响效果给影像节目带来的作用至关重要。既然 Premiere Pro 2020 是一款集音频和视频处理为一体，功能强大的编辑软件，那么音频应用必然也是本书介绍的重要内容。

一般来说，影片音频的添加和操作通常是在影片编辑完成后进行的。用户可以自如地根据制作完成的影片画面，配以恰当的音乐、音响效果，从而制作出更具视听效果的影片。本章将介绍 Premiere Pro 2020 中音频的基础知识和简单的音频处理方法。

本章重点

- 音频类型
- 音频轨道
- 音轨混合器
- 音频的基本操作，包括音频轨道的添加与删除、音频的添加与预听、音频类型的转换、音频播放时间和速度的调整、音频增益的调节、利用关键帧技术调节音量和利用音轨混合器调节平衡与音量等
- 音频的剪辑与合成
- 音频过渡和音频特效

任务 1　了解音频基础知识

音频效果是影视编辑中必不可少的重要组成部分，大部分影视作品都由视频和音频合成。传统的节目中，音频的编辑是在后期编辑时根据剧情配的，又称混合音频，生成的节目电影带称为双带。胶片上有特定的声音轨道存储声音，当电影带在放映机上播放时，视频和声音以同样的速度播放，从而实现声画同步。

Premiere Pro 2020 具有功能强大的音频特性。在 Premiere Pro 2020 中，可以方便地处理音频，同时它还提供了音频特效和音频过渡效果，为用户提供了一些较好的声音处理方法，如声音的淡入淡出等。

10.1.1　音频的基本概念

- 【音量】：它是声音的重要属性之一，标志着声音的强弱程度。音量的大小，决定了声波幅度(振幅)的大小。
- 【音调】：在音乐中也称音高，是声音物理特性的一个重要元素。音调的高低取决于声音频率的高低，声音频率越高，音调越高。
- 【音色】：由混入的基音决定，泛音越高谐波越丰富，音色也越有明亮感和穿透力。不同的谐波具有不同的幅值和相位偏移，由此产生各种音色。
- 【噪声】：噪声有 3 种基本含义，一是指不同频率和不同强度的声波无规律组合而产生的声音；二是指物体无规律振动产生的声音；三是指在某种情况下对人的生活和工作有妨碍的声音。
- 【分贝】：衡量声音音量大小的单位，符号是 dB。
- 【动态范围】：指录音或放音设备在不失真和高于该设备固有声音的情况下所能承受的最大音量范围。
- 【响度】：人耳对声音强弱的一种感受，与音量、频率、早期反射声的大小和密度有关。
- 【静音】：又称无声，是一种具有积极意义的表现手段。
- 【失真】：声音录制加工后产生的畸变。
- 【电平】：又称级别，是电子系统中对电压、电流、功率等物理量强弱的通称。
- 【增益】：放大量的统称，指音频信号的声调高低。

10.1.2　音频类型

Premiere Pro 2020 中有 3 种类型的音频：【单声道】【立体声】和【5.1 环绕立体声】。

- 【单声道】：只有一个声音通道，是较原始的声音形式。当通过两个扬声器回放单声道信息时，可以明显感觉到声音是从两个音箱传递到听众耳朵里的。
- 【立体声】：包含左右两个声道。立体声技术彻底改变了单声道对声音位置定位有所缺乏的缺点。声音在录制的过程中，会被分配到独立的两个声道，从而达到较好的声音定位效果。这种技术在音乐欣赏中显得尤为重要，听众可以清晰地分辨出各种乐器来自不同的方向，从而使音乐更富想象力，更接近临场感受。

- 【5.1 环绕立体声】：包含 3 个前置声道(左置、中置和右置)、两个后置声道(或称为环绕声道，即左环绕和右环绕)和低音效果通道(通过低音炮放出声音)。5.1 环绕立体声已广泛应用于各类传统影院和家庭影院。

10.1.3　音频轨道类型

【时间轴】面板中的音频轨道，可以是【单声道】【立体声】和【5.1 环绕立体声】的任意组合，可对各音频轨道进行任意添加或删除。值得注意的是，每个音频轨道只能对应一种音频类型，而一种类型的音频也只能添加到相同类型的音频轨道中，并且音频轨道一旦创建便不能更改其音频类型。

音频轨道按照用途可以分为 3 种：【主音轨】轨道、【子混合】轨道和普通的音频轨道。其中，【子混合】轨道和普通的音频轨道可以有多条(每种音频类型最多 99 条)，而【主音轨】轨道只能有一条。只有普通的音频轨道可以用来添加音频素材，【子混合】轨道主要用于对部分音频轨道进行混合，它输出的是部分轨道混合后的结果；【主音轨】轨道用于对所有的音轨进行控制，它输出的是所有音轨混合后的结果。

10.1.4　音轨混合器

使用【音轨混合器】能以专业音轨混合器的工作方式来控制声音。它具有实时录音，以及音频素材和音频轨道的分离处理功能。

【音轨混合器】面板能在收听音频和观看视频的同时调整多条音频轨道的音量大小，以及均衡度。Premiere Pro 2020 使用自动化过程来记录这些调整，然后在播放剪辑时应用它们。【音轨混合器】面板就像一个音频合成控制台，它为每一条音轨提供了一套控制系统。每条音频轨道也根据【时间轴】面板中的相应音频轨道进行编号，使用鼠标拖动每条轨道的音量控制器可调整其音量。

一般情况下，进入 Premiere Pro 2020 主程序界面，查看【源监视器】面板中的【音轨混合器】选项，就可调出【音轨混合器】面板。若尚未显示，也可以通过执行菜单栏中的【窗口】|【音轨混合器】命令，选择相应的序列，调出该序列的【音轨混合器】面板，从而进行设置。

在【音轨混合器】面板中，可以对音频文件实现混音效果。【音轨混合器】面板如图 10-1 所示。下面介绍【音轨混合器】面板各个部分所表示的含义。

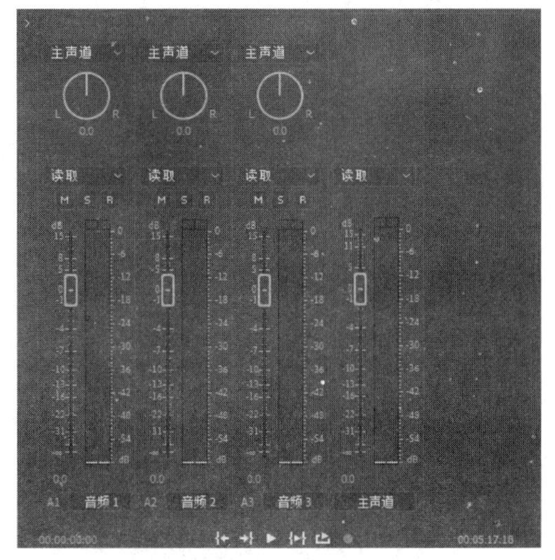

图 10-1　【音轨混合器】面板

- 【时间码】00:00:00:00：表示当前编辑线所在的位置。
- 【轨道名称】音频 1：对应【时间轴】面板中的各个音频轨道。如果在【时间轴】面板中增加一条音频轨道，则会在【音轨混合器】面板中显示相应的轨道名称。

- 【自动模式】读取：其中包括【关】【读取】【闭锁】【触动】和【写入】5 种功能，如图 10-2 所示。
- 【显示/隐藏效果与发送】：单击【音轨混合器面板】左上角的三角按钮，打开【显示/隐藏效果和发送】选项。在【效果选择】区域中，用户可以加入各种各样的音频效果，如图 10-3 所示。在【发送分配选择】区域中，用户可以选择音频混合的目标轨道，如图 10-4 所示。

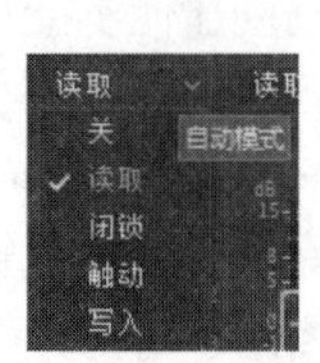

图 10-2 【自动模式】菜单

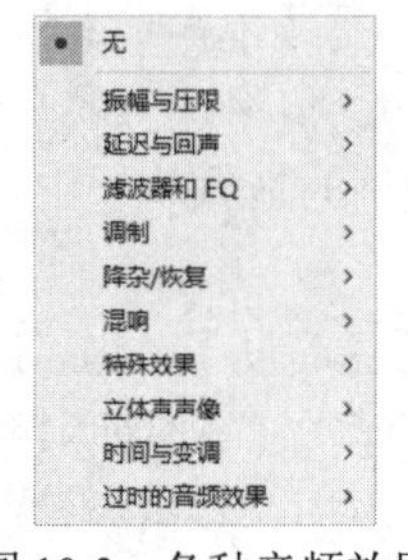

图 10-3 各种音频效果

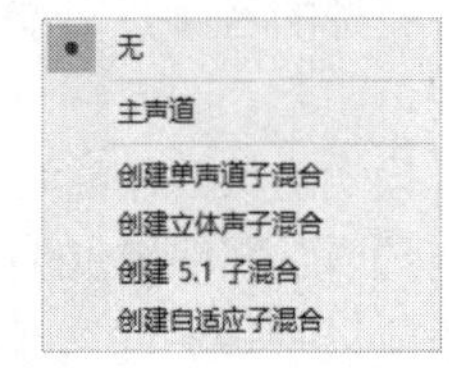

图 10-4 音频混合轨道

- 【左/右声道平衡】：该按钮用于平衡左右声道，向左旋用于偏向左声道，向右旋则偏向右声道；也可以在该按钮下面直接输入数值来控制左右声道的平衡(负数值偏向左声道，正数值偏向右声道)。
- 【静音轨道】【独奏轨道】【启用轨道以进行录制】M S R：按下【静音轨道】按钮M可以使该轨道静音；按下【独奏轨道】按钮S可以使其他音轨静音，只播放该轨道的声音；【启用轨道以进行录制】按钮R用于录音控制。当单击某一轨道下方的【启用轨道以进行录制】按钮R后，单击中的【播放】按钮，便可进行录音，再次单击【播放】按钮，则停止录音，同时刚刚录制的音频文件会出现在已选定的音频轨道中。
- 【音量表】和【音量控制器】：【音量表】可以实时观看该轨道的声音大小，【音量控制器】可以调节各个轨道的音量，同样可以直接在下面输入数值来调节音量。
- 【输出模式】主声道：表示输出到哪一个轨道进行混合，可以是主声道，也可以是子混合轨道。
- ：分别是【转到入点】【转到出点】【播放-停止切换】【从入点到出点播放视频】【循环】和【录制】。

任务 2　音频的基本操作

使用 Premiere Pro 2020 进行音频处理时，需要掌握音频的一些基本操作，包括音频轨道的添加与删除、音频的添加与预听、音频类型的转换、音频播放时间和速度的调整、音频增益的调节、利用关键帧技术调节音量、利用音轨混合器调节音量和平衡等。

10.2.1　音频轨道的添加与删除

在制作影片的过程中要编辑音频，需先将音频导入【项目】面板，再添加至【时间轴】面板的音频轨道中，音频轨道的基本操作是编辑音频的基础。一般来说，音频轨道一旦设定就不可更改其音频类型，因此，添加或删除音频轨道是编辑音频中时常需要进行的操作，对音频轨道进行重命名也是应掌握的基本技能。

【例 10-1】 创建一个名为“ch10-1”的项目，设置默认序列的音频轨道数目。在【时间轴】面板中进行音频轨道的添加与删除，并对音频轨道进行重命名。素材

1) 效果说明

本例主要完成音频轨道的添加、删除和重命名等任务。

2) 操作要点

本例包括音频轨道的添加、删除和重命名等基本操作。

3) 操作步骤

(1) 运行 Premiere Pro 2020，打开开始使用界面，单击【新建项目】按钮，打开【新建项目】对话框，如图 10-5 所示。在该对话框中，采用默认设置，选择项目保存的路径并将项目名称设为“ch10-1”，单击【确定】按钮，进入程序主界面。按下快捷键 Ctrl+N，弹出【新建序列】对话框。在【设置】选项卡中设置【音频】选项组的【取样值】为“48000Hz”，【显示格式】为“音频采样”。在【轨道】选项卡中设置【音频】下的【主】为“立体声”。设置下方三条音频轨道的【轨道类型】分别为“标准”“5.1”“单声道”，如图 10-6 所示，序列名称默认为“序列 01”，单击【确定】按钮。在【时间轴】面板中可查看新建的音频轨道，如图 10-7 所示。

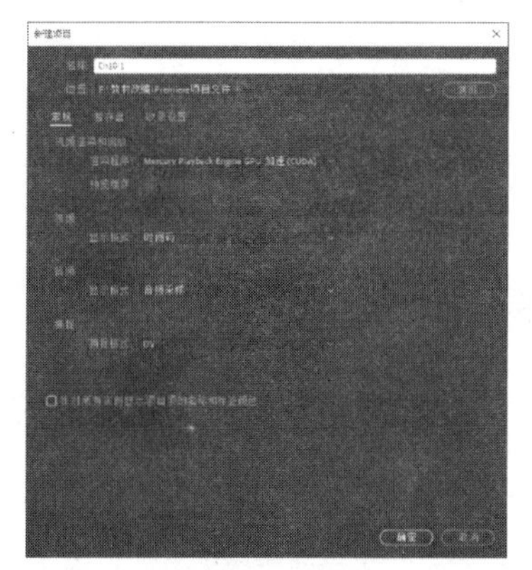

图 10-5 【新建项目】对话框

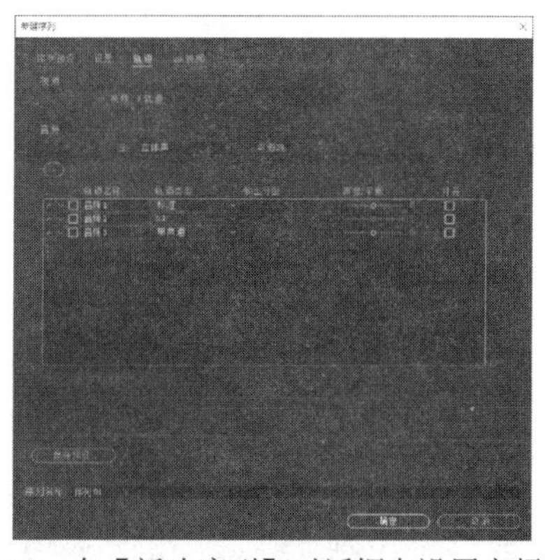

图 10-6 在【新建序列】对话框中设置音频轨道

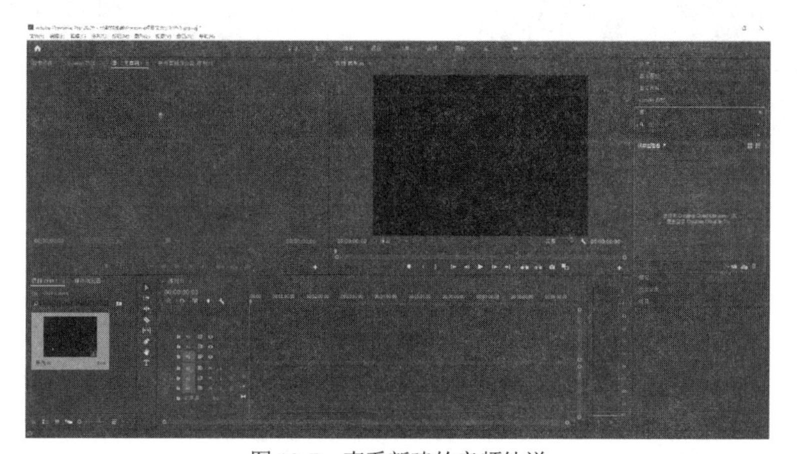

图 10-7 查看新建的音频轨道

(2) 在【时间轴】面板中可以发现，序列名称为“序列 01”，如图 10-8 所示。每条音频轨道名称的右边有一个图标：【单喇叭】表示该轨道为【单声道】轨道，【双喇叭】表示该轨道为【立体声】轨道，表示该轨道为【5.1 环绕立体声】轨道，如图 10-8 所示。

图 10-8　查看音频轨道

(3) 在【时间轴】面板中左边的空白处右击，执行快捷菜单中的【添加轨道】命令或者菜单栏中的【序列】|【添加轨道】命令，弹出【添加轨道】对话框，如图 10-9 所示。此时，可在【添加轨道】对话框中增加音频轨道。添加的音频轨道可以是普通的音频轨道，也可以是音频子混合轨道，可以指定放置的位置(“在第一条轨道之前”“音频 1 之后”“音频 2 之后”“音频 3 之后”)和设置新建轨道的类型(“标准”“5.1”“自适应”“单声道”)。

(4) 设置【添加】为“1 音频轨道”，【放置】为“音频 3 之后”，【轨道类型】为“标准”后，单击【确定】按钮，此时会在【时间轴】面板中添加 A4 轨道，如图 10-10 所示。

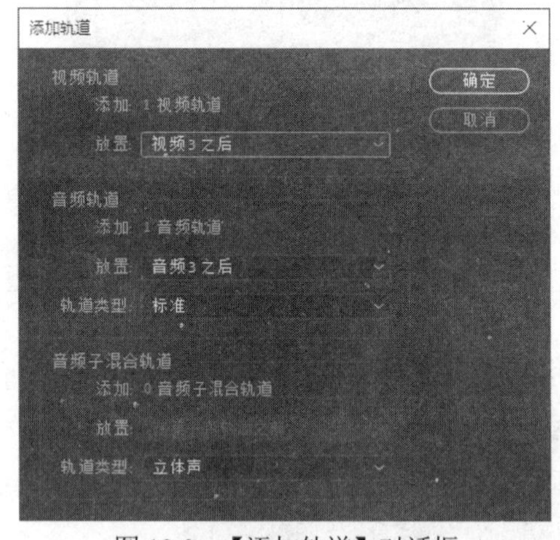

图 10-9　【添加轨道】对话框

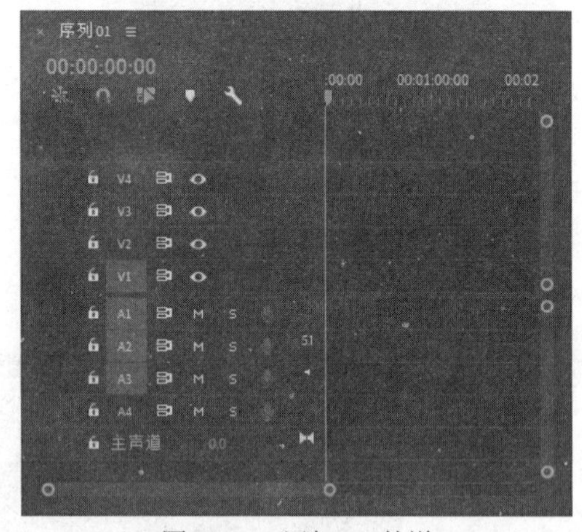

图 10-10　添加 A4 轨道

(5) 在【时间轴】面板中选中 A2 轨道，右击左边面板的空白处，从弹出的快捷菜单中选择【删除轨道】命令或者执行【序列】|【删除轨道】菜单命令，弹出【删除轨道】对话框，如图 10-11 所示。在【删除轨道】对话框中，可以删除普通的音频轨道，且可以选择删除的是音频 1、音频 2、音频 3、音频 4，还是【所有空轨道】；也可以删除子混合轨道，且可以选择删除的是【目标轨】还是【所有未分配的轨道】。

(6) 在【删除轨道】对话框中，选中【删除音频轨道】复选框，在下拉列表中选择【音频 2】

轨道，单击【确定】按钮，则【时间轴】面板中的【音频 2】轨道会被删除。原 A3 轨道变成 A2 轨道，A4 轨道变成 A3 轨道，如图 10-12 所示。

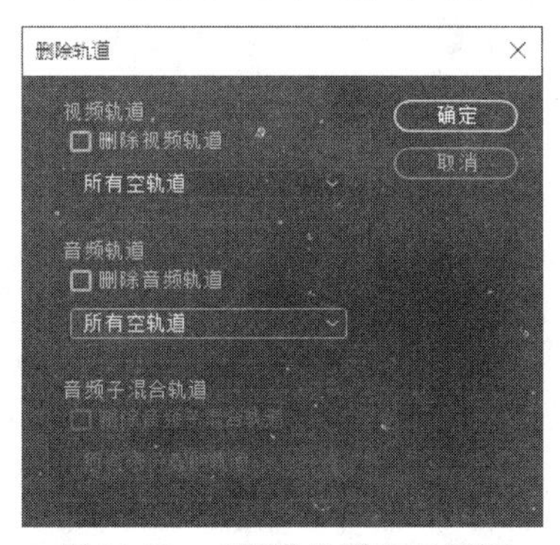

图 10-11 【删除轨道】对话框

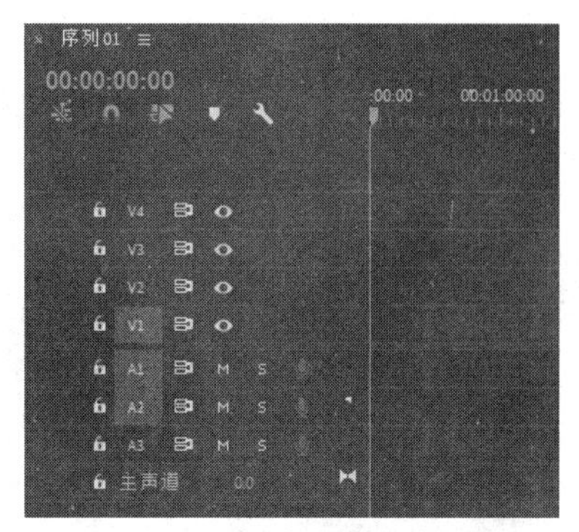

图 10-12 删除轨道后的效果

(7) 保存该项目文件。

10.2.2 音频类型的添加与预听

在制作影片的过程中编辑音频，需先将音频素材导入音频轨道。在编辑音频前，需对音频进行预听，以确定如何进行编辑处理，同时应注意一种类型的音频只可添加至与其类型相同的音频轨道中。

【例 10-2】 在例 10-1 的基础上，添加音频并对音频内容进行预听。素材

1) 效果说明

本例主要实现将音频素材导入音频轨道并进行播放的效果。

2) 操作要点

本例主要完成将音频素材导入【项目】面板，再将音频素材拖曳到音频轨道的操作。

3) 操作步骤

(1) 在【项目】面板中的空白处右击，在弹出的快捷菜单中选择【新建素材箱】命令，新建一个文件夹，输入名称为“音频”，如图 10-13 所示。

(2) 右击【项目】面板中的“音频”文件夹，从打开的快捷菜单中选择【导入】命令，打开【导入】对话框，找到音频素材“追梦赤子心.mp3”，如图 10-14 所示。单击【打开】按钮，即可添加音频文件至“音频”文件夹中，如图 10-15 所示。

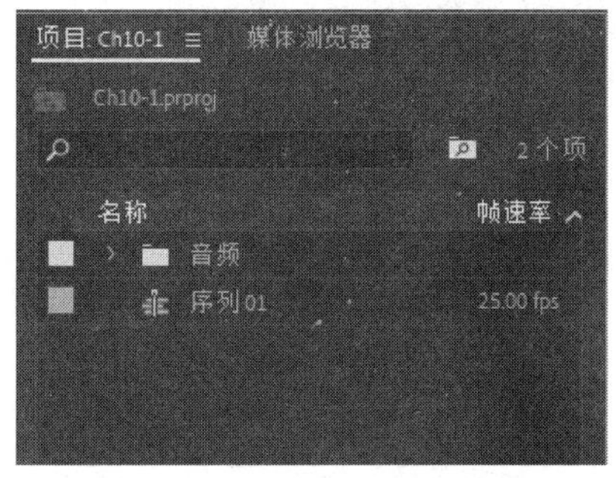

图 10-13 新建“音频”素材箱

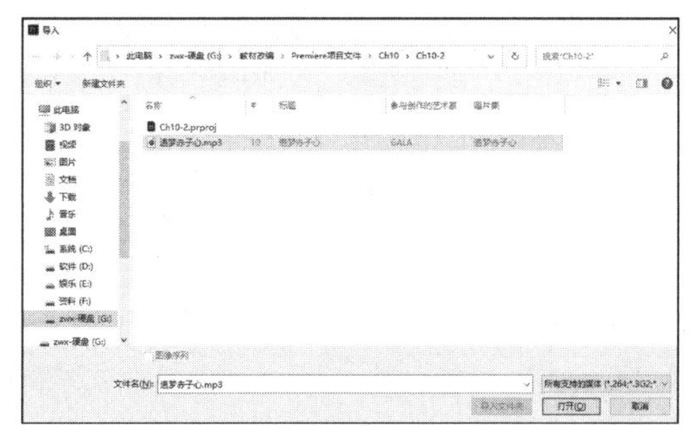
图 10-14 【导入】对话框

(3) 在【项目】面板中选择音频素材“追梦赤子心.mp3”，将其拖动至【时间轴】面板中的立体声轨道 A2 轨道上，如图 10-16 所示。

(4) 在【节目监视器】面板中单击【播放/停止切换】按钮▶，即可对添加的音频进行预听。

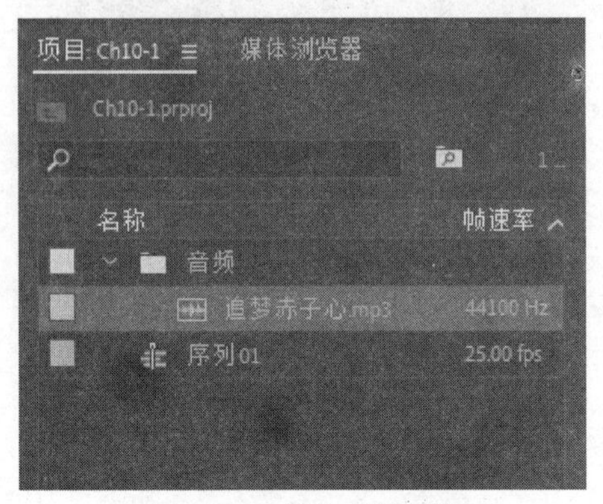

图 10-15　导入音频文件

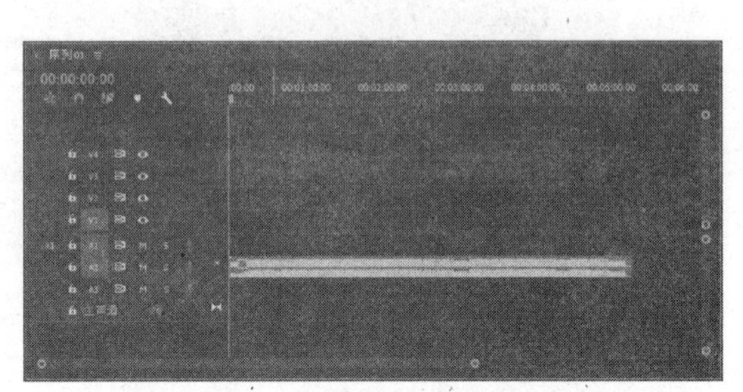

图 10-16　拖动音频素材至 A2 轨道

(5) 保存项目文件。

在 Premiere 中想要对音频素材进行预听，可以在【项目】面板或【时间轴】面板中双击要预听的音频素材，这样即可将该音频素材自动添加至【源监视器】面板，查看其音频的波形，如图 10-17 所示。单击【源监视器】面板中的【播放/停止切换】按钮▶，可预听该素材的音频效果。

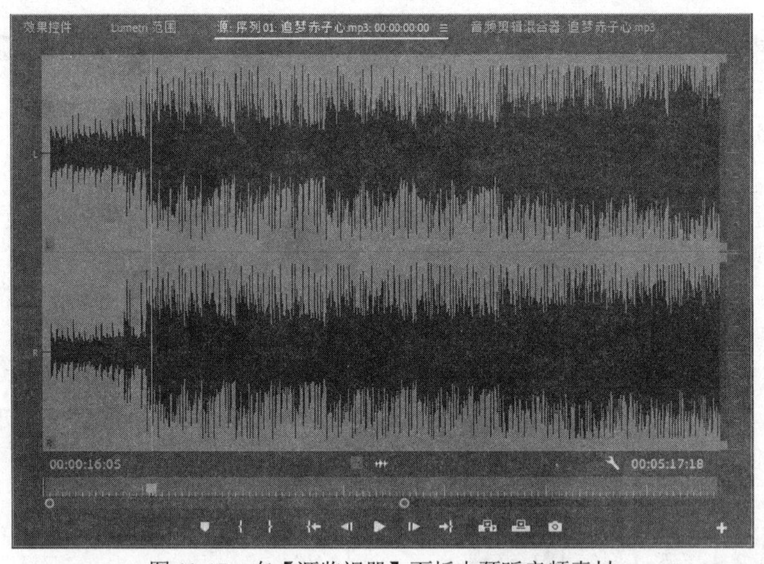

图 10-17　在【源监视器】面板中预听音频素材

10.2.3　音频播放时间和速度的调整

音频播放时间是指音频的入点和出点之间素材的持续时间。因此，对于音频播放时间的调整，可以通过设置入点和出点来实现。音频的播放速度是指播放音频的入点和出点之间素材的音律快慢。

想要改变音频素材的播放时间，可以使用如下几种方法。

- 在【时间轴】面板中，使用【工具】面板中的【选择】工具直接向左拖动音频的边缘，缩短音频轨道上音频素材的长度，如图 10-18 所示。这种调节方法只能减少音频素材的播放时间，而不能增加音频素材的播放时间。
- 在【时间轴】面板中选中要编辑的音频素材并右击，从弹出的快捷菜单中选择【速度/持续时间】命令，或者执行菜单栏中的【素材】|【速度/持续时间】命令，打开【剪辑速度/持续时间】对话框，如图 10-19 所示。在该对话框中设置【持续时间】选项中的数值，即可改变音频素材的播放时间。

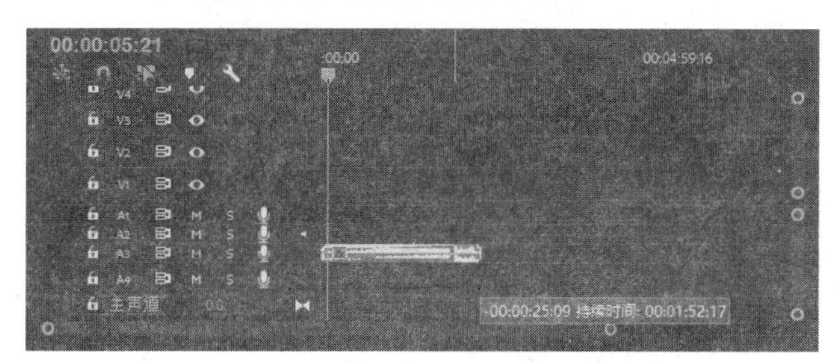

图 10-18　使用【选择】工具缩短音频素材的播放时间

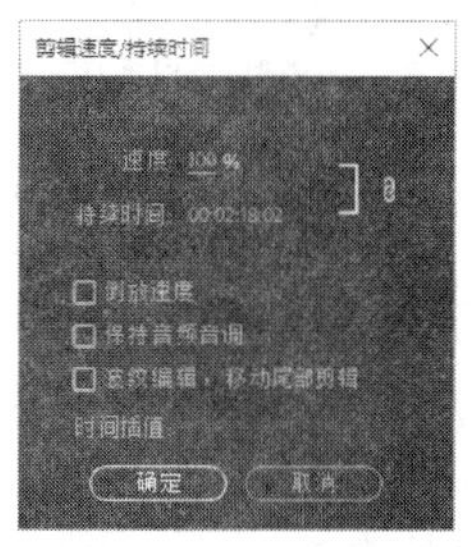

图 10-19　【剪辑速度/持续时间】对话框

- 在【工具】面板中按住按钮，在弹出的面板中选择【比率拉伸工具】，然后使用该工具拖动音频素材的末端，即可任意拉长或者缩短音频素材的长度，如图 10-20 所示。这种调节方法同时会调整音频素材的播放速度。

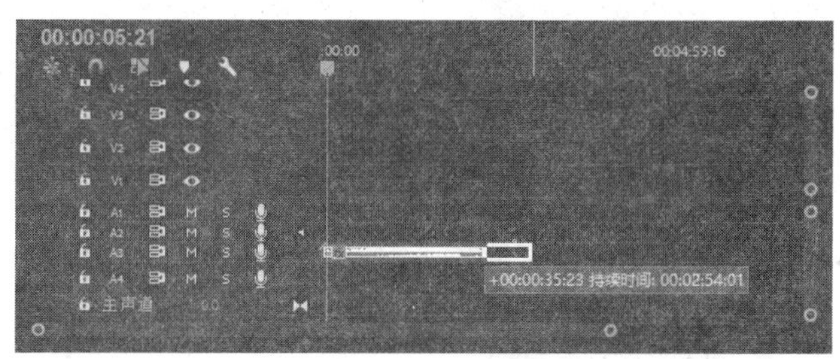

图 10-20　使用【比率拉伸工具】调整音频素材的播放时间

想要调整音频的播放速度，可采用如下几种方法。

- 选择【工具】面板中的【比率拉伸工具】，然后使用该工具拖动音频素材的末端，即可任意拉长或者缩短音频素材的长度，调整长度的同时也调整了播放速度。
- 在【时间轴】面板中选中要编辑的音频素材并右击，从弹出的快捷菜单中选择【速度/持续时间】命令，或者执行菜单栏中的【素材】|【速度/持续时间】命令，打开【剪辑速度/持续时间】对话框。在该对话框中设置【速度】选项的比例数值，即可调整音频素材的播放速度。单击链接标志按钮，可以使【速度】与【持续时间】选项断开链接，这样即可在改变播放速度的同时，不改变音频素材的持续时间。

提示

改变音频的播放速度会影响音频播放的声音效果，音调会因速度的提高而升高，因速度的降低而降低。同时，播放速度发生变化，其播放的时间也会随之改变，但这种改变与单纯改变音频素材的出点和入点，以及改变持续时间是不一样的，主要是指其音频节奏上的速度变化。因此大多数情况下，为了保持原有的音频效果，需要尽量避免音频播放速度的变化。

10.2.4 音频增益的调节

音频增益是指音频信号声调的高低。在编辑节目中经常要处理声音的声调，特别是当同一段视频同时出现在几段音频素材中时，需要平衡这几段素材的增益，否则，一段素材的音频信号或低或高将会影响整体效果，用户也可为一段音频剪辑设置整体增益。尽管音频增益的调整在音量、摇摆/平衡和音频效果的调整之后，但它并不会删除这些设置。增益的设置对于平衡几个剪辑的增益级别或者调节一段剪辑中过高或过低的音频信号非常有用。

同时，一段音频素材在数字化时，由于捕获的设置不当，常常会造成增益过低，而用 Premiere Pro 2020 提高音频的增益，将有可能增大素材的噪声甚至造成失真。要使输出效果达到最好，就应按照标准步骤进行操作，以确保每次数字化音频剪辑时都有合适的增益级别。

调整音频增益的方法较简单，在【项目】面板或【时间轴】面板中选中要调整音频增益的音频文件，执行菜单栏中的【剪辑】|【音频选项】|【音频增益】命令，如图 10-21 所示。打开【音频增益】对话框，如图 10-22 所示(也可以通过在【时间轴】面板中，选中要调整音频增益的音频文件并右击，然后在弹出的快捷菜单中选择【音频增益】命令，打开【音频增益】对话框)。在该对话框中选中【调整增益值】单选按钮后，在后面的文本框中输入数值即可设置音频增益(输入正数表示放大)，设置完成后单击【确定】按钮，即可完成增益的调节。

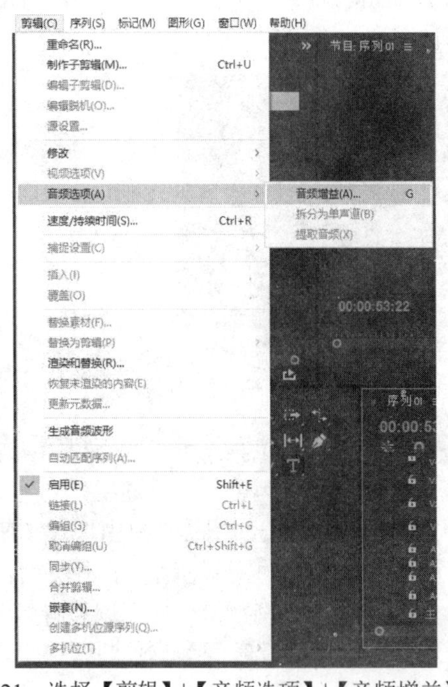

图 10-21 选择【剪辑】|【音频选项】|【音频增益】命令

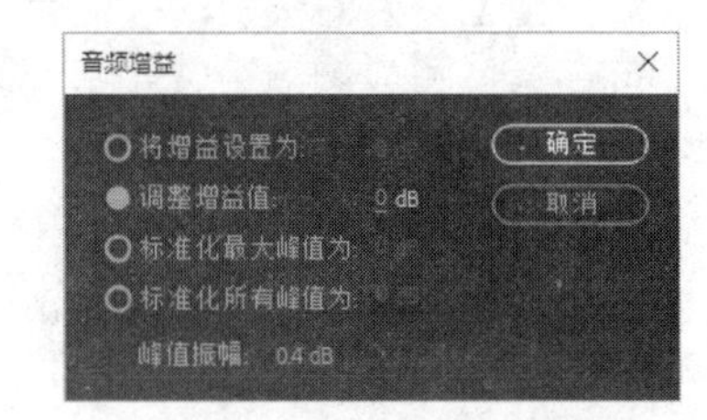

图 10-22 【音频增益】对话框

10.2.5 音频类型的转换

一种类型的音频只可添加至与其类型相同的音频轨道中，而音频轨道一旦创建便不可更改，因此在编辑音频的过程中往往需要对音频的类型进行转换。

【例 10-3】 创建一个名为“ch10-3”的项目，进行素材音频类型的转换。素材

1) 效果说明

本例将导入两个音频素材文件，其中一个音频类型为立体声，另一个为单声道。将导入的单声道音频素材转换为立体声文件，并设置其左声道有声音，右声道无声音；再将导入的立体声文件分离出两个单声道文件。

2) 操作要点

本例主要涉及通过【剪辑】|【音频选项】|【拆分为单声道】菜单命令和【剪辑】|【修改】|【音频声道】命令进行声音类型的转换等操作。

3) 操作步骤

(1) 运行 Premiere Pro 2020，打开开始使用界面，单击【新建项目】按钮，打开【新建项目】对话框，如图 10-23 所示。在该对话框中，采用默认设置，然后选择项目保存的路径并将名称设为“ch10-3”，单击【确定】按钮，进入软件主界面。按下快捷键 Ctrl+N，打开【新建序列】对话框，在【轨道】选项卡中设置主轨道为“立体声”，【音频 1】轨道为“单声道”，【音频 2】轨道为“标准”，如图 10-24 所示，【序列名称】默认为“序列 01”，单击【确定】按钮。

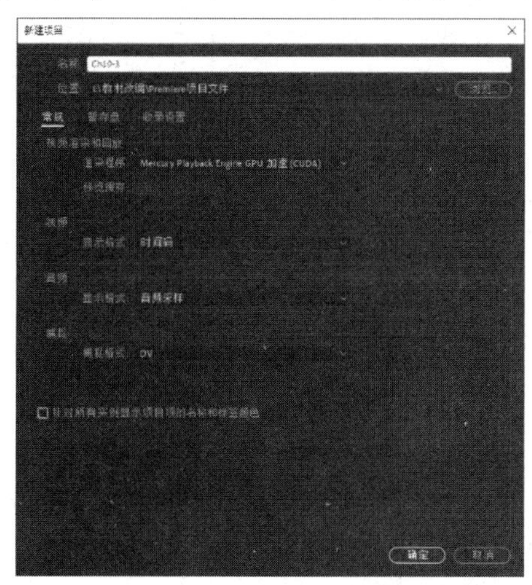

图 10-23　【新建项目】对话框

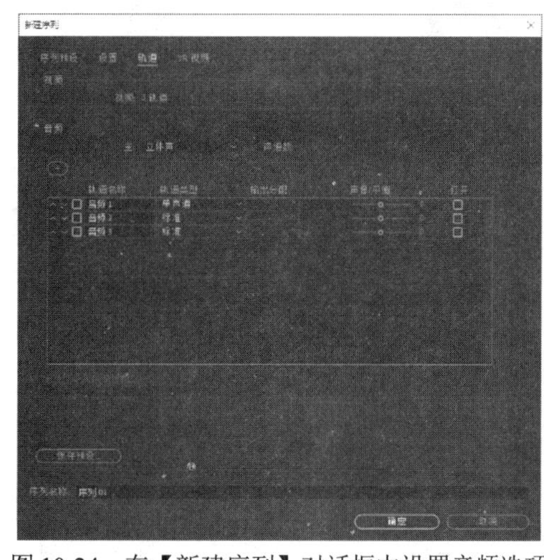

图 10-24　在【新建序列】对话框中设置音频选项

(2) 执行【文件】|【导入】菜单命令，打开【导入】对话框，选中要导入的音频文件“音频素材 1.mp3”和“音频素材 2.mp3”，如图 10-25 所示。单击【打开】按钮，将选中的两段音频素材导入【项目】面板，如图 10-26 所示。

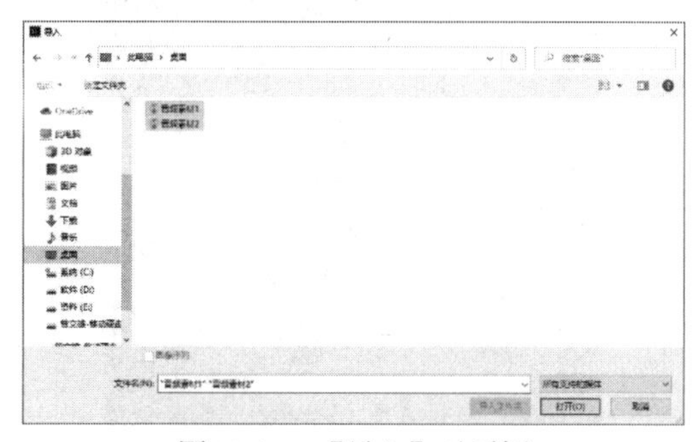

图 10-25　【导入】对话框

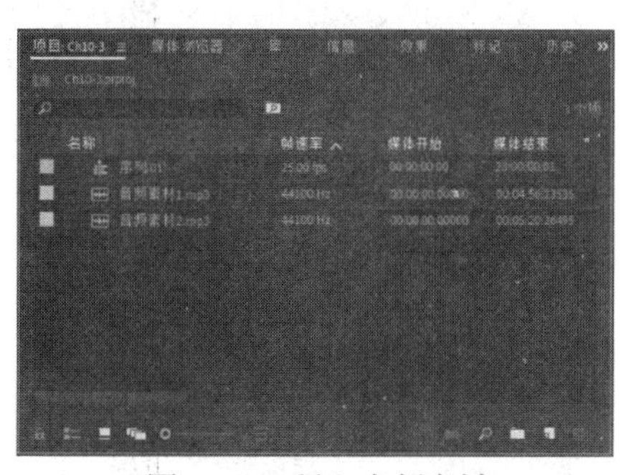

图 10-26　导入音频素材

计算机基础与实训教材系列

(3) 在【项目】面板中选中“音频素材 1.mp3”素材文件，执行菜单栏中的【剪辑】|【音频选项】|【拆分为单声道】菜单命令，如图 10-27 所示。此时，【项目】面板中会出现“音频素材 1.mp3 右侧”和“音频素材 1.mp3 左对齐”两个单声道的素材文件，如图 10-28 所示。

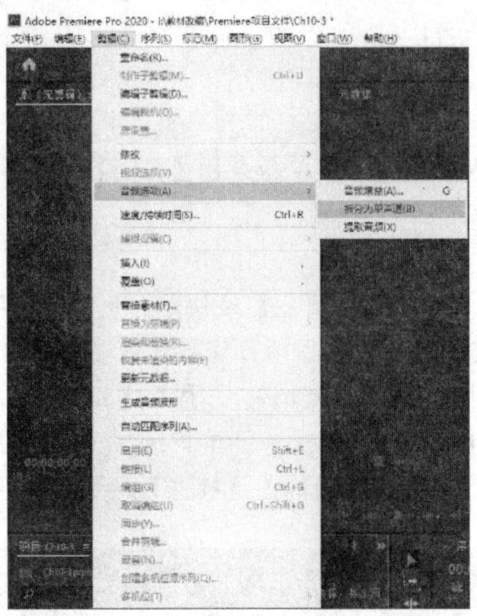

图 10-27　执行【拆分为单声道】命令

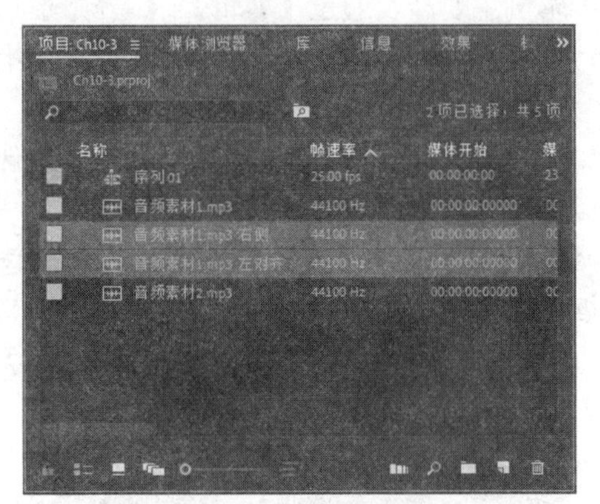

图 10-28　分离后的单声道文件

提示

将立体声文件分离为两个单声道文件的操作不会影响原立体声文件。

(4) 在【项目】面板中选中要转换的音频文件“音频素材 2.mp3”，确保该音频文件在时间轴中未被使用。执行菜单栏中的【剪辑】|【修改】|【音频声道】菜单命令，则出现【修改剪辑】对话框，如图 10-29 所示。修改【剪辑声道格式】为【立体声】，此时下方的【媒体源声道】会出现【L】和【R】声道，选中【R】声道，如图 10-30 所示，单击【确定】按钮。双击【项目】面板中的“音频素材 2.mp3”素材，打开【源监视器】面板，此时该素材会变成立体声文件，如图 10-31 所示。

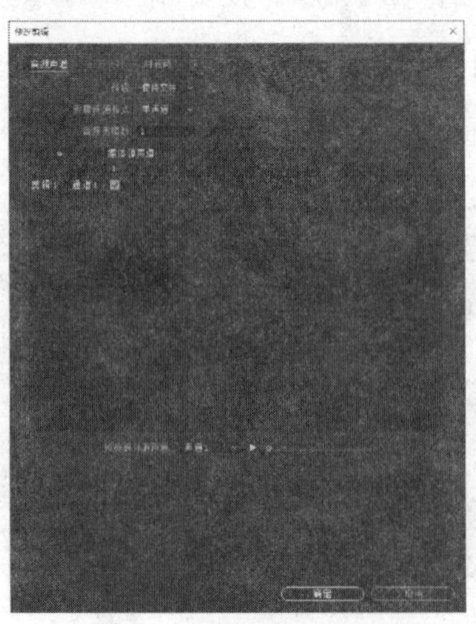

图 10-29　【修改剪辑】对话框

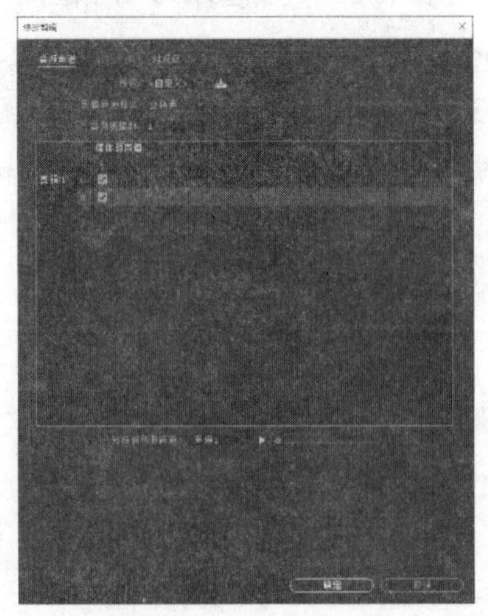

图 10-30　修改【剪辑声道格式】为【立体声】

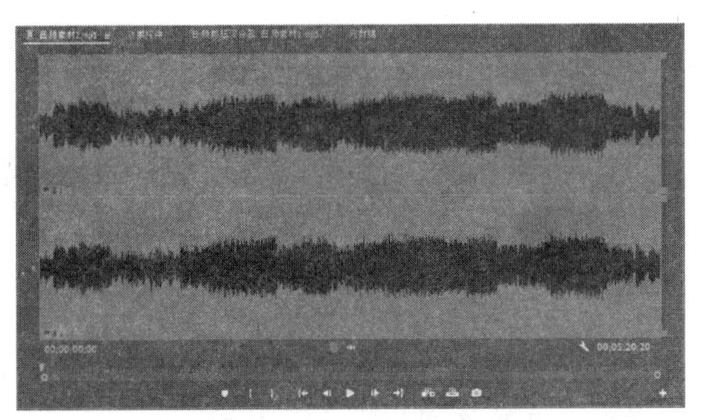

图 10-31　素材变为立体声文件

当然，其他音频文件类型间的转换也是可以的，用户可自行尝试。

10.2.6　利用关键帧技术调节音量

在 Premiere Pro 2020 中，可以用【效果控件】面板来调节声音素材的各种效果，特别是音频切换效果和滤镜特效。同时，系统还为【时间轴】面板的音频素材提供了 1 个固定效果——【音量】，如图 10-32 所示。展开【音量】效果，可以看到它包括两个选项，即【旁路】和【级别】，选中【旁路】复选框后，将忽略一些音频效果，【级别】选项用于调节音量大小。

使用关键帧技术，可以使音频在不同的时间以不同的音量播放。在【效果控件】面板中，单击【级别】选项前方的【切换动画】按钮激活关键帧，此时可以看到该按钮变为，在右边会出现【添加/移除关键帧】按钮。移动时间线指针到不同时刻，单击【添加/移除关键帧】按钮即可进行关键帧的添加与删除，如图 10-33 所示，可以通过调节它们的【级别】值来调节音量。单击【效果控件】面板下方的按钮或按空格键即可进行预听，用户可以发现音频的音量大小会发生改变。

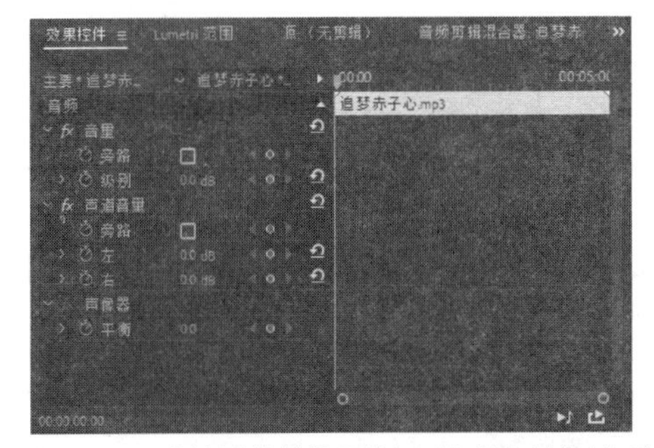

图 10-32　【效果控件】面板中的【音量】选项

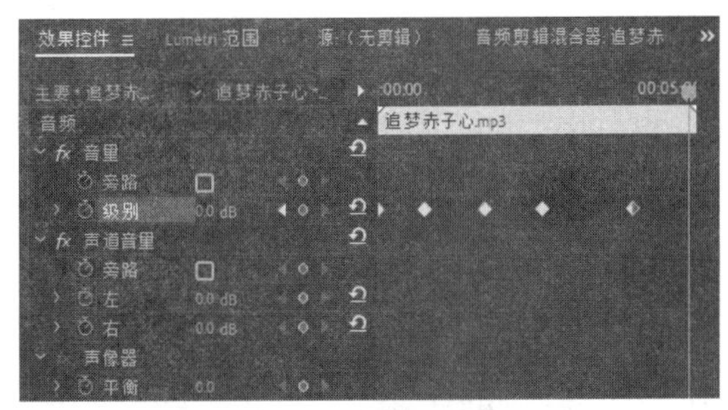

图 10-33　为音频设置关键帧

在【时间轴】面板中，用户可以在音频轨道中看见刚才设定的关键帧。使用鼠标拖动关键帧控制点，可以改变关键帧的音量和关键帧在时间轴上的位置，如图 10-34 所示。

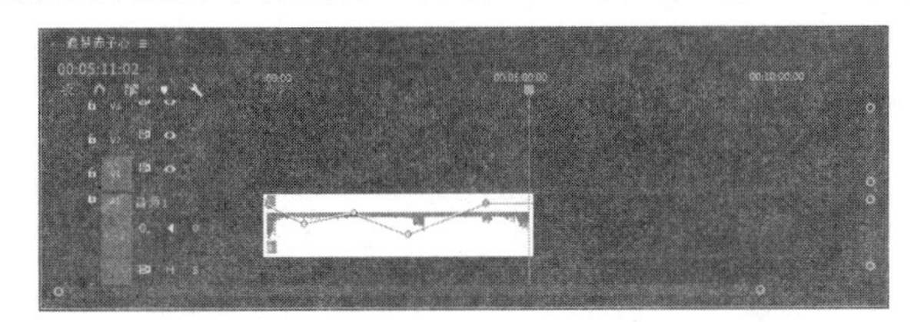

图 10-34　在【时间轴】面板中修改关键帧

10.2.7 利用调音台调节平衡与音量

使用【音轨混合器】面板，用户可以在播放音频素材的同时设置音量的大小和左右声道的平衡。该操作与【时间轴】面板中相应部分的调整是同步的，一旦在【音轨混合器】面板中进行操作，系统将自动在【时间轴】面板中为相应的音频轨道中的音频素材添加属性。

使用【音轨混合器】面板调节平衡和音量的操作步骤如下。

(1) 在【时间轴】面板中打开相应的音频轨道，然后移动时间线指针至所需的时间位置。

(2) 在【音轨混合器】面板中选择要调整的音频轨道。

(3) 在【自动模式】下拉列表中选择一个选项。该下拉列表中各选项的作用如下。

- 【读取】选项：在播放轨道音频素材的过程中，如果运用了自动控制功能，选择该选项，会主动读取发生变化属性的自动控制设置。
- 【闭锁】选项：用于记录光标拖动音量控制和平衡控制的每个控制参数，释放鼠标后，控制将保持在调整后的位置。
- 【触动】选项：用于仅当光标拖动音量控制和平衡控制停止时才开始记录混音参数，释放鼠标后，控制将返回原位置。
- 【写入】选项：用于从回放开始记录每个控制参数，而不是仅记录光标拖动时的控制参数。

(4) 单击【音轨混合器】面板底部的【播放/停止切换】按钮▶，回放音频素材，并开始记录混音操作。

(5) 拖动【音量控制器】滑块，改变该轨道中音频的音量大小。

(6) 拖动【左/右声道平衡】按钮，调节声道的平衡属性。

(7) 回放编辑完的音频素材，检查编辑后的效果。

任务3 音频的剪辑与合成

Premiere Pro 2020 的音频处理需遵循一定的顺序，用户在编辑音频时需先处理音频转场效果，然后处理音频轨道中音频的速度与播放时间，最后调整添加的滤镜效果或增益。

前面介绍了音频的基础知识和音频编辑的一些基本操作，本节将依托两个实例，展示如何对音频素材进行简单的剪辑操作和合成。

10.3.1 音频的剪辑

本例将应用所学知识对音频素材进行剪辑操作，并将这些音频素材添加到不同轨道中制作合成声音效果。本例还将介绍音频单位的查看和修改，以及音频过渡效果的添加和设置。

【例 10-4】 创建一个名为“ch10-4”的项目文件，导入几段音频素材，对其进行剪辑，制作合成声音效果。素材

1) 效果说明

本例主要完成音频合成的效果。

2) 操作要点

本例主要通过【项目设置】对话框中音频的有关选项修改音频的单位；应用【源监视器】面板、【节目监视器】面板和【时间轴】面板中的命令，完成音频的合成。

3) 操作步骤

(1) 运行 Premiere Pro 2020，打开开始使用界面，单击【新建项目】按钮，打开【新建项目】对话框。在该对话框中，采用默认设置，选择项目保存的路径并将项目名称设为“ch10-4”后，单击【确定】按钮，进入程序主界面。按下快捷键 Ctrl+N，打开【新建序列】对话框，序列名称默认为“序列 01”，单击【确定】按钮。

(2) 执行【文件】|【导入】菜单命令，打开【导入】对话框，将准备好的 4 段音频“笛声.mp3”“古筝.mp3”“二胡.mp3”和“民族乐器合奏. mp3”导入【项目】面板，如图 10-35 所示。

(3) 双击【项目】面板中的 4 段音频“笛声.mp3”“古筝.mp3”“二胡.mp3”和“民族乐器合奏. mp3”，将它们导入【源监视器】面板并进行预听，如图 10-36 所示。

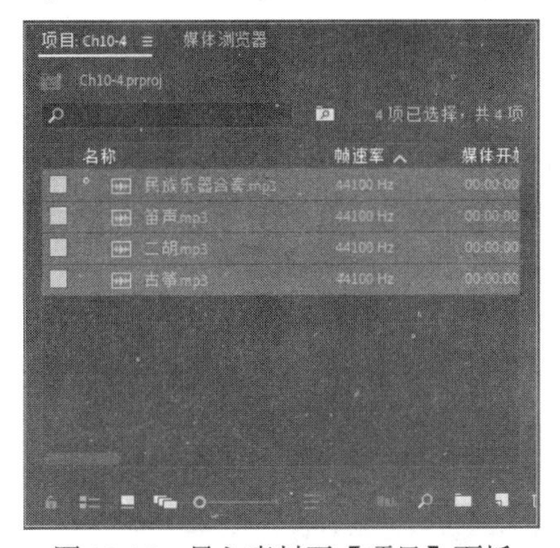

图 10-35　导入素材至【项目】面板

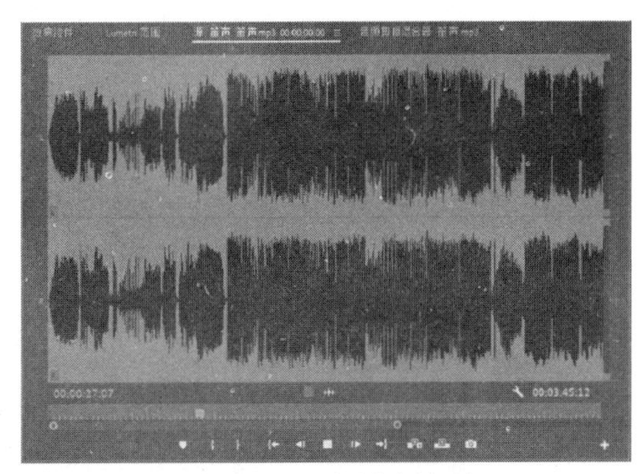

图 10-36　预听音频素材

(4) 将“二胡.mp3”拖动到【时间轴】面板的 A1 音频轨道上，如图 10-37 所示。

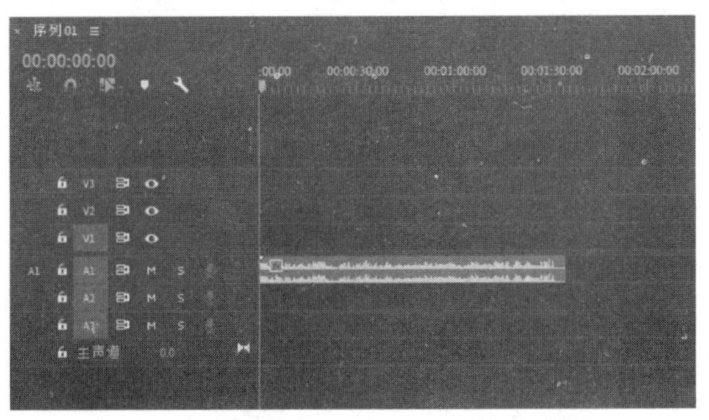

图 10-37　将音频素材拖动到 A1 音频轨道上

(5) 在 Premiere 中，音频时间通常按音频单位显示，而不是用帧来表示。与音频相关的单位一般包括毫秒和音频采样率(最小的音频单位)。用户可以通过菜单栏中的【文件】|【项目设置】|【常规】命令，调出【项目设置】对话框，通过【音频】|【显示格式】选项，进行音频单位的查看和修改，如图 10-38 所示。

同时，用户也可以通过【源监视器】面板或【时间轴】面板中的☰按钮，展开扩展选项，进行相关音频单位的查看和修改，如图 10-39 所示。

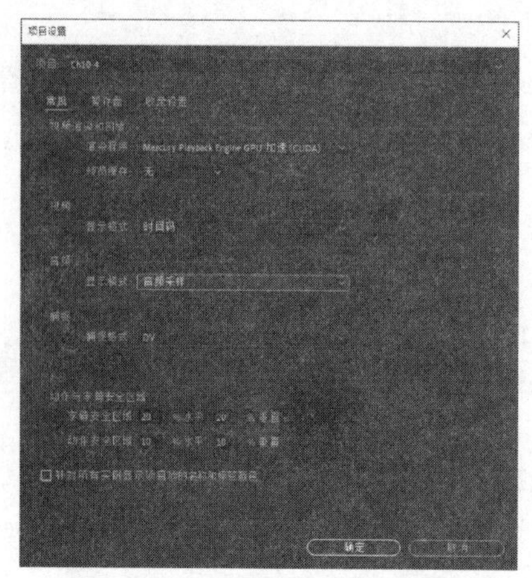

图 10-38 【项目设置】对话框

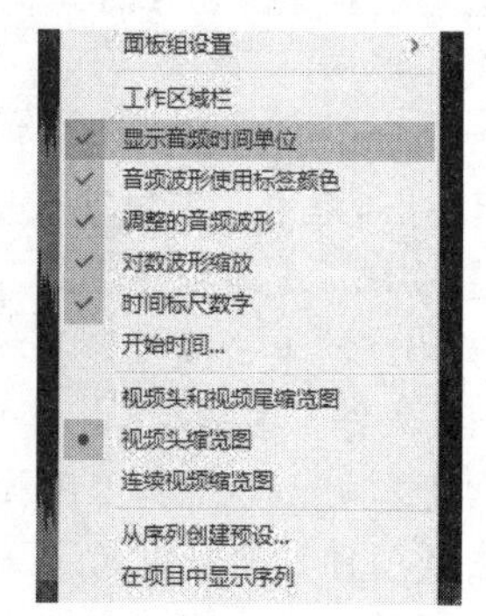

图 10-39 【时间轴】面板的扩展选项

“二胡.mp3”的长度以当前视频的单位显示为 00 时 01 分 35 秒 05 帧，以音频单位显示则为 00:01:35:09599。通过查看发现该音频的音频采样率为 44.1kHz，即 1 秒由 44100 个最小单位组成，所以比视频单位中的 1 秒由 25 个最小单位组成更为精确。用户也可以通过【文件】|【项目设置】|【常规】命令，调出【项目设置】对话框，将【音频】|【显示格式】中的音频单位更改为毫秒，即 1 秒由 1000 个最小单位组成，如图 10-40 所示。

这里不需要对音频进行过于精细的剪辑，因此，通过【时间轴】面板中的按钮将【显示音频单位】的复选框设置为未选中状态，以帧为最小单位进行剪辑即可。

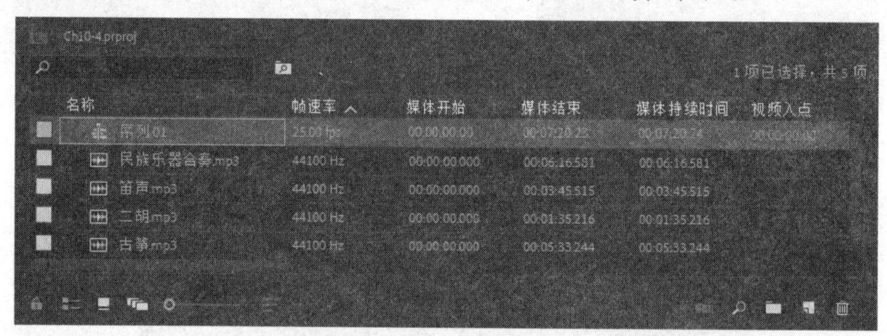

图 10-40 以毫秒为单位显示音频

(6) 在【源监视器】面板中收听播放的声音的同时查看其音频波形，可以看到“民族乐器合奏.mp3”在 00:00:21:21 处开始唢呐独奏，将此处定为入点，再将音频素材结束处 00:06:07:14 定为出点，把素材拖到 A2 轨道的“二胡. mp3”素材之后，如图 10-41 所示。

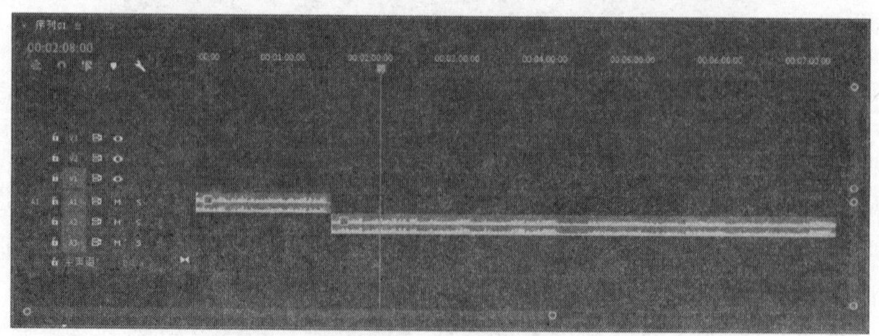

图 10-41 将素材拖到 A2 轨道

(7) 单击【节目监视器】面板中的【播放】按钮▶，试听音乐“民族乐器合奏.mp3”，发现在00:02:58:03至00:03:18:03处有一段音乐的间歇，在此处添加“笛声.mp3”。双击“笛声.mp3”素材，将其在【源监视器】面板中打开，查看其波形显示并收听其播放效果，从中寻找比较合适的笛声。在【源监视器】面板中将时间移至00:00:31:18处，单击【设置入点】按钮，设置入点；将时间移至00:00:04:24处，单击【设置出点】按钮，设置出点，如图10-42所示。

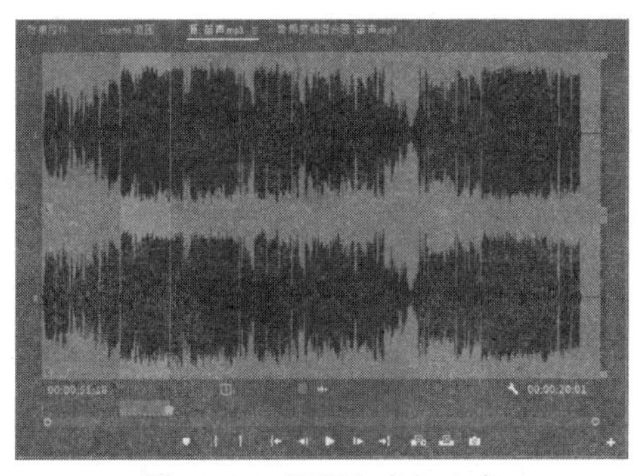

图10-42　设置入点与出点

(8) 在【时间轴】面板中选择A3轨道，使其处于高亮状态。将时间线指针移至00:04:12:00处，在【源监视器】面板中单击【覆盖】按钮，将“笛声.mp3”添加到A3轨道，如图10-43所示。

(9) 在【源监视器】面板中观察“古筝.mp3”的波形，发现其在00:03:30:09处为高潮的开始点，将此处设置为入点；在00:04:50:16处为高潮的结束点，将此处设为出点。然后将【项目】面板中的“古筝.mp3”拖至A1轨道，并使其与【时间轴】面板中的“民族乐器合奏.mp3”右对齐，如图10-44所示。

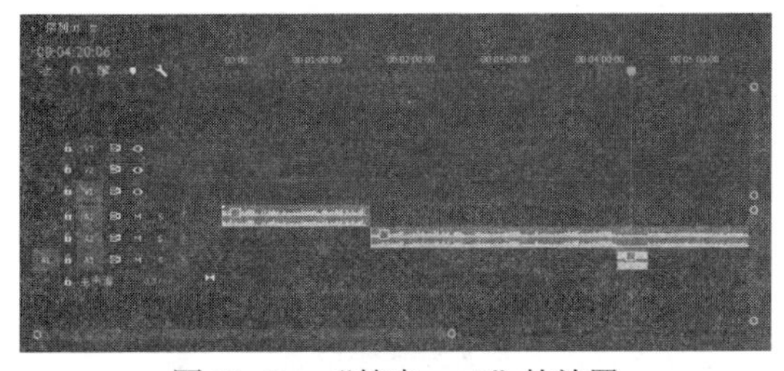

图10-43　“笛声.mp3”的放置

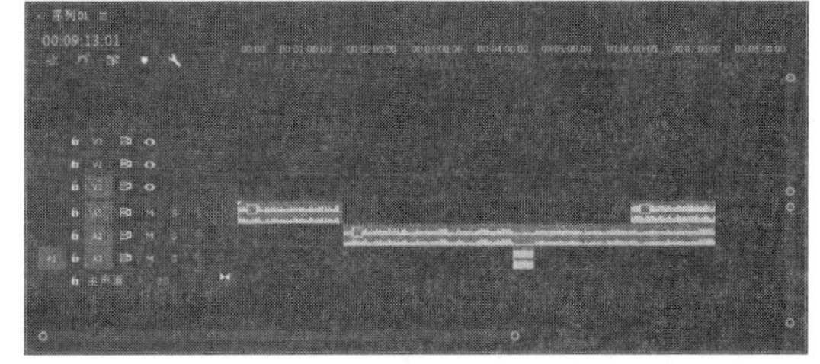

图10-44　“古筝.mp3”位置的调节

(10) 保存该项目文件。

10.3.2　音频的合成

在进行音频的编辑操作时，经常需要进行音频文件的合成。在Premiere中，用户可以十分轻松地对音频进行简单的剪辑修正，制作音频合成。本例将简单介绍如何进行音频合成，但未对其中的音频素材进行剪辑，如有需要，用户可自行进行音频素材剪辑后，再进行音频合成。

【例10-5】 创建一个名为“ch10-5”的项目，导入两段音频素材并进行合成。素材

1) 效果说明

本例主要实现将音频合成为一个整体的效果。

2) 操作要点

本例主要使用【链接】命令使音频合为一体，使用【取消链接】命令后则可使音频分离。

3) 操作步骤

(1) 运行 Premiere Pro 2020，打开开始使用界面，单击【新建项目】按钮，打开【新建项目】对话框，如图 10-45 所示。在该对话框中采用默认设置，选择项目保存的路径并将项目名称设为“ch10-5”后，单击【确定】按钮，进入程序主界面。按下快捷键 Ctrl+N，弹出【新建序列】对话框，切换到【轨道】选项卡进行设置，将主轨道设为“立体声”，序列名称默认为“序列 01”，单击【确定】按钮，如图 10-46 所示。

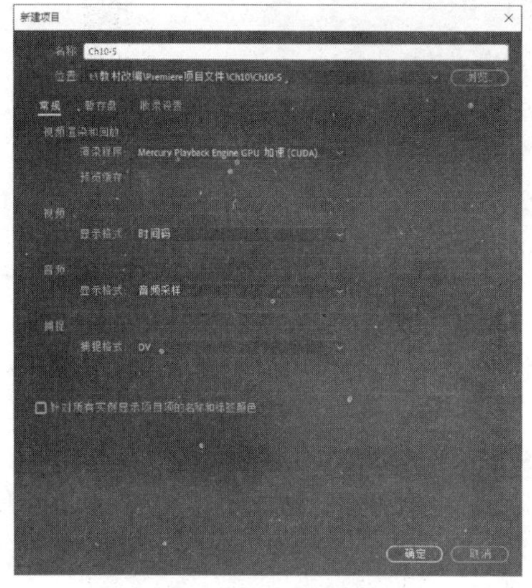

图 10-45 【新建项目】对话框

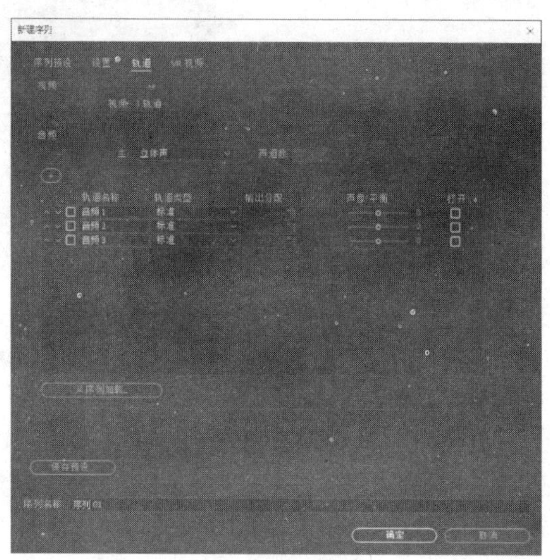

图 10-46 【新建序列】对话框

(2) 执行【文件】|【导入】菜单命令，打开【导入】对话框，选中要导入的音频文件，如图 10-47 所示。单击【打开】按钮，将选中的两段音频“笛声.mp3”“古筝.mp3”导入【项目】面板，如图 10-48 所示。

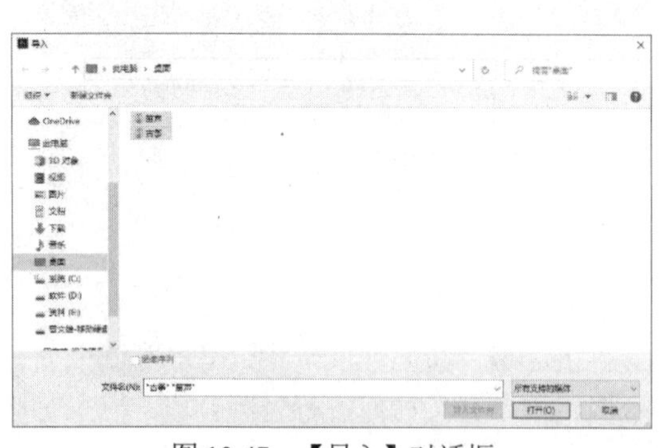

图 10-47 【导入】对话框

图 10-48 导入素材至【项目】面板

(3) 分别双击【项目】面板中的这两段音频，将其导入【源监视器】面板并进行预听。

(4) 将“笛声.mp3”和“古筝.mp3”分别拖动到【时间轴】面板的 A1、A2 音频轨道上，如图 10-49 所示。

(5) 按住 Shift 键，单击“笛声.mp3”“古筝.mp3”两个音频素材，执行菜单栏中的【剪辑】|【链接】命令，如图 10-50 所示；或在素材处右击，在弹出的快捷菜单中选择【链接】命令，即可将这两个音频文件合成为一体。

用户如果需要分解刚合成的音频文件，可选中素材，执行菜单栏中的【剪辑】|【取消链接】命令；或在素材处右击，在弹出的快捷菜单中选择【取消链接】命令。

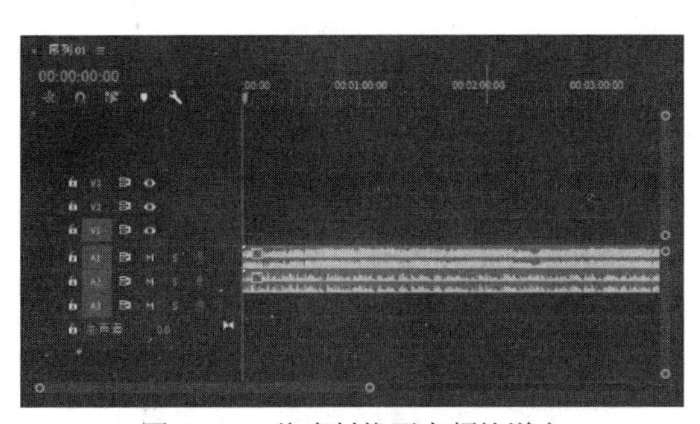

图 10-49 将素材拖至音频轨道上

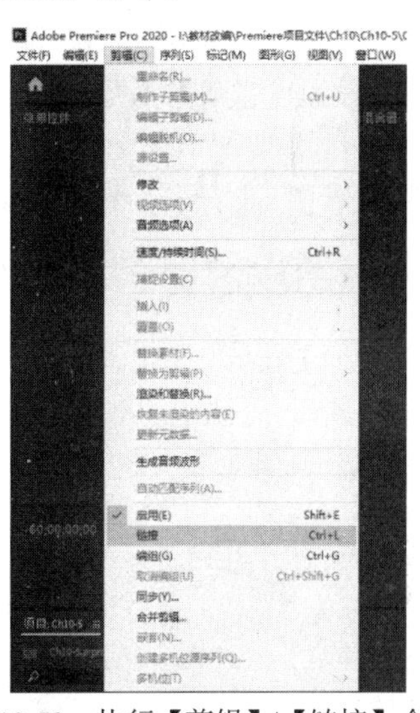

图 10-50 执行【剪辑】|【链接】命令

在进行音频合成中应注意：不可链接不同类型的音频轨道上的文件，如不可将单声道轨道上的音频文件与立体声轨道上的音频文件进行合成。

任务 4 应用音频特效

用于声音处理的效果和方法很多，如音质调整、混响、延迟和变速等。音频特效有很多种，它们的作用就如同图像处理软件中的滤镜，可以使声音产生千变万化的效果。

在 Premiere Pro 2020 中，根据声音类型的不同，音频特效分为 5.1 声道、立体声、单声道 3 种类型，可以为音频添加多种效果，通过【效果】面板可以查看效果，如图 10-51 所示。

Premiere Pro 2020 自带的大多数音频特效都适用于不同声道的音频素材，其使用方法是相同的。通过选中要添加特效的音频文件，单击【音频效果】中的特效，将其拖至【效果控件】面板中，便可完成音频特效的添加。也可以通过单击【音频效果】中的特效，将其拖至【时间轴】面板中已选中的要添加特效的音频文件上，完成特效的添加。最后利用【效果控件】面板进行参数设置。用户想要删除已添加的音频特效，可通过单击【效果控件】面板中已添加的音频特效名称，按 Delete 键或

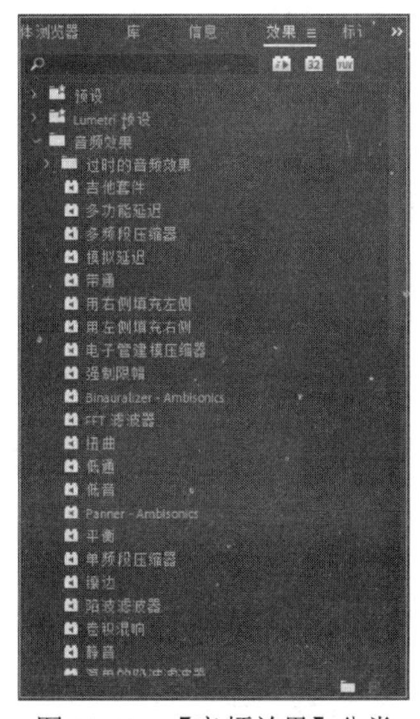

图 10-51 【音频效果】分类

右击选择【清除】命令。

下面先介绍 3 个声道所共有的特效。每个特效都包含一个【旁路】选项，可以随时关闭或者取消效果。

1. 音量

系统为【时间轴】面板的音频素材提供了一个固定的音频效果——【音量】，用户也可通过【效果】面板添加【音量】效果。当电平峰值超过系统硬件可以接纳的动态范围时，声音就会过载或失真。【音量】特效为素材建立音频包络线，可以调节素材电平不过载。正值表示增加音量，负值表示降低音量。【音量】特效仅对素材有效，其【效果控件】面板如图 10-52 所示。

2. 带通、低通和高通

使用【带通】特效，可以将指定范围以外的声音或者波段的频率删除，它的【效果控件】面板如图 10-53 所示。【中心】选项用于确定指定范围的中心频率；【Q】选项用于确定保留的频带宽度，数值小，则频带宽；数值大，则频带窄。

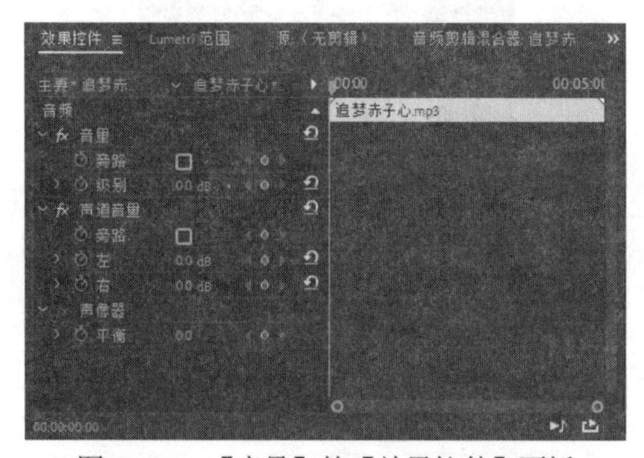

图 10-52 【音量】的【效果控件】面板

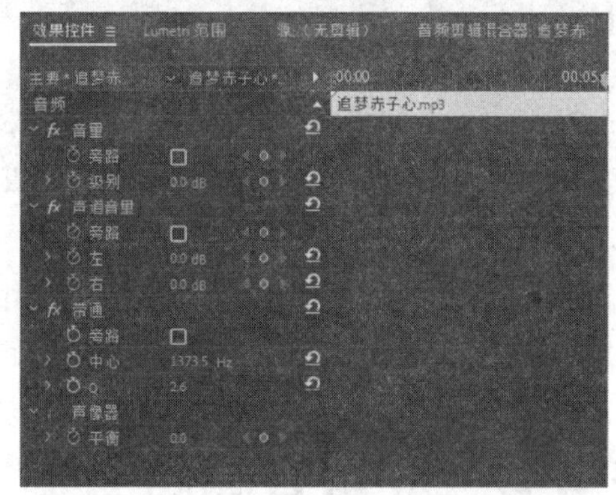

图 10-53 【带通】的【效果控件】面板

【低通】也称高切，低于某给定频率的信号可有效传输，而高于此频率(滤波器截止频率)的信号则受到很大衰减。低通滤波器可以切去音响系统中不需要的高音成分。

【高通】也称低切，高于某给定频率的信号可有效传输，而低于此频率的信号将受到很大衰减。此给定频率称为滤波器的截止频率，高通滤波器可切去话筒近讲时的气息“噗噗”声及不需要的低音成分，还可以切去声音信号失真时产生的直流分量，防止烧毁低音音箱。

【低通】和【高通】的【效果控件】面板如图 10-54 所示。

3. 低音和高音

使用【低音】特效，可以增强或减少低音，适用于 200Hz 或者更低一些的频率。【提升】选项用于设置对低音提升或者降低的数值，取值范围为-24.0~24.0dB。正值为提升低音，负值为降低低音。

使用【高音】特效，可以对 4000Hz 或者

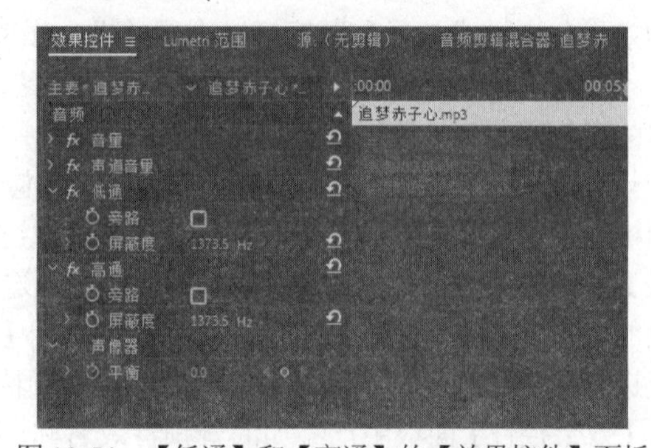

图 10-54 【低通】和【高通】的【效果控件】面板

更高频率的音量进行提升或衰减。

【低音】和【高音】的【效果控件】面板如图 10-55 所示。

4. 延迟和多功能延迟

【延迟】特效可以为音频素材在一定范围内添加回声效果，它的【效果控件】面板如图 10-56 所示。【延迟】用于设定延迟时间，最大值为 2 秒;【反馈】用于设置延迟信号回馈的百分比;【混合】用于控制回声数量。

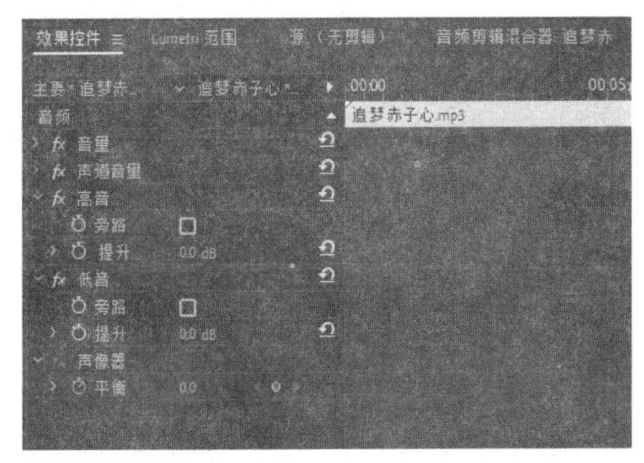

图 10-55 【低音】和【高音】的【效果控件】面板

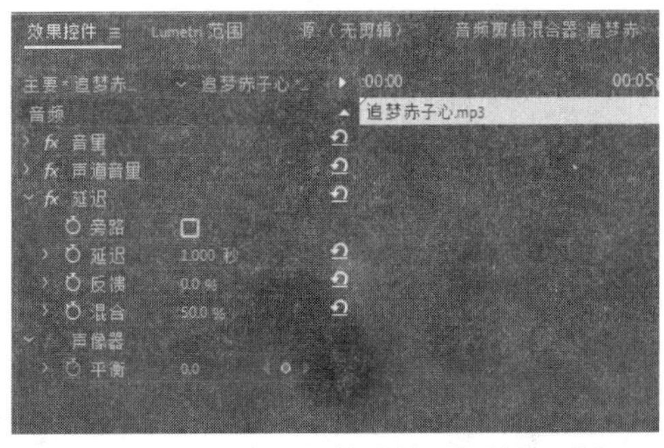

图 10-56 【延迟】的【效果控件】面板

【多功能延迟】特效可以对延迟效果进行更深层次的设置，它的【效果控件】面板如图 10-57 所示。【延迟 1~4】用于设定原始信号和回声之间的时间，最大值为 2 秒;【反馈 1~4】用于设定延迟信号返回后所占的百分比;【级别 1~4】用于控制每个回声的音量;【混合】用于混合调节延迟与非延迟回声的数量。

5. 简单的参数均衡

【简单的参数均衡】特效可以增强或衰减接近中心频率处的声音，它的【效果控件】面板如图 10-58 所示。

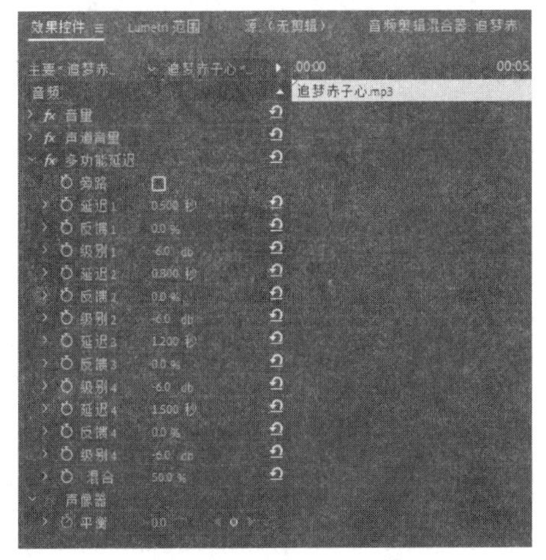

图 10-57 【多功能延迟】的【效果控件】面板

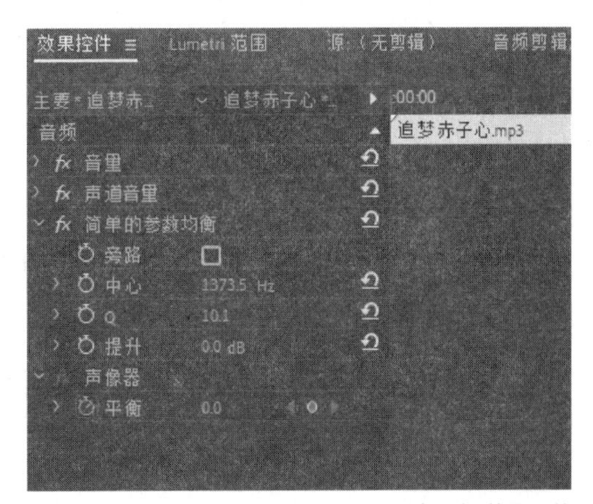

图 10-58 【简单的参数均衡】的【效果控件】面板

人耳能听到的大多数声音并不完全由一个特定的频率构成，也就是说，录入的某段音频是由很多频率段组成的(基音的频率段和泛音的频率段)。

参数均衡的主要作用如下。

(1) 改善房间、厅堂建筑结构上产生的某些缺陷，使用均衡器进行调节，可以使频率特性曲线变得平滑。

(2) 根据不同风格的节目源进行频率提升和衰减，使各种不同风格的音乐发挥其独特的音响艺术效果。

(3) 根据自己对音乐的某些偏爱，可以对低频、中低频、中频、中高频和高频各频段及频点进行提升与衰减，调整某些频率的音色表现力，以达到某种特殊的艺术魅力。

6. 去除制定频率、反相

嗡嗡声(交流声)在电子学领域属于一种不希望发生的低频电流，它会干扰所要求的信号，通常这种现象是由交流供电线路屏蔽不良信号引起的。使用【消除嗡嗡声】特效可以清除声音素材中的指定频率，其【效果控件】面板如图 10-59 所示。

7. 声道音量

【声道音量】特效是【立体声】和【5.1 环绕立体声】所特有的，【单声道】没有。该特效以分贝(dB)为计量单位，独立调整【立体声】或【5.1 环绕立体声】素材，或者音轨的音量。它的【效果控件】面板如图 10-60 所示。

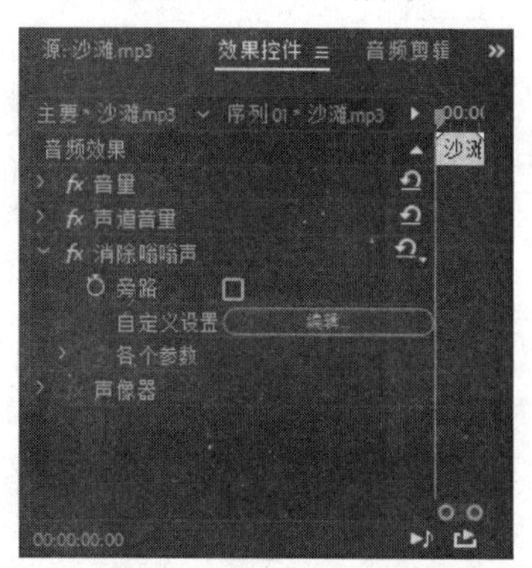

图 10-59 【消除嗡嗡声】的【效果控件】面板

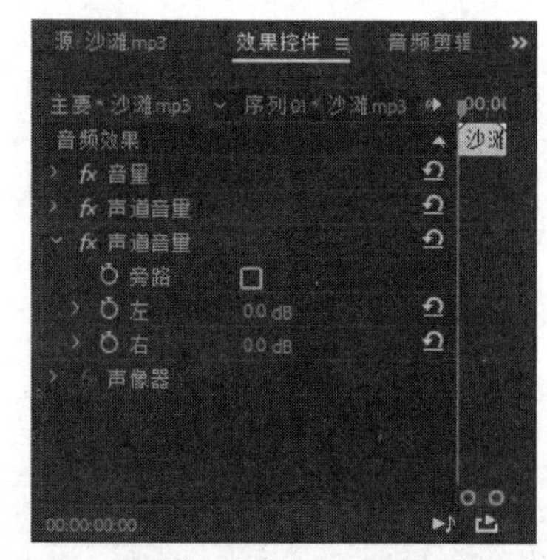

图 10-60 【声道音量】的【效果控件】面板

以下特效是立体声声道所独有的特效。

8. 平衡

【平衡】特效用于控制左右声道的音量。正值表示增加左声道音量比例，负值表示增加右声道音量比例。它的【效果控件】面板如图 10-61 所示。

9. 用左侧填充右侧、用右侧填充左侧

【用左侧填充右侧】和【用右侧填充左侧】特效只对立体声素材有效，例如，填充左声道时，复制右声道的内容“放入”左声道，而原来左声道的内容会被覆盖。它们的【效果控件】面板如图 10-62 所示。

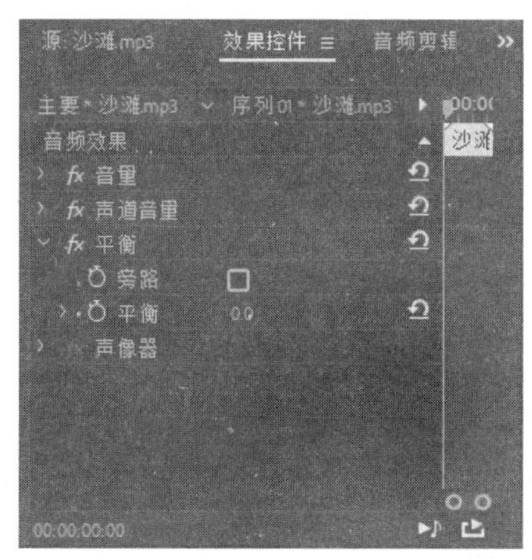

图 10-61 【平衡】的【效果控件】面板

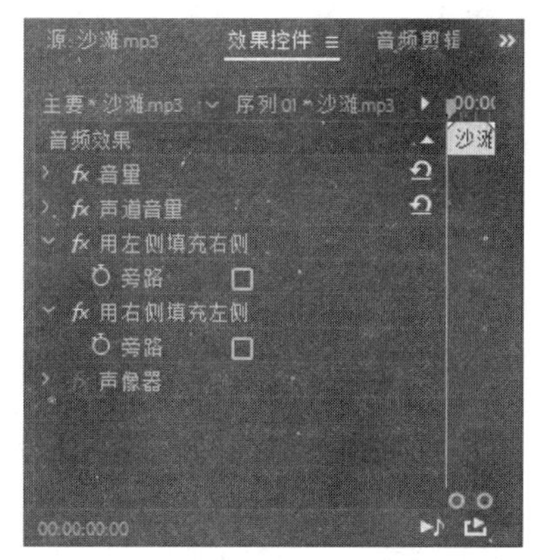

图 10-62 【用左侧填充右侧】和【用右侧填充左侧】的【效果控件】面板

10. 互换声道

【互换声道】特效可使左右声道对调，仅对立体声有效。它的【效果控件】面板如图 10-63 所示。

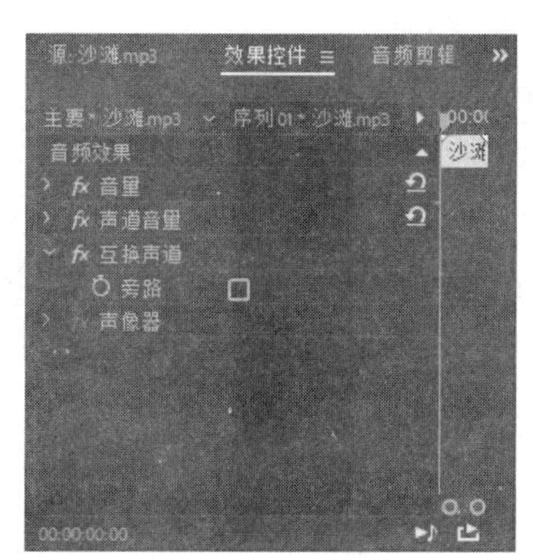

图 10-63 【互换声道】的【效果控件】面板

除了对音频素材设置特效，还可以直接对音频轨道添加特效。在【音轨混合器】面板的特效设置区域中单击右边的小三角，在弹出的下拉列表中选择需要使用的音频特效即可。用户可以在同一个音频轨道上添加多个特效并分别进行控制。

拓展训练

本拓展训练主要通过运用 Premiere Pro 2020 的音频工具，制作一个配乐朗诵，使用户在上机练习完成该案例制作的同时，熟悉音频的基本操作，掌握音频应用的技巧。

1) 效果说明

本例主要实现为一段图片素材配音并添加背景音乐的效果。

2) 操作要点

本例主要包括调节音乐时长，使音乐时长与图片总时长一致，在特定位置为配乐添加淡入淡出效果等操作。

3) 操作步骤

(1) 运行 Premiere Pro 2020，打开开始使用界面，单击【新建项目】按钮，打开【新建项目】对话框。在该对话框中，采用默认设置，选择项目保存的路径并将项目名称设为“ch10-6”后，单击【确定】按钮，进入程序主界面，如图 10-64 所示。按下快捷键 Ctrl+N，弹出【新建序列】对话框，设置【编辑模式】为“自定义”，【帧大小】为“1920(水平)、1080(垂直)”，单击【确定】按钮，如图 10-65 所示。

(2) 在【项目】面板空白处双击，打开【导入】对话框。在该对话框中选择图像素材文件“1.jpg”～“6.jpg”和“配乐.mp3”“配音.mp3”两个声音素材文件，单击【打开】按钮，将素材导入【项目】面板，如图 10-66 所示。

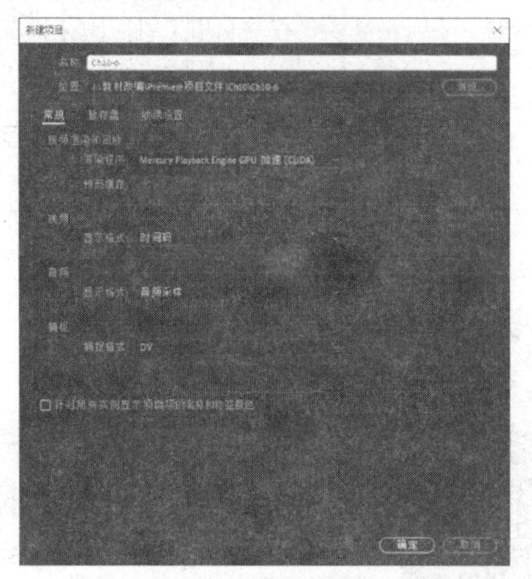

图 10-64 【新建项目】对话框

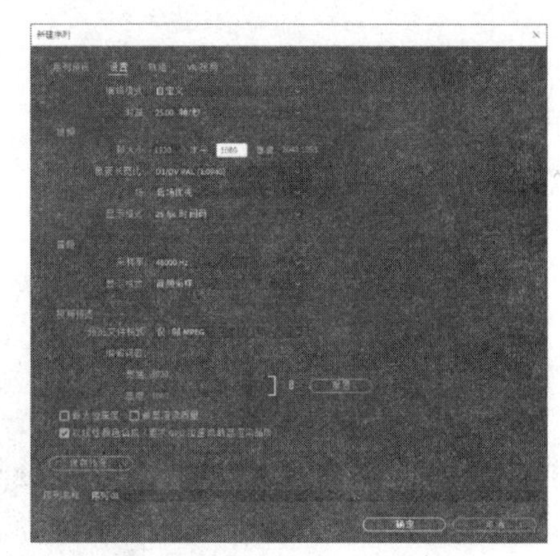

图 10-65 【新建序列】对话框

(3) 选中“配音.mp3”素材文件，将其拖动到【时间轴】面板的 A1 轨道上，把素材“1.jpg”～“6.jpg”拖到【时间轴】面板的 V1 轨道上，适当调整其长度，使其与配音内容相符。在【效果控件】面板中调整每个图像素材的大小，使其充满画布。在【效果】面板中选择【视频过渡】|【溶解】|【交叉溶解】效果，将其添加到图像素材之间，如图 10-67 所示。

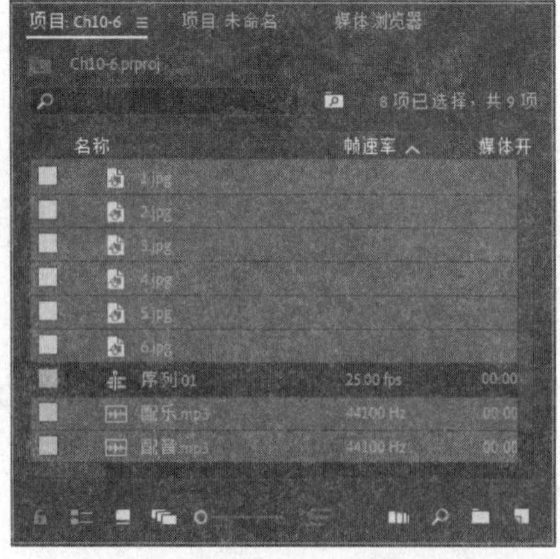

图 10-66 导入素材文件

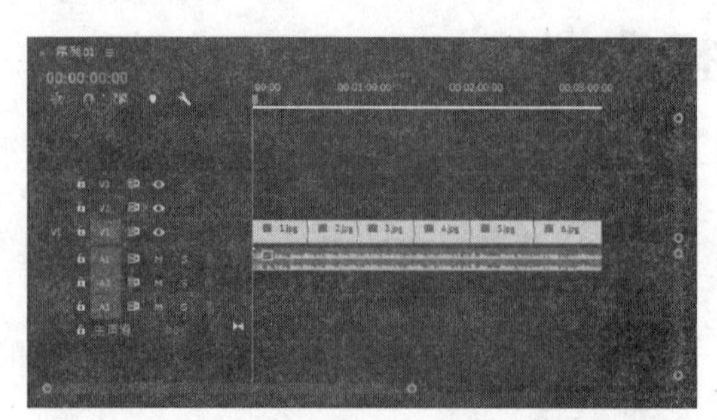

图 10-67 在【时间轴】面板中添加素材和效果

(4) 选中“配乐.mp3”素材文件，将其拖动到【时间轴】面板的 A2 轨道上。把时间线指针定位在图像结束后的位置，选中工具栏中的【剃刀工具】，在此处切割音频文件，单击后半部分的音频文件，按 Delete 键删除。在【效果】面板中选择【音频过渡】|【交叉淡化】|【指数淡化】效果，把它拖到“配乐.mp3”的结尾处，打开【效果控件】面板，调整效果的【持续时间】为 00:00:03:00，如图 10-68 和 10-69 所示。

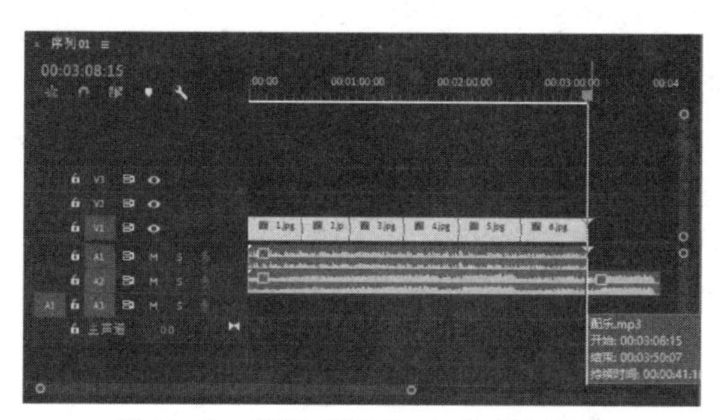

图 10-68　剪辑“配乐.mp3”素材文件

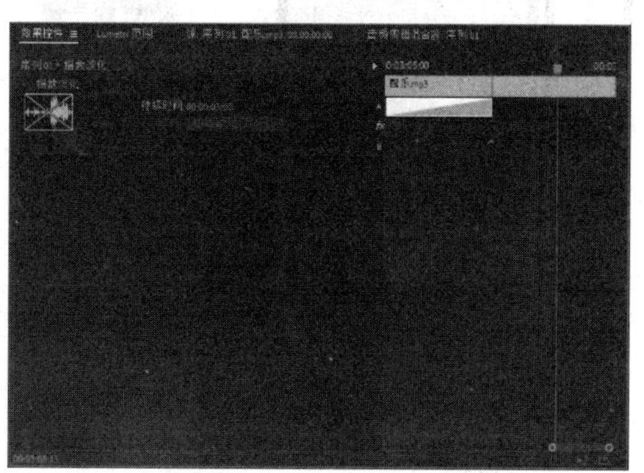

图 10-69　设置效果的【持续时间】

(5) 再次试听效果，确认无误后，选择【文件】|【导出】命令输出影片。

习　题

1. 简要描述【音量】【音调】和【音色】的概念。
2. 在 Premiere Pro 2020 中可以使用哪 3 种音频类型？
3. 在 Premiere Pro 2020 中可以使用哪几种音频轨道？
4. 如何添加和删除音频轨道？
5. 如何进行音频文件类型的转换？
6. 如何调整音频的持续时间和播放速度？
7. 如何调节音频增益？
8. 如何为音频素材添加关键帧？
9. 如何利用【音轨混合器】调节平衡与音量？
10. 如何查看音频素材的音频显示单位？
11. Premiere Pro 2020 提供了哪些音频过渡效果？
12. 在 Premiere Pro 2020 中可以制作哪些音频特效？
13. Premiere Pro 2020 中的哪些音频特效是立体声所独有的？

第11章 输出影片

学习目标

影片的制作流程一般包括素材的采集与导入、素材编辑、特效制作、字幕设计、输出与生成。Premiere Pro 2020 中的操作过程都以导入开始，以导出结束。当用户完成了对序列中素材的各项操作时，就可以生成最终视频。在 Premiere Pro 2020 中，用户通过【导出】命令和【导出设置】对话框，可以完成各种格式的作品的导出，也可将作品导出至其他媒介中，还可以将作品直接录制成 CD、VCD 和 DVD 等。本章将详细介绍如何利用 Premiere Pro 2020 进行作品导出，讲解如何根据不同用户的需求进行作品的导出设置。

本章重点

- 导出影片设置
- 导出静帧为单帧画面
- 导出视频片段为序列图像
- 创建 DVD

任务 1 了解导出影片

Premiere Pro 2020 提供了多种输出方式。一般来说，最终的节目输出可以分为两大类，一类用于广播电视的播出；另一类用于在计算机上播放，包括视频文件、静态图片、序列文件或动画文件。

因此，在 Premiere Pro 2020 中，最终的输出有两种截然不同的压缩方式，即硬件压缩和软件压缩。广播电视节目需要硬件压缩，而计算机上的媒体播放一般采用软件压缩的方式。

Premiere Pro 2020 中的导出功能一般在制作影片成品时使用。首先选择需要输出的序列，执行【文件】|【导出】命令，如图 11-1 所示，通过这些子命令可以轻松地输出各种所需的影音格式文件。

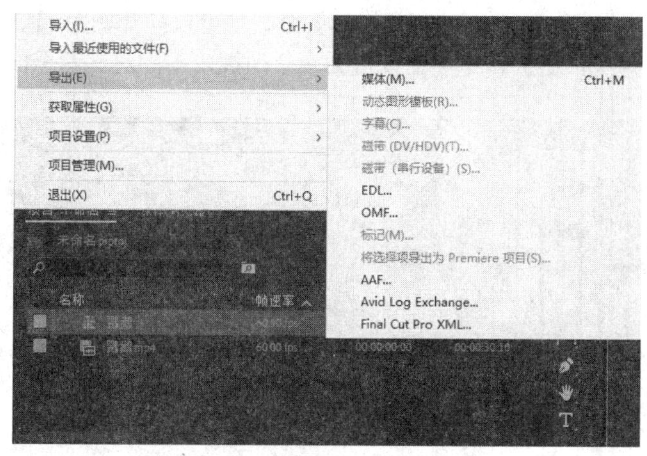

图 11-1 【导出】子菜单选项

该子菜单中主要选项的功能如下。

- 【媒体】：用于各种类型文件的格式输出，包括视频、音频、图像和动画文件等。
- 【字幕】：输出单独的字幕文件。
- 【磁带】：把节目导出到外部的磁带上，以供播出或保存。用户只需将计算机采集卡上的视频、音频信号(或者 DV 信号)送入录像机，在【节目监视器】面板中播放影片的同时，用录像机直接录制到 DV 磁带上即可。
- EDL：输出到脱机剪辑表 EDL(edit decision list)。EDL 文件包含众多编辑信息，包括素材所在的磁带、文件的长度和所用效果等，一般在编辑大数据量的电视节目(如电视连续剧)时使用。先以一个压缩比率较大的文件(画面质量差、数据量小)进行编辑，以降低编辑时对计算机运算和存储资源的占用，编辑完成后输出 EDL 文件，再通过导入 EDL 文件，采集压缩比率小甚至是无压缩的文件进行最终成片的输出。
- OMF：用于加载 AIFF 编码器。
- AAF：AAF 是 advanced authoring format 的缩写，意思是“高级制作格式”，是一种用于多媒体创作及后期制作、面向企业界的开放式标准。AAF 是自非线性编辑系统之后电视制作领域最重要的新进展之一，它解决了多用户、跨平台及多台计算机协同进行数字创作的问题，给后期制作带来了极大的方便。

- Final Cut Pro XML：可以导入从 Final Cut Pro 导出为 XML 文件的整个项目、选定剪辑或选定序列。在 Premiere 中，素材箱和剪辑的层次结构和名称与其在 Final Cut Pro 源项目中的层次结构和名称相同。另外，Premiere 还会保留 Final Cut Pro 源项目的序列标记、序列设置、轨道布局、锁定的音轨和序列时间码起始点。Premiere 会将来自 Final Cut Pro 文本生成器的文本导入 Premiere 标题。

任务 2　导出影片设置

影片导出中以【媒体】命令最为常用，这里将详细介绍【媒体】命令下导出影片的相关设置。

首先创建一个项目文件，将素材“鹦鹉.mp4”导入【项目】面板，然后将其拖入【时间轴】面板的 V1 轨道。执行【文件】|【导出】|【媒体】命令，可以打开如图 11-2 所示的【导出设置】对话框，该对话框分为【预览】和【导出设置】两个面板，下面对这两个面板分别进行介绍。

图 11-2　【导出设置】对话框

11.2.1　【预览】面板

【预览】面板如图 11-3 所示。该面板包含【源】和【输出】两个选项卡，在【源】选项卡中可对最终要输出的作品进行裁剪和设置，【输出】选项卡可供用户预览最终的导出效果。底部的按钮用于设置【长宽比校正】选项。

打开【源】选项卡，其下方会有一组工具按钮，各按钮的含义如下。

- 【裁剪】：按下该按钮，可以激活【裁剪】属性，对文件进行裁剪。该按钮用于对当前整体对象的大小进行修改。选中该按钮后，要输出的文件选框将变成白色，此时可根据需要对输出的部分进行裁剪。

图 11-3 导出设置【预览】面板

- 【参数设定】：通过左侧、顶部、右侧和底部4个参数来设定要输出的部分，其功能与【裁剪】按钮一样。
- 【裁剪比例】：用于设置裁剪比例。单击按钮，则出现多种裁剪比例供用户选择，如图11-4所示。

设置完成后，将在【预览】面板下方显示文件的大小和输出的时长，会在面板左侧显示当前源文件的大小，在右侧显示输出文件的大小，在下方显示输出的文件时长。

- 和按钮：用于设定入点和出点。
- 【显示比例】：用于设置当前的显示比例，单击按钮，会出现如图11-5所示的显示比例下拉列表。一般情况下，系统默认为【适合】，用户也可根据自己的需要进行设置。
- ：通过拖动和按钮设置输出位置，通过拖动上方的【时间线指针】按钮预览输出文件。

裁剪完成后，可切换至【输出】选项卡，如图11-6所示。在其中可以查看即将输出的视频画面，用户可根据预览的输出样式进行裁剪设置。

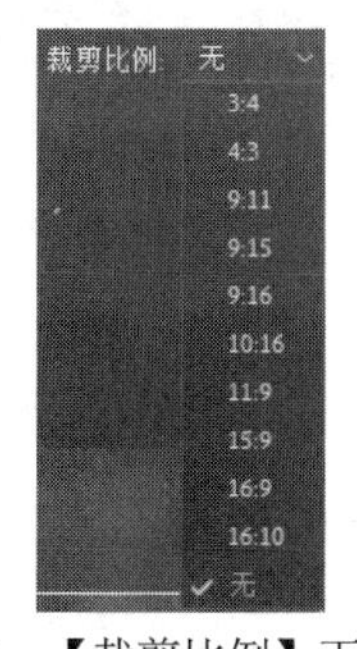

图 11-4 【裁剪比例】下拉列表

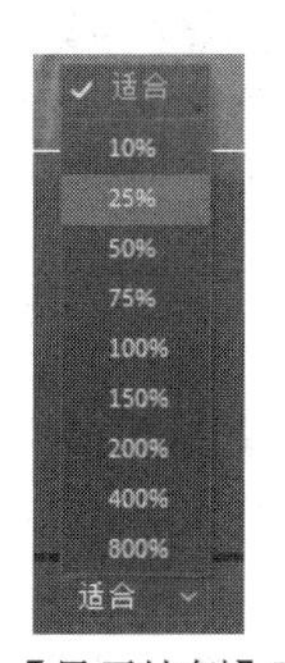

图 11-5 【显示比例】下拉列表

图 11-6 【输出】选项卡

11.2.2 【导出设置】面板

【导出设置】面板如图11-7所示。

下面简要介绍该面板中各选项的作用和功能。

- 【格式】选项：用户输出文件时，首先要设定的是文件的输出格式。单击【格式】选项后侧的按钮，用户可以从中选择多种文件格式的输出方式，如图 11-8 所示。最常用的格式是 AVI 视音频文件格式，用户也可导出为单独的图像或视频、音频文件。
- 【预设】选项：用于设定文件输出的制式、分辨率等，其选项根据选择格式的不同而不同。单击【预设】选项后侧的按钮，可以在其中选择要输出文件制式的种类、分辨率，如图 11-9 所示。

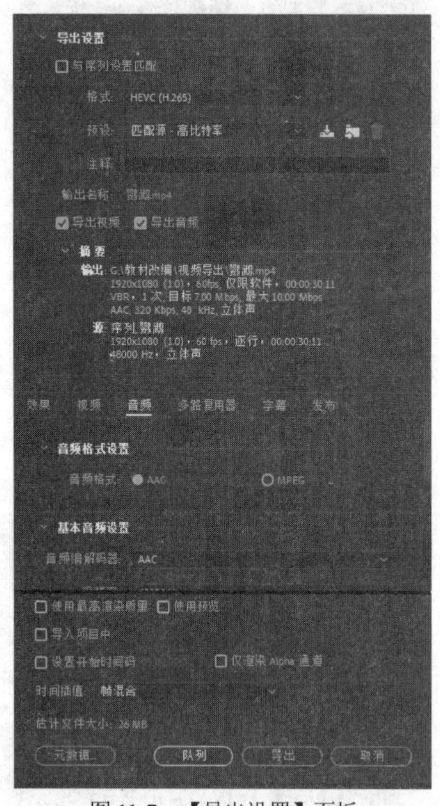

图 11-7 【导出设置】面板

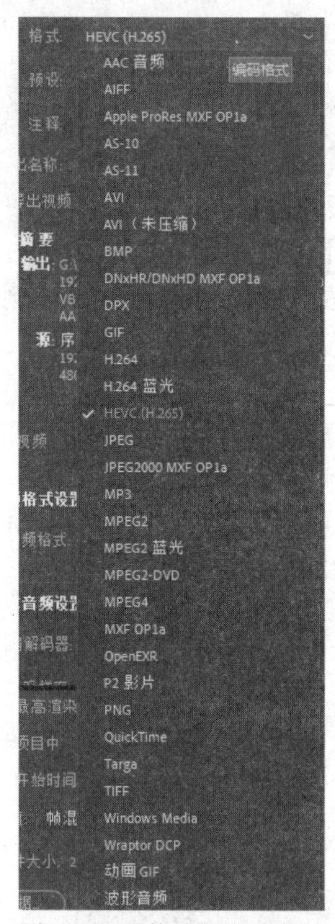

图 11-8 【格式】选项菜单

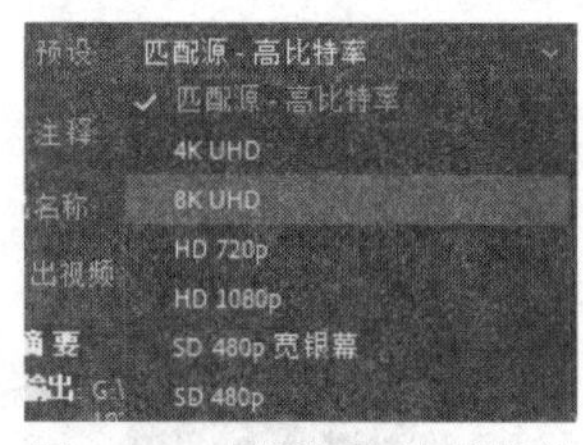

图 11-9 【预设】选项菜单

【预设】选项右侧 3 个按钮的功能如下。

① 【保存预设】按钮，用于保存用户输出的制式，也可用于保存用户自定义的制式。选择一种预设，单击按钮，将弹出【预设错误】对话框，如图 11-10 所示。这是因为选择的是系统预置的制式，不能将其覆盖，故出现错误。

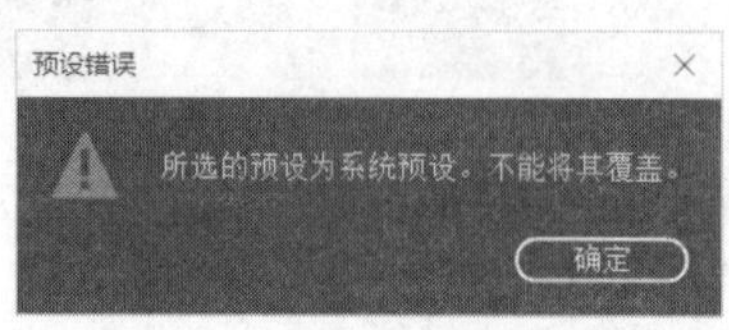

图 11-10 【预设错误】对话框

② 【安装预设】按钮，用于导入用户需要的预设。单击按钮，将弹出【安装预设】对话框，如图 11-11 所示，可在该对话框中选择需要的制式，然后进行导入，导入的预设文件类型为*.epr。

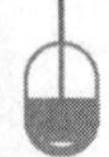

③【删除预设】按钮，用于删除用户保存和导入的预设。需要注意的是，系统自带的预设将无法删除。

- 【注释】选项：用于为输出文件添加注释，单击即可进行输入。
- 【输出名称】选项：用于输出名称和输出路径的设置。单击系统默认的输出路径和名称，将出现【另存为】对话框，如图 11-12 所示，供用户选择要保存的路径和文件名称。

图 11-11　【导入预设】对话框

图 11-12　【另存为】对话框

上述 4 个选项的下方是【导出视频】和【导出音频】选项，单击前方的按钮可选择是否导出。下方显示的是输出文件的摘要信息，如图 11-13 所示。

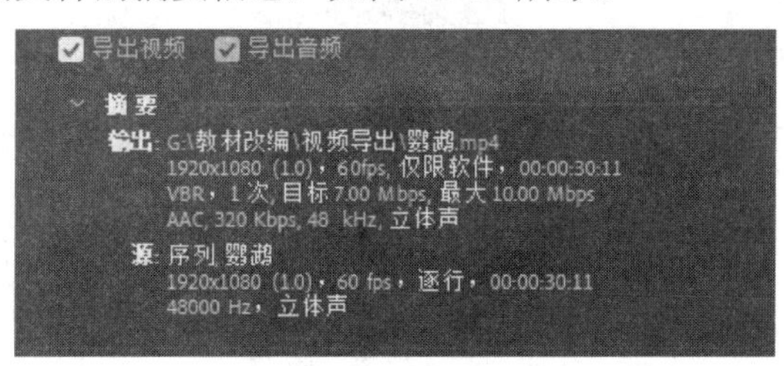

图 11-13　文件的摘要信息

【导出设置】面板中还包括【效果】【视频】【音频】【字幕】【多路复用器】和【发布】选项卡。下面将对其中的几个选项卡进行简单介绍。

- 【效果】选项卡：用于设置各种效果，如叠加图像等。在【格式】选项中选择不同的格式，则【效果】选项卡中的选项也略有不同。以【格式】选项设为“AVI”为例，选中【图像叠加】前的图像叠加按钮，单击【已应用】的下拉菜单按钮，选择【选择】，之后将出现对话框，如图 11-14 所示。选择要添加的图片，调整【偏移】偏移位置、图像【大小】大小、【透明度】不透明度等参数。

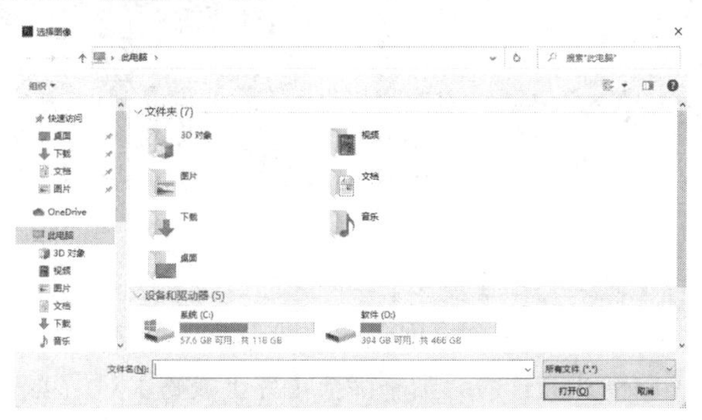

图 11-14　【选择图像】对话框

- 【视频】选项卡：在【格式】选项中选择不同的格式，则【视频】选项卡中的选项也会有所不同。以【格式】选项设为“AVI”为例，【视频】选项卡中有【视频编解码器】【基本视频设置】【高级设置】3 个选项组。单击【视频编解码器】右侧的按钮，可出现【视频编解码器】下拉菜单，如图 11-15 所示。【视频编解码器】选项组下方有【基本视频设置】和【高级设置】两个选项组，如图 11-16 和图 11-17 所示。

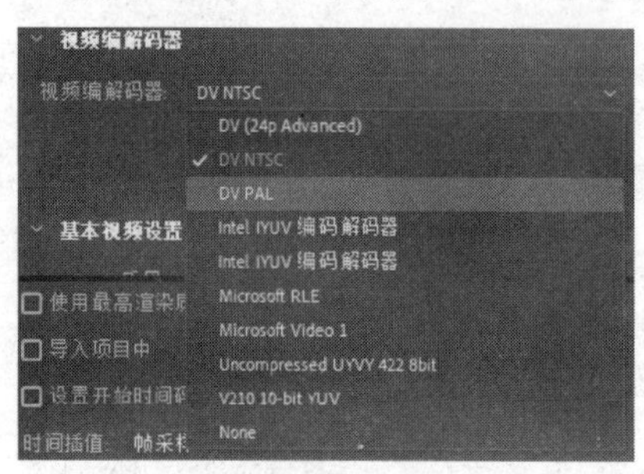

图 11-15 【视频编解码器】下拉菜单

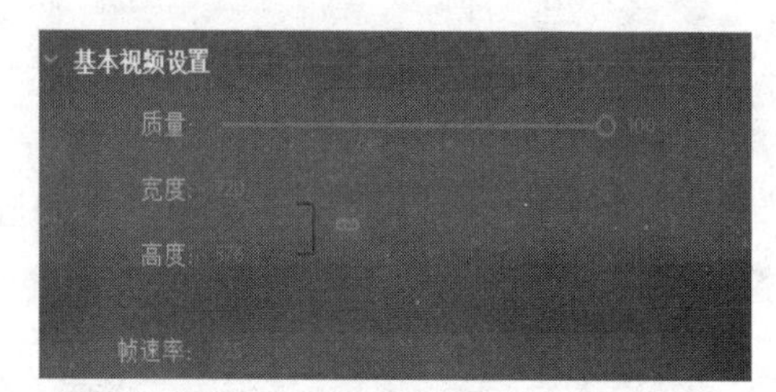

图 11-16 【基本视频设置】选项组

图 11-17 【高级设置】选项组

在【基本视频设置】选项组中，用户可对输出的文件质量、高度和宽度、帧速率等进行设置。【质量】用于调整媒体输出格式的编解码器品质。一般来说，品质越高则画面越清晰，但相应的导出文件的容量也就越大，有可能在速度较慢的计算机上无法正常播放，而且还会占用更大的硬盘空间。【帧速率】用于设置每秒钟的帧比率。用户如果不想改变影像的帧比率，最好还是与项目文件的设置相同，用户可以设置 1~29.97fps 的各帧速率。

在【高级设置】选项组中，用户可设置关键帧的间隔及是否扩展静帧图像。选中【关键帧】复选框，可按照媒体输出格式的编解码器，以数字的方式来设置所需的关键帧的数值。

- 【音频】选项卡：以【格式】选项设为“AVI”为例，本选项卡可用于输出影片中的音频编码器，以及采样率、声道、采样类型和音频交错等属性的基本设置，如图 11-18 所示。
- 【发布】选项卡：可对输出影片中的其他属性进行设置，如图 11-19 所示。

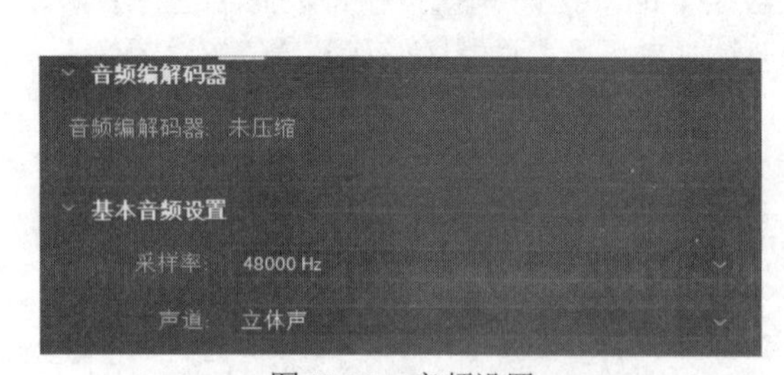

图 11-18 音频设置

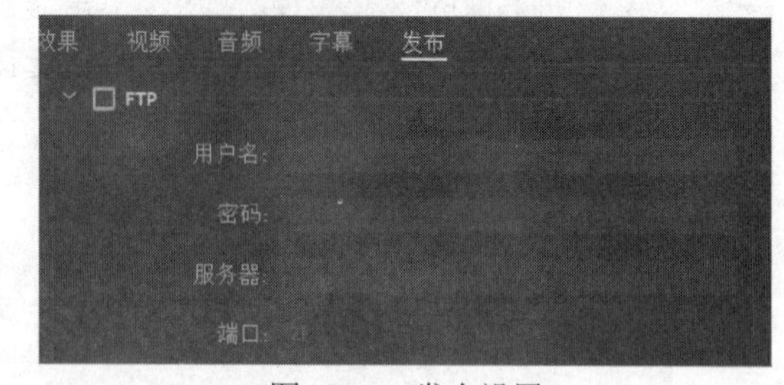

图 11-19 发布设置

上述【效果】【视频】【音频】和【发布】4 个选项卡是高级模式的常用选项卡。当用户输出的文件为视音频文件时，【高级模式】会出现上述选项卡。当用户选择输出文件为 GIF、Windows 位图、Targa 和 TIFF 等图像格式文件时，则不能在【导出设置】对话框中设置与音频相关的参数选项，即仅出现【滤镜】【视频】和【其他】3 个选项卡。当用户选择输出格式文件为 mp3 和

Windows 波形等音频格式文件时，则不能在【导出设置】对话框中设置与视频相关的参数选项。而当用户选择输出文件为 Audio Only、H.264、HEVC(H.265)等格式文件时，则会出现【多路复用器】选项卡，可以为不同的网络速度或设备配置提供多样化的输出。图 11-20 所示为 H.264 格式下的【多路复用器】选项卡，图 11-21 所示为 HEVC(H.265)格式下的【多路复用器】选项卡。

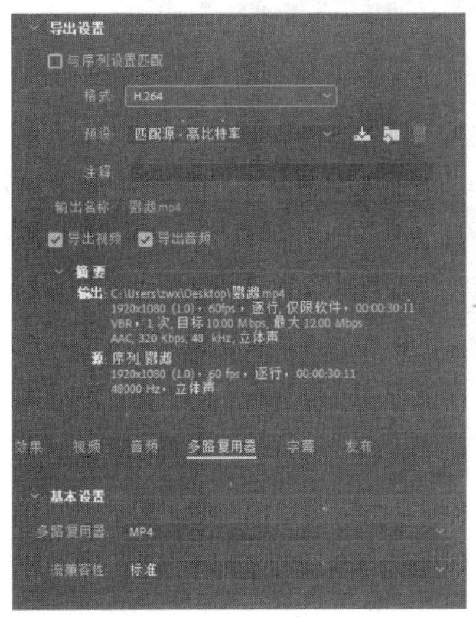

图 11-20　H.264 格式下的【多路复用器】选项卡

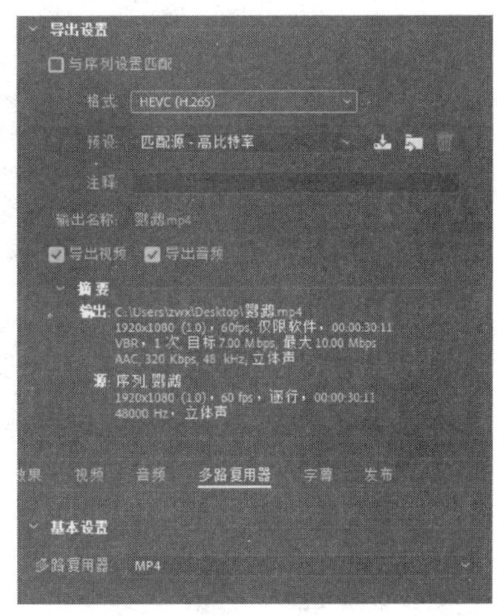

图 11-21　HEVC(H.265)格式下的【多路复用器】选项卡

当用户完成整个导出设置后，单击【导出】按钮，即可进行文件的渲染和导出。导出完成后，可在存放路径下进行文件的查看和播放。

任务 3　使用 Adobe Media Encoder

Adobe Media Encoder 是一个视频和音频编码应用程序，能够对各种格式的音频和视频文件进行编码。

用户在【导出设置】对话框中设置好参数后，单击【队列】按钮，Premiere 会自动启动 Adobe Media Encoder 软件，主界面如图 11-22 所示。

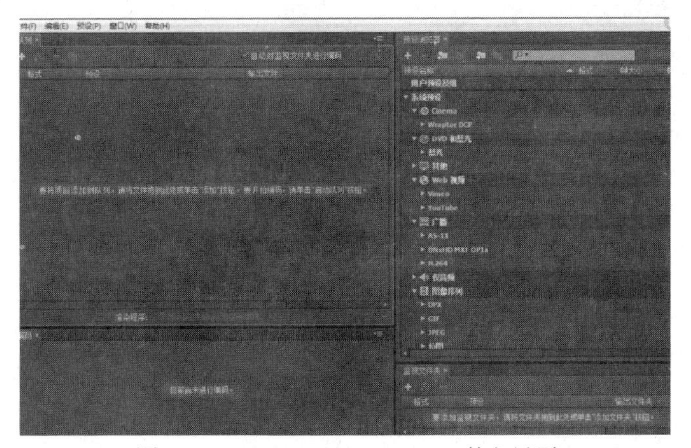

图 11-22　Adobe Media Encoder 的主界面

单击【启动队列】按钮，开始渲染输出影片，此时【开始队列】按钮将变为【暂停排队】按钮，在主界面下方可以看到渲染信息，如图 11-23 所示。

图 11-23　渲染输出信息

各按钮的功能介绍如下。

- 【暂停排队】：单击该按钮可以暂停渲染，此时【暂停排队】按钮将变为【继续排队】按钮。
- 【停止队列】：单击该按钮可以停止渲染影片，此时会弹出如图 11-24 所示的提示框。
- 【添加源...】：单击该按钮可以在队列中添加一个或多个文件，单击该按钮后弹出的对话框如图 11-25 所示。使用【文件】菜单，还可以添加 After Effects 合成图像、Premiere 序列等。

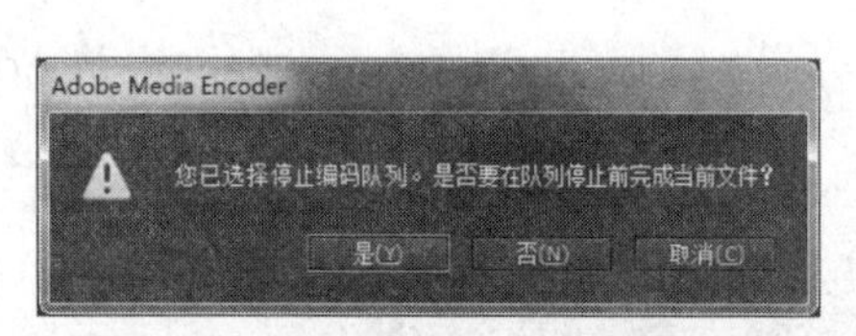

图 11-24　停止队列提示框

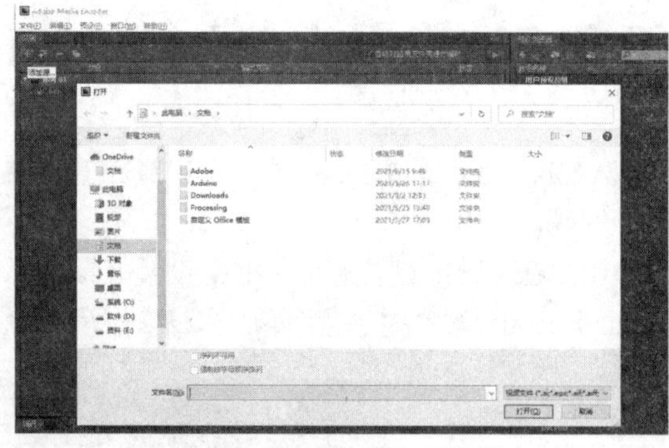

图 11-25　【打开】对话框

- 【重制】、【移除】：可对队列中选中的文件进行复制或移除操作，单击【移除】按钮时会弹出如图 11-26 所示的提示框。
- 【添加输出】：单击该按钮可以在窗口中添加一个输出文件。

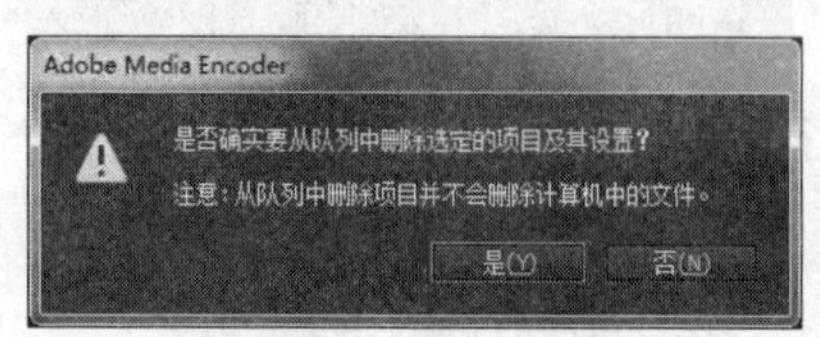

图 11-26　移除提示框

任务4　导出视频画面为图像

在Premiere Pro 2020中，要将【时间轴】面板中的视频素材导出为图像，可以执行【文件】|【导出】|【媒体】命令，导出静帧视频画面为单帧画面，也可以导出一段视频片段为序列图像，需要注意的是，导出单帧画面和导出序列图像在设置上有所差别。

11.4.1　导出静帧为单帧画面

执行【文件】|【导出】|【媒体】命令，不仅可以从素材中将特定的帧导出为单帧画面，还可以把多个轨道上运用各种效果合成的一个帧制作成单帧画面。需要注意的是，导出【媒体】命令根据【源监视器】面板、【项目监视器】面板和【时间轴】面板不同的选择状态，会导出不同的内容。在【源监视器】面板中，执行【文件】|【导出】|【媒体】命令，会将【源监视器】面板中当前时间标记处的帧导出为单帧画面；在选择【项目】面板中的素材时，执行【文件】|【导出】|【媒体】命令，会将素材的第一帧导出为单帧画面。用户可以将静帧导出为BMP、TIF、GIF和TGA 4种图像文件格式。

【例11-1】 打开一个已编辑完成的项目文件，从中选择一帧视频画面，将其导出为单帧画面。素材

1) 效果说明

本例实现将原视频中的单帧导出为图片格式。

2) 操作要点

本例主要练习导出操作。需要注意的是，在【导出设置】对话框中，【导出为序列】前的复选框不能被选中，否则导出的将是图像序列。

3) 操作步骤

(1) 启动Premiere Pro 2020，打开项目文件“ch11-1.prproj”。

(2) 在【时间轴】面板中，移动时间线指针至所需的时间位置上，如图11-27所示。通过【节目监视器】面板查看显示的静帧画面，以确定所需导出静帧的画面位置，如图11-28所示。

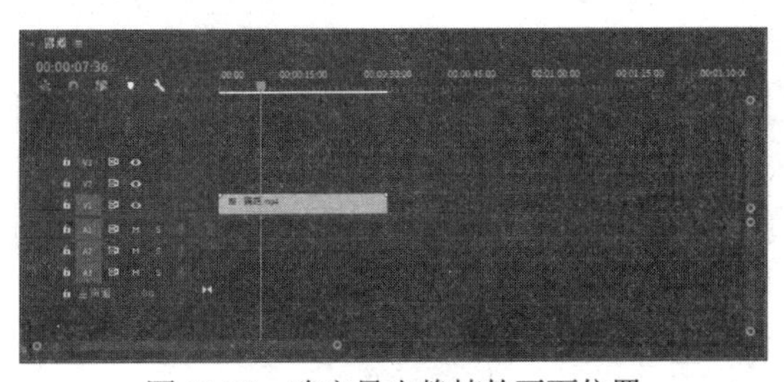

图11-27　确定导出静帧的画面位置

图11-28　在【节目监视器】面板中进行查看

(3) 执行【文件】|【导出】|【媒体】命令，或按Ctrl +M快捷键，打开媒体【导出设置】对

话框，如图 11-29 所示，可对准备输出的静帧图像进行预览。在右侧的设置面板中单击【导出设置】面板中的【格式】选项，在弹出的下拉列表中选择 TIFF 文件格式。单击【输出名称】后方的路径，将弹出【另存为】对话框，如图 11-30 所示。选择保存的位置为“桌面”，输入要输出文件的名称为“鹦鹉_1.tif”，单击【保存】按钮，返回【导出设置】对话框。

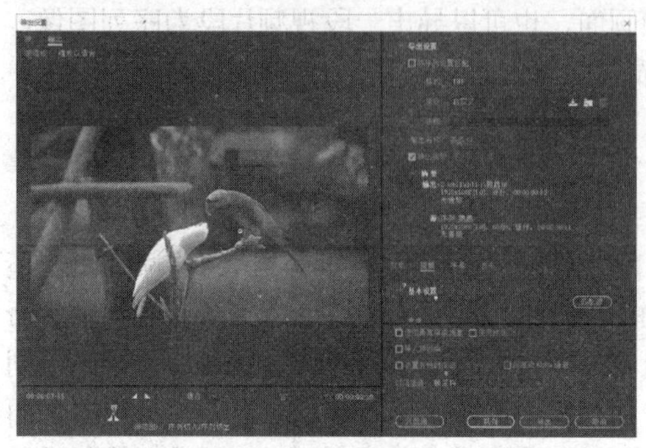

图 11-29　媒体【导出设置】对话框

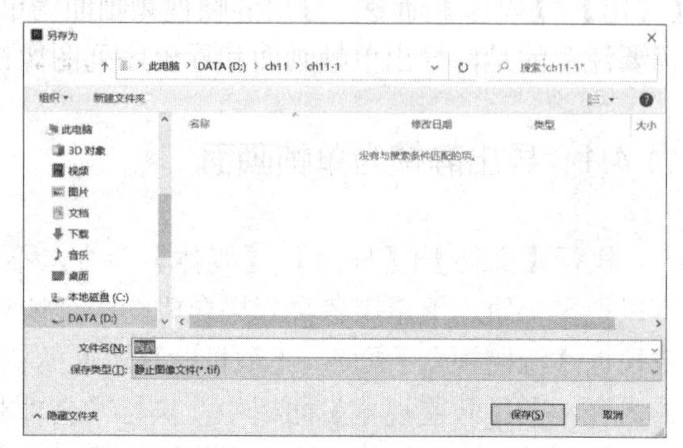

图 11-30　【另存为】对话框

(4) 将下方【视频】选项卡中【导出为序列】前的复选框设置为取消选中状态，使这一选项不被选中(如果选中，则会在输出文件夹中产生一个静止图像文件的序列)，如图 11-31 所示。设置完成后，单击下方的【导出】按钮，即可按照设置的参数选项导出静帧画面为图像文件。导出完成后，用户可以在保存的路径下进行查看。

(5) 保存该项目文件。

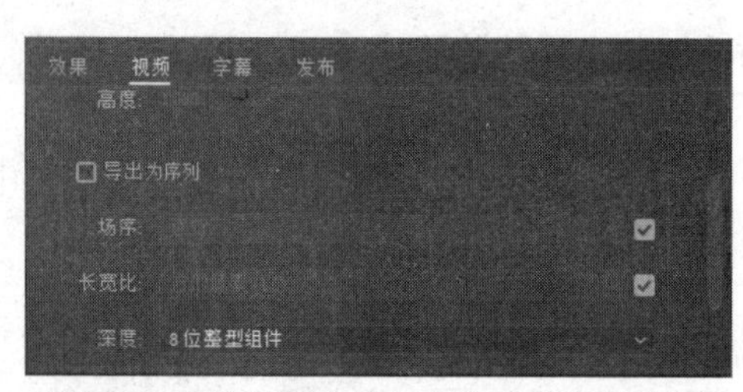

图 11-31　取消选中【导出为序列】复选框

11.4.2　导出视频片段为序列图像

导出视频片段为序列图像也通过使用【文件】|【导出】|【媒体】命令来实现。

【例 11-2】 打开一个已编辑完成的项目文件，从中选择一个视频片段，将其导出为序列图像。

1) 效果说明

本例实现将一段视频导出为一组图片序列的效果。

2) 操作要点

本例主要练习导出操作。需要注意的是，在【导出设置】对话框中，【导出为序列】复选框必须选中，否则导出的将是单帧图像。

3) 操作步骤

(1) 启动 Premiere Pro 2020，打开上例的项目文件“ch11-1.prproj”。

(2) 在【节目监视器】面板中，利用标记入点工具和标记出点工具设置导出图像的入点、出点分别为 00:00:07:26 和 00:00:07:35，如图 11-32 所示。

图 11-32　设置导出为序列图像的区域

(3) 执行【文件】|【导出】|【媒体】命令，打开媒体【导出设置】对话框。在该对话框中单击【导出设置】面板中的【格式】选项，在弹出的下拉列表中选择 Targa 文件格式。单击【输出名称】后方的路径，弹出【另存为】对话框，如图 11-33 所示，选择要保存的位置，输入要输出文件的名称“鹦鹉”，单击【保存】按钮，返回媒体【导出设置】对话框。切换到【视频】选项卡，选中【导出为序列】复选框，如图 11-34 所示。

图 11-33　【另存为】对话框

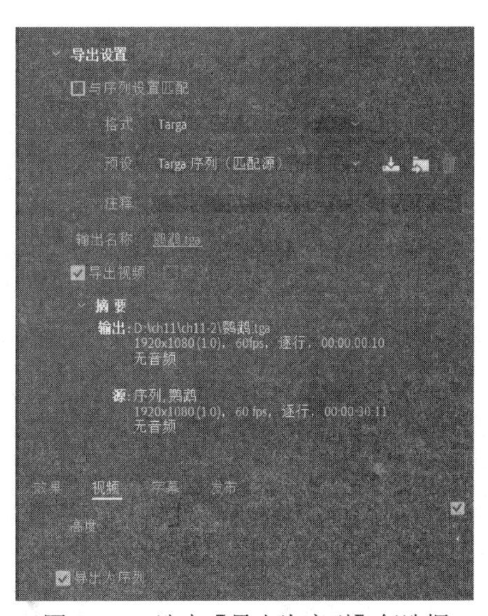

图 11-34　选中【导出为序列】复选框

(4) 设置完成后，单击【导出】按钮，即可进行导出。导出完成后，可在存放路径下查看已导出的序列图像文件，如图 11-35 所示。

(5) 保存该项目文件，将其名称另存为 “ch11-2”。

图 11-35　导出的序列图像文件

拓展训练

本拓展训练主要通过运用 Premiere Pro 2020 的导出功能，将已制作完成的项目文件导出为常用的视音频文件，使用户在上机练习的过程中进一步熟悉 Premiere Pro 2020 中影片输出的一些基本操作。

1) 效果说明

本例实现将编辑好的序列导出为可播放的视频文件的效果。

2) 操作要点

输出之前要先对序列进行预览，确保序列没有错误再进行导出。用户可以结合自身需要选择输出的视频格式，本例选择的是“Windows Media”。

3) 操作步骤

(1) 启动 Premiere Pro 2020，打开项目文件“ch11-1.prproj”。

(2) 在【节目监视器】面板中，单击【播放/停止切换】按钮预览效果，如图 11-36 所示。

(3) 执行【文件】|【导出】|【媒体】命令，打开媒体【导出设置】对话框。在对话框的预览窗口中，通过拖动中的【时间线指针】来预览效果。单击对话框左上角的【源】选项，利用【裁剪】工具对输出的部分进行裁剪，如图 11-37 所示。

图 11-36　在【节目监视器】面板中预览效果

图 11-37　裁剪操作

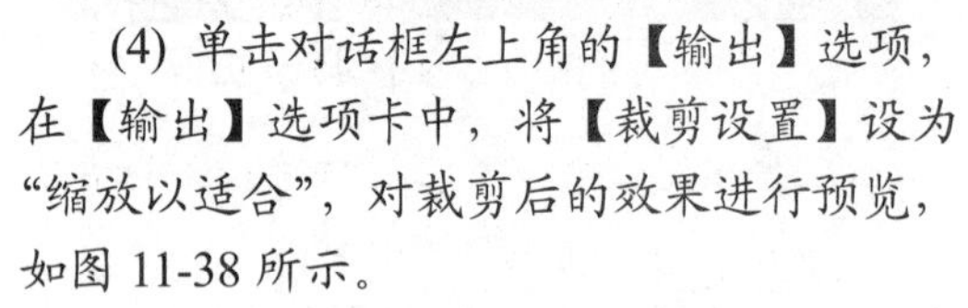

(4) 单击对话框左上角的【输出】选项，在【输出】选项卡中，将【裁剪设置】设为“缩放以适合”，对裁剪后的效果进行预览，如图 11-38 所示。

(5) 单击右侧【导出设置】面板中的【格式】选项，在弹出的下拉列表中选择【Windows Media】文件格式，并对输出的预设进行选择，此处选用国内通用的【PAL DV】。单击【输出名称】后方的路径，弹出【另存为】对话框，设置存放路径，并将其命名为“鹦鹉”，如图 11-39 所示。单击【保存】按钮，返回媒体【导出设置】对话框，其他选项均保持默

图 11-38　在【输出】选项卡中预览效果

认设置。

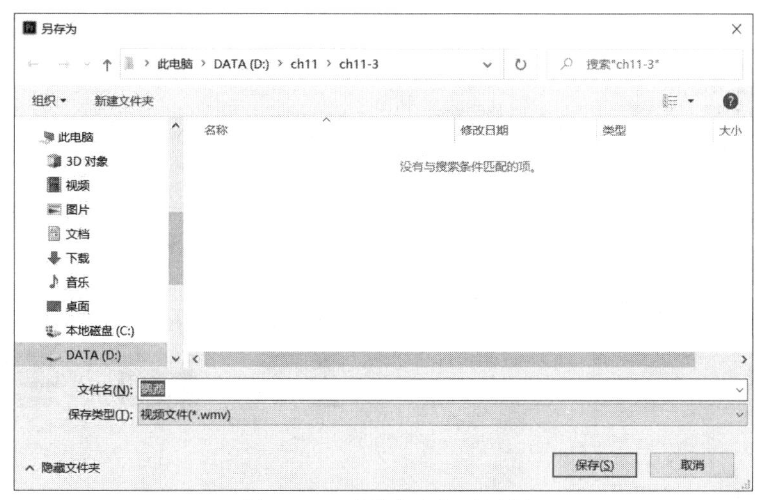

图 11-39　【另存为】对话框

(6) 设置完成后，单击下方的【导出】按钮，即可进行导出，此时会弹出进度框，如图 11-40 所示。

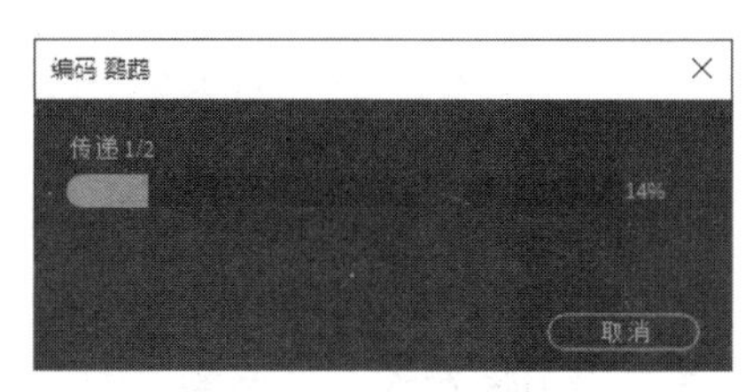

图 11-40　导出进度框

(7) 导出完成后，在存放路径下查看已导出的 WMV 文件。利用媒体播放工具可进行播放，整个导出过程操作完毕。保存该项目文件，将其名称另存为“ch11-3”。

习　题

1. Premiere Pro 2020 可以输出哪些文件格式？
2. 输出单帧画面可选择的文件类型有哪 4 种？
3. 在【音频】选项卡中，可以设置输出影片中音频的哪些属性？
4. 输出在计算机上播放的媒体时一般采用什么压缩方式？
5. 如何输出静帧为单帧画面？
6. 如何输出视频片段为序列图像？
7. 如何创建 DVD？

第12章 综合实训

学习目标

在日常生活中，很多人经常喜欢使用 Premiere 制作电子相册、庆生视频、婚礼视频等一些相对较复杂的短片，有时需要为影片画面添加字幕、音乐及各种剪辑特效等，这就需要创作者熟悉并掌握 Premiere 的使用技巧。本章将通过对综合案例的详细介绍，使读者进一步体会和掌握 Premiere Pro 2020 软件的操作方法。

本章重点

- 视频特效的应用
- 视频转场的应用
- 字幕特效的应用
- 剪辑技巧的应用

任务　制作视频短片《南京如画》

本任务要求配合使用视频、图片、音频，通过 Premiere 的编辑和特技功能，营造出恬淡而静谧的氛围，但又不乏活力，动画细腻，色彩和画面感雅致不俗。

1) 效果说明

运用之前章节的知识制作包含视频拼接、视频过渡、字幕应用、特效应用、声音剪辑等剪辑技巧的综合案例《南京如画》。

2) 操作要点

在将素材应用于综合案例之前，应对素材进行基本的修改，这样可提高剪辑效率。

字幕的建立可用【文字工具】T和【新建】|【旧版标题】命令等多种方法实现，适当的线条使用可增加整体效果。

选择合适的过渡效果，使素材之间的过渡自然流畅。

背景音频使用时要调整好参数，符合视频整体舒缓、自然的节奏。

3) 操作步骤

(1) 启动 Premiere Pro 2020 软件，设置【新建项目】对话框中项目文件的存储路径和名称，如图 12-1 所示。

(2) 单击【确定】按钮，在【项目】面板中选择【新建项】|【序列】选项，即可打开【新建序列】对话框。在【设置】选项卡中，将【编辑模式】改为“自定义”，【帧大小】设置为“1920(水平)、1080(垂直)”，【像素长宽比】选择“方形像素(1.0)”，序列命名为“序列 01”，如图 12-2 所示。

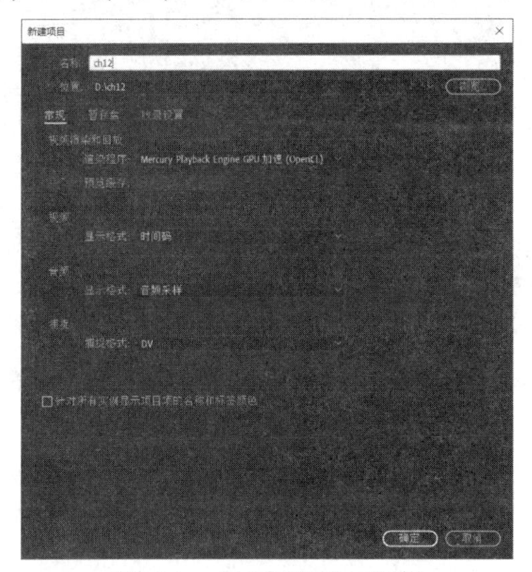

图 12-1　【新建项目】对话框

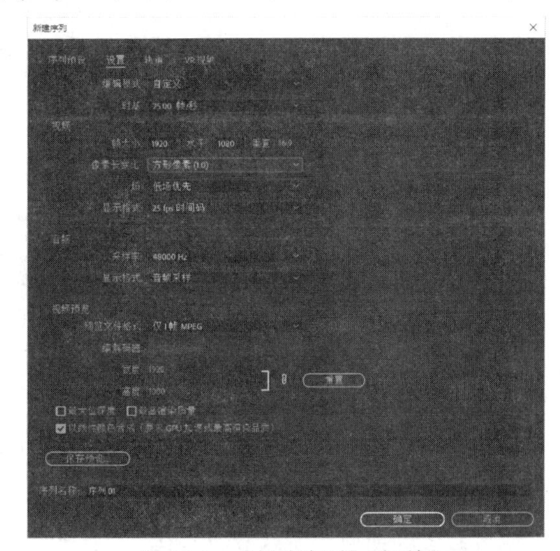

图 12-2　【新建序列】对话框

(3) 单击【确定】按钮，在【项目】面板的空白处双击，打开【导入】对话框，导入所需的素材。导入后的【项目】面板如图 12-3 所示。

(4) 将项目面板中的“画面 1.jpg”素材拖至时间轴上，放置到 V1 轨道上，右击“画面 1.jpg”素材，从弹出的快捷菜单中选择【进度/持续时间】命令，在弹出的对话框中将持续时间设置为 00:00:05:00，如图 12-4 所示，单击【确定】按钮。

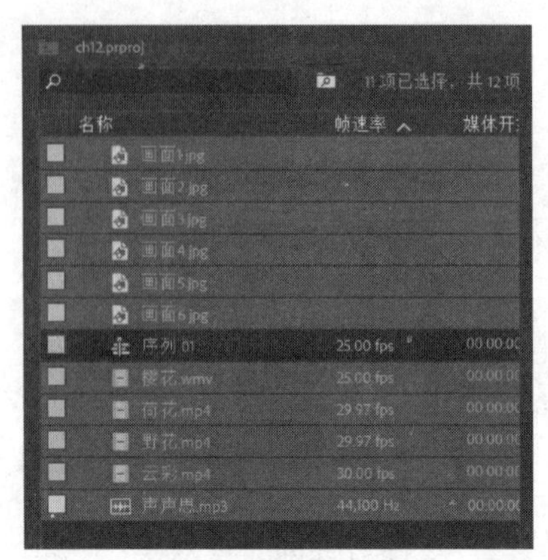

图 12-3　导入素材后的【项目】面板

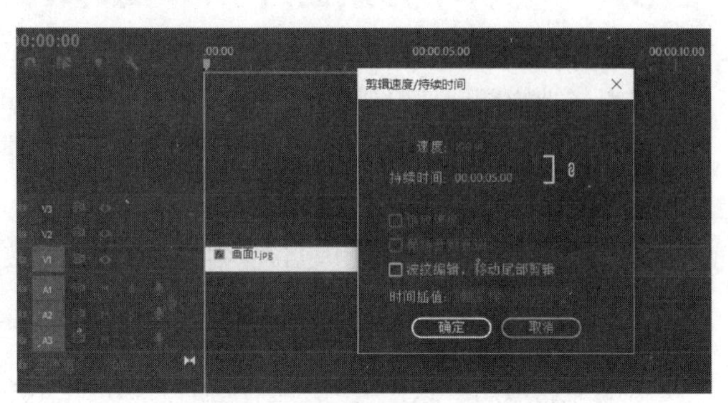

图 12-4　设置图片的持续时间

(5) 选择【文件】|【新建】|【旧版标题】命令，新建字幕，字幕名称默认为“字幕 01”，如图 12-5 所示，单击【确定】按钮进入【字幕编辑器】窗口。

(6) 在【字幕编辑器】窗口中选择【文字工具】T，单击编辑窗口，输入文字内容为“南京如画”，在【字幕属性】面板中设置相关属性，【字体系列】为“叶根友毛笔行书简体”，【字体大小】为“100.0”，【字符间距】为“30.0”，添加【内描边】，设置【大小】为“3”，添加【阴影】，设置【颜色】为“黑色”，【不透明度】为“90%”，【角度】为“135.0°”，【距离】为“10.0”，【扩展】为“30.0”，如图 12-6 所示，关闭字幕窗口。

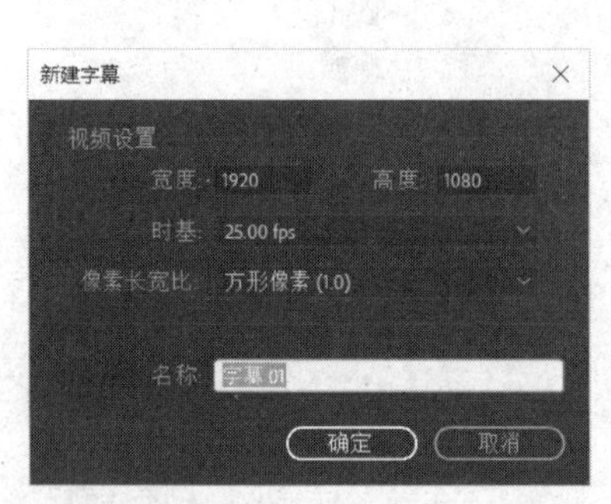

图 12-5　新建字幕

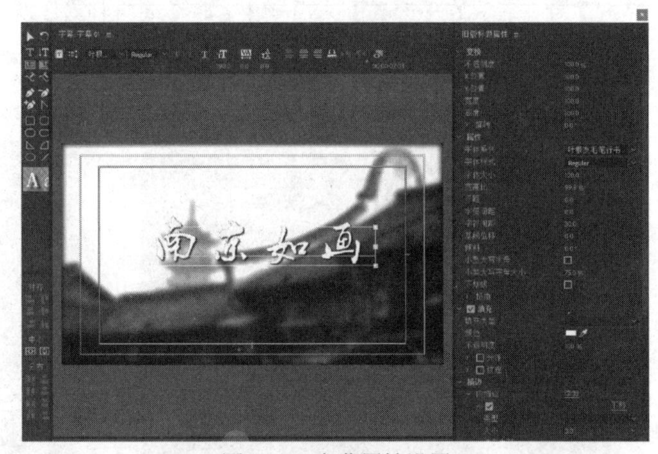

图 12-6　字幕属性设置

(7) 选择字幕“字幕 01”并拖放至 V2 轨道上，与 V1 轨道上的内容长度保持一致，将播放头移至第 0 帧的位置。在【效果控件】面板中，展开【运动】属性，单击【缩放】属性左侧的【切换动画】按钮创建缩放动画，在 00:00:00:00 位置，设置缩放比例为“0%”；在 00:00:04:00 位置，设置缩放比例为“100%”，创建文字从小到大的动画效果。展开【不透明度】属性，在 00:00:04:10 位置创建关键帧，设置不透明度为“100%”；在 00:00:05:00 处修改不透明度为“0.0%”，自动创建一个新的关键帧，形成字幕逐渐消失的动画效果。选择“画面 1”，添加【高斯模糊】效果，在 00:00:02:04 处创建关键帧，模糊度为“0”；在 00:00:04:17 处创建关键帧，模糊度为“30”，如图 12-7 所示。

(8) 将视频素材【荷花.mp4】拖至 V1 轨道上，吸附至前面的素材上。在【效果】面板中打开

【视频效果】文件夹，选中【调整】文件夹中的【光照效果】，将其拖入V2轨道的“荷花.mp4”上。

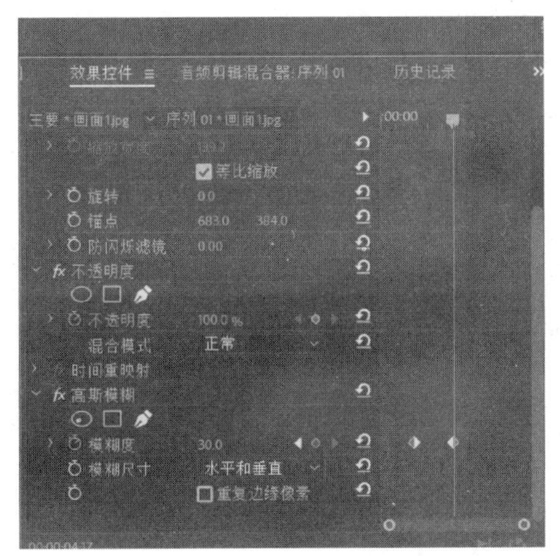

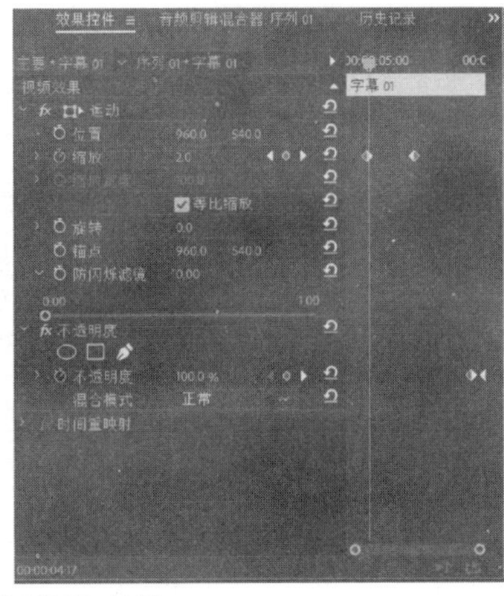

图12-7 为字幕、背景添加特效

(9) 打开【效果控件】面板，打开【光照效果】属性，设置“光照1”参数：【光照类型】选择“点光源”，【光照颜色】为“# F99506”，【中央】为“705.1，605.8”，【主要半径】为“34.1”，单击【次要半径】前的【切换动画】按钮建立关键帧，在00:00:05:13处修改【次要半径】参数为“6.1”，将时间线指针移到00:00:07:19处，再次修改【次要半径】参数为“22.6”，形成光照范围越来越广的动画效果，如图12-8所示。

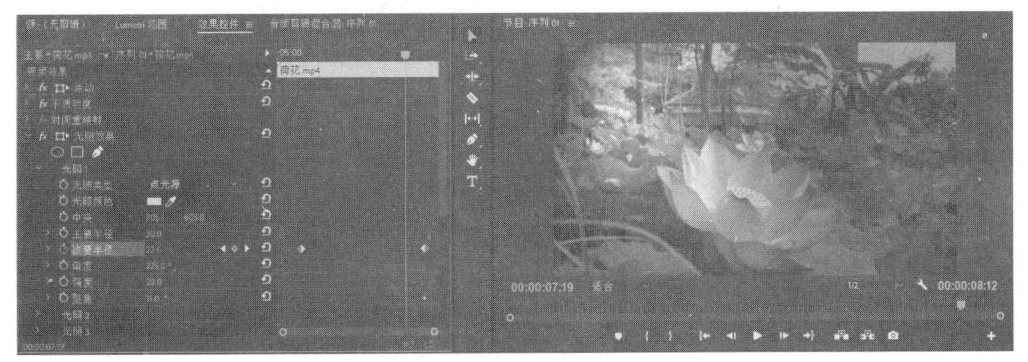

图12-8 设置【光照效果】参数

(10) 将时间线指针移到“画面3”与“荷花.mp4”之间，添加【交叉溶解】效果，如图12-9所示，对齐模式选择“中心切入”。

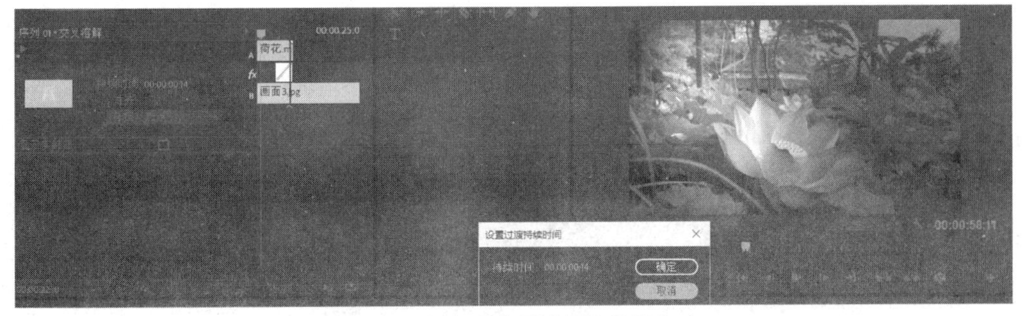

图12-9 添加【交叉溶解】效果(一)

(11) 将素材“画面 2.jpg”拖入【时间轴】面板的 V1 轨道，吸附至前面的素材上，设置持续时间为 5s。将时间线指针移到“荷花. mp4”和“画面 2.jpg”之间，添加【视频过渡】|【溶解】|【交叉溶解】效果，对齐方式选择“起点切入”，如图 12-10 所示。

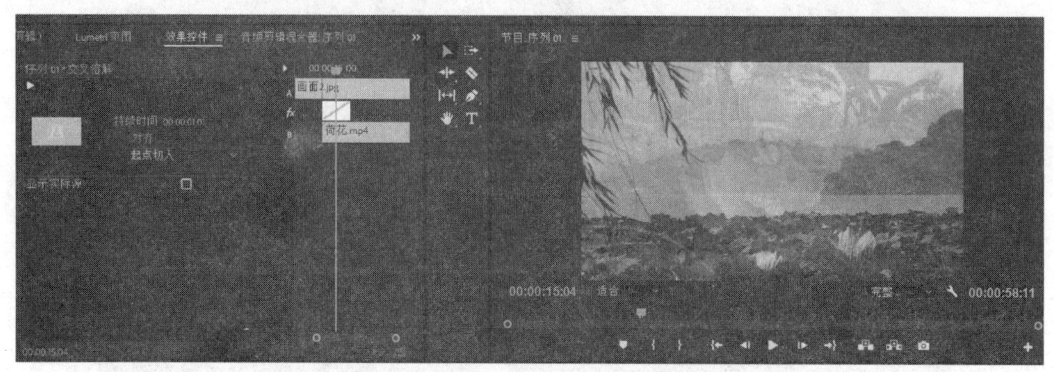

图 12-10　添加【交叉溶解】效果(二)

(12) 新建字幕，名称为“字幕 02”，选择【垂直文字工具】，输入内容为“接天莲叶无穷碧 映日荷花别样红”，设置相关的字幕属性，字幕颜色及阴影效果均与“字幕 01”相同，如图 12-11 所示。设置完成后，关闭字幕窗口。

图 12-11　字幕设置

(13) 将刚设置的“字幕 02”拖放至 V2 轨道上，于 00:00:05:15 处开始，与 V1 轨道上的图片素材“画面 2.jpg”的结束时间对齐。在【效果】面板中展开【视频过渡】文件夹，在【溶解】文件夹中选择【叠加溶解】效果并拖到“字幕 02”前端，如图 12-12 所示。

图 12-12　添加【叠加溶解】效果

(14) 将图片素材“画面 3.jpg”拖至视频轨道 V1 上，打开【效果控件】面板，调节画面尺寸和位置。在“画面 2.jpg”与“画面 3.jpg”之间添加【渐变擦除】效果，设置【柔和度】为“10”，单击【确定】按钮，如图 12-13 所示。

(15) 新建字幕，名称为“字幕 03”，选择【文字工具】T，输入内容为“水边开彻芙蓉”。设置相关的字幕属性，使其分为两行，【字体大小】为“84”，【字符间距】为“30”，【阴影效果】中的【不透明度】设为“50%”，将【字幕颜色】设置为与“字幕 01”相同。为了增添画面效果，选择切角矩形工具。建立两层，右击面板并选择快捷菜单中的【排列】|【移到最后】命令，效果如图 12-14 所示。设置完成后，关闭字幕窗口。

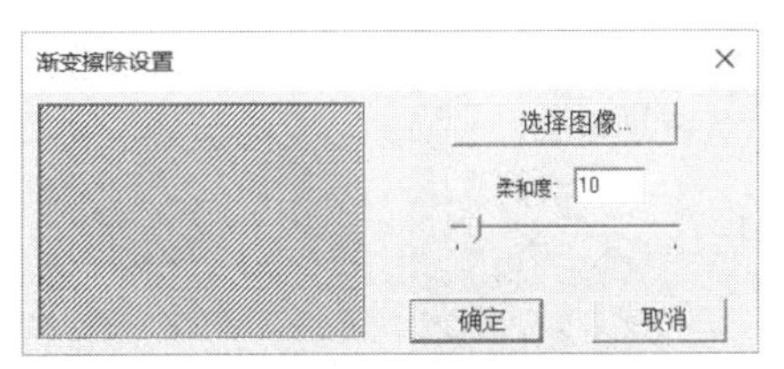

图 12-13 【渐变擦除设置】对话框

图 12-14 字幕 03 属性设置

(16) 将刚设置的“字幕 03”拖放至 V2 轨道上，于 00:00:14:20 处开始，与 V1 轨道上的图片素材“画面 3.jpg”的结束时间对齐。在【效果】面板中展开【视频过渡】文件夹，将【叠加溶解】效果拖至“字幕 03”的前端，如图 12-15 所示。

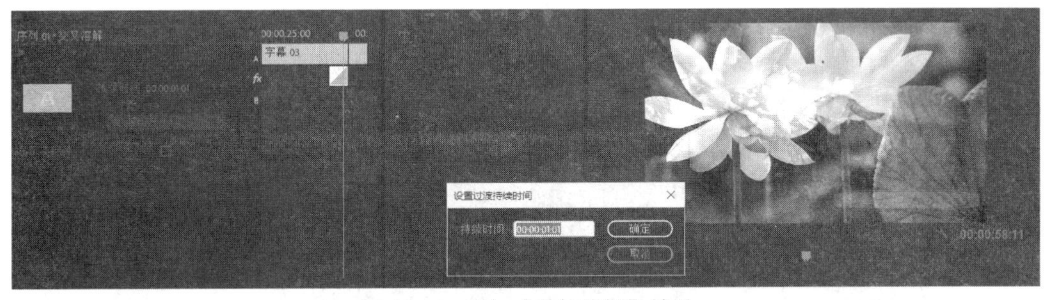

图 12-15 添加【叠加溶解】效果

(17) 导入素材“樱花.jpg”，将其拖到【时间轴】面板的 V1 视频轨道上，吸附于前面的素材，利用“剃刀工具”在 00:00:24:16 处切割“樱花.jpg”素材，如图 12-16 所示。按 Delete 键删除后半部分。

图 12-16 切割素材

(18) 将视频效果【调整】文件夹中的【色阶】拖到素材“樱花.jpg”中，打开【效果控件】

面板，在【色阶】属性中修改(RGB)输入白色阶为“196”，(RGB)输出黑色阶为“40”，(R)输出黑色阶为“4”，其余参数不变，调色后的效果如图 12-17 所示。

图 12-17　调色前后效果对比

(19) 导入图片素材“夜景花.jpg”并拖到【时间轴】面板的 V1 视频轨道上，吸附于前面的素材，复制一层，在【效果控件】面板中修改【缩放】为“200”，设置【不透明度关键帧】为“50%”，将这一层放置在原图层下面，如图 12-18 所示。

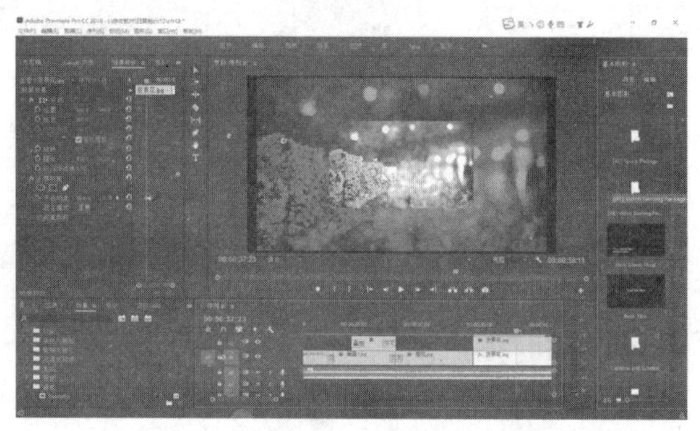

图 12-18　编辑“夜景花.jpg”素材

(20) 选择【项目】面板中的樱花，在【效果控件】面板中选择【色阶】效果，右击面板并选择快捷菜单中的【复制】命令。回到“夜景花.jpg”复制层，打开【效果控件】面板，在空白处右击，在弹出的快捷菜单中选择【粘贴】命令。此时同样的色阶效果被粘贴，这种方式可以解决大量相同效果的需求，省时高效。调色效果如图 12-19 所示。

图 12-19　调色前后效果对比

(21) 新建字幕，名称为“线条 1”，使用【椭圆工具】绘制椭圆，在【字幕属性】面板中设置相关属性，设置【不透明度】为“100%”，【X 位置】为“709.2”，【Y 位置】为“90.6”，【宽度】为“1287.0”，【高度】为“10.0”，【填充类型】选择“实底”，【颜色】为“#0FFFFFF”，如图 12-20 所示。

(22) 在【字幕】面板中单击【基于当前字幕新建字幕】按钮新建字幕，名称为“线条 2”，在【字幕属性】面板中修改相关属性，设置【X 位置】为“1245.5”，【Y 位置】为“993.7”，创建字幕“线条 2”，如图 12-21 所示。

图 12-20 设置“线条 1”字幕属性

图 12-21 设置“线条 2”字幕属性

(23) 在【字幕】面板中单击【基于当前字幕新建字幕】按钮新建字幕，名称为“线条 3”。在【字幕属性】面板中修改相关属性，设置【旋转】为“90°”，【X 位置】为“292.7”，【Y 位置】为“457.2”，【宽度】为“892.0”，如图 12-22 所示。

(24) 在【字幕】面板中单击【基于当前字幕新建字幕】按钮新建字幕，名称为“线条 4”。在【字幕属性】面板中修改位置属性，设置【X 位置】为“1624.4”，【Y 位置】为“634.0”，如图 12-23 所示。

图 12-22 设置“线条 3”字幕属性

图 12-23 设置“线条 4”字幕属性

(25) 右击【时间轴】面板视频轨道上的【切换轨道输出】按钮右侧的空白区域，在弹出的快捷菜单中选择【添加轨道】命令，如图 12-24 所示。

(26) 在弹出的【添加轨道】对话框中设置添加“1 轨道”，放置在“视频 4”后，单击【确认】按钮添加轨道，如图 12-25 所示。

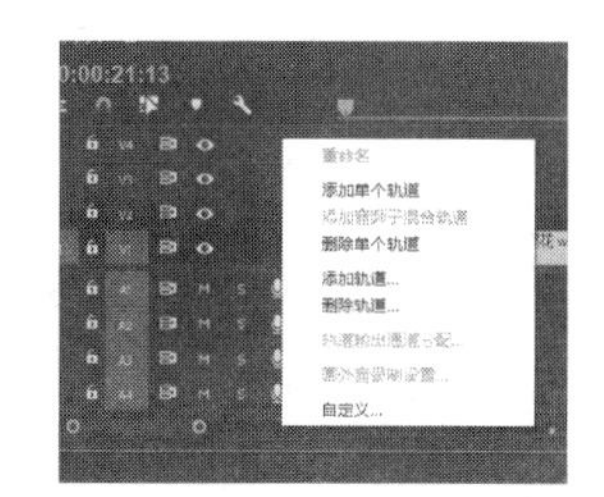

图 12-24 选择【添加轨道】命令

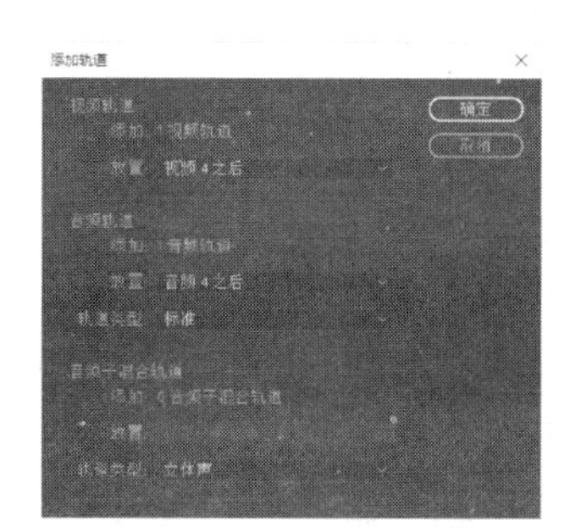

图 12-25 【添加轨道】对话框

(27) 将字幕“线条 1”拖到 V2 轨道上，在 00:00:27:09 处，设置字幕的持续时间为 00:00:05:18。在【效果控件】面板中，新建“线条 1”的位置关键帧，单击【位置】属性前的【切换动画】按钮，在 00:00:27:09 处修改“线条 1”的【位置】属性为“10.0、540.0”，建立一个关键帧；在 00:00:29:09 处修改【位置】属性为“960.0、540.0”，自动建立另一个关键帧，形成“线条 1”从左向右移动的动画效果，如图 12-26 所示。

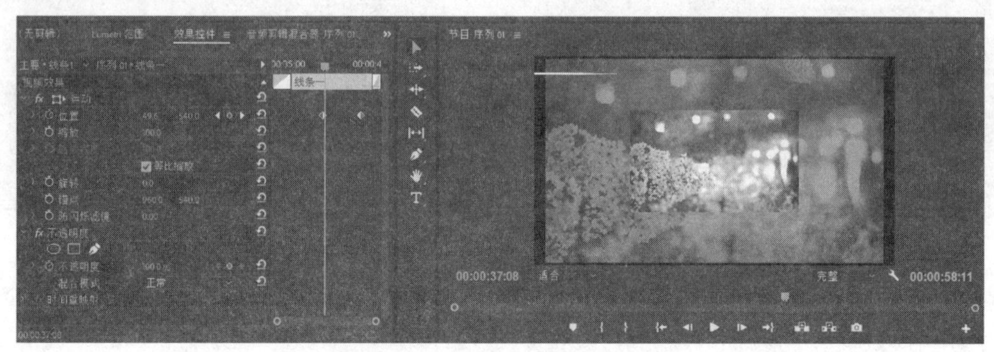

图 12-26　“线条 1”的动画效果

(28) 将字幕“线条 2”拖到 V3 轨道上，在 00:00:27:09 处，设置字幕的持续时间为 00:00:05:18。在【效果控件】面板中，新建“线条 2”的位置关键帧，单击【位置】属性前的【切换动画】按钮，在 00:00:27:09 处修改“线条 2”的【位置】属性为“1910.0、540.0”，建立一个关键帧；在 00:00:29:09 处修改【位置】属性为“960.0、540.0”，自动建立另一个关键帧，形成“线条 2”从右向左移动的动画效果，如图 12-27 所示。

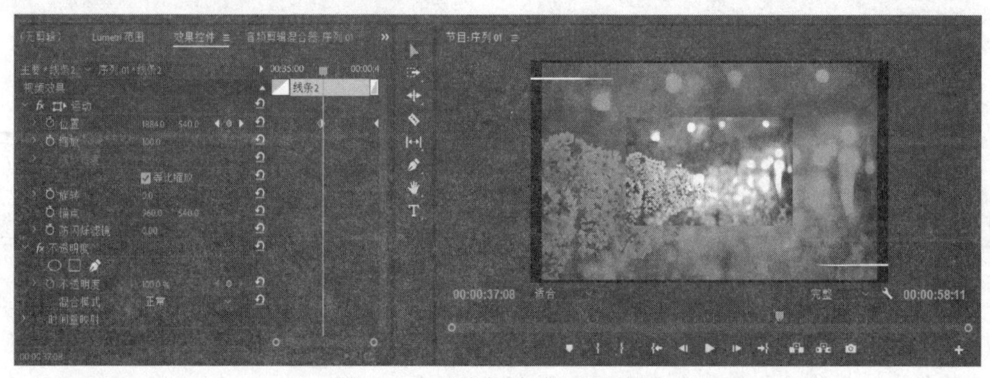

图 12-27　“线条 2”的动画效果

(29) 将字幕“线条 3”拖到 V4 轨道上，在 00:00:27:19 处，将字幕的结束时间与 V3 轨道上字幕文件的结束时间对齐。在【效果控件】面板中，新建位置关键帧，单击【位置】属性前的【切换动画】按钮，在 00:00:27:19 处修改“线条 3”的【位置】属性为“960.0、10.0”，建立一个关键帧；在 00:00:29:09 处修改【位置】属性为“960.0、540.0”，自动建立另一个关键帧，形成“线条 3”从上到下移动的动画效果，如图 12-28 所示。

(30) 将字幕“线条 4”拖到 V5 轨道上，在 00:00:27:19 处，将字幕的结束时间与 V4 轨道上字幕文件的结束时间对齐。在【效果控件】面板中，新建位置关键帧，单击【位置】属性前的【切换动画】按钮，在 00:00:27:19 处修改“线条 4”的【位置】属性为“960.0、1070.0”，建立一个关键帧；在 00:00:29:09 处修改【位置】属性为“960.0、540.0”，自动建立另一个关键帧，形成“线条4”从下到上移动的动画效果，如图12-29所示。

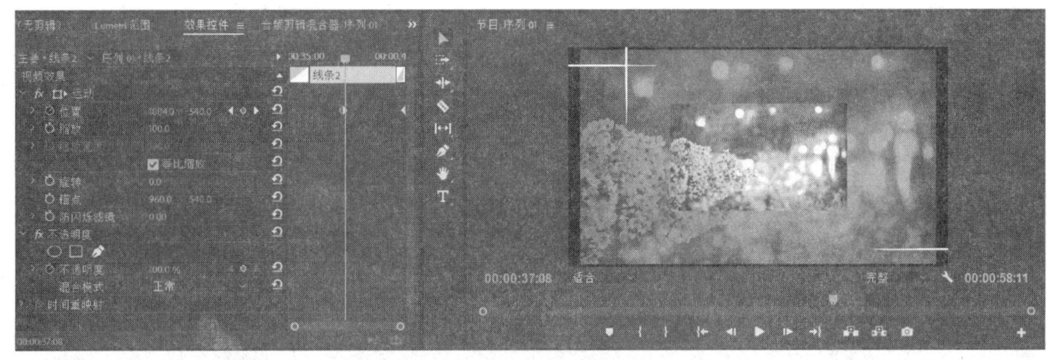

图12-28　“线条3”的动画效果

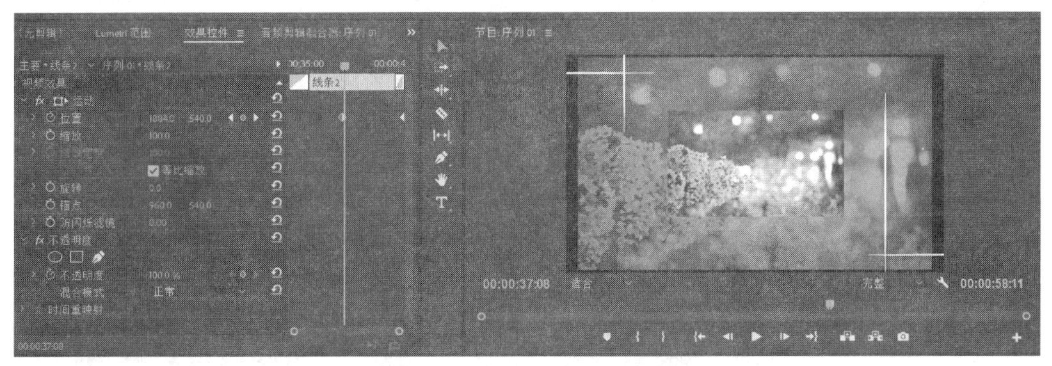

图12-29　“线条4”的动画效果

(31) 分别为“线条1”“线条2”“线条3”和“线条4”的入点添加视频过渡效果【交叉溶解】，持续时间均为1s，之后分别在“线条1”“线条2”“线条3”和“线条4”的出点添加视频过渡效果【交叉溶解】，持续时间均为00:00:00:12，效果如图12-30所示。

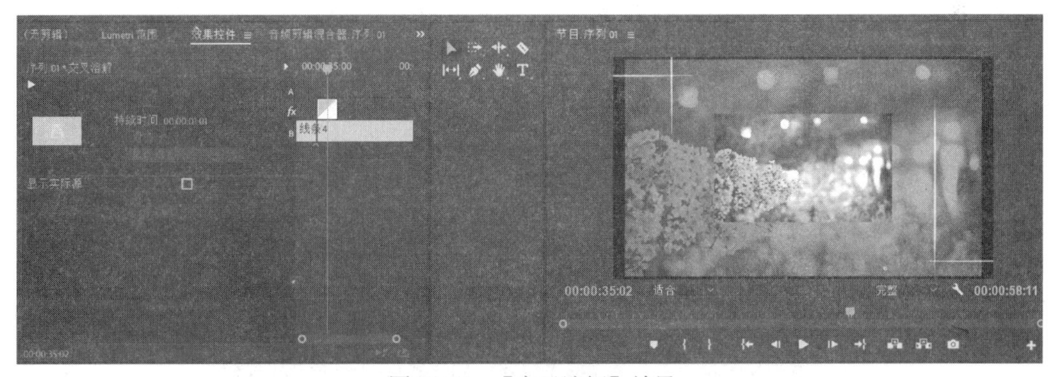

图12-30　【交叉溶解】效果

(32) 将“云彩.mp4”拖入视频轨道V1，调节画面的大小及位置。在轨道上右击视频素材“云彩.mp4”，在弹出的快捷菜单中选择【速度/持续时间】命令，在弹出的对话框中设置【持续时间】为00:00:03:00，如图12-31所示，单击【确定】按钮，形成视频快进效果。

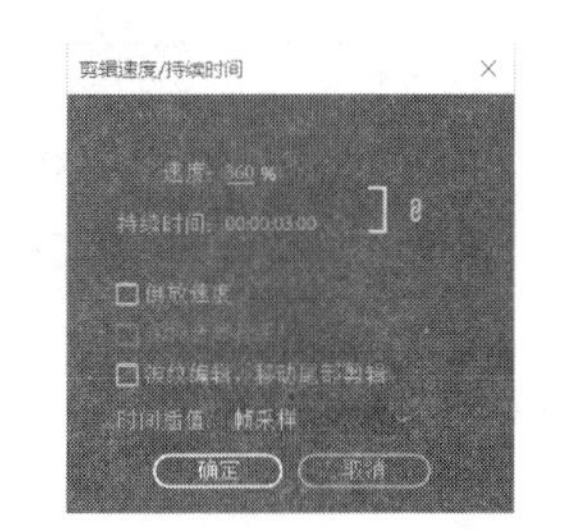

图12-31　视频快进设置

(33) 在视频素材“云彩.mp4”的入点处添加视频过渡【交叉溶解】效果，在【效果控件】面板中选择对齐方式为“中心切入”，设置持续时间为00:00:01:00，如图12-32所示。

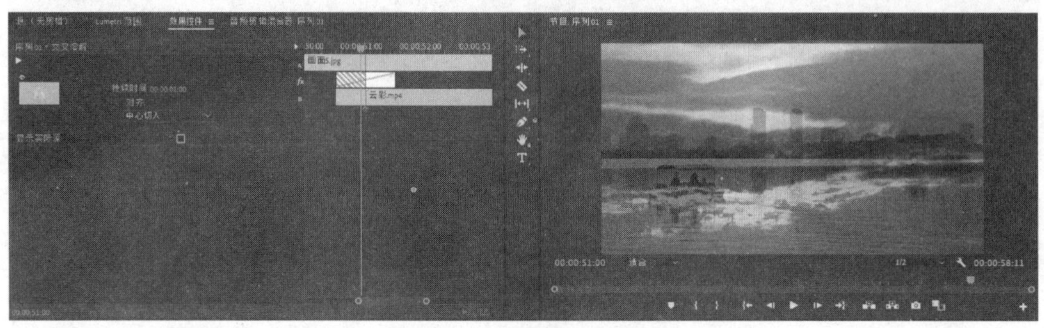

图12-32 【交叉溶解】效果

(34) 在视频素材“云彩.mp4”的出点处添加视频过渡【渐隐为黑色】效果，在【效果控件】面板中选择对齐方式为“中心切入”，设置持续时间为00:00:01:00，如图12-33所示。

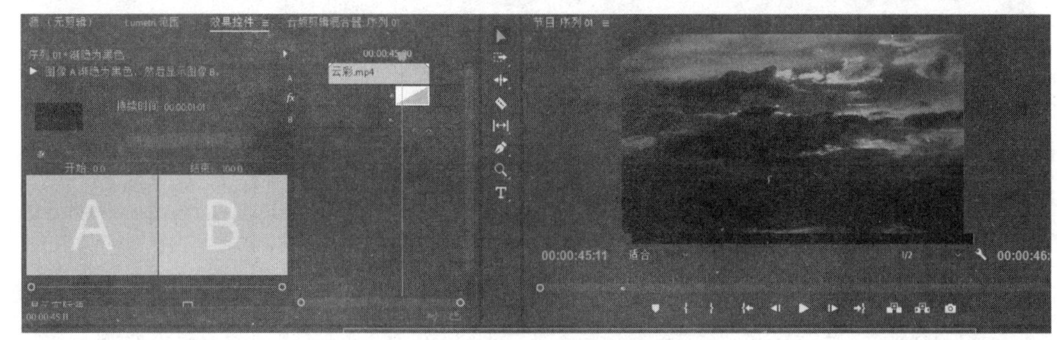

图12-33 【渐隐为黑色】效果

(35) 将“画面5.jpg”拖入视频轨道V1，调节画面的大小及位置。

(36) 新建字幕，名称为“字幕05”，选择【文字工具】，输入内容为“余晖浸染，情意悠扬”，设置相关的字幕属性，如图12-34所示。设置完成后，关闭【字幕编辑器】窗口。

图12-34 编辑“字幕05”

(37) 将刚设置好的“字幕 05”拖放至 V2 轨道上，于 00:00:46:23 处开始，与 V1 轨道上的图片素材“画面 5.jpg”的结束时间对齐。在【效果】面板中展开【视频过渡】文件夹，将【叠加溶解】效果拖至“字幕 05”的前端，如图 12-35 所示。

图 12-35　添加【叠加溶解】效果

(38) 将前面的云彩视频拖动至画面 5 的后面，添加【渐隐为黑色】效果。

(39) 在【项目】面板的空白处中双击，弹出【导入】对话框，并将音频素材“配乐素材”导入。

(40) 将音频素材“配乐素材”拖到音频轨道 A1 上并进行预听，会发现该音频文件的时间较长，将时间线推到最后一个图片素材的结尾处，利用【剃刀工具】将后半部分的音频素材剪掉，如图 12-36 所示。

(41) 打开【效果】面板，打开【音频过渡】中的【交叉淡化】文件夹，选择【恒定功率】效果，将其拖至音频素材的前端，并将持续时间设为 00:00:01:12，如图 12-37 所示。

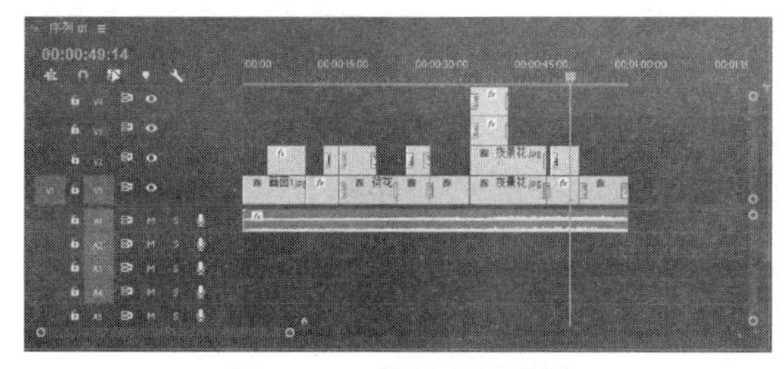

图 12-36　剪切音频素材

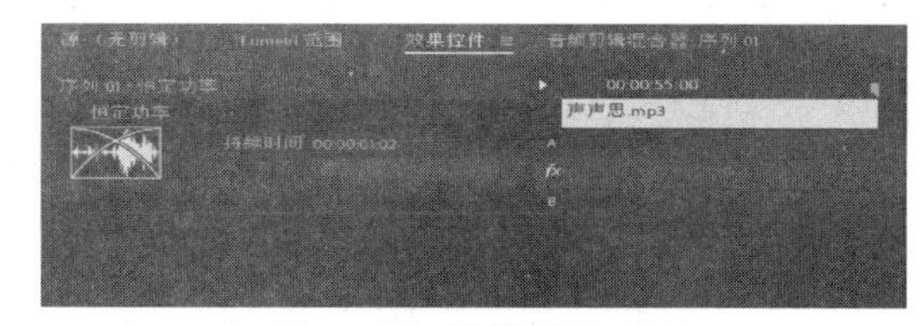

图 12-37　设置持续时间

(42) 将【恒定功率】效果拖至音频素材的结尾处，使音频文件形成淡出淡入的播放效果，如图 12-38 所示。

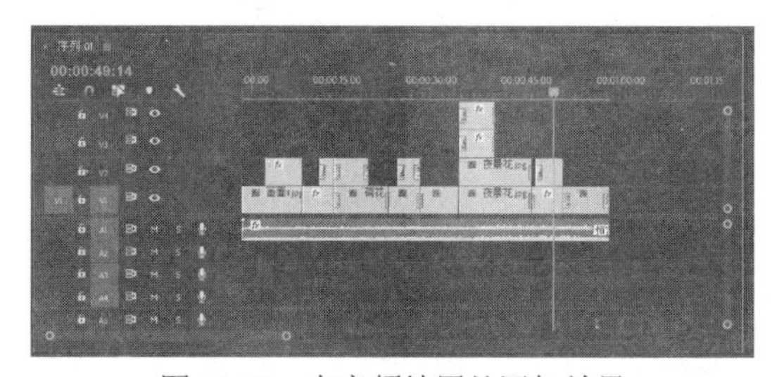

图 12-38　在音频结尾处添加效果

(43) 将结尾处【恒定功率】效果的持续时间设置为 00:00:02:00，如图 12-39 所示。

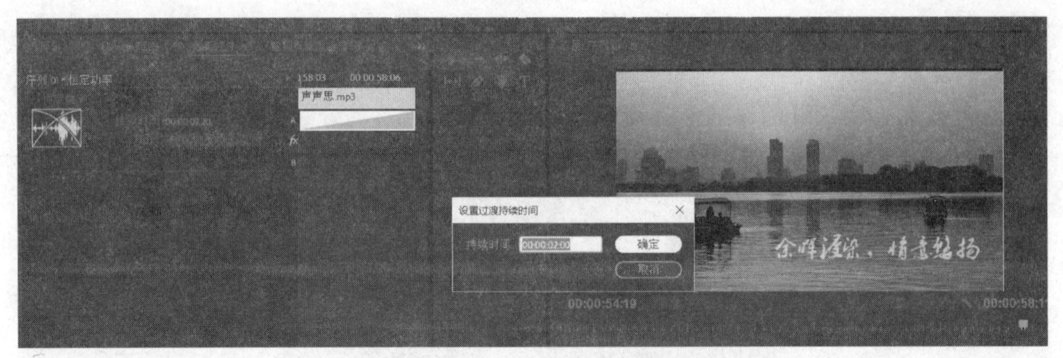

图 12-39　设置持续时间

(44) 预听音频文件，发现音频最大峰值显示红色，这说明需要调节音频增益参数。

(45) 右击【时间轴】面板中的音频文件，在弹出的快捷菜单中选择【音频增益】命令，打开【音频增益】对话框，设置【调整增益值】为“−5dB”，单击【确定】按钮，如图 12-40 所示。

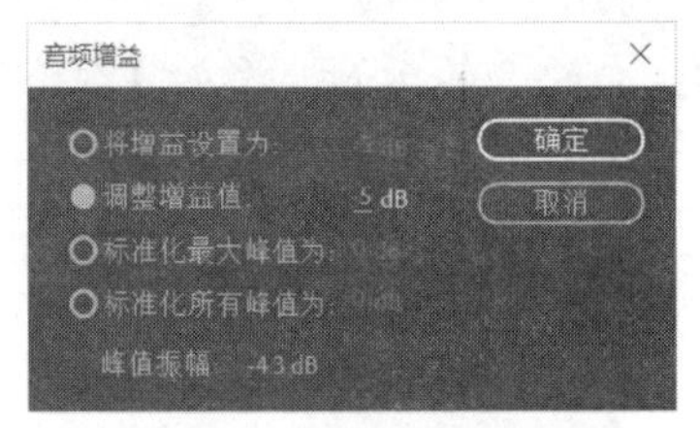

图 12-40　调整音频增益值

(46) 单击【时间轴】面板，按空格键或回车键预览效果，最终效果如图 12-41 所示。

图 12-41　最终效果

(47) 最后执行【文件】|【保存】命令，保存该项目文件，导出视频。

习　题

新建一个项目文件“我的家乡.prproj”，通过现有的素材和学过的制作方法，制作一个介绍家乡的宣传片。